General Biology

普通生物学

◎ 袁惠君　王春梅　张永卓　主编

中国农业科学技术出版社

图书在版编目（CIP）数据

普通生物学 / 袁惠君，王春梅，张永卓主编 .
北京：中国农业科学技术出版社，2024. 9. --ISBN
978-7-5116-6905-6

Ⅰ . Q1

中国国家版本馆 CIP 数据核字第 2024KV4127 号

责任编辑 张国锋
责任校对 马广洋
责任印制 姜义伟 王思文

出 版 者	中国农业科学技术出版社
	北京市中关村南大街 12 号 邮编：100081
电 话	（010）82109705（编辑室） （010）82106624（发行部）
	（010）82109709（读者服务部）
网 址	https://castp.caas.cn
经 销 者	各地新华书店
印 刷 者	北京中科印刷有限公司
开 本	185 mm×260 mm 1/16
印 张	20 彩插 16 面
字 数	450 千字
版 次	2024 年 9 月第 1 版 2024 年 9 月第 1 次印刷
定 价	68.00 元

袁惠君简介

  袁惠君（1974年5月—），女，甘肃天水人，兰州理工大学生命科学与工程学院副教授，博士，硕士研究生导师。2002年在西北师范大学生命科学院获理学硕士学位，2014年在兰州大学草地农业科技学院获农学博士学位。2017年获国家留学基金委西部地区人才培养特别项目资助赴加拿大Carleton大学生物系及生物化学研究所访学12个月，目前主要从事植物表皮蜡质生物合成代谢机理及生防制剂的开发研究。教学方面，曾获"兰州理工大学2017年微课教学"竞赛二等奖和2013年"第十三届全国多媒体课件大赛"高教理科组优秀奖；被评为第七届和第八届"挑战杯"甘肃省大学生课外学术科技作品竞赛优秀指导教师。科研方面，主持国家自然科学基金项目2项，甘肃省自然科学基金1项，兰州市科技局计划项目1项；参与完成国家级课题4项，省部级课题7项；公开发表学术论文36篇；获得发明专利授权3项，实用新型专利授权4项，正在申请中的发明专利3项；参编教材4部；获得"甘肃省科技进步"三等奖2项。

前　言

　　普通生物学是一门综合性生物学基础学科，其任务是帮助学生了解生命科学发展全貌，获得普遍的规律性知识。这些知识有传统生物学知识，如形态学、分类学常识，也有最新的研究方向，如合成生物学、DNA 计算、基因工程等。普通生物学的特点是知识覆盖面广，基础性强，其在生物学教学体系中的作用是搭建生物科学与技术人才培养的基础知识平台，强调知识的全面性、系统性、概念性。

　　面对新工科建设要求，要适应层出不穷的新知识领域现状，满足以问题为导向，以学生为中心，以面向未来和国际先进水平为目标的要求，新科学领域成果的快速知识化非常必要。不断调整教材内容，更新教材中的最新研究领域介绍是普通生物学教学义不容辞的责任。

　　本书以工程认证和新工科建设要求为标准，着重培养学生运用科学语言表述结构、生物学过程的能力；致力于提升学生科研视野和解读前沿科技文献的能力，同时注重突出课程思政元素的融入。为此，本书具备以下特点。第一，引入交叉领域和新学科领域的研究思路介绍内容。例如在遗传学应用部分加入 DNA 计算和 DNA 存储的原理等内容；在绪论中介绍合成生物学、系统生物学等新学科领域的研究思路。第二，系统介绍重要生物技术，形成准确概念，为阅读专业文献奠定基础。第三，增加生物分类知识比重，加入拉丁文基础，为今后学生撰写科研论文奠定基础。第四，重视科学语言运用能力的培养。例如植物学部分包含植物学核心内容，使学生看完书能科学描述植物的结构、功能。第五，内容符合新工科、新农科专业要求。新兴的生物工程、生物技术、农学突破性成果与基因工程技术密不可分，因此遗传学部分植入基因、染色体、基因操作工具酶和方法，为后续深入学习搭建平台。第六，注重课程思政元素，涉及应用的内容，系统介绍中国目前技术的应用现状及中国科学家和机构做出的贡献，使学生更加深入了解我国生物技术发展状况。

　　综上所述，本书是符合工程认证和新工科、新农科人才培养目标的教材，适合生物工程、生物技术、农学专业学生作为专业基础课教材或非生物专业学生的选修教材。

　　本书由"2022 年兰州理工大学一流本科课程"项目、"兰州理工大学红柳校级规划教材"项目和甘肃省科技计划项目（22JR5RA040）资助出版，同时感谢各高校、科研单位及中国农业科学技术出版社的大力支持。

　　为方便教学，编者将在"中国大学 MOOC"开设"普通生物学"在线课程，欢迎各兄弟院校广大师生使用本教材，共享教学资源。

　　由于编写水平所限，教材中难免有疏漏之处，敬请各位同行及读者批评指正。

编者

2024 年 4 月于兰州

目　　录

第一章　绪　论

第一节　什么是生命？

生命（life）常用来泛指所有的生物（organism）。地球上现存的已经被人类描述的未灭绝的生物约有207.6万多种（表1-1），未被人类描述的物种预计比已描述的多数倍，动物至少有约700万种，植物至少有约170万种。已发现的微生物种类至多不超过自然界中微生物总数的10%，随着人类认识和研究工作的发展，微生物种类的总数可能超过动植物种类的总和。

表1-1　地球上现存的已经被描述的生物种类和数量

分类阶元	门（Phylum）	种（Species）	亚种（Subspecies）	变种（Variety）	亚变种（Subvariety）	型（Form）
动物（Animalia）	33	1 476 522	107 901	470	2	136
植物（Plantae）	9	378 116	29 213	24 086	2	643
真菌（Fungi）	7	146 154	47	189	—	58
细菌（Bacteria）	29	9 980	433	—	—	—
原生动物（Protozoa）	10	2 614	—	—	—	—
古细菌（Archaea）	2	377	—	—	—	—
藻类（Chromista）	13	62 489	2 854	2 951	13	212

注：数据来源根据 Species 2000（https：//species2000. org/home）在 2022 年 12 月推出的生命目录。

生物具有惊人的多样性。以微生物为例，根据世界菌物名称信息库 Fungal Names、Index Fungorum 和 MycoBank 所收录的数据，仅 2020 年全球共发表了 4 996 个菌物新名称，是历史上发表菌物新名称数量最多的一年。这些新名称隶属于 12 门 44 纲 173 目 469 科 1 386 属。盘菌、小型子囊菌、地衣和伞菌是该年度最受关注的类群。物种的模式标本来自世界 103 个国家和地区，东亚和东南亚是新物种发现的最热点地区，而中国是发现新物种最多的国家，共发现 663 种，占全球的 23%，是排名第二位的泰国的 2.28 倍。中国西南地区是新物种发现的热点地区，云南、贵州、西藏三省区 2020 年度发现的新物种数量占全国的 44.8%。

在生物巨大的多样性中存在着高度的统一性。19世纪细胞学说认为所有动物和植物都是由细胞组成的，细胞成为生物界统一的基础。所有生物的细胞都是由相同的组分如核酸、蛋白质、多糖等分子构建；细胞代谢反应都是由酶催化，而大多数酶的化学本质是蛋白质；所有的蛋白质都是由20种氨基酸以肽键的方式连接而成；肽链的氨基酸序列决定蛋白质的空间构象、功能、寿命和在细胞中的定位。所有生物的遗传物质都是脱氧核糖核酸（DNA）或者核糖核酸（RNA）；所有的DNA都是由4种核苷酸以磷酸二酯键连接成的长链；所有的DNA均呈双螺旋状，DNA的核苷酸序列决定蛋白质肽链的氨基酸序列，进而为每一个物种每一个生物体编制蓝图；所有生物的代谢、生长、发育等生命活动都受到来自DNA信息的调控；所有生物中遗传信息流的方向是相同的，不同物种使用同一套遗传密码。可见，从DNA到RNA到蛋白质的遗传系统是生物的统一基础。所有生物有一个共同由来，各种各样的生物彼此之间都有或近或远的亲缘关系，整个生物界是一个多分支的物种进化系谱。

生物与其所处的环境形成相互连接的网络。例如生态系统就是在一定的空间内共同栖居的所有生物与环境之间由于不断地进行物质循环和能量流动形成的相互连接的网络。生态系统中生物成员之间可以通过食物链或由食物链彼此交错形成的食物网联系在一起。如果考虑环境对生态系统中营养关系的影响，食物网就变成更为复杂的生物与环境相互联系的网络。

一、生命的特征

形态多种多样，结构千差万别的生命与同样千姿百态的非生命如何区分？实际上，在上亿年的地球生命起源与演化中，生命的出现经历了从化学演化到生物演化的历程，生命起源于非生命物质，因此所有的典型生命形式都具有一些共有特征，这些共有特征就是区别生命与非生命的标准。

（一）具有细胞结构

一切生命由细胞构成，细胞是生命的基本单位。有些生物仅由一个细胞构成，如单细胞藻类；另一些生物由多种类型，数百乃至万亿个细胞构成，如人体大约有200多种不同类型的细胞，成年人约含有$3.7×10^{13}$个细胞。从生命起源的角度看，含有遗传物质的原始细胞的形成，标志着生命的诞生。细胞的类型决定生物界的类群，根据细胞结构的差异，把细胞分为真核细胞、原核细胞、古核细胞，由此延伸把整个生物界划分为真核生物、原核生物、古核生物。

生物大分子无论如何复杂，都不是生命。只有当大分子组成一定的结构，形成细胞这样一个有序的系统，才能表现出生命。当单细胞生物的细胞结构被破坏，失去有序性，例如将细胞匀浆，就意味着生命完结。

（二）具有新陈代谢

新陈代谢简称代谢，是生物体内发生的用于维持生命活动的一系列有序化学反应的总称。按性质，代谢可分为物质代谢和能量代谢。物质代谢是指生物体与外界环境之间物质的交换和生物体内物质的转变过程。能量代谢是指生物体与外界环境之间能量的交换和生物体内能量的转变过程。通常物质代谢与能量代谢相伴进行。按照转化关系，代谢可分为同化作用和异化作用。同化作用又称为合成代谢，指生物体将从外界环境中获取的营养物质转变成自身的组成物质，并且储存能量的过程。异化作用又称为分解代谢，是指生物体将自身的一部分组成物质分解，释放出其中的能量，并且把分解的终产物排出体外的过程。

代谢使生物体获得生长、繁殖、保持结构以及对外界环境做出反应所需要的物质和能量，是生命产生的物质基础，是生命活动得以进行的动力源泉。细胞代谢停止意味着细胞走向死亡。生物体代谢紊乱将导致严重疾病甚至死亡，如人类糖代谢紊乱引起糖尿病，脂代谢紊乱引起高脂血症，尿酸代谢紊乱引起痛风，电解质代谢紊乱引起高钾或低钾血症等。

（三）有繁殖、遗传与变异现象

繁殖是生物为延续种族所进行的产生后代的过程，即生物产生新个体的过程。生物体繁殖所产生的后代与其亲代相似的现象叫做遗传；繁殖产生的后代与其亲代之间、后代个体之间又存在微小的差异，这种现象称为变异。因此，繁殖受生物体遗传系统的影响。

繁殖是所有生命都具有的基本现象之一。繁殖使个体数目增加，物种得以延续，保证了生物的连续性，增加了生物的数量。遗传能保持物种的特性相对稳定，变异能使物种产生新的性状，导致物种的发展演化。没有可遗传的变异，生物就不可能演化。

非生命的无机物或有机物数量增加依靠特定条件下的化学反应完成，本质是由一种或几种物质转化为另一种或几种物质，底物与产物是完全不同的物质，不存在遗传或变异现象。

（四）在自身遗传系统的调控下进行有序的生长和发育

生物的生长是利用新陈代谢产生的物质和能量使细胞体积增大，数量增多的过程，在多细胞生物体中表现为器官、系统、个体长大。发育则是多细胞生物体生活史中一系列形态、结构、功能变化的过程，包括组织器官形态建成、性成熟、衰老等。

生物体生长发育的本质是细胞增殖与分化，其过程受自身遗传系统的精确调控，具有严格的时空程序性。因此，生长发育中遗传因素起决定性作用，外界环境影响生长发育，新陈代谢为生长发育提供物质基础。

某些非生命物质也能"生长"，例如晶体在结晶过程生长，其微观过程如下：构成晶体的原子或者分子在热运动的驱动下，发生随机的碰撞并形成化学键连接在一起，逐渐形成一个小分子团；当小分子团的尺寸大于某个临界尺度即临界晶核之后，它就不断地吸引结合更多的原子或分子同伴而继续长大，直到成为宏观尺度的晶体。可见，晶体生长的本质是同类物质的聚集，与生物体的生长有本质区别。

（五）具有受遗传系统影响的演化和适应能力

按照达尔文的观点，进化是有修饰的传代。在繁殖过程中，遗传物质常发生改变，使亲代和子代、子代不同个体之间出现变异。遗传物质改变，如基因突变和由遗传漂变、非随机交配、基因流、选择等引起种群内遗传结构的改变，都能使种群的基因型和表型多样化，发生演化。自然选择就是在生物本身出现大量变异的前提下有差别地存活和繁殖，适应所处环境的基因型和表型随着个体存活和繁殖机会提高被保留，不适应环境的个体由于存活和繁殖机会降低，其所具有的基因型和表型在种群中就逐渐被淘汰。

非生命物质间发生的合成或分解反应与生物进化类似，都有新物质和表型出现，但前者不受遗传物质的控制和影响。

（六）具有稳态和应激性

生物体通过多种调节机制保持内环境相对稳定，并在外部环境发生变化时也能维持体内环境条件稳定的状态，称为稳态。稳态存在于生命系统的各个层次，不仅机体内环境理化特性保持稳态，组织内细胞增殖、分化、凋亡等也维持组织稳态；分子水平上基因表达也必须保持稳态；机体内菌群种类和数量也保持稳态。此外，机体作为开放的复杂系统，具有一定的自组织和修复能力，使其能不断适应环境，维持稳态。

生命活动的基本目的就是维持内环境稳态使生命延续。稳态的一个重要特点是"相对稳定的动态平衡"，而非恒定不变或简单的理化平衡。通常某一生理功能或指标越重要，维持其稳态的调节机制就越复杂。如动脉血压及血氧含量的稳定对于器官生理功能，尤其对于心、脑这两个生命攸关器官的正常功能至关重要。因此，心肌收缩力、脑血管舒缩及血流量除了受全身神经、体液调节外，还具有自身调节能力。不仅如此，在心脏血流出口处的主动脉弓和脑血流入口处的颈动脉分叉处还有压力和化学感受器，更精细地调控动脉血压和心、脑血氧供给，以保证心、脑在不同情况下的代谢需求和功能活动的稳定。

生物感受体内外温度、压力、光线颜色和强度、土壤和水中化学成分等物理或化学变化，做出有利于保持其体内稳态和维持生命活动的应答，称为应激性。应激性是生物体的基本特性之一。单细胞生物的趋光性和趋化性，植物根系的向地性、向水性、向肥性，枝条叶片的向光性，动物通过神经系统对各种刺激发生的反射活动都是应激性的实例。

二、生命的定义

根据生命的典型特征，可把生命定义为具有细胞结构，能根据自身的遗传密码系统进行繁殖，能进行物质代谢和能量代谢，有生长发育、进化现象、适应能力、稳态、应激性的开放有序性的物质存在形式。

生命现象是多层次的，可大致分为 11 个层次，即生物大分子、细胞器、细胞、组织、器官、系统、个体、种群、群落、生态系统和生物圈。每一个层次都建筑在下一个层次的基础上。

三、特殊的生命形式——病毒

在所有生物中最特殊的生命形式就是病毒。病毒具有非生物的特点：首先是病毒没有细胞结构；其次，在入侵细胞之前不能繁殖，也没有新陈代谢；最后，病毒能像无机物一样结晶。但是，病毒又具有一些生命的特点：病毒的构成中有最基本的两种生物大分子——核酸、蛋白质；一旦入侵寄主细胞，它能借助寄主细胞的一套生命物质系统大量繁殖。通过对病毒的大量研究表明，生命和非生命之间没有绝对的界限，除了"非此即彼"，还有"亦此亦彼"。

第二节　生命科学领域的新成果

20 世纪 50 年代以后，生物学与化学、物理学和数学相互交叉渗透，取得了一系列划时代的科学成就，成为当代创新性最强、成果最多的学科之一。现代生物学常被称为"生命科学"，不仅是因为其研究深入生命的本质问题，更多是因为它成为多学科合作研究的产物。在微观方面，现代生物学已经从细胞水平进入分子水平探索生命的本质；宏观方面，生态学的发展已经成为综合探讨全球环境大科学的主要组成部分。

一、近 100 年内生命科学领域取得的推动人类社会进步的重要成果

人类社会正处于生命科学大发展的时代。20 世纪末，一些国际著名的新闻媒体评选 20 世纪政治、经济、文化、历史、战争、科学等方面 100 件大事，生命科学领域的报道占据自然科学大事的主要方面，其中多项成果开辟新的科学领域，推动社会进步，甚至颠覆了人类认知。

（一）青霉素的发现及意义

1945 年诺贝尔生理学或医学奖授予了弗莱明（Alexander Fleming，1881—1955 年）、钱恩（E. B. Chain，1906—1979 年）和弗洛里（H. W. Florey，1898—1968 年）这三位英国人。弗莱明的贡献是他在 1928 年发现了青霉素及其治疗效果；钱恩和弗洛里的贡献是在 1940 年发明了青霉素的生产技术。

青霉素的发现是人类医药史上一个了不起的成就，被誉为仅次于原子弹的发明。首先，在第二次世界大战后期青霉素的应用拯救了上百万人的生命；其次，青霉素奇迹般的疗效，促使人们寻求新的抗菌物质，此后链霉素（1943 年）、氯霉素（1947 年）、金霉素（1948 年）、土霉素（1950 年）、四环素（1953 年）以及卡那霉素、庆大霉素、万古霉素等数十种功效不同的抗生素层出不穷。自此，抗生素成为人们战胜各种传染病和炎症的不二法宝。从 1942 年起，青霉素开始大规模地生产，拯救了千百万肺炎、脑膜炎、脓肿、败血症等患者的生命。

（二）DNA 结构解析及其意义

1953 年 4 月 2 日，*Nature* 杂志收到了沃森（James Watson，1928—）、克里克（Francis Crick，1916—2004 年）和威尔金斯（Maurice Wilkins，1916—2004 年）三人署名的《核酸的分子结构——脱氧核糖核酸的一个结构模型》的论文，仅隔 23 天这篇改变人类认知的文章就在 *Nature* 杂志发表，发表速度之快为 *Nature* 杂志创刊之最。一个月后，5 月 30 日的 *Nature* 杂志又发表了沃森和克里克的另一文章《脱氧核糖核酸结构的遗传学意义》，详细阐述 DNA 双螺旋的生理功能和意义（图 1-1）。就此，DNA 双螺旋结构模型被提出。

沃森、克里克和威尔金斯三人分享了 1962 年度诺贝尔生理学或医学奖，其中威尔金斯和富兰克林（Rosalind Franklin，1920—1958 年）通过 X 射线衍射获得的 DNA 晶体结构照片，对模型的提出起到了重要作用，但富兰克林因英年早逝，与诺贝尔奖失之交臂。

DNA 双螺旋结构模型为解开遗传密码、绘制生命蓝图、发展生物技术、改变人类生活奠定了坚实的基础。DNA 双螺旋结构模型是 20 世纪自然科学领域最重要的三大发现之一，是继爱因斯坦的相对论、1925 年德国量子力学发现后的又一大发现。从此，生物科学史上一个崭新的时代——分子生物学和分子遗传学时代开始了。

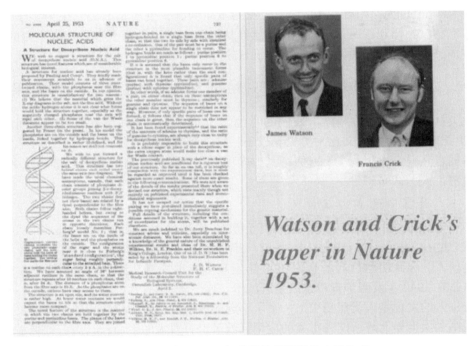

图 1-1　提出 DNA 双螺旋结构模型的论文及作者

（三）基因工程的诞生

1972 年，美国学者 Berg 和 Jackson 等将猿猴空泡病毒（SV40）基因组 DNA、大肠杆菌 λ 噬菌体基因以及大肠杆菌乳糖操纵子在体外重组获得成功。1973 年，美国斯坦福大学的 Cohen 和 Boyer 等在体外构建出含有四环素和链霉素两个抗性基因的重组质粒，将其导入大肠杆菌后，该重组质粒得以稳定复制，并赋予受体细胞对四环素和链霉素的抗性，由此宣告了基因工程的诞生。

基因工程的诞生基于理论上的三大发现和技术上的三大发明。理论上，首先发现了生物的遗传物质是 DNA 而不是蛋白质。其次，明确了 DNA 的双螺旋结构、半保留复制机制和蛋白质合成的中心法则，揭示了遗传现象的分子机理，为遗传和变异提供了理论依据。最后，操纵子学说和遗传密码子的破译。除线粒体、叶绿体存在个别特例外，遗传密码在所有生物中具有通用性，为基因的可操作性奠定理论基础。技术上，首先建立了用限制酶、连接酶体外切割和连接 DNA 片段的方法。其次，建立了把质粒改造成能携带 DNA 片段的载体（vector）的方法。最后，逆转录酶的使用打开了真核生物基因工程的一条通路。

基因工程的本质是按照人们的设计蓝图将生物体内控制性状的基因进行优化重组，并使其稳定遗传和表达。这一技术在超越生物世界种属界限的同时，简化了生物物种的演化程序，大大加快了生物物种的演化速度，最终卓有成效地将人类生活品质提升到一个崭新的层次。因此，基因工程诞生的意义毫不逊色于有史以来的任何一次技术革命。

基因工程研究与发展的意义体现在以下三个方面。第一，大规模生产生物活性分子。利用微生物，如大肠杆菌和酵母等基因表达调控机制相对简单且生长繁殖速度快等特点，超量合成其他生物体内含量极少但具有较高经济价值的生物产品。第二，设计构建新物种。借助于基因重组、基因定向诱变甚至基因人工合成技术，创造出自然界中不存在的生物新性状，甚至全新物种。第三，搜寻、分离和鉴定生物体，尤其是人体内的遗传信息资源。目前，日趋成熟的 DNA 重组技术已能使人们获得全部生物的基因组，并迅速确定其相应的生物功能。

（四）哺乳动物体细胞克隆成功

克隆是英语词汇"Clone"的音译，指天然或人工获得的无性繁殖系，如蚜虫孤雌生殖产生的后代、除原生动物外的天然和人工培养的单细胞分裂所产生的后代。到 20 世纪 70—80 年代，"克隆"一词已广泛用于分子、细胞、生物体三个水平的无性增殖过程，指产生性状完全一致的后代。

动物的克隆通常是用胚胎细胞或体细胞做细胞核供体材料，综合利用细胞培养技术、细胞融合技术、细胞核移植技术进行。按照供核细胞的种类，动物克隆可分为胚胎细胞克隆和已分化体细胞克隆两种类型。

1. 哺乳动物体细胞克隆技术的发展历史

最早的核移植开始于两栖类。1966 年英国科学家 Gurdon J. B. 和 Uehlinger V. 将蝌蚪肠细胞作为细胞核供体成功获得了成年蛙，从而证实了蝌蚪的体细胞具有发育的全能性，细胞的 DNA 上存在重新启动生长发育所需的全部基因，这一观点的提出为哺乳动物核移植研究奠定了理论基础。我国已故著名实验胚胎学家童第周教授在 20 世纪 60 年代曾用囊胚细胞进行鱼类细胞核移植工作，获得属间和种间核移植鱼，被称为"童鱼"。

哺乳动物首例胚胎细胞核移植成功实验是 1983 年美国科学家 Mc Grath 和 Solter 报道的，方法是将单细胞期小鼠胚胎作为核供体进行核移植。该实验首次利用显微操作及病毒融合两项新技术，成功获得了克隆小鼠，并建立了重复性良好的核移植操作程序。1986 年，英国的 Willadsen 等采用早期胚胎的卵裂球作供体细胞，用处于第二次减数分裂中期的去核卵母细胞作受体，并用电融合的方法替代了仙台病毒诱导融合，成功获得了核移植后代。而后该技术得到推广，成功地运用于其他种类的动物，获得了牛、兔、猪、山羊、猴等 20 多种胚胎克隆动物。但是，这一时期克隆动物的供体细胞全部来源于同种动物的胚胎。我国哺乳动物胚胎细胞核移植研究起步较晚，但进展迅速。1991 年，张涌等将山羊 4~32 细胞期胚胎卵裂球细胞核作供体，移植到去核的 MⅡ期卵母细胞，获得了5只世界第一例胚胎克隆山羊，实现我国哺乳动物核移植研究中零的突破。随后，胚胎克隆兔、猪、牛、小鼠相继取得成功。

哺乳动物首次体细胞克隆在1997年成功。1997年2月27日出版的英国 *Nature* 杂志上刊登了英国爱丁堡罗斯林研究所科学家 Ian Wilmut 等的一篇题为"Viable offspring derived from fetal and adult mammalian cells" 的论文，介绍了采用6岁成年母绵羊的乳腺上皮细胞为核供体，由代孕母羊产下世界上第一只成年体细胞克隆绵羊——多莉（Dolly）的过程。多莉羊的诞生是生物技术发展史的一个里程碑，一经宣布立刻引起了世界各国政府、科学家甚至普通民众的高度关注，纷纷投入大量的人力物力到克隆技术的研究中。1998年7月，日本科学家 Kato 等用牛的卵丘细胞和输卵管上皮细胞克隆出了8头小牛；同年同月，美国夏威夷大学 Yanagimachi 领导的研究小组用卵丘细胞核作供体，获得了克隆小鼠。1999年6月，Yanagimachi 的研究小组又利用成年雄性小鼠尾的细胞成功克隆了1只雄性小鼠。2000年初，美籍华裔学者杨向中领导的研究小组用一头17岁公牛耳部皮肤的成纤维细胞通过体细胞核移植获得了6头克隆牛。到目前为止，已成功获得绵羊、山羊、牛、猪和小鼠等多种体细胞克隆动物，同种体细胞克隆动物的方法已日趋成熟，成功率也逐步提高。我国在体细胞核移植的研究方面也取得了许多成果，2000年郭继形等得到了世界首批成年体细胞克隆山羊。2003年陈大元等在牛的体细胞克隆上也获得成功。2004年11月，广西大学动物繁殖研究所石德顺研究员的课题组以胎牛成纤维细胞为核供体成功地获得了一头体重29kg的世界首例体细胞克隆水牛。2005年3月，该课题组再次获得一头体细胞克隆水牛，不同的是，该体细胞克隆水牛采用的是颗粒细胞作为核供体。

哺乳动物体细胞克隆技术的建立具有重要的理论和经济意义，而且经济意义更引人注目。理论意义在于：再次证明了哺乳动物体细胞的细胞核具有全能性。经济意义在于：①人类能快速、大量繁殖优良品种动物和珍稀动物；②能将各种具有重要经济性状的基因转入供体细胞，然后克隆出具有新性状的经济动物；③能以乳汁、蛋白质等形式生产特殊的，甚至是名贵的药物和食品。

2. 哺乳动物体细胞克隆技术的应用

哺乳动物体细胞克隆技术的建立在医学、制药、动物育种、濒危动物保护等方面有广泛的应用前景。

（1）在制药领域的应用　在制药领域，人类可以利用转基因的克隆动物制造各种药物，使克隆动物成为药物制造厂，称为"生物反应器"。目前，转基因技术结合克隆技术已实现了多种药物的生产。用哺乳动物的乳腺生产药物，即乳腺生物反应器，不仅能解决目的基因的表达问题，而且还不影响动物的正常生长发育。

（2）在医疗方面的应用　治疗性克隆，即利用患者体细胞作为核供体，去核人卵细胞作受体进行核移植，用于治疗性细胞移植。当前，治疗性克隆研究集中在胚胎干细胞（embryonic stem cell，ESC）领域，主要包括以下几个方面。第一，治疗性细胞移植。将定向诱导分化的成熟 ES 细胞，直接注射入血管或内脏实质中，应用于老年心脑血管疾病的治疗。第二，组织或器官重建。将诱导分化的特定类型 ES 细胞移植入以生物材料构建的器官模型中，进行体外培养至器官形成，产生大量人体所需的内脏器官用于器官移植或替换体内衰老和发生病变的器官，解决临床上捐献器官数量严重不足的问题。第三，抗衰老研究。将定向分化的组织 ES 细胞移植入衰老的器官，以更新人体器官的衰老细胞。第四，利用克隆技术与基因疗法相结合，使得治愈遗传疾病成为可能。第五，利用克隆技术可以产生大量的动物来进行临床实验，既保证实验动物的供给，又能消除由于遗传基因不同给临床实验带来的干扰。

（3）在畜牧业方面的应用　畜牧业的生产效率主要由动物个体的生产性能和群体的繁殖性能决定。动物的繁殖性能是由它们的遗传特性决定的。利用体细胞克隆技术可以更好地实现优良品种的保存。

（4）在濒危动物保护方面的应用　克隆技术是否能挽救濒危动物曾引起广泛的争论。就野生动物保护现状而言，许多动物如果不通过人工繁殖，根本无法维持其种群数量。通过动物克隆技术可以增加濒危动物个体的数量，这对于避免该物种的灭绝具有重要意义，尤其是对于仅剩下一个或几个个体的物种，克隆的作用显得更为重要。但由于濒危物种的个体数量少，很难保证实验的需要，这就促使科学家提出了异种克隆的设想，即将濒危物种的体细胞或体细胞核注入到非濒危物种的去核卵母细胞中，再将体外发育至一定阶段的胚胎移入非濒危物种母体中发育产仔。实验中所用的非濒危动物应该与濒危动物的亲缘关系较近，且生殖特性也较相似。异种克隆的难度虽然很大，但如果成功将会有广阔的应用前景。

（5）转基因克隆　转基因克隆是应用动物克隆和转基因技术，将目标基因导入动物体细胞，再通过胚胎性别鉴定，大量高效生产出所期望性别的转基因动物。利用该技术可以实现外源基因的定点整合，也可以进行基因剔除、特异基因导入等操作，同时为基因功能分析、动物模型建立及疾病发生的基因机制的深入研究提供了新方法。

（6）重复克隆　以克隆动物的胚胎细胞或体细胞作为核供体，用其卵细胞作为受体进行再次克隆，并获得二代、三代及按此繁殖后代的过程即为重复克隆。1998 年美国夏威夷大学的国际科学小组在 *Nature* 杂志上宣布，采用成年鼠体细胞和卵丘细胞成功培育出 3 代共 50 余只克隆鼠。这是人类第一次用克隆动物的体细胞克隆出新的克隆动物。在我国，山羊核移植胚胎的重复克隆研究相对较为突出，可连续克隆 5 代，并获得成活后代。总之，该技术的应用在动物迅速扩群、物种改良方面具有明显优势。

3. 克隆人引发的伦理问题

自从克隆羊多莉诞生以来，有关克隆人的伦理学一直争论不休。世界上的各种政治组织和各国政府都明确反对生殖性克隆，而科学家们则对克隆技术的不完善心存疑虑。

为了克服克隆过程中的伦理学障碍和技术缺陷，科学家们在核移植技术的基础上，又发展了异种核移植技术、诱导多能干细胞技术等。诱导的多能干细胞可以分化成各种组织，甚至能发育成个体，这些方法使克隆技术不再破坏胚胎，避免了伦理学纠纷。

尽管科学技术在进步，但是人们对克隆人仍有很多不解和困惑。从自主、不伤害、行善和公正等四大生命伦理学原则着手，在技术层面上提出了尽管克隆人不会搞乱人际关系，不会减少人类基因多样性，也不会克隆出类似希特勒的战争狂人，但是，人类的生殖性克隆却剥夺了克隆人的自主性，对克隆人的生理和心理都有所伤害，违反了公正和行善的原则。因此，是否可以克隆人在伦理上仍然是需要长期讨论的问题。

综上所述，克隆尚有许多未知之处需进一步研究和探索。目前克隆技术已在诸多领域内展示并创造出巨大的经济效益，相信随着科学技术的不断发展和进步，克隆会最终成为一项成熟和尖端的生物技术，不断造福人类。

（五）人类基因组计划

2003 年 4 月 14 日，美国人类基因组研究项目首席科学家 Collins F 博士在华盛顿隆重宣布：人类基因组序列图绘制成功，人类基因组计划（human genome project，HGP）的所有目标全部实现。这标志人类基因组计划胜利完成和后基因组时代（post genome era，PGE）正式来临。在举世庆祝 DNA 双螺旋结构提出 50 周年之际，生命科学诞生了一个新的里程碑。HGP 被誉为可与曼哈顿原子弹计划、阿波罗登月计划相媲美的伟大系统工程，是人类第一次系统、全面地解读和研究人类遗传物质——DNA 的全球性合作计划。人类基因组序列图的成功绘制是科学史上最伟大的成就之一，奠定了人类认识自我的重要基石，推动了生命与医学科学的革命性进展。在后基因组时代，生命科学关注的范围越来越大，涉及的问题越来越复杂，采用的技术越来越先进，取得的成就将越来越多，生命科学及其相关科学将大有作为。

1. HGP 提出的背景

HGP 的提出有两个重要背景。第一，美国就核辐射对人类基因突变作用的研究长期未取得实质性进展。1945 年美国在日本广岛和长崎投掷的两颗原子弹导致幸存者遭受大剂量核辐射，造成大量受害者基因突变。美国能源部（Department of Energy，DOE）用了 30 多年时间研究核辐射对人类基因突变作用，未取得突破性进展。1984 年 12 月，受美国能源部和国际预防环境诱变剂和致癌剂委员会的委托，犹他大学的 White R 教授在美国犹他州的阿尔塔组织召开了一个小型学术会议，主要目的是研讨寻找有效检测人类基因突变的新方法，分析研究核辐射对人类基因突变的作用。与会者普遍认为解决该问题的最好办法是测定受害者及其后代的全基因组序列，并且首先测定出人类基因组全序列作为参考文本。这是历史上第一次提到测定人类基因组全序列。第二，美国肿瘤十年计划失败。1975 年，美国巨额投资启动的肿瘤十年计划基本上以失败告终。1985 年，美国能源部在加利福尼亚州的圣克鲁兹会议上第一次对测定人类基因组全序列进行了认真讨论，形成了人类基因组计划草案。1986 年 3 月 7 日，著名的诺贝尔奖获得者 Dulbecco 在 *Science* 杂志上发表题为 "A turning point in cancer research：sequencing the human genome" 的文章，率先向世界公开提出人类基因组计划，并倡导全世界有能力的科学家共同完成这一国际性大课题。1986 年 5 月，美国能源部 HGP 负责人 Smith D 在冷泉港会议上正式宣布了人类基因组启动计划。1986 年 8 月，美国国家科学研究委员会（National Research Council，NRC）成立了由 15 人组成的专家小组，负责起草一份人类基因组计划的专题报告，并于 1988 年 2 月，一份题为人类基因组的作图和测序的专题报告提交给了美国国会。美国国会能源和商业委员会下属的技术评估办公室（Office of Technology Assessment，OTA）就实施该计划的科学和医学价值、所需经费和资助方式、政府各部门和私人机构之间的协调工作以及国际合作与美国在生物技术上的竞争优势等进行了专题研究，并向美国国会提交了一份专题报告，报告指出 HGP 势在必行，而且时机已经成熟。此时，美国国立卫生研究院（National Institutes of

Health，NIH）也开始考虑人类基因组测序的问题，并于 1988 年 10 月与 DOE 签署了一项谅解备忘录，联合资助 HGP。1988 年 11 月美国国会批准 DOE 和 NIH 共同负责 HGP。

HGP 的提出引起了全世界的强烈反响，不仅推动了美国，也推动了全世界 HGP 的发展。1987 年初，美国 DOE 和 NIH 为人类基因组计划下拨了 550 万美元的启动经费（全年 1 166 亿美元）。1988 年 9 月，美国 NIH 成立了人类基因组研究室。该研究室 1989 年 10 月改名为国家人类基因组研究中心，1997 年 1 月改名为国家人类基因组研究所，诺贝尔奖获得者、DNA 分子双螺旋模型提出者 Watson 任第一任主任。此外，英国（1989 年）、法国（1990 年）、日本（1990 年）、中国（1993 年）、德国（1995 年）等国家和地区也开始启动了各自的基因组计划。1988 年 4 月，在 MaKusick V 等科学家的倡导下还成立了国际人类基因组组织（human genome organization，HUGO），主要负责协调各国科学家共同完成 HGP。

HGP 的雄心大、规模大、难度大、花钱多，社会大众、政府部门、科学家及其他各界人士有不少反对意见。经过几年的大讨论、大辩论，人类基因组计划不断成熟、完善。1990 年 10 月 1 日美国国会正式批准启动人类基因组计划，全世界免费共享所有研究成果。

2. HGP 实施与进展

（1）研究策略 人类基因组全序列分析分两大步骤，即制图（mapping）和测序（sequencing），全过程分为 4 个阶段，可交叉进行：①构建 1 厘摩的遗传图；②构建物理图；③建立重叠克隆系；④完成核苷酸顺序测定。HGP 最终将绘制出 4 张图谱，即遗传图谱、物理图谱、序列图谱和转录图谱，从分子水平上揭示出人体的奥秘。

遗传图谱（genetic map）也称连锁图谱（linkage map），是指通过测量不同性状连锁遗传的频率而建立的反映基因遗传效应的图谱，即通过计算连锁的遗传标志的重组率，以重组率的大小反映遗传标志间的相对距离绘制的遗传图谱。连锁图谱遗传标志间的相对距离以厘摩为单位，1 厘摩表示重组率为 1%。HGP 利用高度多态性的遗传标记，如简单串联重复序列（short tandem repeat，STR）和单核苷酸多态性标志（single nucleotide polymorphism，SNP）构建遗传图谱。

物理图谱（physical map）是通过测定遗传标志的排列顺序与位置而绘制成的，包括限制性酶切图谱、DNA 克隆片段重叠群图、序列标签图以及表达基因的特征性序列标记图等。HGP 在整个基因组染色体每隔一定距离标上序列标记位点之后，随机将每条染色体酶切为大小不等的 DNA 片段，以酵母人工染色体（yeast artficial chromosome，YAC）或细菌人工染色体（bacterial artficial chromosome，BAC）等作为载体，构建 YAC 或 BAC 邻接克隆系，确定相邻序列标签位点（sequence tagged site，STS）间的物理联系，绘制以 Mb、kb、bp 为图距的人类全基因组物理图谱。在分子生物学中，Mb、kb、bp 是 DNA 的长度单位。1bp（base pair）表示某段 DNA 分子中的 1 个碱基对，1kb（kilobase pair）指某段 DNA 分子中含有一千个碱基对，1Mb 表示 1 兆碱基对。$1Mb = 10^3kb = 10^6bp$。

序列图谱（sequence map）是人类基因组在分子水平上最高层次、最为详尽的物理图。测定 30 亿对核苷酸组成的基因组全部 DNA 序列是基因组计划中最为明确、最为艰巨的定时、定量、定质的硬任务。在遗传图谱和物理图谱基础上，精细分析各克隆的物理图谱，将其切割成易于操作的小片段，构建 YAC 或 BAC 文库，得到 DNA 测序模板，测序得到各片段的碱基序列，再根据重叠的核苷酸顺序将已测定序列依次排列，获得人类全基因组的序列图谱。

转录图谱（transcriptional map）又称表达图谱（expression map），是一种根据组织细胞中可表达片段标签（expressed sequence tags，EST）绘制的图谱，是将 mRNA 逆转录合成的 cDNA 或 EST 的部分 cDNA 片段作为探针与基因组 DNA 进行分子杂交，标记转录基因，绘制出可表达基因转录图，最终绘制出人体所有组织、所有细胞以及所有发育阶段的全基因组转录图谱。

HGP 在制图的基础上测序，最后获得 4 张图谱，核心是获得高质量的基因组序列图。首先力争获得覆盖人类全基因组序列 90%、精确率为 95% 的工作草图；在此基础上，查漏补缺，获得覆盖率 99%、精确率 99.99% 的精细图。最后获得覆盖率 100%、精确率 99.99% 的完成图。

（2）国际合作与私立公司竞争　HGP 的最大特点是全球化。整个人类基因组计划主要由美国、英国、日本、法国、德国和中国 6 个国家、20 个测序中心的 1 100 名生物科学家、计算机专家在 HUGO 的统一协调下精诚合作、共享材料、共享数据、共同攻关完成。中国的 HGP 是在国家自然科学基金委员会、国家高技术研究发展计划（863 计划）等共同资助下于 1993 年开始，1999 年 7 月注册加入国际人类基因组计划，1999 年 10 月 1 日正式启动 HGP，北京华大研究中心、国家南北方基因研究中心等 3 家测序中心参与，国家贡献率为 1%，主要负责人类 3 号染色体短臂从 D3S3610 至端粒的 30Mb 区域上 3 000 万个碱基对序列的测定分析。此外，加拿大、丹麦、以色列、瑞典、芬兰、挪威、澳大利亚、新加坡、前苏联等也都开始了不同规模、各有特色的人类基因组研究。印度、巴西、墨西哥、智利、肯尼亚等国也以不同的方式参与这一全球范围的合作与竞争。

1998 年 5 月 11 日，世界上最大的 DNA 自动测序仪生产商美国 PE Biosystems 公司与 John Craig Venter 教授共同组建了赛莱拉（Celera）私立公司，公开与政府投资的 HGP 展开竞争，宣称 3 年内投资 3 亿美元，以全基因组鸟枪法（whole-genome shotgun，WGS）完成人类基因组测序，申请 200~400 个重要基因的专利，并将所有序列信息保密 3 个月。该公司号称拥有自己研制的 300 台最新毛细管自动测序仪（ABI 3700）、全球第三的超大型计算机和超过全球所有序列组装解读力总和的研究实力。Celera 公司参与竞争大大加速了 HGP 的进程，该公司运用的自动操作和测序技术与 HGP 基本相似，但测序的方法不同，Celera 公司运用全基因组鸟枪法，而 HGP 运用分级鸟枪法（hierarchical shotgun，HS），即基于 BAC 连续克隆系的测序方法。两种方法各有优缺点，分级鸟枪法具有每条单独序列是确定已知的优势，但需要构建基因组的大片段的 YAC 或 BAC 文库，而全基因组鸟枪法不需要建立文库，直接将染色体 DNA 随机拆分为不同大小的片段，最后将每个片段的序列拼接起来得到全基因组序列，但该方法的计算处理难度大，精确度相对较差。

在 HGP 的前半段时间，测序工作进展缓慢，1997 年 HGP 仅完成 5% 的测序任务。

1998 年 5 月 Celera 公司的竞争参与加速了 HGP 的进程。2000 年 6 月 26 日，国际人类基因组测序联盟与 Celera 公司联合发布了人类基因组工作草图（work draft），2001 年 2 月 12 日又分别在 *Nature* 和 *Science* 杂志上公布了人类基因组精确图及初步分析结果，准确度达到 99.99%。两组数据存在一定差异，但大部分高度吻合，发现人类基因数目约为 3.14 万至 3.15 万个，仅比果蝇多 2 万个，远小于原来估计的 10 万个基因。2003 年 4 月 14 日 Collins F 博士在华盛顿隆重宣布 HGP 完成，得到了人类基因组完成图。迄今为止，*Nature* 杂志发表了 7、14、20、21、22 和 Y 共计 6 条染色体序列的完成情况及基本信息，其余染色体将陆续发表。

中国作为 HGP 第六个成员国和唯一的发展中国家，于 1999 年 10 月 1 日正式启动 HGP，2000 年 4 月，完成了 1% 人类基因组工作框架图。2001 年 8 月 26 日绘制完成中国卷，提前 2 年获得精确度达 99.99% 的完成图序列。所有 BAC 序列都经过指纹图谱的验证，共测定 3 116Mb 的序列，识别 122 个基因，其中 86 个是已知基因（55 个为功能明确的基因，8 个为疾病相关基因），在 31 个基因中找到了 75 种不同的剪切方式，发现了 1 760 个新的单核苷酸多态 SNP，分析了完成图中重复序列、CpG 岛和 GC 含量。除 4 张图谱以外，HGP 在生物信息科学、数据处理、知识产权及社会伦理学研究，特别是基因专利申请、基因诊断、基因治疗对保险、就业影响等多方面都取得了较大的进展。

（3）HGP 精神 HGP 给人类带来极大物质利益的同时，也给人类带来社会文化高度文明的精神享受。HGP 精神首先是协作精神。HGP 是人类历史上第一次由全世界科学家们精诚合作、共享材料、共享数据、共同攻关完成的史无前例的国际性大课题，比曼哈顿原子弹计划和阿波罗登月计划的协作性更强，它代表一种进步文化，将成为未来国际大课题的楷模。其次是 HGP 对社会的高度负责精神。HGP 十分重视人类基因组的研究对社会、法律、伦理等问题的影响，在整个人类基因组计划的实施过程中充分体现了求真、求善的社会高度责任感。

3. 后基因组时代

（1）时间界定 后基因组时代到底从何时算起至今仍无定论。基因组时代与后基因组时代及其研究手段、研究内容本身存在着交叉、重叠，没有严格的界限。有人将新千年公布人类基因组工作草图的 2000 年 6 月 26 日作为后基因组时代到来的标志，有人将新世纪国际人类基因组测序联盟与 Celera 公司分别在 *Nature* 和 *Science* 杂志上公布了人类基因组精确图及分析数据的 2001 年 2 月 12 日作为后基因组时代到来的标志。

目前，普遍将 Collins F 宣布人类基因组序列图制成功，人类基因组计划的所有目标全部实现的 2003 年 4 月 14 日作为后基因组时代正式来临的标志，有三个理由：第一，2003 年 4 月 HGP 任务全部完成；第二，1990 年正式启动 HGP 时指出 2005 年完成人类基因组计划时，生命科学便进入后基因组时代；第三，2003 年正好是 DNA 双螺旋结构提出 50 周年。

（2）重要研究领域

①生物信息学。生物信息学（bioinformatics）是应用计算机技术研究生物信息的一门新生学科，是生物学、数学、物理学、计算机科学等众多学科交叉的新兴学科，其研

究方法是将生物遗传密码与电脑信息相结合，通过各种程序软件计算、分析核酸、蛋白质等生物大分子的序列，揭示遗传信息，并通过查询、搜索、比较、分析生物信息，理解生物大分子信息的生物学意义。

②功能基因组学。功能基因组学（functional genomics）是指在全基因组序列测定的基础上，从整体水平研究基因及其产物在不同时间、空间、条件下的结构与功能关系及活动规律的学科。功能基因的研究是后基因组时代的关键点，疾病基因组学研究已成为后基因组时代的主旋律。获得基因组的结构信息只是认识基因组的第一步，弄清基因相应的功能及实际应用才是关键所在。根据基因的 mRNA 表达水平绘制每种组织细胞中的基因表达谱、细胞不同发育阶段的基因表达谱、正常和病理状态下的基因表达谱、治疗条件下的基因表达谱是功能基因组学的重要基础。HGP 在基因表达谱方面已取得一定进展，但人类基因有 90% 的功能尚不明确，功能基因组学将借助生物信息学的技术平台，利用先进的基因表达技术及庞大的生物功能检测体系，从浩瀚无垠的基因库筛选并确知某一特定基因的功能，并通过比较分析基因及其表达的状态，确定出基因的功能内涵，揭示生命奥秘，甚至开发出基因产品。功能基因组学在后基因组时代占有重要位置，其研究成果直接给人类健康带来福音。

③蛋白质组学。蛋白质组是指一个基因组、一种生物或一种组织细胞所表达的全套蛋白质，蛋白质组学是以蛋白质组为研究对象的新的研究领域，主要研究细胞内蛋白质的组成及其活动规律，建立完整的蛋白质文库。蛋白质组学（Proteomics）分为表达蛋白质组学和细胞图谱蛋白质组。表达蛋白质组学是建立细胞、组织中蛋白定量表达图谱或扫描 EST 图。细胞图谱蛋白质组是确定蛋白质在亚细胞结构中的位置、纯化细胞器或用质谱仪鉴定蛋白复合物组成，确定蛋白质–蛋白质的相互作用。HGP 已经确定人类3 万多个基因在 23 对染色体上的位置及其碱基排列顺序，后基因组时代科学家将盘点人类蛋白质组里所有蛋白质，研究其生理功能。基因研究是 20 世纪生命科学的主线，HGP 使其达到登峰造极。HGP 的实现为未来生命科学研究奠定了坚实的基础，但基因的重要作用最终需要蛋白质来体现，蛋白质组学与基因组学同等重要，甚至更为重要。进入 21 世纪，蛋白质组学的基础与应用研究正以指数形式增长，蛋白质研究规模与深度到了前所未有的程度，生命科学已从核酸时代回归蛋白质时代，对生命奥秘的探索由基因、核酸层次深入到蛋白质层次，蛋白质组学将成为后基因组时代的重要支柱之一，其发展不可限量，蛋白质组学的深入研究将带来巨大的经济和社会效益。

④药物基因组学。尽管人类的基因 99.99% 是相同的，但在药物作用机制、药物代谢转化、药物毒副作用等方面都存在着个体差异。药物基因组学（pharmacogeneomics）以提高药物疗效与安全性为目的，研究影响药物作用、药物吸收、转运、代谢、清除等过程中基因差异，通过对疾病相关基因、药物作用靶点、药物代谢酶谱、药物转运蛋白基因多态性等方面研究，寻找新的药物先导物和新的给药方式，并指导临床用药。药物作用靶点与发病机制的关系、以基因为基础设计新药（如反义药物）、单核苷酸多态性与疾病及药物敏感性的关系等方面的成就表明药物基因组学的价值已初露端倪。HGP 的完成掀起新一轮的基因热潮和生物科技竞赛，各大跨国制药公司看好基因药物市场，利用基因研究开发新药物，抢占基因药物市场。随着药物基因组学的发展成熟和新基因的更多发现，将会有

更多的新药出现，生物医药产业必将成为未来经济的支柱产业之一。

（3）HGP 的伦理、法律和社会问题　基因组研究是一把双刃剑，给人类带来福音的同时也可能带来灾难。HGP 一开始就非常注重与基因组研究相关的伦理、法律和社会问题（ethical, legal, and social issues, ELSI）的研究。ELSI 是 HGP 的重要组成部分，基因信息利用的公平性问题、隐私和保密问题、个体基因差异而引起的心理影响和伤害问题、遗传检测和人口普查涉及的问题、生殖问题、处理或预防基因缺陷的基因治疗问题、基因改进问题、临床质量控制的标准和标准的执行问题、知识产权和数据以及资料的利用问题、自由意志和基因决定论、疾病和健康等问题都在 HGP 之列。1988 年 9 月，美国 NIH 的人类基因组研究室第一任主任 Watson 宣布 HGP 预算经费的 3% 用于 ELSI 研究，1989 年 1 月，人类基因组顾问委员会成立了 ELSI 工作组，1990 年确定了 ELSI 的目标与任务，提出了具体的研究方案。1997 年 7 月，美国 DOE 和 NIH 还成立了 ELSI 计划与评价工作组（2000 年 2 月被 ELSI 研究顾问取代），负责评述与分析 ELSI 研究方案，起草 5 年计划。HUGO 也多次召开国际会议专题讨论 ELSI，协调世界各国的 ELSI 研究。2000 年，ELSI 计划与评价工作组报告了 HGP 的 ELSI 研究进展。目前，ELSI 研究取得较大进展，完成了预期的目标与任务。然而，ELSI 涉及面广、问题复杂、影响深远，不仅是自然科学问题，更是社会科学问题，是一个涉及政治、经济、法律、伦理道德、社会教育与心理等多领域的庞大复杂的科学体系，已取得的 ELSI 研究成果仅仅解决了其中部分问题，甚至是极少部分，还有大量问题需要研究解决。后基因组时代 ELSI 显得更为重要，必须高度重视，大力加强 ELSI 研究。

（六）干细胞研究

干细胞是一类具有自我更新和多向分化潜能的细胞，在一定条件下可以分化为多种功能细胞。根据干细胞所处的发育阶段可分为胚胎干细胞和成体干细胞（adult stem cell, ASC）；根据干细胞发育潜能分为全能干细胞如 ESC、多能干细胞（pluripotent stem cell, PSC）和单能干细胞如造血干细胞（hematopoietic stem cell, HSC）、神经干细胞（neural stem cell, NSC）等。干细胞由于具有再生各种组织和人体器官的潜在功能，因此在医学界常被称为"种子细胞"或"万用细胞"，为许多重大疾病的有效治疗带来了新的希望。

干细胞的应用研究始于 20 世纪 60 年代。1945 年，美国在日本投放的原子弹产生大量核辐射，致使当地白血病等血液系统疾病患者人数激增，日本医生大胆设想是否可以用骨髓移植治疗白血病，结果取得了意想不到的良好效果。

在干细胞研究领域成为前沿热点的背景下，目前全球登记的干细胞临床试验已超过 7 000 项，其中有接近 3 000 项已完成临床试验研究（数据来源于 Clinicaltrials. gov，截至 2019 年 12 月）。

从疾病治疗领域来看，神经系统疾病、癌症和肿瘤类疾病、出生前疾病和异常、血液和淋巴疾病、心血管疾病是目前干细胞治疗临床研究数量较多的疾病领域。在干细胞治疗的细胞种类选择上，造血干细胞的临床试验数量最多，占干细胞临床试验总数的 48.5%（3707 项/7637 项），体现出 HSC 在干细胞临床研究中受到的高度关注；其次是间充质干细胞（mesenchymal stem cells, MSC），总计有 1 013 项，占比 13.3%，其数量尤其在近几年持续增加，说明 MSC 的重要性日益增强；在其他类型细胞中，神经干细胞和多能干细胞的治疗研究进入临床试验阶段的项目数量也相对较多，其中神经干细胞被主要应用于中枢神经系统疾病的治疗，而多能干细胞被主要应用于眼部疾病和遗传性疾病的治疗。

在获批上市的干细胞药物中，超过一半是间充质干细胞治疗产品。根据 Polaris Market Research 发布的最新研究报告，全球间充质干细胞市场前景明朗，在多种综合因素的影响下，整个市场将保持增长趋势；2018—2026 年，全球间充质干细胞市场预计以 7.3% 的复合年增长率增长。同样，全球市场调研机构 ARC（analytical research cognizance）发布的报告也显示，全球间充质干细胞市场发展迅速，预计至 2024 年底其市值将达到 2.2 亿美元。

干细胞治疗一直是生命科学前沿最受重视的领域之一。目前全球干细胞临床研究主要分布于美国、欧洲等国家或地区。近年来，在国家政策的扶持下，我国干细胞临床研究也与日俱增，在数量上追赶而上，迈入世界领先行列。这预示着中国已进入全球干细胞治疗领域的梯队，与其他国家间的差距在逐步缩小。

我国干细胞行业在国家鼓励性政策的引导下正在蓬勃发展。在干细胞临床研究方面，根据中国医药生物技术协会的公示信息，截至 2019 年 12 月，我国干细胞临床研究备案机构已增至 119 家，其中国家批准干细胞临床治疗研究医院 107 家，军队系统医院 12 家。从地区分布上看，北京、广东、上海已通过备案研究机构的数量处于领先地位；浙江、山东、云南、江苏和湖北紧随其后。同时，由备案机构提交的干细胞临床研究备案项目已增至 69 个，部分项目已宣布启动。其中，从涉及的疾病治疗领域来看，神经系统疾病（占比 19%）和妇产科疾病（占比 16%）是目前最受关注的两个领域，未来有望获得快速突破。

在干细胞临床应用方面，根据国家药品监督管理局药品审评中心公示信息显示，2018 年 6 月以来，共有 12 款干细胞新药注册申报获受理，结束了我国干细胞领域在此前长达四年之久的申报受理空白期。2019 年我国干细胞临床转化也获得了实质性进展。在国家药监局收审的干细胞 I 类新药中，有 7 款干细胞新药已获得临床试验默示许可，分别是胎盘、脐带、异体/自体脂肪来源的间充质干细胞，适应征包括了膝骨关节炎、类风湿关节炎、糖尿病足溃疡和移植物抗宿主病（graft-versus-host disease，GvHD）。

目前，我国干细胞的临床应用尚属起步阶段，尽管上述干细胞临床试验已初见成效，但仍有许多问题有待解决，在大规模临床应用前，为确保其疗效和安全性，必须进行严格的质量控制，坚实的基础研究和动物模型实验，开展大样本、多中心、随机对照干细胞治疗临床试验等，相信随着干细胞研究的不断深入，在未来的生物科学领域将发挥巨大作用。

（七）籼稻基因组精细图完成

2002 年，*Science* 杂志以长达 14 页的篇幅介绍了中国科学家完成世界第一张籼稻基因组精细图，并以青山衬托下的一片金灿灿的云南哈尼梯田作为该期的封面（图 1-2），同时还配以大量评论文章高度评价该工作。该成果还被中国科学院和中国工程院两院院士评选为 2001 年度中国十大科技新闻之一。2002 年 5 月 28 日，江泽民主席在两院院士大会上的讲话中，将其列为近代中国生命科学对世界三个主要贡献之一。2002年9月5日，该项目组荣获由香港求是科技基金会颁发的2002年度"求是杰出科技成就集体奖"。2002年11月11日，中国科学院基因组生物信息学研究中心暨北京华大基因研究中心深圳华大基因公司（BGI）主任杨焕明、于军又因在水稻基因组研究中的巨大贡献，被拥有150多年历史并享誉世界的杂志《科学美国人》评为2002年度"全球科研领袖"。

图 1-2 云南哈尼梯田作为 *Science* 杂志的封面

1. 研究背景与意义

水稻是世界上最重要的粮食作物，全球近半数人口以其为生。水稻基因组是迄今为止开展基因组测序的最大植物基因组，约为人类基因组的 1/7，约 4.3 亿对碱基。通过对水稻全基因组序列分析，可以获得大量的水稻遗传信息，全面了解其遗传机理，并可获得大量用于农作物改良的极具价值的基因。

由于水稻是禾本科作物中的模式生物，对其遗传密码的破译，将促进玉米、小麦等其他重要农作物的研究和应用发展，从而带动整个粮食作物的研究。因其所蕴含的巨大社会效益和经济效益，国际上对水稻基因组研究的竞争非常激烈。日本于 1991 年将水稻基因组制图计划列入水稻基因组研究规划。1998 年 2 月，由日本科学家牵头的"国际水稻基因组计划"正式启动，选取日本主要栽培品种——粳稻"日本晴"为研究材料。随后美国默沙东公司（Mensanto）和瑞士先正达公司（Syngenta）相继开展了对"日本晴"的基因组测序研究工作。

中国及东南亚等主要水稻生产国均以籼稻及以籼稻为遗传背景的杂交稻为主要栽培品种，其种植面积占世界稻谷生产的 80% 以上。中国是世界上水稻种植面积最大的国家之一，袁隆平院士培育的超级杂交水稻较其他品种增产 20%~30%，为解决我国及世界的粮食问题做出了重大贡献。为开发这一宝贵的国家资源，继续保持我国在杂交水稻育种领域的国际领先地位，由中国科学院基因组生物信息学研究中心暨 BGI 发起，遗传与发育生物学研究所和国家杂交水稻工程技术研究中心等共同参与的"中国杂交水稻基因组计划"于 2000 年 5 月 11 日正式启动,选取超级杂交稻的父本——纯种籼稻93-11 为研究对象。

2. 研究过程及主要内容

"工作框架图"是指覆盖基因组大于 90%序列的基因图谱,但仍存在碱基、序列不确定的区和未在染色体上定位的序列。"精细图"则是指基因组中所有基因覆盖区域碱基序列精确、基因精确定位于染色体上的基因图谱。当时,国际通用的测序方法主要有两种——霰弹法和克隆法,这是两种不同的技术路线。BGI 采用的是"全基因组鸟枪法测序",即霰弹法,是将基因组 DNA 打成约 2~3kb 的片段进行测序,然后再将这些小的片段拼接起来,重新组装成一个完整的基因组。它的最大优点是经济、快速、高效,但对高性能计算的方法和设备要求非常高。

2001 年 10 月 12 日,由中国科学院、科技部、国家计划委员会联合宣布完成了水稻(籼稻)基因组"工作框架图"的绘制,并公布数据库供无偿使用,得到国内外同行的一致好评。至今,已有 22 个国家 20 多万人次访问和下载了中国的水稻数据。框架图的研究成果也极大地加速了全球水稻基因的研究工作,中国也投入了近两亿元的资金,支持基于水稻基因组的功能和应用开发研究。

水稻(籼稻)基因组精细图是我国后续水稻功能和应用研究以及水稻全基因组第三代芯片研制的基础,同时也是比较基因组学研究的基础。根据现有经济实力和"工作框架图"的结果,着重进行基因所在区域内的"精细图"绘制。终于在 2002 年 12 月初 BGI 率先完成了水稻(籼稻)全基因组"精细图"的绘制。该成果的主要内容和应用如下。

(1) 完成了水稻(籼稻)全基因组"精细图" 该图覆盖了 97%的基因序列,并可将其中 97%的基因精确地定位在染色体上。覆盖基因组 94%的染色体定位序列准确性达到了 99.99%,已达到国际公认的精细基因图的标准。它是迄今为止世界上唯一的基于"全基因组鸟枪法"构建的大型植物基因组高精度基因图。

(2) 完成了水稻亚种内和亚种间分子遗传标记图谱 通过对籼稻和粳稻亚种基因组已定序列的比较分析,发现了 100 多万个单核苷酸多态性,将这些分子遗传标记在染色体上定位,并整合在精细基因图谱上。这些标记物可以用来鉴别基因的来龙去脉,追踪它们在遗传群体中和杂交过程中的分布,进而指导遗传育种实践。

(3) 预测出约 6 万个水稻基因 利用这些信息,制备出了全基因组基因芯片,为功能基因组研究提供了强有力的工具,为大规模分离抗病、高产、优质的相关基因奠定了基础。

(4) 通过比较基因组学研究,发现水稻和拟南芥基因组在基因组结构、基因表达和基因功能方面存在广泛差异。以水稻为代表的单子叶植物与拟南芥相比具有很多新的基因,为解释这些基因的新功能和进一步研究单子叶植物、双子叶植物在分子进化和生理生化上差异的分子机制研究奠定了基础。

(5) 建立了全基因组鸟枪法测序基因组组装的计算机软件体系 运用全基因组鸟枪法测序,组装成高精度全基因组的基因图,是一项技术上的新突破,在植物基因组研究中属首创。植物基因组有大量的重复序列，它们主要分布在基因和基因之间，使基因很容易重复和翻转，同时为基因序列的组装造成巨大困难。这些重复序列的正确识别和组装，需要开发特殊的计算软件。该体系的建立，为开展其他重要物种的基因组研究开辟了一条全新的经济、快捷和可靠的研究方法。

3. 应用价值

水稻基因组研究是与信息科学密切结合的大科学工程。大规模的水稻基因组测序，促进了测序技术的集成，使工业规模的高通量 DNA 测序成本大幅度降低。

基因组大量数据的产出全面促进了我国海量信息处理体系和高性能计算的软硬件开发。计算技术研究所的大型计算机"曙光 3000"，国家北方计算中心的大型计算机"神威"，都为水稻基因组的工作做出了积极的贡献。高性能计算在生物学领域的成功应用，对人们在海量信息的基础上探讨生物的奥秘，从方法论和观念上都带来革命性的进步。

自主基因预测软件的开发使得准确地预测基因和覆盖全基因组的基因芯片研制成为可能。基因芯片将基因组学的基础研究与功能和应用研究密切联系起来，大大加快了水稻基因表达的动态研究。

中国水稻基因组工作在"投入/产出比"上远优于国际同类项目，成为国际大科学项目的重要典范之一。由此吸引了国际同行对中国基因组研究的密切关注，美国、丹麦等国的政府以及世界银行等投资机构已在基因组相关的领域与我国进行合作谈判。

该成果的取得将为全面了解水稻的生长、发育、抗病、抗逆和高产规律，推动遗传育种，解决粮食问题带来革命性的突破。

（八）人造生命

2010 年 5 月 20 日，以人类基因组测序而闻名全球的美国科学家 J. C. Venter 在 *Science* 杂志上发表了一篇题为"Creation of a bacterial cell controlled by a chemically synthesized genome" 的研究论文，宣布他们制造出完全由人造基因控制的细胞———一种支原体，并将其命名为 Synthia，意为"人造儿"。

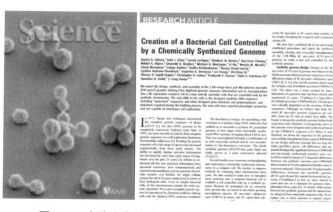

图 1-3　人造生命的论文及相关 Science 杂志封面

在实验中，科学家们人工合成了丝状支原体（*Mycoplasma mycoides*）长达 1.08×10^5 bp的全部基因组，并将其移植到去除遗传物质的山羊支原体（*M. capricolum*）细胞内。通过在培养基中进行培养，得到了全部由人工合成的基因组控制性状的丝状支原体。这是人类第一次由零开始，制造新的生命。

这个人工合成的生命其实只是人工合成了遗传物质，生命赖以存在的结构基础——细胞仍然是先前已经存在于自然界的，而非人工装配。生命的基本结构——细胞，目前仍然无法人工制造。

有意思的是，人工合成生命的研究还有一个额外的发现：通过系统地敲除支原体 *Mycoplasma genitalium* 的基因，发现基因组至少需要含有约 400 个基因，才能维持一个自由生活的细胞，从而确定了最简单且能够独立生存的细胞基因组的规模。

（九）酵母人工染色体

2017 年 3 月 10 日 *Science* 杂志上发表的有关我国科学家利用化学物质合成了 4 条人工设计的酿酒酵母染色体的成果，标志着人类向"再造生命"又迈进一大步。该研究利用小分子核苷酸精准合成了活体真核染色体，首次实现人工基因组合成序列与设计序列的完全匹配，得到的酵母基因组具备完整的生命活性，我国也成为继美国之后第二个具备真核基因组设计与构建能力的国家。自 2012 年开始，天津大学、清华大学和深圳华大基因研究院与美国等国家的科研机构共同推动了酵母基因组合成国际计划（Sc2.0），旨在对酿酒酵母基因组进行人工重新设计和化学再造。我国科学家此次成功合成的 4 条酿酒酵母染色体，占 Sc2.0 计划已经合成染色体的 2/3。

（十）突变体制备技术

作为人类基因组计划的重要补充，突变体的制备技术为人类功能基因组的研究提供了重要的平台，也对细胞生物学、发育生物学等学科的发展，甚至是人类自身疾病的研究与防治起了巨大的推动作用。

1. RNA 干扰

RNA 干扰（RNA interference，RNAi）是指利用一段特异的双链 RNA 或单链反义 RNA 通过注射、转染或转基因的方法导入到细胞或模式生物体中，启动一套信号通路降解与这段 RNA 对应的、通常包含这段序列的 mRNA，使该 mRNA 无法翻译成相关的蛋白质，从而在 mRNA 水平上阻断对应基因的功能，达到制备某一基因突变体的目的。RNAi 方法的优点是实验周期较短，但缺点是有时特异性不强。现在，在绝大多数模式生物中都是可以通过 RNAi 的方法实现特定基因的失活。为此，这一技术在 2006 年获得了诺贝尔奖。

2. 基因敲除

基因敲除（knock out）是在 DNA 水平制备突变体的一种方法。通常 DNA 水平突变体的制备方法以果蝇为例有化学诱变法、P 因子介导的突变、基于同源重组的定点突变三种。前两种方法属于正向遗传学（forward genetics）的方法，而后一种方法和上面提到的 RNAi 的方法则属于反向遗传学（reverse genetics）的方法。

后基因组时代的生命科学的任务早已不是寻找新的基因，而是在全基因组水平研究基因的功能，最终完成对全部基因组功能的诠释，也就是细胞生命活动的机制的认识。为此，科学家们正在整合所有信息，建立各种各样的文库：如突变体库、基因表达模式库、各种蛋白组学库、非编码 RNA 文库等。其中，突变体库对基因组功能的诠释将会发挥至关重要的作用。目前诸多模式生物中的各种突变体库都已存在，已经逐渐形成了生命科学研究的宝贵资源。

无论在广度或在深度上，生命科学近 50 年的发展超过了过去 200 年。在生命科学领域，学科的界限逐渐模糊，分子生物学、细胞生物学、遗传学等已经密不可分。分子生物学在微观层次对生物大分子的结构和功能，特别是对基因的研究取得突破后，正深入到从分子水平上来解释细胞活动、个体发育、遗传和进化的现象与规律。基因、蛋白质、细胞、发育、进化与生态研究形成基础生物学研究的一条主线。另外，遗传、细胞发育等从分子、细胞到整体不同层次水平的研究，其他领域如数学、物理、信息科学等多学科向生命科学的交叉和相互渗透，复杂系统理论和非线性科学的发展，特别是基因组学（genomics）、蛋白质组学、代谢组学（metabonomics）平台技术的建立，也使得基础生物学研究在思维和方法论上从分析走向综合，或者分析与综合结合，体现了整合生物学或系统生物学的思想。此外，新技术和新方法的建立和引入，如生物芯片技术、生物信息学理论和方法、各种质谱（mass spectrum）、波谱方法、单分子技术等，在基础生物学研究中发挥着越来越重要的作用。

二、现代生物学的前沿领域

（一）系统生物学

1. 概念

系统生物学也称为整合生物学。作为人类基因组计划的发起人之一、系统生物学的组学（Omics）生物技术开创者之一的美国科学家莱诺伊·胡德（Leroy Hood）在 2004 年将其定义为：系统生物学是研究生物系统中所有组成成分（基因、mRNA、蛋白质等）的构成，以及在特定条件下这些组分间的相互关系，并通过计算生物学建立一个数学模型来定量描述和预测生物功能、表型和行为的学科。

我国杨胜利院士（2004）在中国科学院院刊上发表的有关文章中对系统生物学概念表述如下：系统生物学是在细胞、组织、器官和生物体水平上研究结构和功能各异的生物分子及其相互作用，并通过计算生物学定量阐明和预测生物功能、表型和行为的学科。

2. 系统生物学的基础

基因组学、转录组学、蛋白质组学与代谢组学等构成系统生物学的组学生物技术基础，其中基因组学是系统生物学的核心，转录组学、蛋白质组学、代谢组学、生物信息学等由基因组学衍生而来。

（1）基因组学　基因组指一种生物的全部基因和染色体组成。基因组学就是将一个生物体的所有基因进行集体表征和量化，研究基因组的结构、功能、进化、定位等问题，并分析它们之间的相互关系以及对生物产生的影响。

研究内容上，基因组学包括结构基因组学和功能基因组学。结构基因组学是在生物体的整体水平上（如全基因组、全细胞或完整的生物体）对所有基因组产物结构进行系统性的测定，它应用高通量的选择、表达、纯化以及结构测定和计算分析等手段，测定出全部蛋白质分子、蛋白质与蛋白质、蛋白质与核酸或多糖等物质的精细三维结构，以获得生物体全部蛋白质在原子水平的三维结构全息图。功能基因组学又称后基因组研究，内容主要包括全长 cDNA 克隆与测序、DNA 芯片等基因转录图谱的获得、突变体库的构建、高通量的遗传转化鉴定系统和研究基因组表达的全部蛋白质及其相互作用。针对功能基因组学研究的内容，其研究所需的新技术也应运而生，有微阵列分析、差异显示反转录 PCR 技术、基因表达序列分析、遗传足迹法、反义 RNA 和 RNAi、基因敲除和基因陷阱等。

研究深度上，随着基因组学的发展，科学家们对基因组的研究从一维的基因序列、二维的不同序列的相互作用研究，逐渐深入到三维的染色质的空间构象、四维的序列随时间的变化层面。

技术上，基因组学的发展归功于第二代与第三代基因组测序技术的快速发展，大大降低了基因组的测序成本。第二代测序和第三代测序互相取长补短，采用两个测序技术可得到更加完整和高质量的基因组数据。

基因组组装与注释是挖掘认识基因组信息的重要手段。基因组的注释关键包括基因组结构注释与功能注释。基因组结构注释预测定位各基因的物理图谱，获得基因起始密码子、内含子和外显子、基因的终止密码子等结构信息，可采用基于机器学习的从头预测或基于同源序列的比对预测。基因功能注释则多采用基于数据库中的已知序列进行同源比对的方式。常用的基因组数据库有 GenBank、Genome 与 GOLD 等综合数据库和物种特异性数据库如包含大肠杆菌（*Escherichia coli*）和谷氨酸棒杆菌（*Corynebacterium glutamicum*）等细菌基因组的数据库（Microbesonline）、酿酒酵母（*Saccharomyces cerevisiae*）基因组数据库（SGD）、真菌基因组数据库（FungiDB）等。除基因组的从头预测注释外，比较基因组可通过对比具有不同表型的菌株的基因组，获得与特定表型相关的单核苷酸多态性、基因的插入与缺失等。

宏基因组学（metagenomics）又被称为微生物环境基因组学、元基因组学，它通过从环境采集的样品中提取全部微生物的 DNA，利用基因组学的研究策略研究环境样品所包含的全部微生物的遗传组成及其群落结构与功能。

（2）转录组学 转录组（transcriptome）指在特定环境条件下生物体表达的所有 RNA。转录组学通过对不同条件下特定细胞内的所有 RNA 的定量检测分析各基因的表达水平。转录组定量检测技术主要包括基因表达芯片技术与基于第二代测序的 RNA 测序技术（RNA sequencing technology，RNA-seq）等。

比较转录组学通过对不同条件下基因表达水平的比对分析研究不同条件下生物体的响应变化和不同生物体之间的差异。时间序列的转录组数据可展示不同生命过程中基因的动态变化，这些变化信息蕴含着丰富的调控关系，有助于人们更加深刻地认识生物内部基因的动态关系，理解代谢过程。转录组数据库收集了不同物种不同条件下的转录组数据，如 GEO、ArrayExpress 与 M3D 等为转录组的整合分析提供了宝贵的数据资源。

（3）蛋白质组学 蛋白质组（proteome）指在特定环境条件下生物体表达的所有蛋白质。蛋白质组学是对不同环境条件下生物体表达的所有蛋白质进行定性和定量分析，系统研究蛋白质的加工、修饰以及蛋白质间的相互作用。随着蛋白质组学的发展，有许多不同方法用于蛋白质组学的研究，如蛋白芯片、二维聚丙烯酰胺凝胶电泳－质谱（Two－dimensional polyacrylamide gel electrophoresis/Mass spectrometry，2D－PAGE/MS）与液质联用（Liquid chromatography－tandem mass spectrometry，LC－MS/MS）等。近年来，质谱相关技术的迅速发展大大促进了蛋白质的鉴定与定量分析，一系列定量蛋白质组技术发展起来，如细胞培养氨基酸稳定同位素标记（Stable isotope labeling with amino acids in cell culture，SILAC）、同位素亲和标签（Isotope coded affinity tag，ICAT）与同位素标记相对和绝对定量标记（Isobaric tags for relative and absolute quantitation，iTRAQ）等，为全面、系统地定性和定量分析复杂细胞蛋白质组提供了有效的技术手段。

目前，常用蛋白质组数据库主要包括基于质谱的蛋白质组数据库，如 PRIDE、GPM 与 PeptideAtlas 等，综合蛋白质组数据库 Uniprot 与特定蛋白质组数据如线粒体蛋白质组 MitoMiner 与膜蛋白质组 Plasma Proteome Database 等。这些数据库资源也为蛋白质组的鉴定与定量分析提供了有力的支持。

（4）代谢组与代谢流组 代谢组指在特定生理条件下细胞所有代谢物的集合，尤其是相对分子质量为 1 000Da 以下的小分子代谢物。代谢组学主要系统研究代谢物的变化，揭示生命过程中细胞代谢调控变化。与转录组和蛋白质组相比，代谢组更能反映出细胞代谢的动态变化。质谱相关技术如液质联用、气质联用（Gas chromatography－Mass spectrometry，GC－MS/MS）、毛细管电泳质谱（Capillary electrophoresis－Mass spectrometry，CE－MS/MS）及核磁共振技术（Nuclear magnetic resonance spectroscopy，NMR）的发展，大大推动了代谢组研究。

与代谢组相比，代谢流组更侧重胞内代谢流量的分析。目前，多采用^{13}C－标记物来分析不同特定条件下细胞内的碳流分布，通常包括^{13}C－标记物存在下的菌株培养、胞内代谢物的同位素分布检测、^{13}C－标记辅助下的代谢途径与代谢流分析等步骤。代谢流分析（^{13}C－Metabolic flux analysis，MFA）往往需要同位素数据处理与相应分析软件，如 OpenFLUX2、^{13}CFLUX2 与 INCA 等。目前，代谢流分析数据库 CeCaFDB 收集了 100 多个基于^{13}C－标记的代谢流数据。

（5）基因组规模的生物网络模型 各组学数据的不断丰富为从系统的角度全面解析生命过程奠定了基础。但如何解析海量多组学数据仍然是系统生物学面临的挑战。全基因组规模的生物网络是解决这一问题的有效策略。

目前，多个重要微生物不同层次的生物网络已经建立，尤其是基因组规模的代谢网络模型、转录调控网络模型与蛋白互作网络等。许多重要工业微生物，如大肠杆菌、酿酒酵母与黑曲霉（Aspergilus niger）的基因组规模的代谢网络模型已建立。在代谢网络模型的构建中，首先可根据代谢途径相关的数据库如 KEGG、WikiPathways、MetaCYC、BioCYC、LIGAND 与 BRENDA 等对基因组进行解析，获得"基因－酶－通路－反应"的关系，进而搭建代谢网络框架。然后，利用代谢流平衡分析（Flux balance analysis，

FBA）方法，结合自动化和人工校正，获得计量学的代谢网络模型。后续可通过整合入如时间序列的多组学数据，进一步建立基于动力学的代谢网络模型。基因组规模的代谢网络动力学模型，可以微分方程等数学方程刻画细胞过程，对细胞遗传因素与环境因素的预测更加可靠，将会成为未来的重要发展趋势。

转录调控网络模型是全局研究基因表达与调控的有效方法。利用时间序列的转录组数据或针对不同条件下的转录组数据进行基因共表达模式的整合分析，是构建转录调控网络模型常用策略。

目前大部分工业微生物还没有可靠的蛋白质相互作用网络。Kludas 等利用机器学习的算法以从 GOLD 数据库中提取的酿酒酵母蛋白互作网络为训练集，对里氏木霉（*Trichoderma reesei*）的蛋白-蛋白互作关系进行了预测分析，获得了里氏木霉的蛋白互作网络，其阳性率可达 75%。利用机器学习的模拟有希望成为根据已知网络模型获得未知网络模型的重要方法。

（6）多组学分析　近年来，基于各组学的系统生物技术的快速发展，为人们认识改造微生物成为细胞工厂提供了强有力的指导。全基因组测序与细胞转录、翻译与代谢等各个层次的定量分析是破解其遗传密码、进行基因组育种、基因信息挖掘与基因组规模建模的基础。

各组学数据是认识细胞代谢与生命过程的重要研究策略，但值得注意的是，组学研究应是问题驱动的。在研究伊始，就需要提出明确的研究目标与拟解决的问题，然后根据相应问题来选择相应的研究方法。

基于质谱的蛋白质组与代谢组分析，往往涉及非靶向与靶向的问题。非靶向分析更倾向于利用如主成分分析（Principal component analysis，PCA）等发现新的靶点，从检测与分析上，就需要求获得更为完整的胞内蛋白或代谢物信息。靶向分析则更多地用于已知途径中不同蛋白或代谢物的分析。由于细胞是一个复杂的整体，跨多组学数据的整合分析是全面解析细胞不同层面分子机制的重要研究方法。

3. 系统生物学在工业生物技术中的应用

理论上，微生物细胞工厂具有生产任何代谢网络中的代谢中间物的潜力，但目前绝大部分的天然微生物的生产能力是非常有限的。因此，基于系统生物学的认识与设计，利用合成生物学的手段最终实现微生物细胞工厂的构建与优化，不断提升产量、转化率与生产强度这三大发酵指标，是目前工业生物技术的重要研究策略。

基于系统生物学的细胞工厂设计改造包括底盘细胞的选择与设计、新代谢途径的设计与构建、代谢途径优化、细胞工厂耐受性的提升、细胞工厂碳源利用的优化等方面。基于系统生物学的工业发酵优化放大过程包括工业发酵规模的工艺优化和放大两方面。

随着以 DNA 测序技术与质谱技术为代表的组学技术与基因组规模生物网络的快速发展，系统生物学在工业生物技术的菌株改造与发酵过程优化中起着越来越重要的作用。结合许多工业菌株中高效基因组编辑工具、基因精细调控技术以及适应性进化，系统生物学的发展也将不断加速细胞工厂的改造与发酵优化。

（二）合成生物学

合成生物学是采用工程科学研究理念，对生物体进行有目标的设计、改造乃至重新合成，创建赋予非自然功能的"人造生命"。系统生物学在基因、蛋白质、代谢物等多维分子水平获得大量的细胞行为知识，并建立生物网络，为合成生物学提供理论和模型支持。而合成生物学可为系统生物学的定量分析提供模式生物，二者相互促进。

合成生物学的工程科学研究理念主要体现在两个方面：一是从下到上的方式，通过构建元件、组装线路、构建网络，最终获得功能复杂的生命体；二是从上到下的方式，先通过人工合成储存所有遗传信息基因组，再用做减法的方式来了解基因组中各个成分的功能。合成生物学的灵魂在于借助通过设计与建造生命来了解生命。合成生物学研究的一般步骤为"设计—合成—检测—学习"，其中"设计"起关键的作用。

1. 生物元件标准化与设计技术

生物元件是用工程学的概念描述具有最基本、最简单生物学功能的基本单元。构成生命系统的天然生物元件有蛋白质、核酸、有功能的蛋白结构域、能形成特异结构的核酸序列。生物模块是由生物元件组合成具有特定生物学功能的生物学装置。

（1）生物元件的标准化　合成生物学的工程化首先需要将生物元件标准化。为了便于借助计算机进行生命系统的模拟设计，除了生物元件的实验表征、标准化设计及功能测试外，也需要同时搭建生物元件的虚拟数据库。2003 年美国科学家建立了标准生物元件注册库（Registry of standard biological parts），用于收集符合标准化条件的生物元件，包括结构域、蛋白质编码序列、启动子、终止子、核糖体结合位点等非编码序列，是一个生物元件实体库。截至 2018 年，注册的元件已经超过 20 000 个。

为了实现生物系统的模拟搭建和功能预测，提高设计的效率并降低成本，需要对元件进行更为精确的描述和数学建模。2008 年，Goler 等开发了计算机辅助设计（computer-aided design，CAD）工具辅助合成生物系统的设计，但该系统缺乏可调用的模块和可重复用数学模型。实际上，生物元件模型数据库早已建立，如 2006 年 Le Novere 等开发的 BioModels 数据库，但其存储的模型过于庞大，而且在未经过修饰的情况下无法进一步组合。2010 年，Cooling 等建立了一个标准虚拟元件数据库（SVPs），其收集的标准元件数学模型可以被下载、扩增并可通过组合进行合成生物系统的设计和模拟。2011 年，Galdzicki 等构建了一个生物标准元件知识库（SBPkb），可供研究者查询、检索标准生物元件并用于合成生物学研究及应用，标准生物元件注册库的元件信息经过合成生物学公开语言语义（SBOL-semantic）框架的转换变为可以运算的信息。

当前已经标准化的生物元件仅是非常少的一部分，随着合成生物学发展，越来越多的元件将被发掘，生物元件的设计及其对应数学模型的设计需要并行发展，建立完善的物理库及虚拟数据库才能发挥"标准化"所具备的优势。

（2）生物元件的设计开发技术

①核酸元件的设计技术。核酸的化学和生物合成相对简单，核酸序列的差异可形成如颈（stem）、环（loop）、突出（bulges）、发卡（hairpins）、假结（pseudoknots）、三聚体（triplexes）、四聚体（quadruplexes）等结构，因而可产生大量三维结构不同的分子，形成具有特异结合功能的核酸适配体（aptamer）或具有酶催化活性的核酶。Tuerk 和 Gold 开发的指数富集系统配体进化（Systematic Evolution of Ligand by Exponential Enrichment，SELEX）方法是核酸功能元件的基本方法。

SELEX 问世以来，在关键的文库构建、靶标选择、筛选过程、核酸分子扩增各个方面都充分发展，人们开发出众多的 SELEX 方法。通过该技术筛选到的核酸生物元件也被广泛应用到了基础研究、检测、诊断和治疗中。目前，有众多核酸适配体药物在临床上试验，也有获得 FDA 批准可用于治疗疾病的核酸生物元件。我国科学家在该领域也做出了重要的贡献，如湖南大学谭蔚泓教授实验室在开发核酸适配体用于诊断治疗方面持续有重要成果发表。

②蛋白质生物元件的设计。在蛋白质生物元件设计方面，一是理性设计技术，基于已知的生物元件的结构与功能之间的关系来设计，进而在生物元件编码的 DNA 水平上改变序列，也可以通过密码子扩展技术在特异位点插入非天然氨基酸，实现对蛋白质生物元件的改造；二是基于大规模筛选的蛋白质定向进化技术，即在生物元件编码的 DNA 水平上引入随机突变，通过设计合适的筛选方法进行大规模的筛选，从而获得所需蛋白质生物元件；三是计算机辅助设计，结合理性设计与文库筛选，利用计算机技术的强大计算能力来增强理性设计的成分，随着计算机设计能力的提高，目前已经有从头设计全新蛋白质出现。

一方面，理性设计技术在改造已知功能蛋白质生物元件上的使用较多，特别是针对失去活性的功能蛋白质，通常只需把活性位点的关键氨基酸突变即能达到目的。另一方面，理性设计通过串联的方式将多个不同功能蛋白质元件或者功能结构域元件连接起来组成一个新的融合蛋白质，获得两者兼有的功能。利用理性设计的方法构建了一系列具有多个相互作用结构域的支架蛋白称为人工蛋白支架（artificial protein scaffold system，AProSS），实现了优化代谢通路的目的，是理性设计非常典型的例子，对已知功能元件组合也能创造出全新的功能元件。

③基于遗传密码子扩展技术的蛋白质生物元件设计。遗传密码子扩展技术是由 Schultz 实验室开发的，该技术可在蛋白的特异位点引入非天然氨基酸，实现有目的地改造蛋白质。简单地说，该技术通过具有生物正交性的一对氨酰-tRNA 合成酶和识别密码子 TAG（常用）的转运 RNA（tRNA）系统，该转运 RNA 只能转运非天然氨基酸而不能转运任何 20 种天然氨基酸，并且氨酰-tRNA 合成酶只能作用于此 tRNA 和该非天然氨基酸。因此，利用此系统可在不影响 20 种天然氨基酸编码的同时，将 TAG 密码子插入到目的基因的特异位点，可在该特异位点引入非天然氨基酸。目前已有上百种非天然氨基酸被成功引入到蛋白的特异位点，也可以在多细胞动物如线虫和果蝇中进行非天然氨基酸渗入的蛋白质改造，所引入的非天然氨基酸的结构和功能也越来越多样化。我国科学家在该领域也作出了突出的贡献，如北京大学周德敏教授和张礼和教授团队利用该技术设计更加安全的流感病毒疫苗，中国科学院生物物理所王江运研究员团队利用该技术设计改造荧光蛋白，模拟天然光合作用光能吸收，将二氧化碳转化为一氧化碳。

④蛋白质生物元件设计的非理性的筛选技术。通过模拟自然进化选择，开发出蛋白质的定向进化方法来获得所需蛋白质元件。因此，该技术的先驱 Arnold 在 2018 年获得了诺贝尔化学奖。定向进化设计改进生物元件如下。第一，确定合适的初始生物元件；第二，需要在 DNA 水平上构建一个足够大的突变文库；第三，需要一套合适的筛选方法能有目的选择所需功能生物元件；第四，能重新多样化 DNA 序列作为下一轮筛选的

文库；第五，需要确定每轮筛选的合适严谨度。蛋白质定向进化经过多年的发展，在技术上得到了多方面的优化改进，在基础研究和酶工程改造中获得了广泛的应用。

目前根据氨基酸序列预测蛋白质结构常用的计算机软件有多种，但仅限于小蛋白质结构预测，并且准确率也不高。在蛋白质生物元件设计方面，根据空间结构来设计氨基酸序列却较为成功。此方面的设计先驱 Baker 课题组基于蛋白折叠总是趋于最低自由能和一些实验观察的结果，开发了 Rosette 蛋白预测程序，并利用 Rosetta 程序通过人工设计的空间结构来反向预测最低自由能的氨基酸序列，成功预测了一种完全人工设计的含97 个氨基酸的蛋白质 TOP7，通过实验证实了该蛋白结构与初始设计相吻合。经过十几年在蛋白结构、蛋白质折叠、蛋白质结合以及蛋白质组装上的认识积累，并在 Rosetta 能量方程和数据采集上的优化，Baker 课题组成功地从头设计了许多蛋白质和蛋白质相互作用界面。在软件方面该课题组开发了 FOLDIT，一款从头设计蛋白的在线游戏，给游戏者提供了多肽链，游戏者需要设计氨基酸序列来形成相应的空间结构。他们还在大肠杆菌中成功从 146 个游戏者设计的全新蛋白中表达了 56 个。我国科学家在计算机辅助设计改造蛋白质元件方面也有重要的成果。中国科学院微生物研究所研究团队利用 Rosetta 结合高通量 MD 模拟方法重设计天冬氨酸酶，获得了一系列具有绝对位置选择性与立体选择性的人工 β-氨基酸合成酶。

在生物元件设计上通常是多种技术结合的，如理性设计、计算机辅助设计加上非理性的大规模筛选，用以提高成功率。合成生物学还处在学科发展的初期，在生物功能元件设计技术方面，还有待于开发出更简便、更可靠的技术来从头设计新生物元件，创造新的生物功能。

2. 人工基因线路和代谢线路的设计

多个不同生物元件组合形成具有一定信息处理能力的通路成为基因线路。合成生物学人工基因线路设计就是利用生物元件，根据类似于电路工程设计的思路，构建多元件组成信息处理功能的人工线路，对生命体的运行过程进行干预。在基因线路设计方面依赖于人们对元件功能的认识，在人工基因线路构建方面设计信号处理的能力及改造细胞内已有线路实现人们所需的目的，即代谢工程。

早在 2000 年 Collins 课题组首次利用已知的生物元件在大肠杆菌中人工构建一个转录水平的双稳态开关。同时 Elowitz 和 Leibler 利用已知功能生物元件在大肠杆菌中设计了基因表达振荡器，该线路利用 3 个元件间的彼此间抑制和解抑制实现了输出信号的规律振荡。借助逻辑电路的概念和思路，过去 20 多年，合成生物学家利用众多已知功能的生物元件，通过理性设计在原核细胞、真核细胞甚至人体细胞中构建了众多基本逻辑门基因线路。我国科学家在该领域也作出了重要的贡献，如北京大学欧阳颀课题组通过理性设计将两个逻辑"与"门、两个逻辑"或"门和一个记忆模块，在大肠杆菌中构建成一种具有巴甫洛夫经典条件反射行为的人工基因线路。借助于计算机程序的自动化线路设计和模拟，Voigt 课题组开发了人工基因线路设计的一款计算机程序，称之为 Cello（cellular logic）。该程序借助电子器件设计自动化可以自动将 Verilog 语言编写的人工线路设计转化为 DNA 序列，该软件也考虑了大量生物元件的特性、生物元件组装的经验、元件的生物学限制。研究者利用该软件设计了 60 个人工基因线路并在大肠杆菌中正确运行了 45 个基因线路。设计好的人工基因线路最终需要在底盘细胞中执行，人工基因线路与底盘细胞的正交性的好坏也决定了人工基因线路的成功与否。最近 Baker 团队报道的从头合成的全新非天然的分子开关蛋白，为人工基因线路在不同底盘细胞中的应用提供很好的控制元件。

代谢线路的设计分为两大类，一类是异源性代谢产物合成的设计策略。对于已知的代谢通路在异源底盘细胞中构建，需要将新的代谢通路与底盘细胞代谢网络与代谢反应数据库相结合，通过一定的计算方法找出需要在底盘细胞中引入的新生物元件（如酶基因）从而形成新的代谢途径，实现目标产物的合成。2012 年 Chatsurachai 等通过逐级算法将来源于 KEGG、BRENDA 和 ENZYME 三个数据库中的异源代谢物和反应添加到三种代谢模型中以合成新的产物。结果预测出在大肠杆菌和酿酒酵母中都同时引入甘油脱氢酶和 1，3-丙二醇氧化还原酶可以实现 1，3-丙二醇的合成。通过这种方法，科学家在底盘生物酵母中实现了许多高附加值的产品的全新合成，如青蒿素前体青蒿酸、阿片类药物、大麻素。对于在数据库中找不到的生化反应如何扩展到特定底盘细胞的代谢网络中的问题，Hatzimanikatis 研究团队利用化学信息学对 KEGG 数据库中的酶反应进行了扩展，创建了 ATLAS 数据库，并且利用该数据库成功发现了多条合成丁酮的全新途径。第二类是内源性代谢产物的高效生产策略。内源性代谢产物的高效生产是一个从有到优的过程。这个"优"主要体现在目标产物的高得率上。对于那些涉及副产物、多个前体、消耗能量和还原力的复杂代谢途径，人们很难通过简单的观察或手工计算得到其理论得率。2010 年 Bernhard 等提出通量平衡分析（Flux Balance Analysis，FBA）方法。利用该方法可以准确计算代谢网络中产物的理论得率，并且能获得达到理论得率的最优途径。2015 年 Lin 等通过在大肠杆菌中利用 FBA 算法优化 3-羟基丁酸酯（P3HB）的合成，发现利用苏氨酸循环途径可以回收甲酸和二氧化碳，进而可提高 P3HB 的得率。另外，通过表达异源代谢途径来减少碳损失也可实现目标产物得率的提高。2013 年 Liao 团队在大肠杆菌中引入 *Bifidobacterium adolescentis* 的戊糖/己糖磷酸转酮酶，构建了非氧化糖酵解途径，实现了代谢途径中碳的完全利用，即 1 个葡萄糖生产 3 个乙酸。

3. 生物网络的设计（细胞重编程）

在多通路构成的信号网络设计上，通常由于其复杂程度，对其设计改造更多是基于非理性的筛选方法。典型的成功例子为诺贝尔奖获得者 Yamanaka 发现诱导胚胎干细胞重编程技术，并在这之后的多种细胞的重编程。在真核生物中作为生物元件的转录因子通常具有强大的功能，其往往能调节一系列下游基因表达，造成显著的表型变化。早在 20 世纪 80 年代人们就发现，单一转录因子 MyoD 可以将培养的成纤维细胞转化为肌肉细胞，因此人们意识到转录因子具有足够大的能力改变细胞的命运。Yamanaka 在设计诱导多能干细胞的实验中，有理性设计成分，如选择只在胚胎干细胞中表达的 24 个转录因子作为候选基因，有好的检测系统，胚胎干细胞特异基因 Fbx15 启动子下游插入抗性筛选基因。24 个候选基因一一尝试并不能得到诱导多能干细胞，于是 Takahashi 尝试将 24 个候选基因全放到细胞里，这时才发现有诱导多能干细胞出现，随之他们开始做减法，最后确定了 4 个关键的转录因子，目前也被称为 Yamanaka 因子。从这个过程可以看出理性设计和非理性筛选相结合的成功典范。在此之后，利用类似的思路，人们在体外和体内发现了众多的改变细胞命运的多因子组合，如重编程胰腺外分泌腺细胞为内分泌腺 beta 细胞的 Ngn3、Pdx1 和 Mafa；重编程成纤维细胞为心肌细胞的 Gata4、Mef2c 和 Tbx5；重编程成纤维细胞为神经元的 Ascl1、Brn2 和 Myt1l；重编程成纤维细胞为肝细胞的 Hnf4a 和 Foxa。我国科学家在该领域也做出了重要的贡献，如北京大学邓宏魁教授和中国科学院广州生物医药与健康研究院裴端卿研究员团队完全利用小分子化合物诱导多能干细胞和中国科学院生物化学与细胞生物学研究所惠利建研究员团队重编程成纤维细胞为肝细胞。

4. 人工合成基因组设计

人类对全基因组合成的探索，始于 1970 年的单个基因的人工全合成，2002 年第一个与天然病毒几乎无功能差异的人工合成脊髓灰质炎病毒的成功，拉开了人工合成基因、基因组的序幕。2003 年，人工合成第一个噬菌体 Φ174 基因组。2008 年 Venter 团队人工合成了 582 790bp 的最小原核细胞型微生物生殖道支原体（*Mycoplasma genitalium*）的基因组。该团队在 2010 年合成出更大的 1.08Mb 的蕈状支原体（*Mycoplasma mycoides*）基因组 DNA，并将该人工合成基因组在细胞中复活，成为第一个人造细胞。在 2016 年删减并合成了一个只有 531kb 的蕈状支原体基因组，比已知所有能自我存活的物种基因组都小。2011 年开始真核生物酿酒酵母基因组人工合成计划（Sc2.0）的实施，到目前为止 6 条酵母染色体相继人工合成。2018 年两个课题组研究人员分别通过将酵母的染色体融合，改变酵母染色体数目并维持细胞存活，最终分别构成了只有一条或是两条巨大染色体的酵母。2019 年 Chin 课题组报道合成了只有 61 个密码子的大肠杆菌基因组。

人工合成基因组，并非简单的重新合成天然的基因组，更多是对基因组的设计。鉴于人们目前认识的局限性，现阶段所设计的人工基因组，更多还是基于天然基因组的设计改造。比如，在基因组中哪些基因是维持细胞功能所必需的？Venter 团队通过不断重复设计—合成—测试流程，将蕈状支原体基因组中编码的 901 个基因删除了 428 个，基因组大小从 1.08Mb 缩小到 531kb。有意思的是在剩下的 473 个基因中仍然还有 149 个基因功能未知。

酵母染色体人工合成计划（Sc2.0）在提出时就对合成的基因组确定了一系列设计的普遍规则，其核心是首先维持人工合成的酵母与野生型类似的活性。具体主要包括：①改所有的终止密码子 TAG 为 TAA；②构建包含 loxPsym 位点的可诱导进化系统 SCRaMbLE；③删除一些重复序列、大量的 intron 区域和重新定位所有的 tRNA 基因。

在合成基因组中维持蛋白质基因的编码，但是根据密码子偏好性，设计重编了部分 DNA 序列，在改变 DNA 序列后要考虑到所转录 mRNA 的稳定性及形成二级复杂结构性的可能。目前基于密码子偏好的设计算法有许多如 Fop、CAI、ENc 以及 tAI 等，用于计算 RNA 二级结构的算法常用的有 Vienna RNA 等，用于编码区 DNA 的设计重编有 Synthetic Gene Developer、Gene Designer 2.0 和 COOL（Codon opti-mization onLine）等。基于 Sc2.0 计划的实施，研究者开发了设计人工合成基因组的软件平台—— BioStudio，研究者可以根据需要，按照一定的原则进行全基因范围的重编设计。目前这些软件通常只将有限的因素作为权重考虑，因而或多或少都有一定的局限性。随着人们认识水平的加深以及计算机运算能力的提高，将 DNA 序列各种因素综合考虑的智能化 DNA 序列设计重编会将合成生物学带到新的高度。2019 年 Chin 课题组在人工合成大肠杆菌 Syn61 的基因组中实现了密码子的压缩，将天然的 64 种密码子减少到 61 种，主要是丝氨酸的密码子 TCG、TCA 分别被替换为同义的 AGC、AGT，以及终止密码子 TAG 全部替换为 TAA，总共替换了 18 218 个位点。遗传密码子的压缩与重编程使非天然氨基酸的体内引入成为了可能，在各个领域有巨大的潜在应用价值。然而在 Sc2.0 的实施过程中，有些位点同义替换也会造成显著的表型变化，一方面表明了人们对于基因组的认识有限，另一方面也说明人工合成基因组是一种探索生命系统的强有力工具。在 Sc2.0 的设计中，在每一个非必需基因的 3′末端引入一个 loxPsym 位点，设计了通过 Cre 重组酶介导的合成染色体重组和修饰进化系统（synthetic chromosome recombination and modification by loxP-mediated evolution，SCRaM-bLE），可以实现基因组的重排，在一定的压力选择下，可以有目的地筛选获得所需表型。目前利用该系统探索基因组的排列方式有众多报道。

合成生物学作为一门新兴的交叉学科，由改造到创造生命的转变中需要更多艺术与技术的融合，以应对人类未来面临的挑战，创造美好的未来。

思考题

1. 如何区分形态多种多样，结构千差万别的生命与同样千姿百态的非生命？

2. 生命现象是多层次的，可分为哪些层次？

3. 以病毒为例，说明为什么生命和非生命之间没有绝对的界限，除了"非此即彼"，还有"亦此亦彼"？

4. 为什么青霉素的发现被誉为仅次于原子弹的发明？

5. DNA 双螺旋结构模型的提出对生物学发展有什么意义？

6. 基因工程的诞生是基于理论上的哪三大发现和技术上的哪三大发明？

7. 哺乳动物体细胞克隆技术的建立有什么重要的理论和经济意义？

8. HGP 的提出是基于哪两个背景？

9. 后基因组时代有哪些重要的研究领域？

10. 目前干细胞治疗临床研究数量较多的疾病领域有哪些？

11. 我国科学家于 2002 年 12 月初率先完成了水稻（籼稻）全基因组"精细图"的绘制。该成果主要包括哪些内容？

12. Venter 等在 2010 年 5 月 20 日 *Science* 杂志上报道的人造生命的基本工作思路是什么？

13. 常见突变体的制备技术有哪些？基本原理是什么？

14. 什么是系统生物学？构成系统生物学的组学生物技术基础是什么？

15. 细胞工厂设计改造包括哪些方面？

16. 什么是合成生物学？什么是生物元件和生物元件的标准化？

第二章　生物分类的方法

第一节　生物分类学中的方法论

20 世纪 60 年代在生物分类学领域掀起了一场以方法论为主题的大论战，争议的焦点为什么是自然的分类系统？如何利用特征进行分类？在争论的过程中形成了表征系统学派（phenetic systematic school）、分支系统学派（cladistic systematic school）、进化系统学派（evolutionary systematic school）3 种主要观点。

一、表征系统学派（数值分类学派）

18 世纪，德国植物学家阿丹森（M. Adanson）在他的《植物的科》（*Families des Plantes*，1763）一书中首先提出分类应该利用植物各方面的性状而不是仅关注某些重点性状，性状应该进行同等加权（equal weghting）后表征分类。200 年以后，表征分类学的创始人 Sokal、Sneath 和英国微生物学家 Michener（1963）提出了表型全面相似的分类原则，并认为作为分类依据的性状越多，则分类群包含的信息越多，分类的结果越好；不管有多少个性状，每一个性状进行同等加权，能使分类的方法更加客观和可重复。为了把性状值降低到"全面相似"的单一度量，他们用数值来记录每一个性状，最后借助标准化程序，用计算机按最小分类单位（通常是种）之间的分类学距离对类群进行依次的聚类（clustering），由此产生表示生物类群的表征关系的表征图（phenogram）（图 2-1）。因为许多表征分类学家从各自研究的生物类群，按分类问题的需要，创立了多种不同的数学方法，丰富和发展了数值分类学，所以表征学派又常被称作数值分类学派。

系统聚类的基本步骤如下。第一步，对样本之间的距离、类与类之间的距离做出计算方法规定。第二步，计算样本之间的距离。设有 n 个样本，将距离最小的样本并为一类。第三步，计算并类后的新类与其他类的距离，接着将距离最小的两类合并为一新类。这样每次减少一类，直到将 n 个样品合为一类为止。最后将上述并类过程画成一张聚类图，按一定原则决定分为几类。各种聚类方法的并类原则和步骤完全一样，所不同之处在于类与类之间的距离有不同的定义。

当原始数据采用极差、绝对距离、最长距离聚类法对福建近海石首鱼的 23 个种进行聚类分析时，其聚类结果如图 2-2 所示，当距离取 $d = 6.87$ 时，可将其分成 13 类，

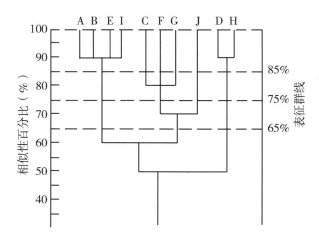

图 2-1 表征图（引自徐炳声，1986）

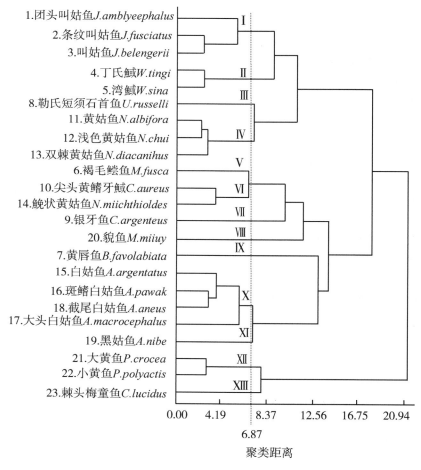

图 2-2 23 种石首鱼聚类结果（引自苏新红，2010）

即 Ⅰ（1、2、3）、Ⅱ（4、5）、Ⅲ（8）、Ⅳ（11、12、13）、Ⅴ（6）、Ⅵ（10、14）、Ⅶ（9）、Ⅷ（20）、Ⅸ（7）、Ⅹ（15、16、18、17）、Ⅺ（19）、Ⅻ（21、22）、ⅩⅢ（23）。此聚类分析分类结果与传统的分类结果基本吻合，唯一不同的是 10 号和 14 号鱼种的归类。形态分类法中，将 10 号尖头黄鳍牙䱛（huò）分为黄鳍牙䱛属，14 号鮸（miǎn）状黄姑鱼归在黄姑鱼属；而数值分类的结果把 10 号和 14 号归在同一类。传统的形态分类把"上颌具有犬牙"和"颏孔 6 个"作为 10 号黄鳍牙戴鱼属的主要检索特征，把"上下颌无犬牙，颏孔数 5~6 个"作为黄姑鱼属的检索特征，但是鮸状黄姑鱼其"上颌外行牙大而尖，似犬牙状""颏孔数 6 个"，从这两个特征来看，它与同属黄姑鱼属的 11、12、13 号鱼种的"上下颌均为绒毛状牙带，上颌外行牙大而尖，但还没有形成犬牙状"、颏孔数均为"似 5 孔型"明显不同。因此，传统的形态分类方法将鮸状黄姑鱼归属黄姑鱼属不尽合理，根据聚类分类法把鮸状黄姑鱼归到黄鳍牙䱛属是比较合适的。

二、分支系统学派（系统发育分类学派）

分支系统学派是德国昆虫学家 W. Hennig（1913—1976 年）创立的，以谱系（genealogy）或系统发育的分支方式为基础，所以 W. Hennig 当初把这个学科叫做"系统发育分类学"。

分支系统分类的基本步骤如下。系统发育由一连串二歧分支构成，每一个分支代表着由一个亲本种分裂为两个姊妹种的过程；在二歧分支时，祖先种就不复存在，必须给姊妹群以相同的分类等级，祖先种及它所有的后裔都必须被包括在同一个"同源性"分类群（homophyletic taxon）内；在各种性状分析中，后裔近似度（apomorphic character）是本质，共同祖先的近代性（recency of common ancestry），即分类群共同祖先出现的顺序，是判定亲缘关系远近和分类群归类的标准。分支分类通过对性状的同源性分析获得性状在进化中的起源和传递途径信息，并构建反应这种进化顺序的分支图（cladogram）（图 2-3）。

三、进化系统学派

进化系统学派以 Mayr 和 Simpson 为代表，认为分类系统应该准确反应生物的进化关系。进化分类学根据现代综合进化理论，通过有机体类群的相似性和区别性的比较，推断它们的亲缘关系和进化历史来分类。当发现新的分类群和新的性状时，就对先前假设的分类系统进行修正，如此循环反复，使分类系统更接近于进化的实际情况。进化分类学家在分析中，把有机体所有可利用的特性及其相关性、生态状况和分布式样都考虑在内反映谱系的分裂、分支及分支后的趋异过程。由谱系分裂引起的谱系分支，即进化支（clade），必须是单元发生的。单线进化是否创造出具有超出祖先范围的新的性状和能力的有机体取决于这一分支的进化历史，例如它是否已进入特定适应带，它在多大程度上经历了一个较大的辐射，凡具有新的功能性能力的有机体被认为已达到了一个新的进化等级，进化等级可以是单元发生的，也可以是多元发生的，而进化分类坚持分类群所有的成员都必须是单元发生的，也就是来自一个共同的祖先。进化分析的结果被收编到一个叫进化图（图2-3）的系统树中，这种图既记录了分支点，又通过分支的长度和分支间的角度记录了分支后的趋异程度。

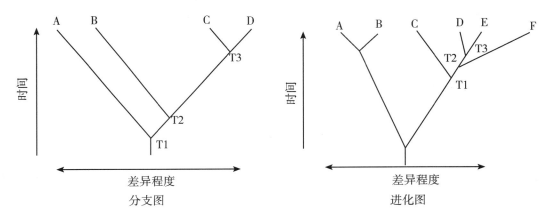

图 2-3　分支图与进化图的比较（引自徐炳声，1986）

第二节　分类的方法——检索表

分类检索表是根据法国学者拉马克（Lamarck）二歧分类原则，把动植物、微生物的相对性状分成对应的两个分支，再把每个分支中的相对性状又分成两个分支，依次分类直到将生物类群划分到科、属或种为止。各分支按其出现先后在前边加上表示顺序数字，相对应的两个分支前的顺序数字是相同的。

分类检索表主要有 3 种：定距式检索表、数字检索表、平行检索表。

一、定距式检索表

定距式检索表（Identification key）又称为缩进式检索表，编制要点如下。

第一，相同数码必须且只能出现两次。检索表中最大数码必定是所要区分对象数减1。例如"十二种鳞茎植物定距式检索表"中要区分 12 种，出现的最大数码就是"11"。

第二，等级不同的不同数码，大数码均应向右缩进一字格。例如"十二种鳞茎植物定距式检索表"中，"2"与"1""3"等级不同，大数码向右缩进一字格。

第三，检索表的名称一定以区分对象在分类系统中的等级来确定。分类系统中各分类等级，如门、纲、目、科、属、种均可编制成检索表，但检索表区分的对象应以同一分类等级为主，植物检索表常用的主要有分科、分属和分种三种检索表；动物检索表常用的有分门、分纲、分目和分科检索表。当某一数码有了结论时，紧接着出现的数码一定是相同数码或较小数码。"十二种鳞茎植物定距式检索表"中第一个"5"得出结论"水仙"，紧接着要编的数码一定是相同数码"5"，此时数码"5"得出结论"石蒜"，已经出现了两次，则下一步一定编为"4"或"3"等小码数字。

第四，相同数码左右缩进位置要对齐。不同数码如果等级相同，左右缩进要对齐。"十二种鳞茎植物定距式检索表"中的数码"2"与"8""3"与"7"，虽为不同数码，但"2"与"8"为紧邻"1"出现的数码，属于同级次；"3"与"7"为紧邻"2"出现的数码，也属于同级次，所以"2"与"8"对齐、"3"与"7"对齐。结论的最后一个字或字母上一行与下一行要对齐。如果结论为拉丁字母，则应为最后字母对齐。

第五，某一数码后描述的性状必须是其所包含区分对象的共有性状；相同数码后描述的性状必须包含相同器官或组织对应的不同性状，如"十二种鳞茎植物定距式检索表"中两个"2"分别描述了叶形状的特征。突出稳定的性状，即每一数码后描述的性状最好是不因年龄、季节、生长环境等因素改变而改变的突出性状。

综上所述，在掌握编制目标性状的基础上，由"一般到特殊"、再由"特殊到一般"，找出它们之间最突出的区别点和共同点，按照"一缩两定三对齐，出现数字不能移，满足格式看内容，性状描述要注意"的要求，就能够编制出既规范又实用的定距式检索表。

十二种鳞茎植物定距式检索表

1. 鳞茎球形。
 2. 叶实心、扁平形。
  3. 宽线形，长 20~40cm，宽 0.8~1.5cm，钝头，粉绿色。
   4. 顶端生花单朵 ·················· 黄水仙 *Narcissus pseudonarcissus*
   4. 顶端生花 4~8 朵，伞形花序。
    5. 花被片白片、卵圆形 ··············· 水仙 *Narcissus tazetta*
    5. 片红色，狭倒披针形 ··············· 石蒜 *Lycoris radiata*
  3. 披针形 ························· 郁金香 *Tulipa gesneriana*
 2. 叶中空、圆柱形向顶端渐狭，粗在 0.5cm 以上。
  7. 具有球状伞形花序，多花，较疏散，花白色 ·········· 葱 *Allium fistulosum*
  7. 具有球状伞形花序，多花，较密集，花粉白色 ··········· 洋葱 *Allium cepa*
1. 鳞茎卵形。
 8. 叶中空，为三棱圆柱状。
  9. 具有半球状伞形花序，较密集，花淡紫色 ········ 薤白 *Allium macrostemon*
  9. 具有半球状伞形花序，较疏散，花淡紫色 ········· 藠头 *Allium chinense*
 8. 叶实心。
  10. 叶扁平。
   11. 叶狭披针形，肉质，绿色 ········· 风信子 *Hyacinthus orientalis*
   11. 条状
    12. 具有球状花序，较稀疏，花白色 ········ 韭 *Allium tuberosum*
    12. 具有球状花序，较密集，花淡红色 ········ 蒜 *Allium sativum*
  10. 叶细圆柱形 ··················· 葱莲 *Zephyranthes candida*
注：十二种鳞茎植物定距式检索表引自顾烨丹，2018。

二、数字检索表

数字检索表又称为连续检索表或齐头检索表。该表左边不缩进，查找互换的引导通过成对性状的连续编码实现，同时在括号内指明互换引导的连续编号。例如，高等植物分门数字检索表中的 1（4）和 4（1）是一对区别特征，在检索时，符合第一项就追查第 2 项；若不符合就追查第 4 项，直到符合植物名称。

高等植物分门数字检索表

1（2）植物体无根、茎、叶的分化，生殖器官为单细胞，无胚 ………… 藻类植物

2（1）植物体有茎、叶、根的分化，生殖器官为多细胞，有胚

3（4）植物体为茎叶体或叶状体，无真正的根和维管组织分化 ………… 苔藓植物

4（3）植物体有茎、叶之分，具有真正的根和维管组织的分化

5（6）不产生种子，以孢子繁殖 ………………………………………… 蕨类植物

6（5）产生种子，以种子繁殖 ………………………………………… 种子植物

7（8）种子裸露，无果实形成 ………………………………………… 裸子植物

8（7）种子包被在果实之中 …………………………………………… 被子植物

注：高等植物分门数字检索表引自潘建斌等，2021。

三、平行检索表

平行检索表又称为相等检索表，将不同植物的每对显著相对性状用平行方式排列，一对相对性状写相同的代码。每行后注明下一级代码或植物类型名称。该检索表适合编排较长的检索表。

高等植物分门平行检索表

1. 植物体无根、茎、叶的分化、生殖器官为单细胞，无胚 ……………… 藻类植物

1. 植物体有根、茎和叶的分化、生殖器官为多细胞，有胚 ……………………… 2

2. 植物体分为茎叶体或仅有背、腹之分的叶状体，无真正的根和维管组织分化
………………………………………………………………………………… 苔藓植物

2. 植物有茎、叶之分，有真正的根和维管组织分化 ………………………………… 3

3. 不产生种子，以孢子繁殖 ……………………………………………… 蕨类植物

3. 产生种子，种子繁殖 …………………………………………………………… 4

4. 种子裸露，无果实形成 ………………………………………………… 裸子植物

4. 种子包被于果实之中 …………………………………………………… 被子植物

注：高等植物分门平行检索表引自潘建斌等，2021。

第三节　生物分类的依据

生物分类的依据是多方面的，如形态学、解剖学、胚胎学、孢粉学、细胞学、繁殖系统、分子系统等资料均能作为分类依据。

一、文献资料

生物分类学文献应该新老兼用，经典资料与最新文献结合比对。生物分类学文献资料大致分为 3 类：教科书、工具书、期刊。初学者应该从相应的分类学教科书学起，如最新出版的植物分类学、动物分类学教材出发掌握基本的分类常识。当面对具体物种鉴定时，需要查阅工具书如《植物种志》《中国种子植物科属词典》《中国高等植物图鉴》《中国动物志》等，并且要查阅期刊文献，如《植物分类学报》（*Acta Phytotaxonomica Sinica*）、《静生生物调查所汇报》（*Bulletin of the Fan Memorial Institute of Biology*）、*Journal of the Linnean Society*、*Taxon*、*Blumea* 等。

植物分类学文献多以缩写的形式在文献引证上应用。例如，水杉 *Metasequoia glyptostroboides* Hu et Cheng in *Bull. Fan Mem. Inst. Biol.* 1（2）：154. f. 1－2. 1948；*Ic. Com. Sin.* 1：315. t. 630. 1972；*Fl. Reip. Pop. Sin.* 7：310. Pl. 71. 1－7. 1978. 等。

二、宏观生物学依据

（一）形态和解剖结构特征

在宏观分类特征的依据方面，首先形态和解剖结构特征是最直观且最常用的依据。在比较解剖学和比较胚胎学上，通过比较动物、植物器官的起源、结构和功能的相似性不仅是判定生物之间的亲缘关系的重要依据，也为生物分类提供重要的依据。通过建立检索表比较生物形态、解剖结构等方面的特征用于分类鉴定是目前常见的方法。形态和解剖结构特征一定程度上是其基因库特征、生理生化特征的综合体现。雌性哺乳动物皮毛上出现的双色花斑正是 X 染色体随机失活导致其上基因不表达表现出来的形态特征。

（二）生殖隔离、生活习性、生态要求等生物学特征

生殖隔离、生活习性、生态要求等生物学特征也是分类的重要依据。不同物种的个体之间不能自由交配，即便杂交也不能产生可育的后代，这种现象就是生殖隔离。划分物种最重要的依据就是是否存在生殖隔离。

同一物种在自然界具有相似的形态结构、生活习性和地理分布。当这些特征改变，最终产生生殖隔离，形成新物种，这是渐进式物种形成方式中异地物种形成的过程，也是动物谱系发展和多样性的基础。

三、微观生物学特征依据

（一）亚显微水平的细胞结构依据

电镜技术的应用，可以观察亚细胞水平的结构差异，使生物分类工作更加精细。例如，应用扫描电镜观察 5 种忍冬属（*Lonicera* Linn）种子的微形态和表皮纹饰特征就可建立属植物分种的种子检索表，区分 5 种忍冬（附图 2-1）。

5 种忍冬属种子的微形态检索表

1. 网状纹饰
   2. 网壁薄为细丝状 ·· 金银忍冬
   2. 网壁厚为粗条纹或条状折叠
      3. 网壁为粗条纹，种子有光泽、卵圆形 ·················· 早花忍冬
      3. 网壁为条状折叠，种子无光泽、长卵形 ·················· 蓝靛果忍冬
1. 孔状纹饰
   4. 种子卵形，孔眼下陷深 ··· 长白忍冬
   4. 种子卵圆形，孔眼下陷浅，底部有细丝状条纹 ············ 紫花忍冬

注：5 种忍冬属种子的微形态检索表引自苑景淇等，2018。

（二）染色体分类学

染色体特征如染色体数目变化、结构变化、核型、带型分析等应用于分类学叫染色体分类学或核分类学。由于染色体是细胞学上的内容，因此染色体分类学又叫细胞分类学。

四、分子生物学依据

（一）生化和代谢特征依据

随着生化技术的发展，生化组成也逐渐成为分类的重要特征。《中国药典》2010 年版开始将 HPLC 法建立的代谢分子指纹图谱或代谢分子特征图谱用于中药的质量控制，2015 年版和 2020 年版均新增了指纹图谱或特征图谱，完善了以《中国药典》为核心的国家药品标准。

（二）分子分类学依据

20 世纪 60 年代后，由于分子生物学与分类学的交叉渗透，出现了分子分类学和分子演化论，分类学与演化论进入了定量研究的时代。分子分类学主要是根据 DNA、RNA、蛋白质、酶等生物大分子结构和序列的差异程度区分物种及亲缘关系。分子分类学和分子演化论的分类依据有以下几个方面。

1. 核内 DNA 含量

核内 DNA 的含量有绝对法和相对法。绝对法以皮克（pg，$1pg = 10^{-9}$ mg）计，如人和真兽类 DNA 含量为 3.5pg 左右。相对法以百分数计，即预先标定某类动物，如真兽类 DNA 含量为 100%，则鸟类的就为 44%～49%。

在整个生物演化史中，从低等到高等总的趋势是 DNA 含量逐渐增加，如酵母菌为 0.065pg，真兽类为 3.5pg，相差 700 倍。但是 DNA 含量并非与生物的进化程度完全匹配，肺鱼的 DNA 含量比真兽类多 35～40 倍，某些有尾两栖类为真兽类的 27 倍。这可能与生物对环境的适应性进化、该物种细胞周期的长短等多种因素有关。在进化和多倍体研究中 DNA 含量的测定是重要的参考指标。

2. 分子杂交

将两种生物的 DNA 分子提取出来，再通过加热或提高 pH 值的方法，将双链 DNA

分子分离成为单链，这个过程称为变性。然后，将两种生物的 DNA 单链放在一起杂交，其中一种生物的 DNA 单链事先用同位素如 C^{14}、P^{32}、H^3 进行标记。两种生物的 DNA 单链之间互补程度越高，通过分子杂交形成双螺旋片段的程度也就越高，二者的亲缘关系就越近；反之，亲缘关系就越远。因此，可以通过 DNA 分子杂交技术来鉴定物种之间亲缘关系的远近。由于同位素被检出的灵敏度高，即使两种生物 DNA 分子之间形成百万分之一的双链区也能够被检出。

由于双链的热稳定性与 DNA 链的同源性程度正相关。因此，也可用异源双链和同源双链之间解链温度之间的差异判定亲缘关系远近。热稳定性之差用 $\triangle TS$ 表示，它与杂交的非互补核苷酸数量成比例。对于单一序列，$1_{\triangle TS}$ 等于 1.5% 的核苷酸差异。人与黑猩猩之间的 $\triangle TS$ 为 1.6℃，与长臂猿之间为 3.5℃，因此，核苷酸相差异数分别为 2.4% 和 5.3%。科学家们还作了各类动物 $\triangle TS$ 与分化时间的对应关系。对于单一顺序而言，$1_{\triangle TS}$ 约为 1 百万年。因此，有关类群的 $\triangle TS$ 资料可以作成进化系统图。一旦其中任何分支点的年代被确定，就可以把整个系统图各个阶元之间的分化时间推算出来。分子杂交可用于单一序列，也可用于重复序列。杂交得到的结果与实验条件有关。

3. 蛋白质的氨基酸序列差异

蛋白质的氨基酸序列与在 DNA 碱基序列相关，因此蛋白质的氨基酸序列差异能反映生物的演化及分类。研究两个物种同源蛋白质的氨基酸序列特征，如替换、增加或缺失，就能分析它们之间的亲缘关系和异同程度。细胞色素 C 蛋白是细胞呼吸所必需的蛋白质。马与人的细胞色素 C 蛋白相比有 12% 的氨基酸不同，与猪只有 3% 的差异，与面包酵母则有 42% 的不同。由于同义突变及简并现象的存在，简单地计算同源蛋白的氨基酸相异数将会低估实际存在的突变数。

如果知道某种蛋白质氨基酸位置替换的平均值（δ），就能计算两个物种的相对分化时间（T），进而建立系统树。相对分化时间（T）的计算公式是：

$$T = \frac{\delta_{物种1}}{\delta_{物种2}}$$

以脊椎动物中构成血红蛋白的 α 珠蛋白氨基酸序列为例，它由 141 个氨基酸组成，人和马有 18 个氨基酸不同，占 α 珠蛋白链氨基酸总数的 0.128，δ 值为 0.138；人和鲤鱼有 68 个不同氨基酸，占总数的 0.482，δ 值为 0.666。哺乳类的 δ 值平均为 0.132，鱼类为 0.642，因此哺乳类与鱼类的相对分化时间为 0.642/0.132≈4.9 倍，即鱼类比哺乳类出现的时间早 4.9 倍。古生物学研究显示，鱼类出现在 3.5 亿年前的泥盆纪，而哺乳类则是在七八千万年前的白垩纪，与古生物学资料相吻合。

生物体内的各类蛋白质的演化速度不一致，可以单位演化时间（EUP）来表示，指 1% 氨基酸序列差异发生的平均时间（百万年，Myr）。生理机能越重要的蛋白质，其氨基酸序列演化速度越慢，Myr 值越大；反之，则演化速度越快，Myr 值越小。如细胞色素 C 为 15Myr，免疫球蛋白和蛇毒蛋白分别为 1.7Myr 和 0.8Myr。前者适于研究高级分类阶元的演化，后者则适合于低级分类阶元的进化关系分析。

4. 蛋白电泳图谱

大部分蛋白质一级结构中氨基酸序列的改变能引起蛋白质的电荷变化，电泳时就会与原有蛋白的迁移率不同。20 世纪 60 年代，曾将蛋白电泳图谱用于昆虫的分类。在多种动物上用各种蛋白作材料，如卵清蛋白、血红蛋白等作了大量的定性的研究。

用电泳法测定特定蛋白的电泳相似率及基因频率，然后根据 Nei's 公式计算出遗传相似性及遗传距离，公式如下：

$$I = \frac{\sum X_i Y_i}{\left(\sum X_i^2 Y_i^2\right)^{\frac{1}{2}}}$$

式中，I 表示遗传相似度，X_i 和 Y_i 分别表示 X 和 Y 居群在 i 位点的基因频率。

遗传距离（genetic distance，D）的计算公式为：

$$D = -\log_e I$$

根据两栖类和鱼类的蛋白电泳研究，Nei's 1D = 18 ~ 19Myr。这样就可以定量地绘制分支系统进化图，并确定进化时间。蛋白电泳法不适用于研究高级分类阶元。

5. 免疫学依据

很多蛋白大分子都有免疫反应。抗原与抗原间的相互关系可用来分析类群间的异同程度。蛋白免疫包括免疫扩散、免疫沉淀、浊度测定、补体固定法等。早期多用沉淀法，现在多取微量补体固定法，既经济又快速灵敏，可以用单一的纯抗原，也可用复合抗原。前者如白蛋白、运铁蛋白、溶菌酶等，后者如白蛋白加运铁蛋白，还有混合抗原，如血浆蛋白。白蛋白是最常用的抗原。一般用兔子制备抗血清，交叉试验决定类群间的免疫距离（ID）。

研究表明，猿猴类与类人猿间的白蛋白免疫距离是 100，而二者间的分化时间为60Myr，因此 1ID = 0.6Myr。对食肉类、有蹄类的白蛋白免疫资料分析表明，它们的免疫距离与分化时间的经验公式是：$t = 0.54ID$，其中 t 是分化时间。这样有尾类中无肺螈属（Plethodon）与涧螈属（Pseudoeurycea）属蝾螈之间的分化时间为 73Myr，其 ID 为135。用白蛋白加运铁蛋白作复合抗原得到 ID 为 0.2 ~ 0.3Myr。对 76 种脊椎动物的研究表明，Nei's 的遗传距离（D）与白蛋白免疫距离（ID）之间的关系是：1D = 35ID。慢速进化的蛋白 1D = 50 ID = 30Myr，快速进化的蛋白 1D = 4 ID = 2.4Myr。

6. 同工酶依据

大多数酶的本质是蛋白质，与基因和遗传是密切相关的。同工酶是分类和演化领域中主要的研究对象。它可以判断亲缘关系，作为遗传标记。

通常用电泳法来研究酶，以基因频率来表示居群间的遗传差异，用遗传距离表示遗传差异的大小。一般用 Roger's 公式计算遗传距离 D：

$$D = \left[\frac{1}{2}\sum^i (X_i - Y_i)^2\right]^{\frac{1}{2}}$$

式中，X_i 和 Y_i 分别表示 X 和 Y 居群的等位基因频率。

遗传相似性 $I = 1 - D$。在总结已有资料的基础上，各级分类阶元的 D 值可归纳如下。目间为 19，人与黑猩猩科间为 0.62，属间为 0.71 ~ 2.8，亲缘种间为 0.18 ~ 1.54，非亲缘种间为 0.626 ~ 2.54，亚种间为 0.004 ~ 0.351，居群间是 0.000 ~ 0.058。总的趋势是随着分类阶元级的升高，遗传距离随之加大，但它们之间无明显的界线。亲缘种与非亲种虽均为种级水平，但差异很大，表明它们有各自不同的隔离机制。人与黑猩猩分属不同的科，但 D 值仅为 0.62，相当于非亲缘种水平。免疫学及 DNA 分子杂交分析也有相同的情况。因此，有人主张把两者归在同一科，同时表明在真兽类表现型和分子水平演化之间是不平行的，表现型演化比分子演化快，而两栖类的情况恰恰与其相反。

用于分类学研究的酶有几十种，常见的有乳酸脱氢酶（LDH）、苹果酸脱氢酶（MDH）、异柠檬酸脱氢酶（IDH）和酯酶等。

7. "分子钟" 及 "中性理论"

生物大分子在系统演化中，其生理机能虽然不一样，但各自均有特定的突变速度。演化速度虽然各异，但各自都有大致相同的速度。大分子序列的突变与演化经过的时间呈线性关系，这种变化具有 "时钟" 的性质。

1962 年 Zuckerkandl 和 Pauling 首次提出 "分子钟" 的概念，认为大分子的相异值与演化的绝对时间（年）呈线性关系，而与世代长短无关。但是也有不少人对 "分子钟" 提出异议，理由是某些动物分子的演化有异常速度现象，如鸟类中溶酶菌和蛇类中细胞色素 C 等减速演化，而兽类中的胰岛素加速演化等。但是也有人针对这些问题作了相应的研究，认为这些异常演化现象是表面现象，要有正确的古生物标定时间；另外，也要辨别被比较的大分子是否是同源的，避免用重复基因拷贝的大分子。

在大量的 "分子钟" 事实的基础上，日本学者木村资生在 20 世纪 60 年代提出了 "中性理论"，认为生物大分子在演化过程中，不论其选择压力如何，都按大致相同的速度进行，因此，分子突变大多数是中性或几乎是中性选择的随机漂变引起的，与环境和居群大小无关。美国学者 J. L. 金和 T. H. 裘克斯把 "中性理论" 称为非达尔文主义。按木村资生的说法，这个理论并不是对达尔文主义自然选择的否定，而是补充和修正。因为它并不否定有害突变的存在，也不反对选择的作用，还认为负选择给予选择压力起着重要的作用等。他在 1983 年还认为 "中性理论" 的名称不确切，应该改为 "突变–随机漂变理论"。

"中性理论" 是在研究分子演化基础提出来的，而达尔文主义则是在研究表型演化的基础上提出的，二者基础不同，自然有某些不同的结果。因为分子水平与表现型水平之间的精确关系并不完全明了。

第四节　生物的命名方法

由于不同的国家，不同的民族语言文字、生活习惯、方言的差异，造成了同物异名或同名异物的混乱现象。同名异物现象在中药极为常见。中药透骨草最早在《救荒本草》中有记载，具有祛风除湿，活血止痛功能，用于治疗风湿疼痛、疮疡肿毒等。《本草原始》记载的透骨草称为 "珍珠透骨草"，为大戟科的地构叶（*Speranskia tuberculata*）；而《本草纲目拾遗》引用明代高濂《灵秘丹药笺》的透骨草是凤仙花科植物凤仙花（*Impatiens balsamina* L.）；《东北药植志》中的透骨草则为豆科的野豌豆（*Vicia sepium* L.）。据统计，记载透骨草的原植物共计 21 科 44 种 5 个变种。

为了避免因生物名称或译名不统一造成的国际学术交流困难，从林奈时期开始，每一种已知生物都会根据国际命名法规有一个国际上统一的名称，称为学名。科技文献特别是科技论文均要求使用学名。

由于所研究的生物对象不同，产生了不同的命名法规，如病毒的分类与命名法、国际细菌命名法规、国际动物命名法规、国际植物命名法规、国际栽培植物命名法规等。这些法规有其共同点，也有相异之处。

一、《国际植物命名法规》简介

（一）《国际植物命名法规》历史

在 17—18 世纪以前，植物命名混乱。林奈在其" Fundamental Botanica"（1736）和" Critica Botanica"（1737）中对植物命名发表了一些见解和原则，后又在" Philosophia Botanica"（1751）将这些原则系统化，成为命名法的开端。1867 年在巴黎召开第一届国际植物学大会上通过了由 Alphonse de Candolle 提出其父著作" Theories elementaire de la botanique" 中的命名法则，称为《国际植物命名法规》的巴黎法规。此后大约每 5 年召开一次国际植物学大会，会后颁布新的《国际植物命名法规》。按照法规的原则，每一版法规出版之后，前一版的法规即停止生效。迄今为止，《国际植物命名法规》已有 20 版。自 1950 年第七届国际植物学大会开始，成立国际植物分类学会（International Association for Plant Taxonomy，IAPT），承担《国际植物命名法规》的修订和出版等工作。

（二）《国际植物命名法规》中的常用术语

法规中的术语都有精确的含义。为了方便后续的叙述，将一些常用术语简单介绍如下。

分类群（taxon，复数 taxa）：该词不是分类系统中的一个分类阶元（category）而是可以用来指任何分类阶元的分类群。

名称（name）和加词（epithet）：属级以上的各分类群的名称是一个词，通常以词尾可以判断其等级。例如，蓼目的名称 Polygonales，蓼科为 Polygonaceae。亚科、科和总科的名称有标准的后缀，亚科的后缀是－inae，科的后缀是－idae，总科的后缀是－oidea。这些后缀加在模式属的学名之后，一旦出现就表明是某亚科、某科或某总科。属的名称是一个单数名词或作为单数名词处理的一个词。属内次级区分名称指属级以下，种级以上之间的各级分类群的名称，由属名+指示其等级的术语+属内次级区分的加词构成。指示其等级的术语如亚属为 subgenus，组 section，系 series。例如，学名 *Euphorbia* sect *Tithymalus* 指大戟属（*Euphorbia*）欧亚大戟组（*Tithymalus*），*Tithymalus* 是"组"的加词，"sect"是指示其等级"组"的术语。种的名称是由属名+一个单词的种加词构成。例如：*Adiantum capillus－veneris* 是铁线蕨的学名，"*Adiantum*"是属名，"*capillus－veneris*"是种加词。由于该种加词由 2 个词组成，所以必须用连字符相连，当作一个词。种以下分类群的名称是由种的名称+指示其等级的术语+种下等级的加词构成。指示其等级的术语如亚种（subspecies）、变种（varietas）、型（forma）等。例如，*Trifolium stellatum* forma *nanum*，"*nanum*"是变型的加词，"*Trifolium stellatum*"是种的学名。

不合法名称和不合法加词：指违反规则中任何一条的名称和加词。

异名：对同一个分类群的不同名称。命名上的异名是基于同一模式而作为异名。分类学上的异名指基于不同模式的名称，但被认为属于同一分类群而作为异名。

多余名：是所指的分类群的名称，包括了按照规则应该采用的另一名称或加词的模式，因此在命名上是多余的，不合法的。

同名：对同一等级的、基于不同模式的分类群具有拼法完全相同的名称。这种情况下晚出的同名是不合法的。

（三）《国际植物命名法规》的原则、规则和辅则

原则（principle）是制定法规的基础，详细的条款按照这些原则定出。条款分成规则（Rule）和辅则（recommendation）。规则用来调整过去的命名并规定新命名的，因此违反规则的名称必须废弃。辅则是处理辅助性事项的条款，其目的是使新的命名更为统一而明晰，所以违反辅则的名称，虽不因此而废弃，但今后不会引为范例。

1. 原则

原则1：植物命名与动物命名无关。例如，某一植物分类群的名称虽和动物的分类名称相同，但并不认为它是同名而被废弃。植物法规是处理植物，不包括细菌分类群的名称之用的，不论这些类群原来是否归隶于植物界，一旦它们属于植物界，植物法规便对它们生效。

原则2：分类群的名称应用由命名模式来决定。命名模式简称模式（Type），是与一个分类群的名称永远结合的那个元素（element）。例如一个种的模式是一个标本，不论该名称是作为正确名称或作为异名，它的命名模式永远构成这个分类群的一部分，但命名模式并不需要是该分类群的最典型的或最具有代表性元素。

原则3：每一个植物分类群的命名都依据优先原则。

原则4：凡具有一定范畴、位置和等级的植物分类群，只能有一个正确名称，即最早的、符合命名法规各项规定的那个名称，特定情况例外。特定情况如被子植物中的双子叶植物纲 Dicotyledonopsida 和木兰纲 Magnoliopsida 是互用名（alternative names），即木兰纲 Magnoliopsida 是双子叶植物纲 Dicotyledonopsida 的别名；单子叶植物纲 Monocotyledonopsida 和百合纲 Liliopsida 亦属于互用名。

原则5：所有植物分类群的科学名称，即学名（scientific name），无论其词源出处，均作为拉丁文处理。例如，台湾杉属 *Taiwania* 和荔枝属 *Litchi* 的属名虽然其发音源于汉语拼音，但用作植物名称之后均被视为拉丁文。

原则6：命名法规的各项规则除另有明确规定者外，皆可追溯既往，即最新版法规能取代以前各版法规；凡分类群的名称虽符合前版法规，但若违反现行法规，也必须废弃。

2. 规则和辅则

《国际植物命名法规》的规则共有62条。规则之下可以有辅则，也可以无辅则。定名规则缩写及含义见表2-1。

规则1~5条规定分类群的定义及其等级。在植物命名法规中，植物分类学上任何

等级的具体类群均合称为分类群（复数 taxa，单数 taxon）。

植物分类群的主要等级自上而下依次为：界（kingdom 或 regnum）、门（division 或 divisio 或 phylum）、纲（class 或 classis）、目（order 或 ordo）、科（family 或 familia）、属（genus）、种（species）。如果需要可加次要等级，如界下面可以分亚界（subregnum），门下面分亚门（subdivisio 或 subphylum），纲下面分亚纲（subclassis），目下面分亚目（subordo），科下面分亚科（subfamilia）、族（tribus）、亚族（subtribus），属下面分亚属（subgenus）、组（sectio）、亚组（subsectio）、系（series）、亚系（subseries）、种下面分亚种（subspecies）、变种（varietas）、亚变种（subvarietas）、变型（forma）和亚变型（subforma）等。上述等级制度中的层次关系不能改变。

有关分类的等级及其概念还可参考陈世骧（1978）和海吾德（1979）的专著。陈世骧等认为植物分类的等级包括阶层系统、分类阶元、分类群和类群等概念。阶层系统（Hierarchy）是分类的等级制度或层次关系。分类阶元（Category）是指阶层系统中的任何一个层次等级。分类群是指分类阶元中的任何一个具体的分类群（Taxonomic group）。类群（Group）是泛指任何一类群而不讲究其等级。

规则 6，现定名称有效发表和合格发表的条件和日期。在植物分类学中的名称，只有已有效发表和已合格发表，该名称才获得分类学上的合法地位。

规则 6.1，有效发表（effective publication）是指符合规则 29~31 条的发表。规则 29~31 条规定名称有效发表的条件和日期。

规则 6.2，合格发表（valid publication）是指符合规则 32~45 条的发表。规则 32~45 条规定名称合格发表的条件和日期。

名称（name）指已合格发表的名称，无论名称是合法的还是非法的。合法名称（legtimate name）是符合命名法规各项规则的名称。非法名称（ilgitiate name）是违反模式标定规则或违反废弃名称规则的名称。

规则 7~10 条分别规定科、属、种等分类群的模式标定。植物类群的命名由命名模式决定。模式标定（typifcation）是经典植物分类学的组成元素之一。

科、亚科、族、亚族的命名模式是一个属。例如，蔷薇科 Rosaceae 的命名模式是蔷薇属 *Rosa*。有 8 个科例外，即菊科 Compositae、十字花科 Cruciferae、禾本科 Gramineae、藤黄科 Guttiferae、唇形科 Labiatae、豆科 Leguminosae、棕榈科 Palmae 和伞形科 Umbelliferae。上述这 8 个科的科名由于长期使用而被认可，作为保留科名使用，不要求命名模式属，也不要求科具统一词尾-aceae。但上述 8 个科也有互用名，其对应的互用科名要求命名模式属，也要求科的统一词尾-aceae，即菊科 Compositae = Asteraceae（模式属 *Aster*）、十字花科 Cruciferae = Brassicaceae（模式属 *Brassica*）、禾本科 Gramineae = Poaceae（模式属 *Poa*）、藤黄科 Guttiferae = Clusiaceae（模式属 *Clusia*）、唇形科 Labiatae = Lamiaceae（模式属 *Lamium*）、豆科 Leguminosae = Fabaceae（模式属 *Faba* = 模式属 *Vicia*）、棕榈科 Palmae = Arecaceae（模式属 *Areca*）和伞形科 Umblliferae = Apiaceae（模式属 *Apium*）。

属、亚属、组、亚组、系、亚系的命名模式是一个种。例如，苹果属 *Malus* 的命名

模式是苹果 *Malus puomila* Mill 等。

种、亚种、变种、变型的命名模式是一份（号）标本，并指出其存放地。分类群的名称模式有多种。主模式（holotype）是定名者使用过的或指定为命名模式的那份标本或插图。后选模式（lectotype）是当发表时未指明主模式，或当主模式丢失，又或当主模式包含 1 个以上的分类群时，从原始材料中指定的作为命名模式的标本或插图。等模式（isotype）是主模式的任何一个复份标本，它总是一份标本。合模式（syntype）是未指定主模式时原始材料中所引证的任何一份标本，或是多份标本同时被指定为模式时其中的任何一份标本。副模式（paratype）是指原始文献中所引证的标本，但它不是主模式、等模式或合模式。新模式（neotype）是指当原始材料不复存在（原始材料遗失）时，被选作命名模式的一份标本或插图。附加模式（epitype）是作为解释性说明的一份模式标本或插图。此外，还有产地模式（topotype）、近模式（plesiotype）、后模式（metatype）、配模式（allotype）等。

规则 11～15 条分别是规定优先律原则的限制。例如，黄山松有两个名称：*Pinus taiwanensis* Hayata（1911）和 *Pinus hwangshanensis* Hsia（1936），根据命名法规的优先律原则，选用最早发表的 *Pinus taiwanensis* Hayata 作为黄山松的正确名称，后发表的 *Pinus hwangshanensis* Hsia 变成了异名。这种正确名称与其异名的命名模式分别为不同模式的异名被称为分类上的异名（taxonomic synonym）。

规则 16～28 条分别规定各等级分类群的命名法。科以上分类群的名称被视为第一个字母大写的复数名词。科名是作名词用的复数形容词，科的构词法是在模式属的词干上加上科的词尾-aceae 来构成。亚科、族、亚族的名称是作为名词使用的复数形容词，其构词法也是在模式属的词干上加上词尾来构成，亚科的词尾是-oideae，族的词尾是-eae，亚族的词尾是-inae。属名是第一个字母大写的单数主格名词，属的名称的命名可取自任何词源或任意方式构成。例如，*Rosa*、*Nicotiana* 等。种的名称由属名和种加词构成，故称双名。双名之后再加上定名人，如水杉 *Metasequoia glyptostroboides* Hu et Cheng，其中 Hu 即 Hu Hsen-hsu，胡先骕，Cheng 即 Cheng Wan-chun 或 W. C. Cheng，郑万钧。种下等级的命名是三名命名。

种加词有 4 种来源：即形容词作种加词、名词作种加词、人名作种加词和地名作种加词。形容词作种加词时，要求与属名的性别一致，如水稻 *Oryza sativa* L. 。名词作种加词，如烟草 *Nicotiana tabacum* L. 。人名作种加词时，通常用其所有格，云南七叶树 *Aesculus wangii* Hu ex Fang 等。地名作种加词，如云南松 *Pinus yunnanensis* Franch. 等。

规则 29～31 条规定有效发表的条件和日期。凡新分类群的发表，印刷品必须公开发行且植物学家能到达的图书馆有收藏才是有效发表，否则是无效发表。如在公共集会上宣布、文稿、打字稿、未发表材料、网上发表、电子媒体等均属无效发表。但 1953 年 1 月 1 日之前，擦不掉的手写体出版物是有效发表，此后的视为无效发表。例如，石竹科的金铁锁 *Psammosilene tunicoides* W. C. Wu et C. Y. Wu 是吴蕴珍教授及其弟子吴征镒在西南联合大学期间于 1945 年在《滇南本草图》中用擦不掉的手写体发表，属于有效发表。

规则 32～45 条规定名称合格发表的条件和日期。分类群名称的合格发表：①必须有效发表；②仅由拉丁字母组成；③符合各等级分类群的命名法；④具有拉丁文的描述或特征集要，或引用了先前有效发表的描述或特征集要；⑤符合名称合格发表的条件和日期条款的所有要求。分类群的特征集要是定名者将其区别于其他类群的一个陈述。

规则 46~50 条规定作者引证。规则 46.4 中规定"ex"的应用，如构树 *Broussonetia papyrifera*（L.）L'Herit. ex Vent. 的名称中 L'Herit. 是该名称的组合者，Vent. 是该名称的发表者，发表者 Vent. 对该名称负责。如嫌定名人过多，要作省略，则将"ex"之前的 L'Herit. 省略，简短的名称为 *B. papyrifera*（L.）Vent. 。辅则 46C.1. 两个作者共同发表的名称，二者的姓名均应被引证，并以"et"或"&"相连。例如，蚬木 *Burretiodendron hsienmu* Chun et How，其中 Chun 或 Chun Woon-yong 指陈焕镛，How 或 How Foon-chew 指侯宽昭。辅则 46C.2. 两个以上的作者共同发表的名称，除在原始文献中外，只引证第一作者，其后加"et al."或"& al."。例如，三七 *Panax notoginseng*（Buurk.）F. H. Chen ex C. Chow et al. 。辅则 50A.1. 引证一个因原先仅作为异名而没有被合格发表的名称时，应注明"as synonym"或"pro syn."。辅则 50B.1. 引证裸名时，应注明"nomem nudum"或"nom. nud."来表明其地位。辅则 50C.1. 引证晚于同名时，其后应注明"non"（不是）和早于同名的作者，并最好加上发表日期。如果有多个同名，则再加上"nec"（也不是）。例如，金铁锁的异名 *Silene cryptantha* Diels（1912），non Visiani（1824），nec Hand. - Mazz.（1929），故现今的金铁锁 *Psammosilene tunicoides* W. C. Wu et C. Y. Wu（1945）是正确名称。辅则 50D.1. 引证错误鉴定的名称时，应在原来作者姓名和文献前加注"auct. non"（某些作者的，不是原来作者的）。例如，西藏长叶松 *Pinus roxbourghii* Sarg.（1897），其异名 *Pinus longifolia* auct. non Salisb.：Roxb. ex Lamb. Gen. Pinus1：29. t. 21. 1803，说明某些作者（Roxb. ex Lamb.）鉴定为 *Pinus longifolia* 者是西藏长叶松，而 *Pinus longifolia* Salisb. 是另外的松树。

辅则 50E.1. 规定引证保留名称时，应注明"nom. cons."（保留名称）。保留名称是发表时不具有优先权的名称，或发表时已是非法的名称，但名称已被广泛使用，如改变则会引起混乱，为维持稳定而保留。例如，山茶属 *Camellia* L.（nom. cons.）（1753）是针对 *Thea* L.（1753）而被保留。山茶科 Theaceae（nom. cons.）也因其模式属 *Thea* L. 是异名而不合法，但为维稳而被保留。菊科 Compositae、十字花科 Cruciferae、禾本科 Gramineae、藤黄科 Guttiferae、唇形科 Labiatae、豆科 Leguminosae、棕榈科 Palmae 和伞形科 Umbelliferae 均是保留科名。

辅则 50F.1. 引证的名称形式不同时，应用引号注明其准确的原始形式。例如，冬樱桃 *Prunus cerasoides*（"*ceraseidos*"）D. Don 等。

规则 51~58 条规定名称的废弃。合法名称不能被废弃。非法名称应予废弃。晚出同名是非法名称，应予废弃，但保留名例外。同名仅限于植物范围，但应尽可能避免使用已存在的动物和细菌分类群的名称。种或属下分类群的名称，即使其加词最初置于非法的属名下，可以是合法名称。

规则 59 规定多型生活史真菌的名称。

规则 60~62 条规定名称的拼写和性（表 2-1）。

表 2-1　定名规则缩写及含义

缩写	意义		举例	
"ex"	"ex" 之后的人名是发表者，对该名称负责，ex 之前的人名是参与者，简写时可以省略	构树	*Broussonetia papyrifera* （L.）L'Herit. ex Vent. 可以简写为 *Broussonetia papyrifera*（L.）Vent.	发表者 Vent. 对该名称负责；L'Herit. 是该名称的参与者
"et" 或 "&"	两个作者共同发表的名称，二者的姓名均应被引证，并以 "et" 或 "&" 相连	蚬木	*Burretiodendron hsienmu* Chun et How	Chun 或 Chun Woon-yong 指陈焕镛；How 或 How Foon-chew 指侯宽昭
"et al." 或 "& al."	两个以上的作者共同发表的名称，除在原始文献中外，只引证第一作者，其后加 "et al." 或 "& al."	三七	*Panax notoginseng* （Buurk.）F. H. Chen ex C. Chow et al.	
"as synonym" 或 "pro syn."	引证一个因原先仅作为异名而没有被合格发表的名称时，应注明 "as synonym" 或 "pro syn."			
"nomem nudum" 或 "nom. nud."	引证裸名时，应注明 "nomem nudum" 或 "nom. nud."			
"non"	表示 "不是"。引证晚于同名时，其后应注明 "non"（不是）和于出同名的作者，并最好加上发表日期	金铁锁	异名 *Silene cryptantha* Diels（1912），non Visiani（1824），nec Hand.-Mazz.（1929），其正确名称是 *Psammosilene tunicoides* W. C. Wu et C. Y. Wu （1945）	
"nec"	表示 "也不是"。有多个晚于同名，则再加上 "nec"			
"auct. non"	表示 "某些作者的，不是原来作者的"	西藏长叶松	*Pinus roxbourghii* Sarg. （1897），其异名 *Pinus longifolia* auct. non Salisb.：Roxb. ex Lamb. Gen. Pinus1：29. t. 21. 1803	说明某些作者 Roxb. ex Lamb. 鉴定为 *Pinus longifolia* 者是西藏长叶松，而 *Pinus longifolia* Salisb. 是另外的松树

（续表）

缩写	意义		举例
"nom. cons."	表示"保留名称"。保留名称是发表时不具有优先权的名称，或发表时已是非法的名称，但名称已被广泛使用，如改变则会引起混乱，为维持稳定而保留	山茶属	*Camellia* L.（nom. cons.）（1753）是针对 *Thea* L.（1753）而被保留

二、生物的命名方法

按国际命名法规，生物各级分类等级的学名，改用拉丁文字或拉丁化文字。科及科以上分类阶元学名首字母大写，排正体，不可缩写，属和属级以下的名称用一个拉丁词命名；如原鸡（*Gallus gallus*）属于鸡形目（Galliformes）、雉科（Phasianidae）、原鸡属（*Gallus*），其中目名、科名排正体，属名排斜体。

种的名称按瑞典植物分类学家林奈 1758 年所著《自然系统》中首创的双名法命名，即由属名和种名组成，属名在前，种名在后。为了便于查阅，在各级名称之后，用正体字注以命名者的姓氏（应为拉丁字母拼缀）和命名时的公历年号，两者间以逗点分隔。若命名者不止一人，用拉丁连结词 et（和）连接。

物种既是生物分类的基本单位，也是生物进化的基本单位。生物进化的实质，就是物种的起源和演变。从生物学角度来认识物种，认为物种基本结构是居群，而不是个体。

生物命名法中一条重要原则是优先律。遇到同一生物由两个或更多名称即构成异名，或不同生物共有一个名称即同名，应以优先律选取最早正式发表的名称。

国际上除订立了上述共同遵守的分类阶元外，还统一规定了亚种的命名方法，即三名法，例如亚种的学名由属名、种名（或种加词）、拉丁文亚种指示词 ssp. 或 subsp. 及亚种名（或亚种加词）依次序组合而成，亚种名首字母小写，斜体，亚种名后附上亚种命名人姓氏。例如，东亚飞蝗 *Locusta migratoria* meyen ssp. *manilensis* Linne，其中 *manilensis* 为亚种名。

三、生物分类等级

生物分类系统主要包括界（kingdom）、门（phylum）、纲（class）、目（order）、科（family）、属（genus）、种（species）7 级重要的分类阶元（category）。见表 2-2。种（物种）是基本单元，近缘的种归并为属，近缘的属归并为科，以此类推。随着研究的进展，分类层次不断增加，分类阶元上下可以附加次生阶元，常常是在原有阶元名称之前或之后加上总（super-）或亚（sub-）而形成，如总纲、亚纲、总目、亚目、总科、亚科等。亚科、科和总科的名称有标准的后缀，亚科的后缀是-inae，科的后缀是-idae，总科的是-oidea。这些后缀加在模式属的学名之后，一旦出现就表明是某亚科、某科或某总科。此外，还可增设新的单元，如群、族、组等，其中最常设的是族，介于亚科和属之间。种以下有亚种（subspecies，缩写为 subsp. 或 ssp.）、变种（varietas，缩写为 var.）、变型（forma，缩写为 f.），栽培植物还有品种（cultivar，缩写为 cv.）。两种常见动物的分类见表 2-3。

　　品种是栽培植物分类单位，只用于栽培或园艺植物的分类上，是人类在生产实践中培育创造出来的产物，在野生植物中不使用这一名词。品种通常注重形态上或经济价值上的差异，如色、香、味、形状、大小、植株高矮、产量高低等的不同，如人参的栽培品种有大马牙、二马牙、长脖、圆膀、圆芦等品种。在日常生活中"品种"这一词被广泛应用，如药材品种等，实际上多指分类学上的种，但有时也指栽培的中药品种。

表 2-2　生物分类的主要等级

中文	拉丁文	英文	中文	拉丁文	中文	拉丁文
界	regnum	kingdom				
门	divisic（phylum）	division	亚门	subdivisio		
纲	classis	class	亚纲	subclassis		
目	ordo	order	亚目	subordo		
科	familia	family	亚科	subfamilia		
					族	tribus
					亚族	subtribus
属	genus	genus	亚属	subgenus		
					组	sectio
					系	series
种	species	species	亚种（subsp. 或 ssp.）	subspecies	变型	Forma（f.）
			变种	varietas（var.）		
			品种	cultivar（cv.）		

表 2-3　两种常见动物的分类

	狗 *Canis lupus* ssp. *familiaris* Linnaeus，1758	家猪 *Sus scrofa* ssp. *domesticus* Linnaeus，1758
界 kingdom	动物界 animal	动物界 animal
门 phylum	脊索动物门 chordata	脊索动物门 chordata
亚门 subphylum	脊椎动物亚门 vertebrata	脊椎动物亚门 vertebrata

（续表）

	狗 *Canis lupus* ssp. *familiaris* Linnaeus，1758	家猪 *Sus scrofa* ssp. *domesticus* Linnaeus，1758
纲 class	哺乳纲 mammalia	哺乳纲 mammalia
亚纲 subclass	真兽亚纲 eutheria	真兽亚纲 eutheria
目 order	食肉目 carnivora	偶蹄目 artiodactyla
亚目 suborder	裂脚亚目 fissipedia	猪形亚目 suiformes
科 family	犬科 canidae	猪科 suidae
亚科 subfamily		猪亚科 suinae
属 genus	犬属 *canis*	猪属 *Sus*
种 species	狼 *lupus*	欧亚野猪 *scrofa*
亚种 subspecies	家犬 *familiaris*	家猪 *domesticus*

第五节　基本拉丁语

拉丁语原是欧洲意大利中部拉丁部族的语言，后来发展成为罗马帝国的语言，在地中海沿岸和西欧等地广为传播。世界上有 60 多个国家先后采用拉丁（罗马）字母拼写本国文字。在语言方面，不仅拉丁语系的意大利语、西班牙语和法语，就是非拉丁语系的英语、德语等也都吸收了大量的拉丁语词汇。但是，拉丁语不是现代语言，而是"死"的语言，目前除梵蒂冈外，已没有国家再用拉丁语作为官方语言，故称为"拉丁文"。

拉丁字母作为科学符号是各国所通用的。由于拉丁文很少随时代变化，加之词汇丰富，词义固定，寓意精准，语法严谨，表达科学术语不会发生混乱和误解，所以在生物学和医药学等方面广泛应用。

拉丁文是分类学的一种国际语言，虽然只有生物新分类群的发表才必须用拉丁文来写其特征集要或特征描述，但是早期文献中的拉丁文原始材料仍是生物分类学研究的重要参考资料。自 1959 年以后《国际植物命名法规》规定：在 1935 年 1 月 1 日及此后所发表的生物新分类群，必须伴有拉丁文的特征集要或拉丁文描述才算合格发表。如果没有生物学拉丁文知识，生物分类学的研究几乎不能进行。

一、拉丁文字母和发音

（一）拉丁文字母

拉丁文是一种非常古老的语言文字，其字母数目和排列顺序与英文相同，共有 26 个字母。拉丁文字母的写法，分为印刷体大写、印刷体小写、书写体大写和书写体小写 4 种形式。

（二）拉丁文的发音

拉丁文字母一般分为元音和辅音两类。元音字母又分单元音和双元音两种，单元音共有 6 个，即 a、e、i、o、u、y，其中 i、u 在其他元音前为半辅音，作为半辅音时可用 j、v 代替；双元音是由两个元音组合而成，主要有 4 个，即 ae、oe、au、eu。元音字母是组成拉丁文的音节单位。任何一个拉丁文词汇至少要有一个元音。辅音字母也分为单辅音和双辅音。单辅音有 20 个，即 b、c、d、f、g、h、j、k、l、m、n、p、q、r、s、t、v、（w）、x、z；双辅音字母有 4 个，即 ch、ph、rh、th（表 2-4）。

现在的课堂教学和学术交流中，生物学名的发音已有英语化的趋势，这不是时尚，而是缺乏经典的表现。因此，掌握拉丁文字母的发音规则是植物学拉丁文的基础。

1. 元音的发音

6 个单元音字母 a、e、i、o、u、y 的发音见表 2-4。6 个双元音字母 ae、oe、au、eu、ei、ui 的发音见表 2-5。有时会遇见两个元音并列在一起，但并未构成双元音，要分开读。在这种情况下，可在第二个元音字母上标以分音"¨"，以示分音，如水韭属 *Isoëtes* L.

表 2-4　拉丁文字母和发音表

	印刷体字母		国际音标	
	大写	小写	名称	发音
1	A	a	[a:]	[a]
2	B	b	[be]	[b]
3	C	c	[tʃe]	[s] 或 [k]
4	D	d	[de]	[d]
5	E	e	[e]	[e]
6	F	f	[ef]	[f]
7	G	g	[ge]	[g]
8	H	h	[ha:]	[h]
9	I	i	[i:]	[i]
10	J	j	[dʒei]	[j]
11	K	k	[ka]	[k]
12	L	l	[el]	[l]
13	M	m	[em]	[m]
14	N	n	[en]	[n]
15	O	o	[ou]	[o]
16	P	p	[pi]	[p]
17	Q	q	[ku]	[k]

（续表）

	印刷体字母		国际音标	
	大写	小写	名称	发音
18	R	r	[er]	[r]
19	S	s	[es]	[s]
20	T	t	[ti]	[t]
21	U	u	[u:]	[u]
22	V	v	[ve]	[v]
23	W	w	[dʌblju]	[u]
24	X	x	[iks]	[ks]
25	Y	y	[ipsilon]	[i:]
26	Z	z	[zita]	[z]

注：表2-4引自沈显生 等，2010。

表2-5　双元音的发音及实例表

双元音	发音（国际音标）	应用实例
ae	[e]	豆科 Leguminosae、棕榈科 Palmae
oe	[e]	栾木属 *Koelreuteria*
au	[au]	月桂属 *Laurus*、泡桐属 *Paulownia*
eu	[ju:]	桉属 *Eucalyptus*、杜仲属 *Eucommia*
ei	[ei]	锦带花属 *Weigela*、松蒿属 *Phtheirospermum*
ui	[ui]	冬青科 Aquifoliaceae

注：表2-5引自陆树刚，2019。

2. 辅音的发音

20个单辅音字母的发音大部分只有一种发音（表2-4），但部分字母可有两种发音。特别是在辅音字母组合中的发音具有特殊规定（表2-6）。

（1）c 的发音　可发 [k]、[tʃ] 和 [s] 三个声音。当 c 在元音前、辅音前或词尾时，发 [k] 音。例如：capsula（蒴果）、cormus（鳞茎）、culmus（空心秆）、genericus（属的）、crux（十字）。

当 c 在单元音 e、i、y 和双元音 ae、oe、eu 前时，发 [tʃ] 音，例如：cera（蜡）、caespes（丛生）、coelospermus（具空种子的）；或发 [s] 音，例如：circa（大约）、cyma（聚伞花序）、Asteraceae（菊科）。

（2）g 的发音　可发 [g] 和 [dʒ] 两个声音。多数情况下读 [g]，如白珠树属 *Gaultheria* Kalm ex L.、银桦属 *Grevillea* R. Br.、禾本科 Gramineae 等。但在元音字母 e、i、y、ae、oe、eu 之前，读 [dʒ]，如石膏 gypsum、银杏属 *Ginkgo* L. 等。

（3）其他辅音或固定的辅音组的发音。

表 2-6 其他辅音的发音表

辅音	发音（国际音标）	特例
x	［ks］例如：木质部 xylem	在两个元音之间时，则发 ［kz］
q	［k］例如：quini（每 5 个）	
k	［k］ 例如：钾 kalium、银杏属 *Ginkgo*	
b	［b］	在清辅音前则发 ［p］ 音，例如：subter（在……下面）
j	是半元音，发音同 i	
h	在一般情况下不发音	在两个 i 之间时，发 ［k］ 音
s	［s］	在两个元音之间，或在 m 前，发 ［z］ 音
v 和 w	［v］	
ch	［tʃ］ 或 ［k］	
ph	［f］	
rh	［r］	
th	［t］	
qu	［k］	
gu	［ku］	
gh	一般不发音	
ti	［i］	在元音前发 ［tsi］ 音
sc	在 e、i、y、ae、oe、eu 之前发 ［ʃ］	在 a、o、u 之前发 ［sk］ 音
sch	［sk］	
chl	［k］	
chr	［k］	
str	［t］	
cn、ct、gn、ps、pt	位于单词的开始时，其第一个字母要读得短而清	位于单词的中间，其第一个字母要按一般情况发音

注：表 2-6 引自沈显生等，2010。

（4）来自人名、地名的植物名称的发音　源于人名的学名，其发音根据"音从主人"原则，最好沿用其来源国家的语音。这样，在这类学名中，有些字母的发音，不尽与上述规则符合，如观光木属 *Tsoongiodendron* Chun、山铜材属 *Chunia* H. T. Chang、保亭花属 *Wenchengia* C. Y. Wu et S. Chow 等。*Tsoongiodendron* 是纪念植物分类学家钟观光（Tsoong Kuan-kwang），第一个音节要发"钟（zhong）"音。*Chunia* 是纪念植物分类学家陈焕镛（Chun Woon-young 或 Chun），第一个音节要发"陈（chen）"音。Wenchengia 是纪念植物分类学家吴蕴珍（Wu Wen-cheng），第一个音节要发"蕴（yun）珍（zhen）"音。

（5）音节及重音　植物学拉丁文的重音与音节的长短有关，而音节的长短又与该音节中的元音的长短有关，每一个拉丁文词汇，根据其所含元音的数目分为若干音节。一音节，如盐肤木属 *Rhus* L.；二音节，如水青冈属 *Fagus* L.、玉米黍属 *Zea* L.；三音节，如桦木属 *Betula* L.；四音节，如樟属 *Cinnamomum* Trew；五音节，如杉木属 *Cunninghamia* R. Br.；六音节，如棋子豆属 *Cylindrokelupha* Kosterm. 等。

在一个拉丁文词汇中，必定有一个音节读得较其他音节重一些，这一音节称为重音节，应在这一音节的元音上方加重音符号"'"，以示重音所在。重音的主要规则是：重音绝不会在最后一个音节上；单音节的词，只有一个元音（或双元音），重音必在其上，双音节的词，重音在前一音节上，如早熟禾属 *pó-a* L.；三个或三个以上音节的词，重音一般在倒数第二个音节上，如杜鹃花属 *Rho-do-dén-dron* L.，但如果倒数第二个音节是短音节，则重音就在倒数第三个音节上。来自人名地种加词的重音，重音必在 -ii、-iae 之前的一个音节上，如华山松的种加词 *Pinus ar-mán-dii* Franch.，但最好"音从主人"，按原来人名的重音来读。

3. 拼读

音节是发音的基本单位，元音是发音的主体。一个词的最后一个音节叫末音节，例如：Zi-zy-phus（枣属）；在末音节之前的音节叫次末音节；次末音节前的音节叫前次末音节。音节的划分规则如下。

（1）拉丁语词汇具有多少个元音和双元音，就有多少个音节　音节是根据元音来划分的，单个元音可单独构成音节，也可与一个或几个辅音共同构成一个音节。而辅音不能单独构成音节，必须与其后面的元音一起组成音节。例如：槭树科 A-ce-ra-ce-ae 有 5 个音节，渐尖的 a-cu-mi-na-tus 有 5 个音节。

（2）在两个元音之间的辅音跟它后面的元音组成音节　例如：尖锐 a-cer，急尖的 a-cu-tus。

（3）当辅音后面有辅音 l 或 r 时，该辅音跟 l 或 r 组成音节　例如：公共的 pu-pli-cus，具喙的 ros-tra-tus。

（4）除辅音 l 和 r 外，其他辅音的组合规则如下　两个元音之间有两个辅音时，前一个辅音跟前面的元音，后一个辅音跟后面的元音。例如，北方 sep-ten-tri-o，掌状分裂的 pal-ma-tus；碗蕨科 Denn-staed-ti-a-ce-ae。而两个元音之间有 3 个辅音时，最后一个辅音要跟后面的元音在一起。

（5）在辅音 b、c、d、f、t、p 后面有 l 或 r 时，将这两个辅音字母连同后面的一个元音（或双元音）划在一起　例如，植物 plan-ta，李子 pro-nus，鹅掌柴属 Schef-fle-ra。但是，当 l 或 r 是复合词的构词成分时例外。例如，枝下的 sub-ra-me-a-lis。

（6）双辅音或辅音组在划分音节时不能分开　例如，使君子 quis-qua-lis，防风属 Sa-posh-ni-ko-vi-a。

（7）复合词的音节按照两个组成分子划分　例如，七枚花瓣的 heptapetalus 分为 hep-ta（七）+pe-ta-lus（花瓣的），pinnatipartitus（羽状分裂的）分为 pin-na-ti（羽状的）+parti-tus（分裂的）。

音节的长短是有规律的。长音节用符号"‒"表示，例如：nōta（特征），satīvus（栽培的）；短音节用符号"˅"表示，例如：Allĭum（葱属），olĕum（油）。长音节的规则是：双元音读长音；x 和 z 前面的元音读长音；元音后面跟两个以上辅音时读长音；有些单词的倒数第二个音节为长音。短音节的规则是：元音之前的元音读短音；h 前的元音读短音；双辅音前的元音读短音；有些单词的倒数第二个音节读短音，这样就与长音节的单词不容易区别了，必须记住。在拉丁文单词拼读时，i 的用法比较特殊：i 有两种用法，既可作元音，有时也可作辅音。只有当 i 在一个元音之前时，才把它拼作"j"。例如，*Saurauia*（水东哥属），在拼读时就改拼为 Sau-rauja（把 i 变成 j）；还有 maiores（祖先）的拼法，现在该词改写为 majores（i→j）。

二、植物学拉丁文语法

拉丁文共有 10 种词类：即名词、形容词、数词、代词、动词、分词、副词、介词或前置词、连接词和感叹词。在这 10 种词类中，名词、形容词、数词、代词、动词和分词是可变化的词类；副词、介词或前置词、连接词和感叹词是不可变化的词类。可变化的词类其词的形态随着它在句子中的作用、地位、和其他词的关系的变化而变化，变化的部分通常发生在词尾上。

（一）名词

拉丁文名词有性、数、格的变化。性有阳性（masculinum）、阴性（femininum）、中性（neutrum）三种，一般用缩写 m. 代表阳性，用缩写 f. 代表阴性，用缩写 n. 代表中性；数有单数（numerus singularis）和复数（numerus pluralis）两种。一般用缩写 s. 代表单数，用缩写 pl. 代表复数；格主要有 5 种：即主格（nominative，Nom.），受格（accusative，Acc.），所有格（genitive，Gen.）、与格（dative，Dat.）、夺格或工具格（ablative，Abl.），此外还有呼格（vocative，Voc.）、定位格或位置格（locative case）等。主格在句子中作主语；受格作行为的直接目的语；所有格表示人或物的所有形式，相当于汉语"的"字。若人名作为种加词，则种加词多用人名的所有形式，如华山松 *Pinus armandii* Franch.、川滇冷杉 *Abies forrestii* C. C. Rog.、丽江山荆子 *Malus rockii* Rehd. 等；与格作行为的间接目的语；工具格（或夺格）表示地点、时间、工具等；定位格（或位置格）与工具格相近；呼格是用来称呼人或物。

变格是拉丁文名词常因性、数、格的不同，其词尾的变化表现。格是由词干加上变格词尾构成的，格的变化，表现为词尾的差异。变格时，词干不变。词干是构词法的基础。寻找词干的方法，是将一个词的单数所有格的词尾除去，即可获得其词干。在一般的词典里，名词原形（单数主格）后面，常附有所有格的词尾和表示性别的缩写词。例如，植物 planta（s. f. I），ae，f. 意思是 planta 的形式是单数（s.）、阴性（f.）、属于第一变格法（I），planta 的单数（sing.）所有格（gen.）形式是 plantae，词尾是 -ae，那么词干就是 plant-。拉丁文的名词，根据单数所有格词尾的不同，可区分为 5

种变格法。

（二）形容词和分词

植物学拉丁文的形容词很丰富。形容词加到各器官的名称上便组成植物的描述。形容词加到属名上便成为物种名称的种加词，形容词作种加词时，其性别要求与属名一致，如黄花蒿 *Artemisia annua* L.、辣椒 *Capsicum annuum* L. 和向日葵 *Helianthus annuus* L. 等。形容词同名词一样，也具有性、数、格的变化。形容词必须同它所形容的那个名词在性、数、格三方面要求一致。因此，每一个形容词均有三个性（名词只有一个性），二个数，五个格。植物学拉丁文的分词也具有形容词的功用，它们的用途和变格法也同于形容词。

植物学拉丁文的形容词和分词，其变格法分为三个类群：类群 A、类群 B 和类群 C。类群 A 是其单数主格词尾为 -us（阳性）、-a（阴性）、-um（中性），或 -er（阳性）、-ra（阴性）、-rum（中性）的所有词类，它们的格尾同名词的第一和第二变格法。类群 B 是其单数主格词尾为 -is（阳性和阴性）、-e（中性），或 -er（阳性）、-ris（阴性）、-re（中性），或 -x、-ens、-ans（各性相同）的词类，它们的格尾与名词的第三变格法基本相同。类群 C 是希腊文起源的形容词，因词尾特殊而在变格时发生困难，须作特殊规定。

（三）副词

副词是用来修饰形容词或另外一个副词的，副词没有变格。

（四）数词

数词有基数词、序数词和分配数词三种。数词有基数词如 unus、duo.、tres、quatuor、quinque、sex、septem.、octo、novem、decem 等。基数词中的 unus、duo、tres 是能变格的，如一朵花 flos unus，具有一朵花 flore uno。其余的基数词都保持原形不变，不管它们所形容的名词的性和格如何。

序数词如 primus、secundus 或 alter、tertius、quartus、quintus、sextus、septimus、octavus、nonus、decimus 等。序数词的变格法同基数词中的 unus，如 primus、secundus、tertius 等。

分配数词的变格法同第一、第二变格法的复数形容词。一般来说，写作时最好用阿拉伯数字。

（五）介词

介词又称前置词，大多数要求用受格，如描述"叶在中部以下最宽，但向基部变狭成叶柄"，翻译为"folia infra medium latissima, sed ad basim in petiolum protracta"，其中的 infra（prep. + acc. 在……下面）、ad（prep. + ace. 到、近于、在）、in（prep. + abl. 和 acc. 在、进入）是介词。

（六）连接词

连接词是用来连接词、短语或句子的词，如 et（和）、vel（或者）、sed（但是）、seu（或）、sive（或）、quod（因为）、ut（所以）、si（如果）、etsi（即使）、

licet（虽然）等。

（七）动词

在现代植物学拉丁文中，几乎不用动词。

三、植物学拉丁文句法

植物学拉丁文的句法主要用于特征集要和特征描述。特征集要（Diagnosis）是区别植物新分类群的简要叙述。特征描述（Description）是植物新分类群的特征展示。发表植物新分类群时，要求有特征集要和特征描述，或至少有特征集要，才满足合格发表的要求，举例如下。

墨脱百合 *Lilium modogense* S. Y. Liang（梁松筠），sp. nov.［*Acta Phytotaxonomica Sinica* 1985，23（5）：392-3931］

Affinis *L. paradoxo* Stearm，a quo floribus majoribus，flavis，perianthii segmentis ellipticis，5~6cm longis，2~2.4cm latis，basi leviter saccatis differt.

Bulbus parvus，subglobosus，c. 2.2cm altus，2.2cm crassus；squamae lanceolatae，acutae vel acuminatae，1.7~2.2cm longae，0.6cm latae，purpureae. Caulis erectus，35~50cm altus，5~8mm diam.，paillosus，basi radicans，e basi per 1~2cm nudus，deinde cataphyllis 2~4，tum foliis 2~3 remotis，postremo in parte media et supera verticillis 5~8 foliatis saepe 4 inter se 2.5~5cm distantibus vestitus. Folia verticillate，obovatolanceolata vel elliptica，4.5~6cm longa，1.7~22cm lata acuta yel acuminata basi cuneata. Pedicellus 4~6cm longus，glaber. Flores 1-3，campanulati，flavi immaculati；perianthii segmenta elliptica，acuta，integra，5~6cm longa，2~2.4cm lata，adbasim per 6mm atropurpurea，plana，ecristata，glabra. Stamina erecta；filamenta 1.5~2cm longa，glabra；antherae oblongae，1.3cm longae，c. 2mm latae. Ovarium cylindricum，1.4cm longum，3mm crassum；stylus 2.5cm longus，glaber，stigma capitatum，c. 8mm crassum.

Xizang：Medog, in abietetis, 1980-06-26, W. L. Chen no. 10625（Typus：PE）.

广南报春 *Primula wangii* Chen et C. M. Hu（陈封怀和胡启明），sp. nov.（*Acta Botanica Austro Sinica* 1990，6：5）

Species affnis *P. kwangtungensi* W. W. Smith，sed foliis longiuscule petiolatis basi plerumque cordatis，calycibus fere ad medium fissis，capsula cylindrical calyce longiore differt.

Yunnan：Guangnan Xian, Yanzidong. on rocky hills, 1940-03-07, C. W. Wang et Y. Liu 87568（holotype, IBSC；isotype. KUN, PE）.

思考题

1. 表征系统学派、分支系统学派、进化系统学派进行生物分类的基本思路分别是什么？

2. 分类检索表根据什么原则编制？有哪些种类？

3. 生物分类的依据有哪些方面？

4. 分类群的名称模式有哪些？什么是主模式、等模式、合模式、副模式、新模式？

5. 生物分类系统中，种以下常见的有哪些阶元？在生物命名法中的缩写分别是什么？

6. 发表一个植物新分类群需怎样写才满足合格发表的要求？

第三章　植物结构的描述方法

第一节　植物学概述

一、植物学及其分支学科

植物学（Botany）是从分子、细胞、器官到个体来研究植物体的结构与功能、生长与发育、生理与代谢、遗传与进化、分布及其与环境相互作用等规律的学科。

植物学分支学科按植物类群或研究对象来分，可分为藻类学、苔藓植物学、蕨类植物学、古植物学、孢粉学等，其中古植物学研究化石植物，孢粉学研究植物花粉和孢子。

按研究的生命现象或生命过程来分，可分为结构植物学、植物生理学、植物分类学、植物发育生物学。

按生物结构的层次来分，可分为植物分子生物学、植物细胞生物学、植物群落学等。其中植物群落学中，研究植物群落的结构、形态以及种属组成，称之为植物群落形态学；研究植物群落中各个有机体之间相互关系及其变化规律，叫做植物群落生物学；研究植物群落同周围环境之间关系为主的，称为植物群落生态学；研究群落的形成、变化和衰亡，称为植物群落发生学；研究植物群落在空间和时间上的分布及其变化的，叫做植物群落地理学。

按与其他学科的关系来分，可分为植物化学、植物病理性、植物生态学、植物地理学等。其中，植物生态学研究植物与环境之间相互作用规律的科学，相互作用包括环境对于植物生长过程、个体发育和系统发育的影响，植物对环境的依存、适应和改变的规律等。植物地理学是以植物分类学、植物生态学为基础，研究植物在地球表面过去和现在的分布情况以及分布原因的科学。

按与人类的生产生活关系来分，可分为作物栽培学、经济植物学、药用植物学、森林学、园艺学等。其中，经济作物又称"工业原料作物""技术作物"，一般指为工业，特别是指为轻工业提供原料的作物。我国纳入人工栽培的经济作物种类繁多，包括纤维作物，如棉、麻等；油料作物，如芝麻、花生等；糖料作物，如甘蔗、甜菜等，还包括三料（饮料、香料、调料）作物、药用作物、染料作物、观赏作物、水果和其他经济作物等。经济植物学就是以经济作物为研究对象的植物学分支学科。森林学是以森林植物资源为研究对象，系统地研究森林植物资源调查评估理论、森林资源地上和地下生态耦合扰动机制以及森林植物资源功能成分代谢调控与开发利用的学科。民族植物学是研究一定地区的人群与植物界的全面关系，包括所有在经济、文化上有重要作用的植物。经济植物学研究人类对植物的利用。园艺学是研究园艺植物如观赏植物、蔬菜和果树的种质资源、生长发育规律、繁殖、栽培、育种、贮藏、加工、病虫害防治以及风景园林等的科学。

植物为解决人类的吃、穿、住、医疗保健等生存发展问题提供了必不可少的物质基础。例如，我国是世界上药用植物种类最多、应用历史最久的国家之一，现有药用植物383科，11 146种，约占中药资源（动物、植物、矿物）总数的87%。此外，植物还为人类提供大量与生活密切相关的天然产品，如天然保健食品、天然色素、天然甜味剂等。

二、植物的类群

植物界的分门，至今尚无定论，根据目前植物分类学常用的分类法，将植物界分为7类16门（图3-1）。

孢子植物（spore plants），又称为隐花植物（cryptogamia），藻类、菌类、地衣、苔藓、蕨类植物利用孢子进行繁殖，统称为孢子植物。因为它们不开花结果，故又称为隐花植物。

种子植物（seed plants），又称显花植物（planerogams）。裸子植物和被子植物在有性生殖过程中要开花，并形成种子，以种子进行繁殖，故合称为种子植物或显花植物，其中被子植物的花结构更为特化，且能产生果实，特称有花植物（flowering plants），因其心皮愈合形成雌蕊，所以也称雌蕊植物（gynoeciatae）。

低等植物（lower plants），也称无胚植物（non embryophyte）或原植体植物（thallophytes）。藻类、菌类和地衣植物三类合称为低等植物，它们是进化过程中出现最早的一大类群植物，其主要特征是：植物体构造简单，为单细胞、多细胞群体或多细胞个体，形态上没有根、茎、叶的分化，内部构造上一般无组织分化；生殖结构通常由单细胞构成，合子发育时离开母体，不形成胚。因此，低等植物也称无胚植物或原植体植物。

高等植物（higher plants），苔藓、蕨类、裸子和被子植物四类合称为高等植物，它们是植物界中进化的一大类群绿色植物，是经过长期适应陆生环境而演化的结果。在演化过程中，这些植物在形态结构和生理功能等方面都发生了极大的变化，产生了更加适应陆地生活的特征。形态上有了根、茎、叶的分化，内部结构上有了组织的分化；生殖器官由多细胞构成，合子在母体内发育成胚。所以，高等植物又称有胚植物（embryophytes）或茎叶体植物（cormophytes）。

颈卵器植物（archegoniatae），苔藓植物、蕨类植物和裸子植物在有性生殖过程中，配子体上产生精子器（antheridium）和颈卵器（archegonium）结构，故合称为颈卵器植物。

维管植物（vascular plants），蕨类植物、裸子植物和被子植物体内具有复杂的维管系统，合称为维管植物。

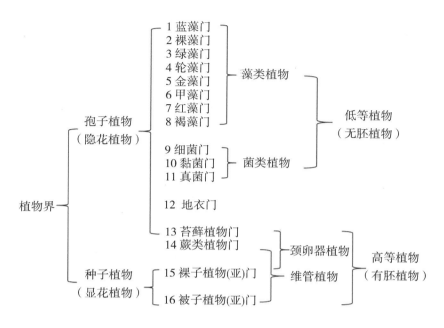

图 3-1　植物界的分门

第二节　植物组织

植物组织指由来源相同、形态构造相似、生理功能相同、相互密切联系的细胞组成的细胞群。由同一类型的细胞构成的组织称为简单组织。由不同类型细胞构成的组织称为复合组织。

在长期演化的过程中，只有高等植物内部结构有组织分化，低等植物通常无组织形成或无典型的组织分化。由于植物类群或部位的不同，植物体内的各种组织具有不同的特征，常可作为生药显微鉴定中的重要依据。

根据形态结构和功能不同，植物组织可分为分生组织、薄壁组织、保护组织、机械组织、输导组织和分泌组织。后五类组织是由分生组织细胞分裂和分化所形成的细胞群，总称为成熟组织（mature tissue）或永久组织（permanent tissue）（图 3-2）。根据植物体生长发育需要，成熟组织有时可发生相应变化，如薄壁组织可以转化成次生分生组织或机械组织等。

一、分生组织

植物体内能够持续地保持细胞分裂功能，不断产生新细胞的细胞群，称为分生组织（meristem）。分生组织位于植物体生长的部位，是由许多具有分生能力的细胞构成的。分生组织细胞不断分裂、分化，使植物体生长，如根、茎的顶端生长和加粗生长。

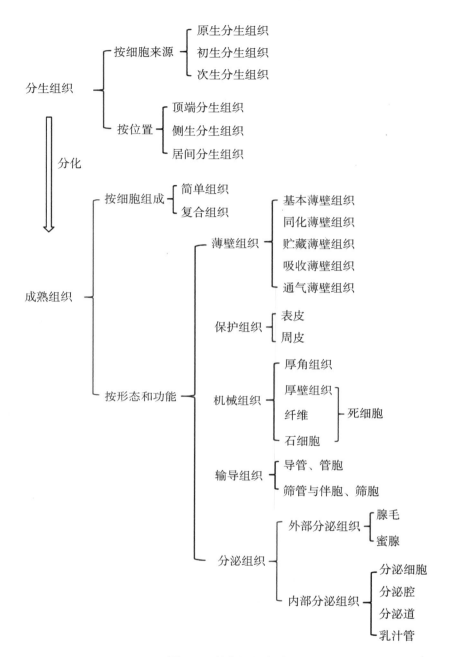

图 3-2　植物组织类型

（一）分生组织的形态特征

通常分生组织的细胞体积较小，多为等径多面体形状，排列紧密，没有细胞间隙；细胞壁薄，主要由果胶和纤维素组成，不具纹孔；细胞质浓，细胞核相对较大，没有明显的液泡和质体的分化，但含有线粒体、高尔基体、核糖体等细胞器。由于分生组织细胞的不断分裂，一部分细胞保持高度的分裂能力，另一部分细胞则陆续分化成为具有一定形态特征和生理功能的细胞，构成各种成熟组织或永久组织，这些组织一般不再发展分化。

（二）分生组织类型

1. 根据分生组织的性质来源分类

（1）原分生组织　原分生组织来源于种子的胚，位于根、茎的最先端，由没有任何分化的、最幼嫩的、终生保持细胞分裂能力的胚性细胞组成，是产生其他组织的最初来源。

（2）初生分生组织　初生分生组织由原分生组织衍生的细胞所组成，衍生细胞在分化成熟前常常在根尖、茎尖附近分裂多次。由于细胞所处的位置和将来发育成为的成熟组织不同，初生分生组织常产生初级分化，形成三种不同的细胞群，即原表皮层、基本分生组织和原形成层，三者合称为初生分生组织。初生分生组织继续分化，形成其他各种成熟组织。

（3）次生分生组织　已经成熟的薄壁组织（如表皮、皮层、髓射线、中柱鞘等细胞）经过生理和结构上的变化重新成为具有分裂能力的分生组织，这个过程称为脱分化（dedifferentiation）。次生分生组织主要分布于根、茎的内侧，并与其长轴平行，如木栓形成层、根的形成层和茎的束间形成层，以及少数单子叶植物茎内所具有的特殊增粗活动环等，它们与根、茎的加粗生长和重新形成保护组织有关。

2. 根据分生组织在植物体内所处的位置分类

（1）顶端分生组织　顶端分生组织是位于根、茎顶端的分生组织，也就是根、茎顶端的生长锥，细胞能比较长期地保持旺盛的分裂能力。顶端分生组织细胞的分裂、分化使根、茎不断地伸长生长。

（2）侧生分生组织　侧生分生组织存在于裸子植物与双子叶植物的根和茎内，主要包括维管形成层和木栓形成层，它们分布于植物体内，与所在器官的轴向平行。这些分生组织的活动与根、茎的加粗生长有关。单子叶植物通常没有侧生分生组织，不能加粗生长。

（3）居间分生组织（intercalary meristem）　居间分生组织是位于成熟组织之间的、从顶端分生组织细胞遗留下来的初生分生组织，只能保持一定时间的分生能力，以后则完全转变为成熟组织。这种分生组织位于某些植物茎的节间基部、叶的基部、总花柄的顶部以及子房柄等处，其活动与植物的居间生长有关。小麦、水稻等植物的拔节、抽穗，葱、蒜和韭菜等植物叶的上部被割取后，叶的下部仍可再生长等现象，都是居间分生组织活动的结果。

综上所述，顶端分生组织的性质属于原分生组织和初生分生组织，两者之间没有明显分界，共同构成根尖、茎尖的顶端分生组织。侧生分生组织依据性质分析，相当于次生分生组织。居间分生组织的性质即为初生分生组织。

二、薄壁组织

薄壁组织，亦称基本组织，是植物体的重要组成部分，如根、茎的皮层和髓部、叶肉、果实的果肉以及种子的胚乳等。薄壁组织在植物体内具有联系、同化、贮藏、吸收、通气等营养功能，故又称营养组织。

（一）薄壁组织的形态特征

薄壁组织通常由生活细胞构成；细胞壁薄，且由纤维素和果胶质构成，具单纹孔；细胞体积较大，常为球形、椭圆形、圆柱形、多面体、星形等；排列较疏松，具有胞间隙。

薄壁组织分化程度较低，具有潜在的分生能力，在某些情况下，可脱分化形成次生分生组织，或进一步发展为其他分化程度更高的组织，如石细胞等。薄壁组织对创伤恢复、不定根和不定芽的产生、嫁接的成活以及组织离体培养等都具有实际意义。

（二）薄壁组织的类型

根据薄壁组织细胞结构和生理功能分为基本薄壁组织、同化薄壁组织、贮藏薄壁组织、吸收薄壁组织、通气薄壁组织 5 类。

基本薄壁组织普遍存在于植物体内各处，主要起填充和联系其他组织的作用，并具有转化为次生分生组织的能力。

三、保护组织

保护组织包被在植物各个器官表面，保护着植物的内部组织，控制并进行气体交换，防止水分的过度散失、病虫的侵害以及机械损伤等。根据来源和形态结构不同，保护组织又分为初生保护组织和次生保护组织两类。初生保护组织如表皮，次生保护组织如周皮。

（一）表皮

表皮（epidermis）是由初生分生组织中的原表皮层分化而来，故称初生保护组织。通常由一层生活细胞组成，但也有些植物表皮可多达 2~3 层细胞的，称为复表皮，如夹竹桃和印度橡胶树叶等。

细胞常为扁平状的方形、长方形、长柱形、多角形或不规则形；排列紧密，没有细胞间隙；细胞内有细胞核、大型液泡及少量细胞质，其细胞质贴近细胞壁，一般不含叶绿体，常有白色体和有色体存在，并贮有淀粉粒、晶体、单宁和色素等。表皮细胞的细胞壁一般是厚薄不一的，外壁最厚，内壁常薄，侧壁一般也薄，间有增厚的；有的侧壁呈波齿或不规则形状，细胞间相互嵌合，衔接更为坚牢；外壁不仅增厚，同时角质化，常具明显的角质层。

有些植物的表皮，更有蜡质渗入角质层里或分泌在角质层之外，形成蜡被，如甘蔗和蓖麻的茎、樟树叶、葡萄的果实、乌桕的种子等都具有白粉状的蜡被。有的植物的表皮细胞壁矿质化，如木贼和禾本科植物的硅质化细胞壁，可使器官外表粗糙坚实。植物的表皮上常分布有不同类型的表皮毛和气孔。

1. 表皮毛

植物表皮毛是表皮细胞的特化结构，是植物表皮细胞的延伸，广泛存在于植物的地上部分，具有抗病虫害和紫外线功能、分泌物质、减少水分蒸发、避免动物啃食、帮助种子散布等作用。不同植物具有不同形态的表皮毛，可以作为药材鉴定的依据特征。表皮毛根据有无分泌腺可分为腺毛和非腺毛两类。

（1）腺毛（glandular hair） 腺毛是能分泌挥发油、树脂、黏液等物质的毛状体，结构上可分为腺头和腺柄两部分（附图3-1）。腺头通常呈圆球形，具分泌作用，由一个或几个分泌细胞组成。腺柄也有单细胞和多细胞之分。少数植物果实的腺毛自果实表皮向内着生，腺毛顶部紧贴中果皮，如补骨脂。另有少数植物如食虫性植物的腺毛能分泌特殊的消化液，能将捕捉到的昆虫消化掉。

以茄科烟草为例，表皮毛包括非腺毛和腺毛，腺毛约占总表皮毛的85%，根据腺毛柄部长度，分为长柄腺毛和短柄腺毛；烟草腺毛分泌物不仅含西柏烷二萜、蔗糖酯等香气前体物质，还有抵抗蚜虫的作用。烟草长柄腺毛中可产生含 Cd/Ca 的晶体并外溢，进而主动排出烟叶中的 Cd。短柄腺毛是叶面抗性蛋白的主要合成场所，在抑制孢子萌发、抵抗真菌侵染中具有重要作用。长柄腺毛和短柄腺毛表面分泌的糖酯能被罗丹明 B 水溶液染红，非腺毛不能着色。烟草品系 TI1068 的腺毛以长柄腺毛为主，腺毛头部膨大，由多细胞组成，整个腺头被分泌物包裹成球形或水滴形（附图3-2A），含有极少量的非腺毛。TI35 的表皮毛长柄腺毛量很少，以非腺毛为主（附图3-2B、C），顶部细胞与柄细胞结构无差异。TI1068 和 TI35 的短柄腺毛形态无差异，柄细胞均为单细胞，腺毛头部膨大呈圆球形。长柄腺毛的着色程度比短柄腺毛深，表明长柄腺毛和短柄腺毛均有糖酯分泌，但长柄腺毛表面的糖酯含量比短柄腺毛多。TI35 叶片的蚜虫数量是 TI1068 的 4~6 倍，即 TI1068 的蚜虫嗜好性显著低于 TI35（附图3-2D），其原因可能是由于 TI1068 中西柏三烯一醇含量是 TI35 的 57 倍。

在石油菜、薄荷的叶上，还有一种短柄或无柄的特化腺毛，其头部通常由 6~8 个细胞组成，略呈扁球形，排列在一个平面上，特称为腺鳞（附图3-3）。有的植物的腺毛存在于植物组织内部的细胞间隙中，称为间腺毛，如广藿香茎和绵毛贯众叶柄和根状茎中的腺毛。

（2）非腺毛（non-glandular hair） 非腺毛单纯起保护作用，不能分泌物质，可以增加阳光的反射、降低叶表温度、减少水分的散失和抵御昆虫的侵袭等。非腺毛无头部和柄部之分，由单细胞或多细胞构成，其顶端通常狭尖。非腺毛形态多种多样（附图3-4）。

线状毛：非腺毛呈线状，有单细胞形式的，如忍冬和番泻叶的非腺毛；也有多细胞组成单列的，如洋地黄叶上的非腺毛；还有由多细胞组成多列的，如旋覆花的非腺毛；有时表面可见角质螺纹，如金银花；有的壁有疣状突起，如白曼陀罗花。

棘毛：细胞壁一般厚而坚牢，木质化，细胞内有结晶体沉积，如大麻叶的棘毛，其基部有钟乳体沉积。

分支毛：非腺毛呈分支状，如毛蕊花、裸花紫珠叶的非腺毛。

丁字毛：非腺毛呈"丁"字形，如艾叶和除虫菊叶的非腺毛。

星状毛：非腺毛呈放射状，分支似星，如芙蓉叶和蜀葵叶、石韦叶和密蒙花的非腺毛。

鳞毛：非腺毛的突出部分呈鳞片状或圆形平顶状，如胡颓子叶的非腺毛。

2. 气孔

气孔（stoma）多分布在叶片和幼嫩茎枝表面，它有控制气体交换和调节水分蒸散的作用。气孔的数量和大小，常随器官的不同和所处环境条件的不同而异，如叶片的气孔多，茎的气孔少，而根几乎没有气孔。各种植物具有不同类型的气孔，而在同一植物的同一器官上也常有两种或两种以上类型的气孔，气孔的不同类型和分布，可以作为植物鉴定的依据。

（1）一般形态　双子叶植物的气孔多数由 2 个肾形保卫细胞的凹面相对形成的孔隙就是气孔（附图 3-5A，B）。气孔和 2 个保卫细胞合称为气孔器。但通常把气孔当作气孔器的同义语使用。单子叶植物的气孔常由两个哑铃形保卫细胞组成。保卫细胞的两端呈球形且细胞壁薄，中间狭长且细胞壁厚（附图 3-5C，D）。

（2）气孔运动　气孔运动指气孔受自身节律性和外界环境条件（如光线、温度、湿度和二氧化碳浓度等）的影响发生的气孔口张开或关闭的活动。气孔的开闭由保卫细胞的水分状况决定。由肾形保卫细胞组成的气孔，当保卫细胞充水膨胀时，邻表皮细胞一侧的背壁弯曲成弓形，将腹壁拉开，结果气孔张开。当保卫细胞失水时，膨压降低，紧张状态不再存在，这时 2 个保卫细胞回缩，于是气孔口缩小以至关闭，保卫细胞也逐渐变直。由哑铃形保卫细胞组成的气孔，当保卫细胞吸水时，细长的中部形状不变，两端球形部分膨胀带动中部腹壁向外移动，使气孔口张开；当水分减少时，两端球形部分回缩，2 个保卫细胞中部腹壁靠近，气孔口缩小或关闭。

（3）保卫细胞　保卫细胞（guard cell）比其周围的表皮细胞小，是生活的细胞，有明显的细胞核，并含有叶绿体。

气孔开闭功能与保卫细胞壁结构密切相关。Apostolakos 等（2011）研究了保卫细胞壁胼胝质对鸟巢蕨（Asplenium nidus）气孔开闭能力的影响。结果表明，开放气孔完全缺乏胼胝质（附图 3-6）；而关闭气孔胼胝质在平周壁外侧呈放射状排列（附图 3-8），并在胼胝质沉积区出现局部弯曲，这种变形在开放气孔不存在。胼胝质降解和抑制胼胝质合成都降低了气孔在白光下开放和在黑暗中关闭的能力。相反，诱导胼胝质合成提高气孔开度，降低气孔在相同条件下的气孔关闭。上述结果说明，胼胝质参与气孔运动，在气孔关闭时，保卫细胞外周壁受到强烈的机械应力，可能引发胼胝质合成。

（4）副卫细胞　有些植物的保卫细胞周围还有 2 个或多个和普通表皮细胞形状不同的细胞，称为副卫细胞（subsidiary cell／accessory cell）。副卫细胞常有一定的排列次序，随植物的种类而异。

（5）双子叶植物气孔轴式　保卫细胞和副卫细胞的排列关系，称为气孔轴式或气孔类型。双子叶植物的气孔轴式常见的有平轴式（平列型）、直轴式（横列型）、不定式（无规则型）、不等式（不等细胞型）、环式（辐射型）（图 3-3）。

不定式气孔根据副卫细胞的数目及与保卫细胞的关系分为 6 种：极细胞型、共环极细胞型、腋细胞型、聚腋下细胞型、无规则四细胞型、横列型（图 3-4）。

（6）单子叶植物的气孔类型　单子叶植物气孔的类型也很多，常见以下 4 类。

①保卫细胞由一个副卫细胞包围，如天南星科植物；

②保卫细胞外侧伴有一个副卫细胞，如泽泻目、雨久花科植物；

③保卫细胞由一个副卫细胞包围，其中两个副卫细胞较小，略呈圆形位于气孔两端。如棕榈科（Palmae）植物；

④气孔无任何副卫细胞包围，如薯蓣科（Dioscoreaceae）、石蒜科植物。

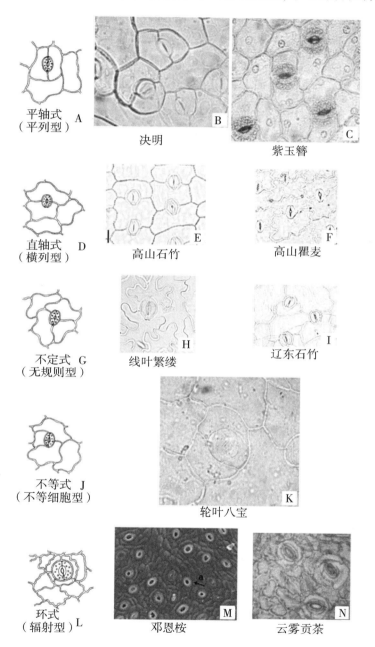

图3-3 双子叶植物气孔轴式

（引自李贺敏 等，2021；刘燕 等，2011；陈顺立 等，2014；王雪微，2017）

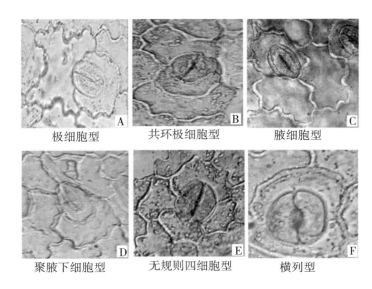

极细胞型	共环极细胞型	腋细胞型
聚腋下细胞型	无规则四细胞型	横列型

图 3-4　双子叶植物不定式气孔轴式的 6 种类型（杨洋 等 2011）

（二）周皮

大多数草本植物的器官表面，终生具有表皮。木本植物，叶始终有表皮，而根和茎的表皮仅见于幼年时期，随着茎和根的加粗，表皮被破坏，随即形成的次生保护组织——周皮，代替表皮行使保护作用。周皮是一种复合组织，由木栓层、木栓形成层和栓内层三种不同组织构成。

木栓形成层是典型的次生分生组织。茎中的木栓形成层多由皮层或韧皮部薄壁组织形成，少数可由表皮细胞发育而来。根中的木栓形成层一般由中柱鞘细胞产生。

木栓层由木栓形成层细胞向外切向分裂形成的多层木栓细胞组成，构成了周皮的主要部分。木栓细胞扁平，排列紧密整齐，无细胞间隙，细胞内原生质体解体成为死细胞，细胞壁木栓化，不透水、绝缘、隔热、耐腐蚀、质轻，是良好的保护组织。

木栓形成层细胞向内分裂产生栓内层。栓内层的细胞是生活的薄壁细胞，茎中的栓内层细胞常含叶绿体，所以又称绿皮层。

（三）皮孔

周皮形成时，原来位于气孔内侧的木栓形成层，向外产生许多椭圆形、圆形的薄壁细胞，排列疏松，有比较发达的胞间隙，称为填充细胞。由于填充细胞的积累，结果将表皮突破形成皮孔。在木本植物的茎、枝上，常可见到纵向、横向或呈点状的突起就是皮孔（图 3-5）。皮孔的形状、颜色和分布的密度可作为皮类药材的鉴别特征。

皮孔是气体交换的通道，与植物的抗病性也密切相关。例如，苹果砧木抗病品种"鸡冠"的皮孔在轮纹病菌浸染新梢的 5—6 月高峰期，皮孔的木栓形成层向外形成补充组织，但未撑破表皮形成开口或开口很小，且木栓层排列紧密完整地分布于皮孔下方。易感病品种"礼泉"皮孔下方的木栓形成层向外形成薄壁的补充组织撑破表皮，导致皮孔开裂（图 3-5C）。

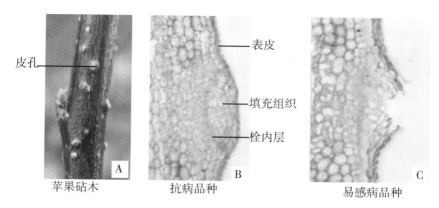

图 3-5　苹果砧木枝条上的皮孔及皮孔剖面（引自于秋香，2010）

四、机械组织

机械组织在植物体内起着支持和巩固作用。细胞多为细长形，细胞壁全面或局部增厚，根据细胞的形态和细胞壁增厚的方式，机械组织可分为厚角组织和厚壁组织两类。

（一）厚角组织

厚角组织常存在于草本茎、未次生生长的木质茎中、叶主脉上下两侧、叶柄、花柄的外侧部分，多直接位于表皮下面或离表皮只有 1 层和几层细胞，成环或成束分布（图 3-6A）。如薄荷、益母草、芹菜、南瓜等茎的棱角就是厚角组织集中分布的地方。

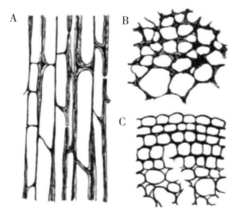

图 3-6　厚角组织（引自李涛 等，2021）

A，B 马铃薯厚角组织纵制面和横切面；C 细辛属植物叶柄的厚角组织横切面，示板状厚角组织。

厚角组织的细胞具有不均匀加厚的初生壁，一般在角隅处加厚，也有的在切向壁或靠胞间隙处加厚（图3-6B，C），细胞壁由纤维素和果胶质组成，不含木质素；内含有原生质体，是生活细胞，具有一定的分裂潜能；常含叶绿体，可进行光合作用；细胞较长，两端呈方形、斜形或尖形，彼此重叠连接成束，在横切面细胞常呈多角形；细胞腔接近于圆形或椭圆形。厚角组织较柔韧，既有一定坚韧性，又有可塑性和延伸性，既可以支持植物直立，也适应于植物器官的迅速生长。

根据细胞壁加厚的情况，厚角组织可分为真厚角组织、板状厚角组织、腔隙厚角组织三种类型。

（1）真厚角组织又称为角隅厚角组织，为最常见的类型，其细胞壁在几个相邻细胞的角隅显著加厚，如薄荷属、曼陀罗属、南瓜属、榕属、酸模属、蓼属等植物。

（2）板状厚角组织又称为片状厚角组织，其细胞壁主要是在切向壁上加厚，如细辛属、大黄属、地榆属、泽兰属、接骨木属等植物。

（3）腔隙厚角组织指在具细胞间隙的厚角组织中，细胞壁对着胞间隙的部分加厚，如要枯草属、锦葵属、鼠尾草属和许多菊科植物等。

（二）厚壁组织

厚壁组织的细胞都具有全面增厚的次生壁，常有层纹和纹孔，常木质化，细胞腔较小，成熟后一般没有生活的原生质体，成为死亡细胞。根据细胞形状不同，厚壁组织可分为纤维和石细胞。

1. 纤维

纤维（fiber）一般是两端尖的细长形细胞，具明显增厚的次生壁，常木质化而坚硬。细胞腔很小甚至没有，细胞质和细胞核消失。细胞壁加厚的物质是纤维素和木质素，壁上有少数纹孔。纤维末端彼此嵌插，多成束分布于植物体中，形成植物体主要的支持结构。植物种类不同，所含纤维的类型也不同。纤维大多数发生于维管组织中，有些植物的基本组织如皮层中也可产生纤维。通常根据纤维所处位置不同，分为木纤维和木质部外纤维，木质部外纤维通常为韧皮纤维（图3-7）。

木纤维分布在被子植物的木质部中，裸子植物的木质部中没有纤维。木纤维为长纺锤形细胞，细胞壁均木质化，细胞腔小，壁上具有各种形状的退化具缘纹孔或裂隙状的单纹孔。在某些植物的次生木质部中，还有一种纤维，细胞细长，像韧皮纤维，通常壁厚具单纹孔，绞孔数目很少，这种纤维称为韧型纤维，如沉香、檀香等木质部的纤维。

木质部外纤维指分布于木质部以外的纤维，最常见的是分布在韧皮部中的韧皮纤维，还有分布在皮层及维管束鞘的皮层纤维和维管束鞘纤维等。在一些藤本双子叶植物茎的皮层中，常有环状排列的皮层纤维，由于靠近维管束，所以称环管纤维。一些单子叶植物特别是禾本科植物的茎中，常在表皮下不同位置有基本组织继续发育而产生的纤维，呈环状存在；在维管束周围还有原形成层分化的纤维形成的维管束鞘。木质部外纤维在横切面上细胞常呈圆形、多角形、长圆形等，细胞壁呈现出同心纹层。细胞壁增厚的物质主要是纤维素，因此韧性较大、拉力较强，如苎麻、亚麻等的木质部外纤维不木质化。但是也有少数植物的木质部外纤维在成长过程中逐渐木质化，如洋麻、黄麻、苘

（读音：tóng）麻等。

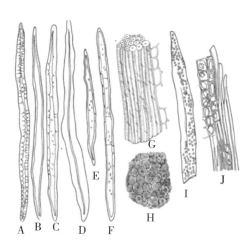

图 3-7　纤维、纤维束及纤维类型（引自赵志礼 等，2020）

A 五加皮纤维；B 苦木纤维；C 关木通纤维；D 肉桂纤维；
E 丹参纤维；F 姜纤维；G 纤维束纵剖面；H 纤维束横切面；I 南五
味子嵌晶纤维；J 甘草晶纤维

在植物鉴定中，常见的纤维还有以下几种。

分隔纤维：纤维的细胞腔中有菲薄的横隔膜，例如姜、葡萄属植物的木质部和韧皮部中分布有分隔纤维。

嵌晶纤维：纤维次生壁外层密嵌细小的草酸钙方晶和砂晶，如绯红南五味子（冷饭团）根和南五味子根皮中的纤维嵌有方晶，草麻黄茎的纤维嵌有细小的砂晶。

晶鞘纤维（晶纤维）：是纤维束外侧包围许多含有晶体的薄壁细胞所组成的复合体的总称。这些薄壁细胞中，有的含有方晶，如甘草、黄柏、葛根等；有的含簇晶，如石竹、瞿麦等；有的含石膏结晶，如柽柳。

分支纤维：长梭形纤维顶端具有明显的分支，如东北铁线莲根中的纤维。

2. 石细胞

石细胞是植物体内特别硬化的厚壁细胞，一般由薄壁细胞的细胞壁强烈增厚分化而成，但也有由分生组织衍生细胞所产生的。由于细胞壁极度增厚，单纹孔也因此延伸成为沟状，并多数汇合成分枝的状态，这是因为细胞壁越厚，细胞壁的内表面就越缩小，必然引起纹孔道的汇合。

石细胞的种类很多，形状不一，通常呈椭圆形、圆形、分枝状、星状等，细胞壁极度增厚，均木质化，细胞腔极小（图 3-8）。成熟后原生质体通常消失成为死细胞，具有支持作用。

在茶树、木犀等植物的叶内，有些单个存在的大型细胞，其分支呈"T"字形、"I"字形或星形，但细胞壁增厚的程度不及一般的石细胞，还具有相当大的细胞腔，这样的石细胞能起支撑和巩固的作用，称支柱细胞，也称异型石细胞。有的石细胞，次生壁外层嵌有非常细小的草酸钙方晶，并稍突出于表面，称为嵌晶石细胞，如南五味子根皮的石细胞。还有的石细胞腔内产生薄的横隔膜，称为分隔石细胞，如虎杖根及根状茎中的石细胞（图3-8）。

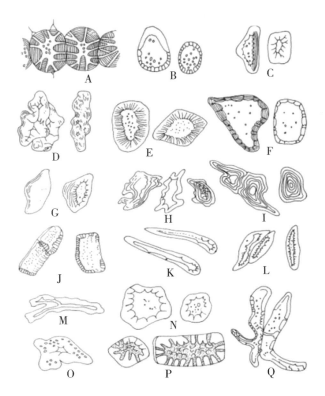

图3-8　石细胞（引自赵志礼 等，2020）

A 梨果肉；B 苦杏仁；C 土茯苓；D 川楝；E 五味子；F 川乌；G 梅的果实；
H 厚朴；I 黄柏；J 麦冬；K 山桃种子；L 泰国大风子；M 茶叶柄；N 侧柏种子，
含草酸钙方晶；O 南五味子根皮；P 栀子种皮；Q 虎杖的分隔石细胞

五、输导组织

输导组织是植物体内运输水分和养料的组织，输导组织的细胞一般呈管状，上下相接，贯穿于整个植物体内。根据输导组织的构造和运输物质不同，可分为两类：一类是木质部中的管胞和导管，主要运输水分和溶解于其中的无机盐；另一类是韧皮部中的筛管、伴胞和筛胞，主要运输有机营养物质（图3-9）。

（一）导管和管胞

导管和管胞是维管植物体内木质部中的管状输导细胞。

1. 导管

导管（vessel）是被子植物主要的输水组织，少数原始被子植物和一些寄生植物无导管，如金粟兰科草珊瑚属，而少数裸子植物（如麻黄科植物）和少数蕨类植物（如蕨属植物）有导管存在。

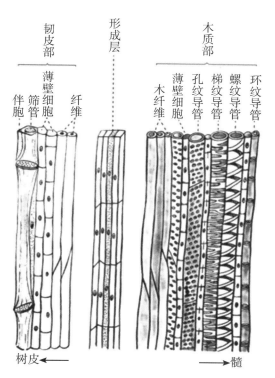

图 3-9　木本双子叶植物茎的输导组织示意图（引自潘建斌 等，2021）

　　一般认为导管是许多长管状或筒状的死细胞（导管分子）连成的管道结构。导管分子间的横壁成熟时溶解形成一个或数个大的孔，特称为穿孔。具有穿孔的横壁称穿孔板。导管分子首尾相连，成为一个贯通的管状结构。

　　导管的长度由数厘米至数米不等，由于导管分子横壁的溶解，其运输水分的效率较高。相邻的导管则靠侧壁上的纹孔运输水分。导管分子之间的横壁在有的植物中没有完全消失，在横壁上有许多大的孔隙，如椴树和多数双子叶植物的导管，其横壁上留有几条平行排列的长形的壁，成为梯状穿孔板；麻黄属植物导管分子横壁上具有很多圆形的穿孔形成麻黄式穿孔板；紫葳科一些植物导管分子之间的壁形成一种网状结构，成为网状穿孔板；有些植物的导管分子横壁形成一个大穿孔，称单穿孔板（图 3-10，附图 3-7）。

　　导管在形成过程中，其木质化的次生壁不均匀增厚，形成多种纹理或纹孔。根据导管上的纹理不同，可分成环纹导管、螺纹导管、梯纹导管、网纹导管、孔纹导管。同一导管可以同时有环纹与螺纹，或者螺纹与梯纹的加厚。有时梯纹与网纹之间的差别很小，即网纹的网眼呈横向伸长，称为梯网纹导管（图 3-11）。

　　从导管形成的先后、壁增厚的程度和运输水分的效率来看，环纹导管和螺纹导管是原始的初生类型，在器官的形成过程中出现较早，是初生生长早期形成的，位于初生木质部的原生木质部，多存在于植物的幼嫩器官部分，能随器官的生长而伸长，由于导管的直径一般较小，输导能力较差。网纹导管和孔纹导管是进化的次生类型，在器官中出

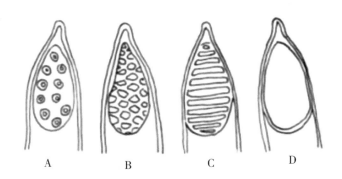

图 3-10 导管分子穿孔板的类型（引自祝峥，2017）
A 麻黄式穿孔板；B 网状穿孔板；C 梯状穿孔板；D 单穿孔板

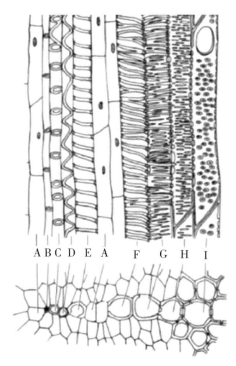

**图 3-11 半边莲属植物初生木质部导管纵切面和
横切面**（引自祝峥，2017）
A 木薄壁细胞；B，C 环纹导管；D～F 螺纹导管；G 梯纹导管；
H 网纹导管；I 孔纹导管

现得较晚，是在器官的初生生长后期和次生生长过程中形成的，位于初生木质部的后生
木质部和次生木质部中，多存在于植物器官的成熟部分，导管分子短粗而腔大，输导能

力较强，由于侧壁增厚的面积很大，管壁比较坚硬，能抵抗周围组织的压力，以保持其输导作用。

随着植物的生长以及新的导管产生，一些较早形成的导管常相继失去功能，而且常由于与其相邻的薄壁细胞膨胀，通过导管壁上的纹孔，连同其内含物侵入导管腔内而形成大小不等的囊状突出物，称侵填体。侵填体的产生对病菌侵害起一定防腐抗感染作用，其中有些物质是中药有效成分，但会使导管液流透性降低。

2. 管胞

管胞（tracheid）是绝大多数蕨类植物和裸子植物的输水组织，同时也兼有支持作用。被子植物的叶柄、叶脉中也有管胞，但是不起主要输导作用。管胞是一个呈长管状的细胞，两端斜尖，端壁上不形成穿孔，细胞口径小，横切面呈三角形、方形或多角形。相邻的管胞通过侧壁上的纹孔运输水分，所以其运输水分的效能较低，为一类较原始的输水组织。管胞与导管一样，由于次生壁加厚并木质化，最后使细胞内含物消失而成死细胞，也常形成类似导管的环纹、螺纹、梯纹和孔纹等次生壁增厚的纹理，所以导管、管胞在药材粉末鉴定中很难分辨，常采用解离的方法将细胞分开，观察管胞分子形态（图3-12）。

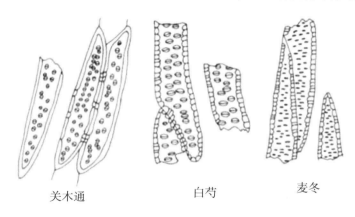

关木通　　　　　白芍　　　　　麦冬

图3-12　管胞碎片（引自祝峥，2017）

（二）筛管

筛管（sieve tube）是被子植物运输有机养料的管状构造（图3-13），存在于韧皮部中。筛管由多数生活细胞（筛管分子）纵向连接而成，其构造特点如下：①组成筛管的细胞是生活细胞，但细胞成熟后细胞核溶解而消失，成为无核的生活细胞；②组成筛管细胞的细胞壁是由纤维素构成的，不木质化，也不像导管那样增厚；③相连筛管细胞的横壁上有许多小孔，称为筛孔，具有筛孔的横壁称为筛板。有些植物的筛孔，也见于筛管的侧壁上，通过侧壁上的筛孔，使相邻的筛管彼此得以联系。筛板或筛管侧壁上筛孔集中的区域，称为筛域。在一个筛板上，由数个筛域组成，并成梯状或网状排列的，称复筛板。筛管细胞的原生质形成丝状，通过筛孔而彼此相连，与胞间连丝的情况相似而较粗壮，称为联络索。联络索在筛管分子间相互贯通，形成运输有机养分的通道（图3-13）。

筛管分子一般只能生活 1 年，老的筛管会不断地被新产生的筛管取代，而且会在茎的增粗过程中被压挤成死亡的颓废组织。

筛板形成后，筛孔的周围会逐渐积聚一些碳水化合物，称胼胝质（callose），胼胝质不断增多，并形成的垫状物称为胼胝体（callus）。一旦形成胼胝体，筛孔会被堵塞，联络索中断，筛管就失去运输功能。一般胼胝体于翌年春天还能被溶解，筛孔中又出现联络索，筛管恢复其输导能力，但一些较老的筛管形成胼胝体后，将永远失去输导功能。在多年生单子叶植物中，筛管可长期保持输导功能。

在被子植物筛管分子的旁边，常有一个或多个小型的薄壁细胞，与筛管相伴存在，称为伴胞，两者关系密切，同生共死。伴胞细胞质浓稠，核较大，与筛管细胞是由同一母细胞分裂而成，在筛管形成时，最后一次纵分裂，产生一个大型细胞发育成筛管细胞，一个小型细胞发育成伴胞。伴胞与筛管相邻的壁上，往往有许多纹孔，并通过胞间连丝相互联系。当筛管死亡后，其伴胞也死亡。伴胞含有多种酶类物质，生理上很活跃。筛管的运输功能与伴胞的代谢密切相关。

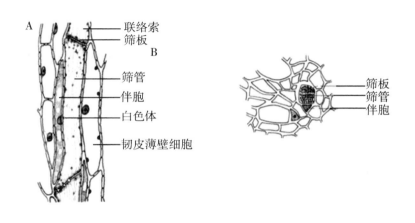

图 3-13　烟草韧皮部的筛管和伴胞（引自祝峥，2017）

A 纵切面；B 横切面

（三）筛胞

筛胞（sieve cell）是蕨类植物和裸子植物运输有机养料的输导细胞。筛胞是单个的狭长细胞，不具伴胞，直径较小，端壁尖斜，没有筛板，只在侧壁上有筛域。筛胞彼此相重叠而存在，靠侧壁上筛域的筛孔运输，所以输导功能较差，是比较原始的输导有机养料的结构。

六、分泌组织

植物在新陈代谢过程中，有些细胞能分泌某些特殊物质，如挥发油、乳汁、黏液、树脂和蜜液等，这种细胞就称为分泌细胞，由分泌细胞所构成的组织称为分泌组织。分泌组织具有防止植物组织腐烂，帮助创伤愈合，免受动物啃食，排除或贮积体内废物等功能；有的还可以引诱昆虫以利传粉等。有许多分泌物可作药用，如乳香、没药、松节油、樟脑、蜜汁、松香及各种芳香油等。植物的某些科属中常具有一定的分泌组织，在鉴别上也有一定的价值。

根据分泌物是积累在植物体内部还是排出体外，分泌组织分为外部分泌组织和内部分泌组织。

（一）外部分泌组织

外部分泌组织存在于植物体的体表部分，其分泌物排出体外，如腺毛、蜜腺等。

1. 腺毛

腺毛是具有分泌作用的表皮毛，常由表皮细胞分化而来，腺头的细胞覆盖着较厚的角质层，其分泌物积聚在细胞壁与角质层之间，分泌物能经角质层渗出或因角质层破裂而排出。腺毛多见于植物的茎、叶、芽鳞、子房等部位，花萼、花冠上也可存在。

2. 蜜腺

蜜腺是能分泌蜜汁（含有糖分的液体）的腺体，由 1 层表皮细胞及其下面数层细胞特化而成。腺体细胞的细胞壁比较薄，无角质层或角质层很薄，细胞质产生蜜汁，蜜汁通过角质层扩散或经腺体上表皮的气孔排出。蜜腺一般位于花萼、花瓣、子房或花柱的基部，如油菜、酸枣、槐等；还可存在于茎、叶、托叶、花柄等处，如蚕豆托叶的紫黑色部分，以及桃和樱桃叶片的基部均具蜜腺，大戟属花序中也有蜜腺。

（二）内部分泌组织

内部分泌组织存在于植物体内，其分泌物也积存在植物体内。根据它们的形态结构和分泌物不同，可分为分泌细胞、分泌腔、分泌道和乳汁管。

1. 分泌细胞

分泌细胞是分布在植物体内部的具有分泌能力的细胞，通常比周围细胞大，以单个细胞或细胞团（列）存在于各种组织中。分泌细胞多呈圆球形、椭圆形、囊状或分支状，常将分泌物积聚在细胞中，当分泌物充满整个细胞时，细胞壁也往往木栓化，这时的分泌细胞失去分泌功能，它的作用就好像是分泌物的贮藏室。根据贮藏的分泌物不同，可分为油细胞、黏液细胞、单宁（鞣质）细胞、芥子酶细胞。

2. 分泌腔

分泌腔又称分泌囊或油室（图 3-14），形成过程有两种方式：一种是原来有一群分泌细胞，由于这些细胞中分泌物积累增多，使细胞本身破裂溶解，在体内形成一个含有分泌物的腔室，腔室周围的细胞常破碎不完整，这种分泌腔称溶生式（lysigenous）分泌腔，如柑橘的果皮和叶；另一种是由于分泌细胞彼此分离，胞间隙扩大而形成的腔室，分泌细胞完整地围绕着腔室，这种分泌腔称裂生式（schizogenous）分泌腔，如金丝桃的叶及当归的根等。

3. 分泌道

分泌道是由分泌细胞彼此分离形成的一个与器官长轴平行的长形细胞间隙腔道，其周围的分泌细胞称为上皮细胞。上皮细胞产生的分泌物储存于腔道中，如松称为树脂道；小茴香等伞形科植物果实的分泌道储藏挥发油，称为油管；美人蕉和椴树的分泌道

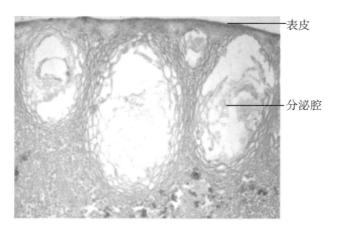

图 3-14　柑橘果皮的分泌腔（引自潘建斌 等，2021）

储藏黏液，称为黏液道或黏液管。

4. 乳汁管

乳汁管是由单个或一系列分泌乳汁的管状细胞合并、横壁消失连接而成，常在植物体内形成系统，常具分支，具有储藏和运输营养物质的功能。构成乳汁管的细胞是生活细胞，细胞质稀薄，通常有多数细胞核，液泡里含有大量乳汁。乳汁具黏滞性，常呈乳白色、黄色或橙色。乳汁的成分十分复杂，主要有糖类、蛋白质、橡胶、生物碱、苷类、单宁等物质。根据乳汁管的发育过程可分为两种类型：一种称为无节乳汁管，另一种称为有节乳汁管（附图 3-8）。

七、维管束的结构及类型

（一）维管束的结构

维管束是蕨类植物、裸子植物和被子植物的输导系统。维管束主要由韧皮部和木质部组成。筛管、伴胞或筛胞所在的部位称韧皮部，输导有机物质；导管或管胞所在的部位称木质部，输导水和无机盐。被子植物中，韧皮部除了筛管、伴胞外，还有韧皮薄壁细胞和韧皮纤维，质地较柔软；木质部除了导管、管胞外，还有木薄壁细胞和木纤维，质地较坚硬。裸子植物和蕨类植物的韧皮部主要由筛胞和韧皮薄壁细胞组成，木质部主要由管胞和木薄壁细胞组成。上述韧皮部和木质部的各种组织均称维管组织。

（二）维管束的类型

双子叶植物和裸子植物等，在韧皮部与木质部之间有形成层存在，能继续不断增生长大，所以这种维管束称为无限维管束或开放性维管束。单子叶植物和蕨类的维管束中，没有形成层，不能增生长大，所以这种维管束称为有限维管束或闭锁性维管束。

根据维管束中韧皮部和木质部排列方式不同，以及有无形成层，将维管束分为有限外韧型维管束、无限外韧型维管束、双韧型维管束、周韧型维管束、周木型维管束、辐射型维管束（图 3-15）。

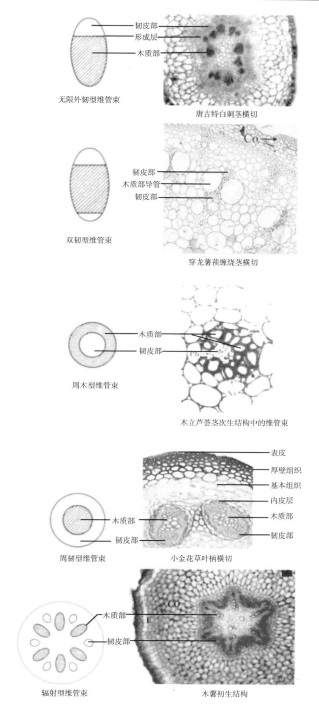

图 3-15　维管束的类型

（引自左凤月，2013；党裳霓，2021；李景原 等，2003；朱华 等，2016；唐绪飞，2014）

第三节　植物的营养器官

器官是由多种细胞和组织构成，具有特定的外部形态和内部构造，并执行植物体特定生理功能的结构。

高等被子植物器官一般有根、茎、叶、花、果实、种子6种，而被子植物以下等级的植物不一定具备全部的六大器官，如裸子植物有根、茎、叶、种子4种器官；蕨类植物仅有根、茎、叶3种器官；苔藓植物的器官只有茎、叶2种器官；而大部分藻类植物仅有1种细胞且没有器官的分化。

植物器官中，根、茎、叶被称为营养器官，分别担负吸收、同化、运输和贮藏等功能，使植物获得营养物质并进行生长发育。花、果实、种子被称为繁殖器官，主要担负植物种族繁衍的作用。植物的各种器官在形态结构和生理功能上紧密联系，使植物成为一个有机的整体。

一、根

根（root）是维管植物生长在地下的重要营养器官，具有向地性、向湿性和背光性。根是植物进化过程中适应陆地生活发展起来的器官，根的产生解决了植物体由水生到陆生演变过程中的供水问题，推动了维管植物的进化。藻类、菌类和苔藓植物没有根；某些原始的蕨类植物也没有真正的根，只在根茎上生有单列细胞构成的假根，而大多数的蕨类植物具典型的不定根；裸子植物和被子植物阶段才出现真正意义上的根。

根在植物体中主要起固着、吸收、输导作用，同时还兼有合成植物激素、贮藏营养物质、繁殖的功能。不少植物的根能产生不定芽，有营养繁殖的功能。许多植物的根可供药用，这与根中储藏有大量的次生代谢产物有关。

（一）根的类型

1. 根的类型

按发育来源根的类型分为主根、侧根、纤维根3类。主根由种子的胚根直接发育来。侧根是主根生长到一定的长度从其侧面生出的分支。纤维根是在侧根上形成小分支。

按发育和生长部位根的类型分为定根、不定根2类。定根指直接或间接由胚根发育而成的根，有固定的生长部位，如主根、侧根和纤维根。不定根指不是来源于胚根，而是从茎、叶或其他部位生长出来的、位置不定的根。

2. 根系

根系指一株植物地下部分所有根的总和。按根的形态及生长特性将根系分为2类。直根系主根发达，垂直向下生长，主根与侧根的界限非常明显的根系称为直根系（附图3-9A）。须根系主根不发达或早期死亡，而由茎的基部节上生出许多大小、长短相似的不定根组成的根系称为须根系（附图3-9B）。

（二）根的变态

有些植物的根在长期的历史发展过程中，为了适应生活环境的变化，其形态构造产生了一些变化，并行使特殊功能，称变态根（图3-16），这些变态性状形成后可代代遗传下去。常见的根的变态有贮藏根、支持根、气生根、水生根、寄生根、呼吸根等。贮藏根分为肉质直根和块根。

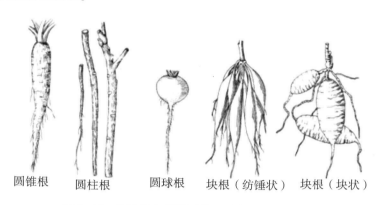

圆锥根　　　圆柱根　　　圆球根　　　块根（纺锤状）　　块根（块状）

图3-16　常见变态根的形状（引自祝峥，2017）

（三）根的结构

1. 根尖的构造

根尖是从根的最顶端到着生根毛的这一段，长为4~6mm，它是根中生命活动最旺盛的部分，根的伸长、对水分与养分的吸收，以及根初生组织的形成，均在此部分进行。根据细胞生长和分化的程度不同，常将根尖划分为根冠、分生区、伸长区、成熟区四个部分（图3-17）。

根的生长发育起源于根尖的顶端分生组织。这种直接来自顶端分生组织中细胞的增生和分化，使根伸长的生长称为初生生长，由初生生长过程所产生的各种成熟组织，称初生组织，由初生组织所组成的结构称初生构造。根尖成熟区就有典型的初生构造。

2. 根的初生结构

通过根尖的成熟区作横切面，可见根的初生构造由外至内分别为表皮、皮层和维管柱三个部分。

（1）表皮（epidermis）　位于根的最外围，来源于原表皮层，一般为单层细胞。表皮细胞多为长方形，排列整齐、紧密，无细胞间隙，细胞壁薄，非角质化，富有通透性，不具气孔。一部分表皮细胞的外壁向外突出，延伸而形成根毛。根毛的形成与根的吸收功能密切相适应，所以根的表皮又称为吸收表皮。

（2）皮层（cortex）　位于表皮与维管柱之间，来源于基本分生组织，为多层薄壁细胞所组成，细胞排列疏松，常有明显的细胞间隙，在根的初生构造中占据最大的比例。皮层通常可分为外皮层、皮层薄壁组织和内皮层。

外皮层是皮层最外方紧邻表皮的一层细胞，细胞排列整齐、紧密。当表皮被破坏后，此层细胞的细胞壁常增厚并栓质化，以代替表皮起保护作用。皮层薄壁组织是外皮

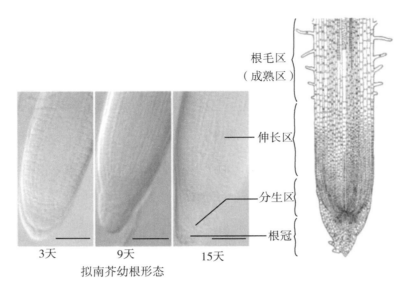

根毛区
（成熟区）

伸长区

分生区

根冠

3天　　9天　　15天

拟南芥幼根形态

图 3-17　根尖的结构（引自马龙 等，2020）

层和内皮层之间的多层细胞，又称为中皮层。内皮层是皮层最内方排列整齐、紧密，无细胞间隙的一层细胞。内皮层细胞壁常发生两种类型的增厚，一种是内皮层细胞壁的局部木质化或木栓化增厚，增厚部分呈带状，环绕径向壁和上下壁而成一整圈，称为凯氏带。凯氏带在根内是一种对水分和溶质的运输有着限制或导向作用的结构。另一种是单子叶植物根的内皮层细胞可进一步发育，其径向壁、上下壁以及内切向壁（内壁）均显著增厚，只有外切向壁（外壁）比较薄，因此横切面观察时，内皮层细胞壁增厚部分呈马蹄形。也有的内皮层细胞壁全部加厚。在内皮层细胞壁增厚的过程中，有少数正对初生木质部的内皮层细胞的细胞壁不增厚，仍保持着初期发育阶段的结构，这些细胞称为通道细胞，有利于皮层与维管束间水分和养料内外流通（附图 3-10、附图 3-11）。

（3）维管柱　内皮层以内的所有组织构造统称为维管柱，在横切面上所占面积较小。维管柱结构比较复杂，通常包括中柱鞘、初生木质部和初生韧皮部三个部分。

中柱鞘又称维管柱鞘，紧贴着内皮层，为维管柱最外方的组织。中柱鞘由原形成层的细胞发育而成，通常由 1 层薄壁细胞构成，少数由 2 层至多层细胞构成，如桃、桑以及裸子植物等；也有的中柱鞘由厚壁细胞组成，如竹类、菠菜等。中柱鞘细胞排列整齐而紧密，其分化程度较低，保持着潜在的分生能力，在一定时期可以产生侧根、不定根、不定芽，以及木栓形成层和部分形成层等。

初生木质部和初生韧皮部，位于根的最内方，由原形成层直接分化而成，构成根初生构造中无机物及水的输导系统，初生木质部一般分为若干束，呈星角状，与初生韧皮部相间排列，称为辐射维管束，是根的初生构造的显著特征。

根的初生木质部分化的顺序是自外向内逐渐发育成熟的，称为外始式。初生木质部的外方，即最先分化成熟的木质部，称原生木质部，其导管直径较小，多呈环纹或螺纹；后分化成熟的木质部，称后生木质部，其导管直径较大，多量梯纹、网纹或孔纹。

这种分化成熟的顺序，表现了形态构造和生理功能的统一性，因为靠近外侧的管状分子首先成熟，缩短了皮层和初生木质部间的运输距离，加速了根毛吸收物质的向上传递。

多数双子叶植物根中，初生木质部中的后生木质部一直分化到中央部分，因此不具有髓部。多数单子叶植物或双子叶植物中的某些种类，根的中央部分具有由未分化的薄壁细胞或厚壁细胞所组成的髓，双子叶植物如乌头、龙胆等；单子叶植物如玉米、高粱等。

根的初生木质部束在横切面上呈星角状，其星角的数目被称为原型。原型随植物的种类而异，如十字花科、伞形科的一些植物和多数裸子植物的根中，有两束初生木质部，称二原型；豌豆、紫云英等有三束，称三原型；向日葵、细辛、棉花等有四束，称四原型；如果束数太多，则称多原型，如百部、石菖蒲等。双子叶植物初生木质部的束数较少，多为二至六原型；单子叶植物根的束数较多，多在六束以上；有的棕榈科植物的束数可达数百个（附图3-10、附图3-11）。

3. 根的次生生长和构造

由于根中形成层和木栓形成层细胞的分裂、分化，不断产生新的组织，使根不断加粗，这种生长称为次生生长，由次生生长所产生的各种组织，称次生组织，由这些组织所形成的构造，称次生构造。

绝大多数蕨类植物和单子叶植物的根在整个一生中，均不生长，只有初生构造，因此这些植物根的粗细变化不显著；而多数双子叶植物和裸子植物的根，均可发生不同程度的次生生长，具有次生构造，使植物根能明显加粗。

（1）形成层的产生与活动　根的形成层起源于初生木质部与初生韧皮部之间的一些薄壁细胞，这些细胞恢复分裂功能，平周分裂形成最初的条状形成层带，然后向两侧扩展至初生木质部束外方的中柱鞘部位，相接连的中柱鞘细胞也开始分化成为形成层的一部分，并与条状的形成层带彼此连接成为一个凹凸相间的维管形成层环（图3-18）。

形成层多为单层扁平细胞，可不断进行平周分裂，向内产生新的木质部，附加于初生木质部的外侧，称次生木质部，主要由导管、管胞、木薄壁细胞和木纤维组成，而初生木质部仍然保留在根的中央；向外产生新的韧皮部，附加于初生韧皮部的内侧，称次生韧皮部，主要由筛管、伴胞、韧皮薄壁细胞和韧皮纤维组成，次生韧皮部的产生常常使初生韧皮部被挤压破碎形成颓废组织。形成层分裂出次生木质部的量要比次生韧皮部的量多，所以在横切面上观察次生木质部的宽度要大于次生韧皮部的宽度。将次生木质部和次生韧皮部两者合称次生维管组织，为次生构造的主要部分。此时，维管束的排列方式由初生构造中的辐射相间式，转变为木质部在内，韧皮部在外，形成层在中间的无限外韧式（图3-18）。

形成层的原始细胞只有1层，但在生长季节，由于刚分裂出来的尚未分化的衍生细胞与原始细胞相似，而成多层细胞，合称为形成层区。通常的形成层就是指形成层区，横切面观察多为数层排列整齐的扁平细胞。

形成层形成次生维管组织时，在次生木质部和次生韧皮部内，会产生一些薄壁细胞，这些薄壁细胞沿径向延伸，横切面呈辐射状排列，称次生射线，其中位于木质部的叫木射线，位于韧皮部的叫韧皮射线，两者合称维管射线。在有些植物的根中，由中

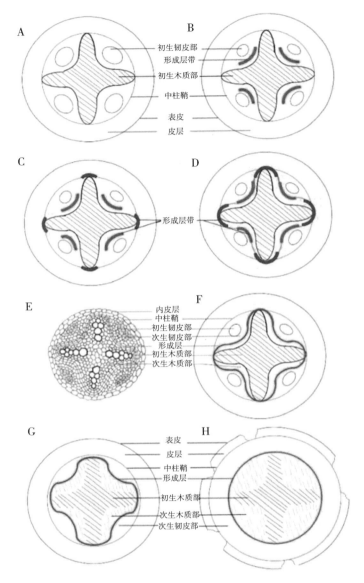

图 3-18　根的次生生长

A 幼根的初生结构；B~D 形成层起始及发育；E 和 F 形成层已连接成环，次生组织已少量产生，初生韧皮部已被挤压；G 形成层活动稳定，但仍为凹凸不齐的形状，初生韧皮部被挤压更甚；H 形成层已成完整的圆环，皮层和表皮开始崩解脱落

柱等部分细胞转化的形成层细胞所产生的维管射线较宽。维管射线具有横向运输水分和营养物质的功能。

　　在次生生长过程中，新生的次生维管组织总是添加在初生韧皮部的内方，初生韧皮部遭受挤压而被破坏，成为没有细胞形态的颓废组织。在次生韧皮部中，常有各种分泌组织分布，如马兜铃根（青木香）有油细胞，人参根有树脂道，当归根有油室，蒲公英根有乳汁管等。有的薄壁细胞（包括射线薄壁细胞）中常含有结晶体及贮藏多种营养物质，如糖类、生物碱等，多与药用成分有关（图3-18）。

（2）木栓形成层的产生及其活动　由于形成层的分裂活动，随着次生维管组织的增多，根不断加粗，导致表皮和皮层因不能相应加粗而破裂。当皮层组织被破坏之前，中柱鞘细胞恢复分生能力，形成木栓形成层，木栓形成层向外产生木栓层，向内形成栓内层。木栓层由多层木栓细胞组成，细胞沿径向整齐紧密地排列。当木栓层形成时，根在外形上由白色逐渐转变为褐色，由较柔软、较细小而逐渐转变为较粗硬。栓内层为数层薄壁细胞，一般不含叶绿体，排列疏松，有的栓内层比较发达，成为"次生皮层"，在药材鉴定中，这部分结构仍称为皮层。木栓层、木栓形成层、栓内层三者合称周皮。周皮形成以后，其外方的各种组织（表皮和皮层）全部枯死。所以根的次生构造中通常没有表皮和皮层。

木栓形成层的活动可持续多年，但到一定时候，原木栓形成层便终止了活动。在其内方的部分薄壁细胞又能恢复分生能力而产生新的木栓形成层，进而形成新的周皮。植物学上的"根皮"是指周皮这一部分，而根皮类药材中的"皮"则是指形成层以外的部分，主要包括韧皮部和周皮，如香加皮、地骨皮、牡丹皮等。

不同类群的植物根的次生构造有明显的差异，草本双子叶植物的根通常由次生的皮层和韧皮部占据大部分体积，维管射线较宽大；木本双子叶植物和裸子植物根中的次生木质部占据大部分，维管射线通常比较狭窄。

单子叶植物的根没有形成层，不能加粗生长；没有木栓形成层，不能形成周皮；由表皮或外皮层行使保护功能。也有一些单子叶植物，如百部、麦冬等，表皮细胞分裂成多层，细胞壁木栓化，形成一种称"根被"的保护组织。

4. 根的异常构造

某些双子叶植物根的次生生长维持时间较短，而后相继在其他部位形成一些额外的维管组织，即为根的异常构造，也称三生构造。常见的有：①同心环状排列的异常维管组织，如商陆、牛膝等；②附加维管柱，如何首乌块根横断面的"云锦花纹"；③木间木栓，如黄芩老根中央的木质部中可见木栓环。

豆科植物的根上常有一种瘤状的结构，称为根瘤，是高等植物与土壤微生物共生的一种现象。根瘤菌一方面自植物根中获取碳水化合物，也进行固氮作用。因而根瘤菌对植物不但无害反而有益。此外，木麻黄科、胡颓子科、杨梅科、禾本科等的100多种植物中也存在根瘤。

5. 侧根的形成

多数种子植物的侧根起源于中柱鞘，即发生于根的深层部位中，被称为内起源。

当侧根形成时，中柱鞘相应部位的细胞重新恢复分裂能力。首先进行平周分裂，使细胞层数增加，并向外突起；然后进行平周分裂和垂周分裂，产生一团新的细胞，形成侧根原基。侧根原基细胞经分裂、生长，逐渐分化形成生长锥和根冠，生长锥细胞继续进行分裂、生长和分化，并逐渐伸入皮层，这时根尖细胞分泌含酶物质将皮层细胞和表皮细胞部分溶解，从而突破皮层和表皮，形成侧根。侧根的木质部和韧皮部与其母根的木质部和韧皮部直接相连，因而形成一个连续的维管组织系统（附图3-12）。

侧根发生的位置，在同一种植物中常常是有着一定规律的。一般情况下，在二原型的根中，侧根发生于原生木质部与原生韧皮部之间；三原型和四原型的根中，在正对着原生木质部的位置形成侧根；多原型的根中，在正对着原生韧皮部或原生木质部的位置形成侧根。由于侧根的位置比较固定，所以在母根的表面，侧根常较规律地纵向排列成行。

二、茎

茎是植物连接根和叶的营养器官。种子植物的茎由胚芽连同胚轴开始发育形成主茎，经过顶芽和腋芽的生长、重复分枝，从而形成了植物体的整个地上部分。

茎的主要功能是输导和支持。有些植物的茎有贮藏水分和营养物质的作用，如仙人掌、甘蔗的茎；有些植物的茎上能产生不定根和不定芽，可作为栽培上的繁殖材料。茎是中药材重要的来源之一，如麻黄、钩藤、首乌藤来源于地上茎，杜仲、黄柏等来源于茎皮，黄连、天麻、半夏等来源于地下茎。

（一）茎的形态和类型

1. 茎的形态

大多数植物的茎呈圆柱形，但也有其他形状，如唇形科植物薄荷、紫苏的茎呈方形；莎草科植物的茎呈三棱形；香附的茎呈三角形。茎常为实心，但南瓜、芹菜等植物的茎是空心的。禾本科植物水稻、小麦、竹等的茎中空，且有明显的节，特称为秆。

茎上着生叶和腋芽的部位称节（node），节与节之间称节间。具节和节间是茎在外形上区别于根的主要形态特征。叶柄和茎之间的夹角称叶腋，茎的顶端和叶腋处均生有芽，分别称作顶芽和腋芽。

木本植物的茎上分布有叶痕、托叶痕、芽鳞痕和皮孔等。叶痕是叶柄脱落后留下的痕迹；托叶痕是托叶脱落后留下的痕迹；芽鳞痕是包被芽的鳞片脱落后留下的痕迹；皮孔是茎枝表面隆起呈裂隙状的小孔，常为浅褐色。这些痕迹特征，常可作为鉴别植物的依据。

一般植物茎的节部不膨大或稍膨大，但有些茎节部明显膨大，如牛膝、石竹等；也有些节部显著细缩，如藕。不同种类植物节间的长短也不一致，长的可达几十厘米，如竹、南瓜等，短的还不到1mm，导致其叶在茎节簇拥生出而呈莲座状，如蒲公英、紫花地丁等。

着生叶和芽的茎称为枝条，有些植物具有两种枝条，一种节间较长，称长枝；另一种节间很短，称短枝。一般短枝着生在长枝上，能开花结果，所以又称果枝，如山楂、梨和银杏等。

2. 芽

芽（bud）是枝、叶、花和花序尚未发育的原始体。植物的芽有多种类型。

（1）定芽、副芽和不定芽　在茎上有固定生长位置的芽，称定芽，如顶芽、腋芽或侧芽。有的植物在顶芽或腋芽旁生有1~2个较小的芽称副芽，顶芽或腋芽受伤后可代替它们而发育，如桃、葡萄等。有些芽无固定的生长位置，如生在茎的节间、根、叶及其他部位上的芽，称不定芽。

（2）叶芽（枝芽）、花芽和混合芽　能发育成叶与枝的芽，称叶芽或枝芽；能发育成花或花序的芽，称花芽；能同时发育成枝叶和花或花序的芽，称混合芽。

（3）鳞芽和裸芽　有些芽的外面有鳞片包被，称鳞芽，多见于木本植物，如杨、柳、樟等；外面无鳞片包被的芽，称裸芽，多见于草本植物，如茄、薄荷等。

（4）活动芽和休眠芽　当年形成，当年萌发或第二年春天萌发的芽，称活动芽；长期保持休眠状态而不萌发的芽，称休眠芽或潜伏芽。休眠芽在一定条件下可以萌发，当茎枝折断或树木砍伐后，由休眠芽萌发长出新的枝条。

3. 茎的类型

植物的茎依据不同特征，有多种分类方法。

（1）按茎的质地分　木质茎如厚朴、杜仲、牡丹。草质茎如红花、马齿苋、萝卜、人参、黄连。肉质茎如仙人掌、垂盆草。

（2）按茎的生长习性分　直立茎如银杏、杜仲、红花。藤状茎细长不能直立生长，需依附他物向上生长的茎称藤状茎，其中依靠缠绕他物作螺旋式上升的称缠绕茎，如五味子、何首乌、牵牛、马兜铃；依靠某种攀缘结构借其他物体上升的称攀缘茎。有的依靠卷须攀缘如栝楼、葡萄的茎，有的依靠吸盘攀缘如五叶地锦，有的依靠钩或刺攀缘如钩藤、葎草，有的依靠不定根攀缘如络石、薜荔等。有些植物的茎细长沿地面蔓延生长，其中节上生有不定根的称匍匐茎，如连钱草、积雪草；节上不产生不定根的称平卧茎，如萹蓄、马齿苋。具有藤状茎的植物统称为藤本植物（vine），依据其质地可分为草质藤本和木质藤本。

4. 茎的变态

为适应不同的生活环境和执行不同的功能，有些植物的茎可发生形态结构上的变态，其中地上茎的变态与保护、攀缘、同化等功能相适应，地下茎的变态与贮藏养分有关。

地上茎的变态如下。叶状茎或叶状枝，如仙人掌、天门冬。刺状茎也可称枝刺或棘刺，如山楂、皂荚。枝刺生于叶腋，可与叶刺相区别。钩状茎指茎呈钩状，位于叶腋，如钩藤。茎卷须指茎变为卷须状，如丝瓜、葡萄。有些植物的腋芽和不定芽可变态形成小块茎或小鳞茎，如山药的零余子和半夏叶柄上的珠芽，卷丹的腋芽、洋葱和大蒜的花芽变成小鳞茎。小块茎和小鳞茎均有繁殖作用。

地下茎的变态如下。根状茎（根茎）如人参、三七、姜、川芎、白茅、玉竹、黄精等。块茎如天麻、半夏、马铃薯等。球茎如慈姑、荸荠、番红花等。鳞茎如洋葱、百合、贝母。

（二）茎的构造

1. 茎尖的构造

茎尖的构造与根尖基本相似，可分为分生区（生长锥）、伸长区和成熟区。茎尖顶端分生组织包裹在幼叶中，分生区周围形成叶原基或腋芽原基的小突起，可分别发育成叶和腋芽，腋芽可发育成侧枝。茎尖成熟区的表面常具气孔和毛茸。例如，芍药根茎芽由顶芽、鳞片及鳞片腋部的侧芽组成（附图3-13A～C）。侧芽按其有无鳞片包被可分为鳞片芽和无鳞芽（附图3-13D~G）。芍药的顶芽由顶端生长点、叶和腋芽组成，它们最后分别发育为顶蕾、叶片和侧蕾。在侧芽中，无鳞芽常为4~5个，与顶芽一样，也由顶端生长点、鳞片和腋芽原基、叶原基、苞片原基、萼片原基、花瓣原基组成（附图3-13H~P）。

茎尖由分生区分裂出来的细胞逐渐分化为原表皮层、基本分生组织和原形成层，通过这些分生组织细胞的分裂分化，形成茎的初生构造。

2. 双子叶植物茎的初生构造

茎的初生构造由茎的顶端分生组织产生。通过茎尖的成熟区做横切面，可见茎的初生构造（图3-19），由外而内包括表皮、皮层和维管柱三部分。

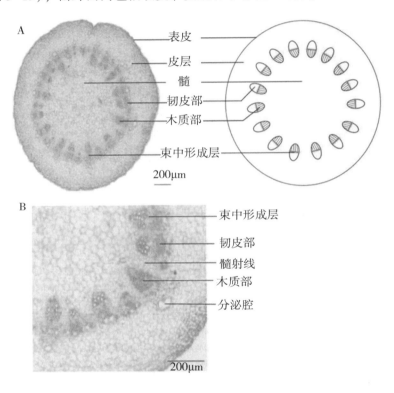

图3-19　双子叶植物龙血树柴胡（*Bupleurum dracaenoides*）
茎的初生构造（引自邱梅，2017）
A 茎的初生结构；B 初生结构的局部放大

（1）表皮　茎的表皮通常为一层扁平、排列整齐而紧密的生活细胞。细胞的外壁稍厚，角质化并形成角质层。表皮上一般具有少量气孔，有的还具有各式毛茸或蜡被。表皮细胞不含叶绿体，有的含有花青素，使茎呈现紫红色，如甘蔗、蓖麻茎的表皮。

（2）皮层　由多层生活细胞构成，但不如根初生构造的皮层发达。其细胞大、壁薄，排列疏松，具细胞间隙。靠近表皮的细胞常具叶绿体，故嫩茎表面呈绿色。近表皮部位常有厚角组织，有的厚角组织排成环形，如接骨木、椴树；有的聚集成束，分布在茎的棱角处，如薄荷、南瓜。有些皮层内侧有成环包围初生维管束的纤维，称周维纤维或环管纤维，如马兜铃；有的皮层含石细胞，如黄柏；或含有分泌组织，如向日葵。大多数植物茎的皮层中无内皮层，有些植物茎的皮层最内一层细胞中含有较多淀粉粒，称淀粉鞘，如马兜铃。

（3）维管柱　维管柱位于皮层内侧，所占比例较大，包括初生维管束、髓部和髓射线。双子叶植物茎的初生维管束相互分离，环状排列，维管束包括初生韧皮部、初生木质部和束中形成层。初生韧皮部由筛管、伴胞、韧皮薄壁细胞和韧皮纤维组成，分化成熟方向是外始式。原生韧皮部薄壁细胞发育成的纤维常成群分布在韧皮部外侧，称初生韧皮纤维束，如向日葵。初生木质部由导管、管胞、木薄壁细胞和木纤维组成，其分化成熟方向由内向外，称内始式。束中形成层位于初生韧皮部和初生木质部之间，由原形成层遗留下来的1~2层具有分生能力的细胞组成。多数双子叶植物茎的维管束为无限外韧型，有些植物茎具有双韧型维管束。

髓由基本分生组织产生的薄壁细胞组成，位于茎的中心部位。从比例上看，草本植物茎的髓部较大，木本植物茎的髓部一般较小。很多植物茎的髓部在发育过程中逐渐破坏甚至消失形成中空的茎，如芹菜、南瓜。椴树等木本植物的髓周围部分常为一些紧密排列的、壁稍厚的小细胞，称环髓区或髓鞘。

髓射线是位于初生维管束之间的薄壁组织，常由数列细胞组成，又称初生射线，外连皮层，内接髓部。在横切面上呈放射状，具横向运输和贮藏作用。髓射线细胞分化程度较浅，具潜在分生能力，在一定条件下，可以恢复分裂能力构成形成层的一部分，也可发育成不定芽、不定根等。

3. 双子叶植物茎的次生生长及其构造

双子叶植物茎的次生生长，是通过维管形成层和木栓形成层细胞的分裂活动，形成次生构造的过程，其活动结果使茎不断加粗。

（1）双子叶植物茎的次生生长　当双子叶植物茎的次生生长发生时，髓射线中邻接束中形成层的薄壁细胞恢复分生能力，转变为束间形成层，并与束中形成层连接成为完整的形成层环，即维管形成层。形成层细胞多呈纺锤形，称纺锤原始细胞；少数细胞近等径，称射线原始细胞。

维管形成层成环后，纺锤原始细胞通过切向分裂，向内产生次生木质部，增生在初生木质部外方，向外产生次生韧皮部，增生在初生韧皮部内侧，构成次生维管组织。通常产生的次生木质部数量远多于次生初皮部。同时，射线原始细胞也进行分裂，产生次生射线细胞，贯穿于次生木质部和次生韧皮部，形成横向的联系组织，称维管射线。在形成次生维管组织的同时，形成层的细胞也进行径向或横向分裂，向四周扩展，以适应内侧木质部的增大，其位置也逐渐向外推移（附图3-14）。

（2）木栓形成层及其活动　次生维管组织的增加使茎不断增粗，最终破坏表皮。此时，多数植物表皮内侧皮层细胞恢复分裂能力形成木栓形成层，产生周皮，代替表皮行使保护作用。木栓形成层的活动时间较短，可依次在其内侧产生新的木栓形成层，其位置逐渐内移，甚至深达次生韧皮部（附图3-14）。

4. 双子叶植物茎的次生构造

（1）双子叶植物木质茎的次生构造特点　木质茎常为多年生，具有发达的次生构造。由于形成层向内产生的次生木质部数量远多于次生韧皮部，所以在木质茎的次生构造中次生木质部占有较大比例。

早材与晚材。次生木质部细胞的形态受气候影响较为明显。在一个生长季中，春季气候温暖，雨量充沛，形成层的分裂活动较强，产生的次生木质部细胞大而壁薄，质地较疏松，色泽较淡，称早材或春材；秋季气温下降，雨量减少，形成层分裂活动减弱，产生的细胞小而壁厚，质地紧密、色泽较深，称晚材或秋材。同一生长季中春材向秋材逐渐转变，没有明显的界限。

年轮与假年轮。秋材与下一生长季的春材之间界限分明，形成清晰的同心环层，称年轮或生长轮。但有的植物受气候或病虫害的影响，1 年可以形成 3 轮，这些年轮称假年轮。

边材与心材。在木质茎横切面上，可见到靠近形成层部分的木质部颜色较浅，质地较松软，称边材，边材具输导作用；中心部分较早产生的次生木质部颜色较深，质地坚硬，称心材。心材中有些与导管相邻的薄壁细胞通过导管上的纹孔侵入导管内，形成侵填体，其中常沉积挥发油、单宁、树脂、色素等，侵填体的形成使导管堵塞，失去运输能力。所以心材比较坚硬，不易腐烂，有的还具有特殊的色泽。心材常含有某些化学成分，如茎木类药材中的沉香、降香等均以心材入药。

在木类药材的鉴定中，常采用横切面、径向切面、切向切面三种切面（图 3-20），对其特征进行观察比较。由于三种切面中年轮和维管射线的形状特征明显，故以此作为判断切面类型的主要依据。

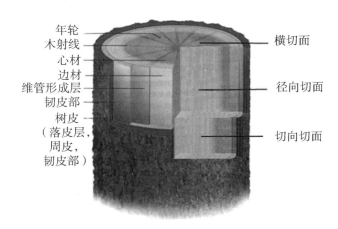

年轮
木射线
心材
边材
维管形成层
韧皮部
树皮
（落皮层，
周皮，
韧皮部）

横切面
径向切面
切向切面

图 3-20　树皮、木材和木材的 3 个切面（引自吴庆余，2006）

次生韧皮部。次生韧皮部主要由筛管、伴胞、韧皮纤维和韧皮薄壁细胞组成，有的还有石细胞，如肉桂、厚朴；有的具乳汁管，如夹竹桃。由于形成层向外分裂的次数远不如向内分裂的次数多，因此次生韧皮部的细胞数量要比次生木质部少，次生韧皮部形成时，初生韧皮部被挤压到外方，形成颓废组织。韧皮射线形状多弯曲不规则，其长短宽窄因植物种类而异。次生韧皮部的薄壁细胞中常含有糖类、油脂等多种营养物质和生理活性物质。

周皮。由于木栓形成层的不断产生与活动，木质茎常具有发达的周皮。由于新周皮的形成，老周皮与新周皮之间的组织被隔离后逐渐枯死，老周皮和被隔离的死亡组织的综合体常以各种方式剥落，称落皮层。落皮层的脱落方式随植物种类而异，有的呈片状脱落，如白皮松；有的呈环状脱落，如白桦；有的呈大片脱落，如悬铃木；有的裂成纵沟，如柳、榆；也有的周皮不脱落，如黄柏、杜仲。

乌苏里鼠李次生茎解剖结构如图3-21所示。

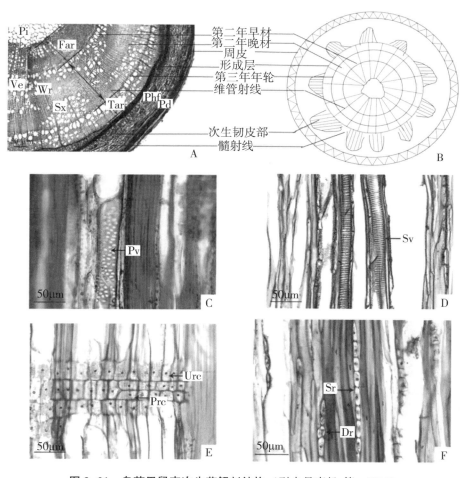

图3-21 乌苏里鼠李次生茎解剖结构（引自吴青松 等，2023）

A 次生茎横切面，Pi 表示髓，Wr 表示木射线，Sx 表示次生木质部，Far 表示第1年年轮，Tar 表示第3年年轮，Phf 表示韧皮纤维，Pd 表示周皮，Ve 表示导管；B 次生茎横切面结构简图；C~E 次生茎纵切面，Pv 表示孔纹导管，Sv 表示螺纹导管，Urc 表示直立射线细胞，Pre 表示横卧射线细胞；F 次生茎切向切面，Dr 表示双列射线，Sr 表示单列射线

"树皮"有两种概念。狭义的树皮即指落皮层；广义的树皮指形成层以外的所有组织，包括落皮层、周皮、皮层和次生韧皮部等，皮类药材如厚朴、杜仲、黄柏等均取材的是广义的树皮。有时将落皮层也称外树皮。

（2）双子叶植物草质茎的次生构造　多数双子叶植物草质茎具有典型的次生生长，但由于其生长期短，次生生长有限，所以次生构造不发达，质地较柔软，主要结构特点如下。①表皮长期存在，其上常有各式毛茸、气孔、角质层、蜡被等附属物。少数植物表皮下方有木栓形成层活动，产生少量木栓层和栓内层细胞，但表皮仍存在。②皮层发达，近表皮处常有厚角组织。厚角组织集中的部位还会形成纵棱，有的植物皮层中有分泌组织。③次生维管组织通常形成连续的维管柱，韧皮部狭长，外有少量纤维环绕；形成层不明显；木质部在茎生长发育到后期会连成一片。有些只有束中形成层，没有束间形成层；有些束中形成层和束间形成层均不明显。④髓部常发达，有些植物茎的髓部破裂成空洞状。

（3）双子叶植物根状茎的构造特点　双子叶植物根状茎与双子叶草质茎构造类似，其构造特点如下。①表面常具木栓组织，多由表皮及皮层外侧细胞木栓化形成，少数具表皮或鳞叶。②由于根状茎的节上生有鳞片叶和不定根，所以皮层中常见根迹维管束（茎中维管束与不定根维管束相连的维管束）和叶迹维管束（茎中维管与叶柄维管束相连的维管束）斜向通过，薄壁细胞含贮藏物质，有些有纤维或石细胞。③维管束外韧型，呈环状排列；髓射线宽窄不一，中央有明显的髓部。④由于根状茎生长于地下，常为养分贮藏的部位，所以机械组织不发达，而贮藏薄壁组织发达。

（4）双子叶植物茎和根状茎的异常构造　有些双子叶植物的茎和根状茎除了正常的初生和次生构造外，还形成异常构造。①髓维管束。有些双子叶植物茎或根状茎的髓部形成多数异型维管束，如胡椒科海风藤茎的横切面上除正常的维管束外，在髓中有6~13个有限外韧型维管束。大黄根状茎的横切面上除正常的维管束外，髓部有许多星点状的异型维管束，其形成层呈环状，外侧为木质部，内侧为韧皮部，射线呈星芒状排列，称星点。②同心环状排列的异常维管组织。有些双子叶植物茎的正常次生生长进行到一定阶段，次生维管柱的外围又形成多轮呈半同心环状排列的异常维管组织。如密花豆老茎（鸡血藤）的横切面上，可见韧皮部具2~8个红棕色至暗棕色环带，与木质部相间排列。其最内一圈为圆环，其余为同心半圆环。

5. 单子叶植物茎和根状茎的构造特征

（1）单子叶植物茎的构造特征　大多数单子叶植物茎中没有次生分生组织，无次生生长，终生只具初生构造。其主要特征为：表皮由1层细胞构成，通常具明显的角质层。多数单个有限外韧型维管束散布在表皮以内的基本薄壁组织中，无皮层、髓及髓射线之分。禾本科植物茎的表皮下方，常有数圈厚壁细胞分布，茎的中央部位常萎缩破坏，形成中空的茎秆（附图3-15）。

（2）单子叶植物根状茎的构造特征　表面为表皮或木栓化皮层细胞，射干等少数植物有周皮。皮层常占较大体积，分布有叶迹维管束。维管束散在，多为有限外韧型，少数为周木型，如香附，或兼具有限外韧型和周木型两种，如石菖蒲。内皮层有时明显，具凯氏带，如姜、石菖蒲；有时不明显，如知母、射干。有的在皮层靠近表皮部位的细胞形成木栓组织，如姜；有的皮层细胞转变为木栓细胞，而形成所谓"后生皮层"，以代替表皮行使保护功能，如藜芦。

6. 裸子植物茎的构造特征

裸子植物茎与双子叶植物木质茎的次生构造基本相似，次生木质部主要由管胞、木薄壁细胞及射线所组成，无纤维，有的无木薄壁细胞，如松。除麻黄和买麻藤以外裸子植物均无导管，管胞兼有输送水分和支持作用。次生韧皮部由筛胞、韧皮薄壁细胞组成，无筛管、伴胞和韧皮纤维。松柏类植物茎的皮层、韧皮部、木质部、髓及髓射线中常分布有树脂道。

三、叶

叶（leaf）由叶原基发育而来，着生在茎的节部，一般为绿色扁平体，含有大量叶绿体，具有向光性。

叶是植物进行光合作用、气体交换和蒸腾作用的重要器官。有的叶具有贮藏作用，如贝母、百合、洋葱的肉质鳞叶等。少数植物的叶具繁殖作用，如秋海棠、落地生根的叶等。一部分中药材来源于植物的叶，如大青叶、枇杷叶、桑叶、银杏叶、番泻叶及艾叶等。

（一）叶的形态和类型

1. 叶的组成

虽然叶的形态变化多样、大小相差很大，但其基本组成是一致的，通常由叶片（blade）、叶柄、托叶三部分组成（图3-22）。这三部分俱全的叶称完全叶，如天竺葵、月季等。缺少托叶和叶柄中一个或两个部分的叶，称不完全叶，如玄参、桔梗缺少托叶，荠菜缺少叶柄，石竹、龙胆同时缺少托叶和叶柄。

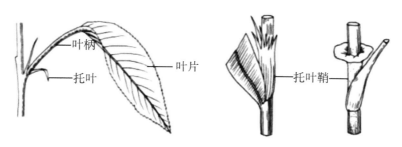

图3-22　叶的组成部分（引自赵志礼 等，2020）

叶片是叶的主要部分，一般为薄的绿色扁平体，有上表面和下表面之分。叶片的整体形态称叶形，顶端称叶端或叶尖，基部称叶基，周边称叶缘。

叶柄是连接叶片和茎枝的部分，一般呈类圆柱形，近轴面多有沟槽，其长短和形状随植物种类和生长环境而异。叶片基部包围于茎节部，称抱茎叶。叶柄的形态有时产生变异，如水浮莲、菱等水生植物的叶柄局部有膨胀的气囊，用来支持叶片浮于水面。含羞草的叶柄基部形成膨大的关节，称叶枕，能调节叶片的位置和休眠运动。旱金莲的叶柄细长柔弱，能围绕各种物体螺旋状攀缘。我国台湾相思树的叶柄变态成叶片状，称叶状柄，具有叶片的功能。

叶鞘是叶柄基部或叶柄全部扩大成鞘状的结构，部分或全部包裹着茎秆，具有保护居间生长和腋芽的作用。禾本科植物的叶鞘由相当于叶柄的部位扩大形成，在叶鞘与叶片相接处还具有膜状突起物叶舌，叶舌两旁有一对从叶片基部边缘延伸出来的突起物称叶耳。叶耳、叶舌的有无、大小及形状常可作为鉴别禾本科植物种的依据之一。

托叶是叶柄基部两侧的附属物（附图3-16）。托叶的有无、形态是鉴定药用植物的依据之一，其形状多种多样，有的小而呈线状，如梨、桑；有的大而呈叶状，如豌豆、贴梗海棠；有的与叶柄愈合成翅状，如月季、金樱子；有的变成卷须，如菝葜（读音：bá qiā）；有的变成刺状，如刺槐；有的形状和大小与叶片几乎一样，只是其腋内无腋芽，如茜草；有的联合成鞘状，包围于茎节的基部，称托叶鞘，是何首乌、虎杖等蓼科植物的主要特征。

2. 叶的形态

叶的形态主要指叶片的形态，是识别植物的重要特征。叶片的全形叶片的形状和大小随植物种类而异，一般同一种植物叶的形状是比较稳定的。常见的叶片形状见图3-23、图3-24。

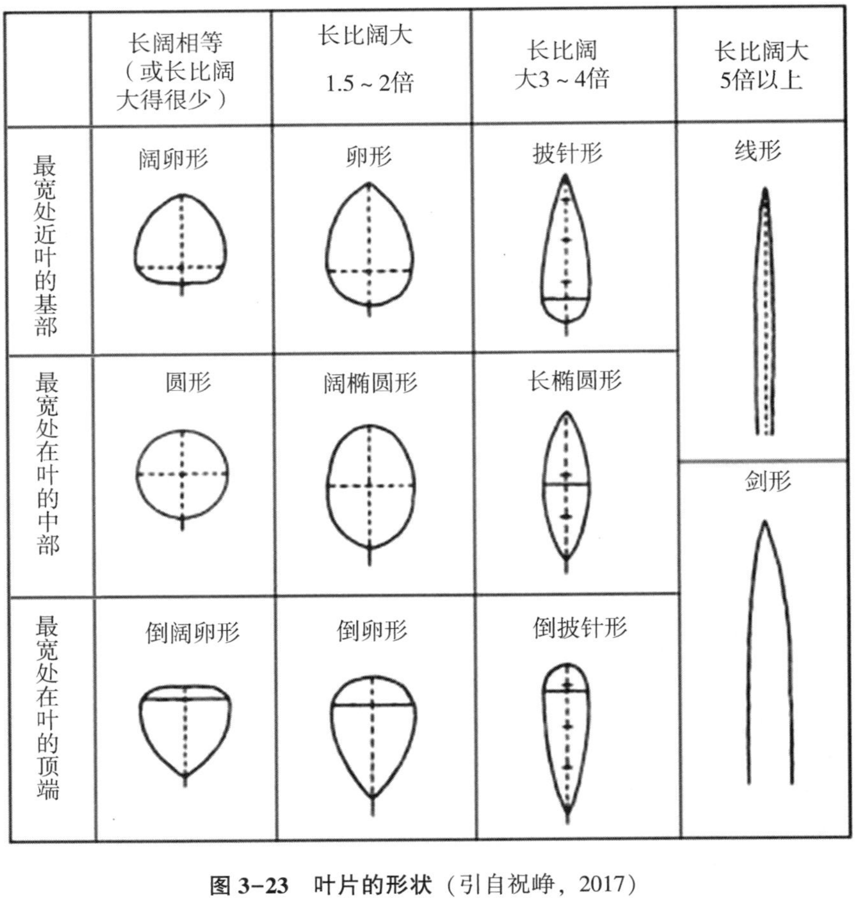

	长阔相等（或长比阔大得很少）	长比阔大1.5～2倍	长比阔大3～4倍	长比阔大5倍以上
最宽处近叶的基部	阔卵形	卵形	披针形	线形
最宽处在叶的中部	圆形	阔椭圆形	长椭圆形	剑形
最宽处在叶的顶端	倒阔卵形	倒卵形	倒披针形	

图3-23 **叶片的形状**（引自祝峥，2017）

在描述植物的叶形时常在基本形状前加"长""阔（宽）""倒"等字，如长椭圆

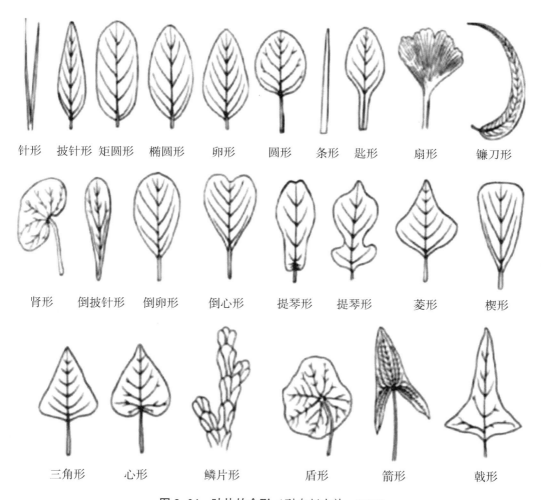

针形　披针形　矩圆形　椭圆形　卵形　圆形　条形　匙形　扇形　镰刀形

肾形　倒披针形　倒卵形　倒心形　提琴形　提琴形　菱形　楔形

三角形　心形　鳞片形　盾形　箭形　戟形

图 3-24　叶片的全形（引自赵志礼，2020）

形、阔卵形、倒披针形及倒心形等。此外，还有一些植物叶的形状特殊，如蓝桉树老枝上的叶为镰刀形，杠板归的叶为三角形，菱的叶为菱形，车前草叶为匙形，银杏叶为扇形，葱叶为管形，秋海棠叶为偏斜形等。还有一些植物的叶并非单一形状，必须采用综合术语描述，如卵状椭圆形、倒披针形等。

（1）叶端和叶基的形状　叶端和叶基的形状多样，随植物种类而异。常见的叶端形状见图 3-25，叶基形状见图 3-26。

（2）叶缘的形状　有些植物的叶缘是平滑的，称全缘；有些植物的叶缘为不平滑或各种齿状（图 3-27）。

（3）叶裂　叶裂深度不超过或接近叶片宽度的 1/4，称浅裂，如药用大黄、南瓜。叶裂深度一般超过叶片宽度的 1/4，称深裂，如唐古特大黄、荆芥。叶裂深度几乎达到主脉基部或两侧，形成数个全裂片，称全裂，如大麻、掌叶白头翁等（图 3-28）。

（4）叶脉和脉序　叶脉是贯穿在叶片各部分的维管束，是茎中维管束的延伸和分

卷须状　　芒状　　尾状　　　渐尖　　　急尖　　骤尖　　钝形

凸尖　　　微凸　　　微凹　　　　微缺　　　　倒心形

图 3-25　叶端的各种形状（引自赵志礼，2020）

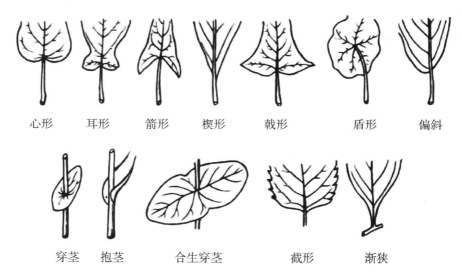

心形　　耳形　　箭形　　楔形　　戟形　　　盾形　　　偏斜

穿茎　　抱茎　　　合生穿茎　　　截形　　渐狭

图 3-26　叶基的各种形状（引自赵志礼，2020）

支，构成叶内的输导和支持结构。其中位于叶片中央粗大的叶脉称主脉或中脉，主脉上的分支称侧脉，侧脉上更细小的分支称细脉。叶片中叶脉的分布及排列形式称脉序。脉序主要有分叉脉序、网状脉序、平行脉序三种类型。网状脉序是双子叶植物主要的脉序类型，有羽状网脉和掌状网脉两种形式。平行脉序是单子叶植物主要的脉序类型，有直出平行脉、横出平行脉、射出平行脉、弧形脉四种形式（图 3-29）。

　　3. 叶片的质地

　　叶片的质地常见的有如下几种。①草质。大多数植物的叶片薄而柔软，如薄荷、紫苏叶。②膜质。叶片明显薄于草质叶，半透明状，如玉竹、鸭跖草；有的膜质叶干薄而脆，不呈绿色称干膜质，如麻黄、洋葱鳞茎外层的鳞片叶。③革质。叶片相对于草质叶厚而较强韧，略似皮革，常有光泽，如苍术叶。④肉质。叶片肥厚多汁，如芦荟、垂

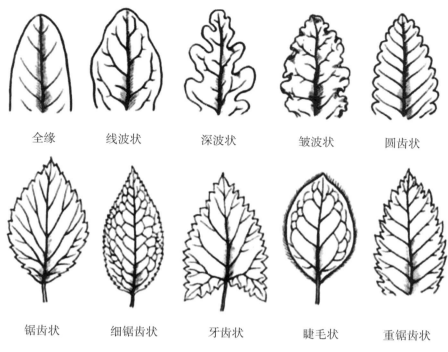

全缘　　　　线波状　　　　深波状　　　　皱波状　　　　圆齿状

锯齿状　　　细锯齿状　　　牙齿状　　　　睫毛状　　　重锯齿状

图 3-27　叶缘的各种形状（引自赵志礼，2020）

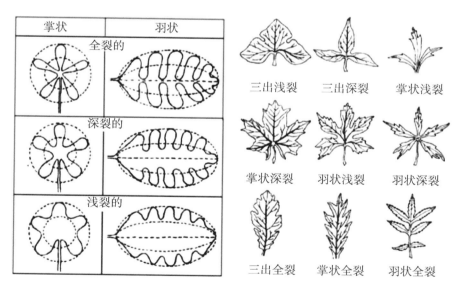

图 3-28　叶片的分裂类型（引自祝峥，2017）

盆草。

4. 叶片的表面

有些植物叶的表面是光滑的，有些叶的表面具有各种附属物。如女贞叶的表面常有

分叉状脉　　　　　　　掌状网脉　　　　　　　掌状网脉

羽状网脉　直出平行脉　弧形脉　　　射出平行脉　　横出平行脉

图 3-29　叶脉和脉序（引自赵志礼，2020）

较厚的角质层；芸香叶的表面被有一层白粉；紫草叶表面具极小突起，手触摸有粗糙感；薄荷、枇杷叶表面具各种毛茸等。

5. 叶的类型

植物的叶还可以分为单叶和复叶两类。1 个叶柄上只生 1 枚叶片的称单叶，如樟、女贞、菊等。1 个总叶柄及叶轴上生有小叶的叶，称复叶，如五加、野葛。复叶的叶柄称总叶柄，着生在茎上，总叶柄以上着生叶片的轴状部分称叶轴，复叶中的每片叶子称小叶，小叶的柄称小叶柄。

根据小叶的数目和在叶轴上排列的方式不同，复叶主要有掌状复叶、三出复叶、羽状复叶、单身复叶。三出复叶分为掌状三出复叶和羽状三出复叶；羽状复叶分为奇（单）数羽状复叶、偶（双）数羽状复叶、二回羽状复叶、三回羽状复叶。见图 3-30、图 3-31。

复叶和生有单叶的小枝有时易混淆，两者的主要区别有：①复叶叶轴的先端无顶芽，而小枝的先端具顶芽；②复叶上小叶的叶腋内无腋芽，腋芽着生在总叶柄腋内，而小枝上每一单叶的叶腋均具腋芽；③通常复叶上的小叶在叶轴上排列在近似的一平面上，而小枝上的单叶与小枝常成一定的角度伸展；④复叶脱落时，是整个复叶由总叶柄基部脱落，或小叶先脱落，然后叶轴连同总叶柄一起脱落，而小枝一般不脱落，只有其上的单叶脱落，此外，全裂叶与复叶在外形上亦很相近，区别在于全裂叶的叶裂片通常大小不一，裂片边缘不甚整齐，叶裂片基部常下延至主脉，不形成小叶柄；而复叶上的小叶大小和形态较一致，边缘整齐，基部有明显的小叶柄而与全裂叶不同。

叶片的分裂和复叶的发生有利于增大光合面积，减少对风雨的阻力，是植物对自然

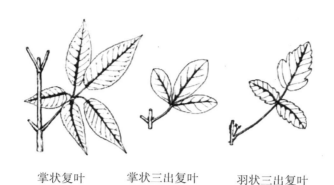

掌状复叶　　　掌状三出复叶　　　羽状三出复叶

图 3-30　复叶的主要类型（引自祝峥，2017）

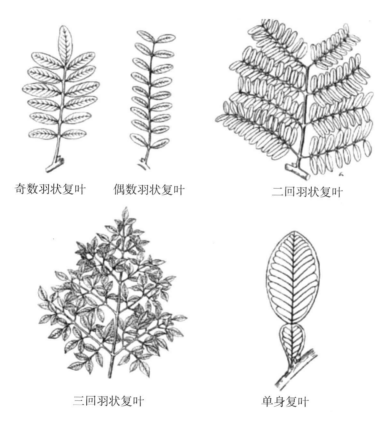

奇数羽状复叶　　　偶数羽状复叶　　　　二回羽状复叶

三回羽状复叶　　　　　　单身复叶

图 3-31　羽状复叶和单数复叶（引自赵志礼，2020）

环境长期适应的结果。

6. 叶序

叶在茎枝上排列的次序或方式称叶序。常见的叶序有互生、对生、轮生、簇生（图 3-32）。对生分为交互对生（十字形对生）、二列状对生。

同一植物甚至同一植株可以同时存在两种或两种以上的叶序，如桔梗的叶序有互

互生　　　　　对生　　　　　轮生　　　　　簇生

图 3-32　叶序（引自赵志礼，2020）

生、对生及三叶轮生的。叶在茎枝上无论排列成哪种叶序，相邻两节的叶子都不甚重叠，彼此成一定的角度错落着生的现象，称叶镶嵌。叶镶嵌主要是靠叶柄的长短、扭曲和叶片的大小差异等实现的（图 3-33），有利于叶的光合作用，也使茎的各侧受力均衡。

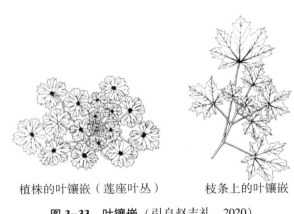

植株的叶镶嵌（莲座叶丛）　　　枝条上的叶镶嵌

图 3-33　叶镶嵌（引自赵志礼，2020）

7. 叶的变态及异形叶性

（1）叶的变态　叶受环境条件的影响和生理功能的改变而有各种变态类型，常见的有以下几种。

①苞片。紧靠花或花序下面的变态叶称苞片，苞片有总苞片和小苞片之分。围生在花序基部的苞片称总苞片；生于 1 朵花基部的苞片称小苞片。苞片的形状多与普通叶片不同，常较小，绿色，也有形大而呈各种颜色的。总苞的形状和轮数的多少，常为某些属、种鉴别的特征，如壳斗科植物的总苞常在果期硬化成壳斗状；菊科植物的头状花序基部的总苞片多数绿色；半夏、天南星等天南星科植物的肉穗花序外面常有 1 枚特化的总苞片称佛焰苞。

②鳞叶。特化或退化成鳞片状的叶称鳞叶，常具有贮藏或保护作用。鳞叶有肉质和膜质两类。肉质鳞叶肥厚，能贮藏营养物质，如百合、贝母、洋葱等鳞茎上的肥厚鳞叶；膜质鳞叶菲薄，常干脆而不呈绿色，如麻黄的叶及姜、荸荠等地下茎上的鳞叶；温带木本植物的冬芽外常具有褐色鳞片叶，具保护芽安全越冬的作用。

③刺状叶。叶片或托叶变态成刺状，起保护作用或适应干旱环境。如小檗的叶变成3刺，通俗称"三棵针"；仙人掌的叶退化成针刺状；虎刺、酸枣的刺是由托叶变态而成的；红花上的刺是由叶尖、叶缘变成的。根据刺的来源和生长位置的不同，可区别叶刺和茎刺。至于月季、玫瑰等茎上的许多刺，则是由茎的表皮向外突起所形成，其位置不固定，常易剥落，称为皮刺。

④叶卷须。叶的全部或一部分变成卷须，借以攀缘他物。如豌豆的卷须是由羽状复叶上部的小叶变成的，土茯苓的卷须是由托叶变成的。根据卷须的来源和生长位置也可与茎卷须相区别。

⑤捕虫叶。食虫植物的叶常变态成盘状、瓶状或囊状以利捕食昆虫，称捕虫叶，其叶上有许多能分泌消化液的腺毛或腺体，并有感应性，如猪笼草、捕蝇草、茅膏菜等的叶。

（2）异形叶性　同一种植物或同一株植物具有不同的叶形、不同叶序称异形叶性。异形叶性有两种情况：一种是由于植株（或枝条）发育年龄不同所致，如半夏苗期的叶为单叶，不裂，成熟期叶分裂为3小叶；重楼的初生叶为心形互生，次生叶为椭圆形，轮生；人参一年生的只有1枚三出复叶（3小叶），二年生的为1枚五出掌状复叶，三年生的有2枚五出掌状复叶，四年生的有3枚，以后每年递增1叶，最多可达6枚复叶。另一种是由于生长环境的影响所致，如慈姑的沉水叶是线形，浮水叶呈椭圆形，水面以上的叶则为箭形。

（二）叶的构造

叶来源于茎尖上的叶原基，通过叶柄与茎相连，叶柄的构造和茎的构造很相似，但叶片的构造却与茎显著不同。

1. 双子叶植物叶的构造

（1）叶柄的构造　叶柄的结构与茎基本相同，由外向内依次为表皮、皮层和维管组织三部分组成。横切面一般呈半月形、圆形、三角形等。由于叶柄维管束是由茎中维管束向外方、侧向进入叶柄中形成，因此叶柄维管束的木质部位于上方（腹面），韧皮部位于下方（背面），并在每一维管束外，常有厚壁细胞包围。进入叶柄中的维管束数目有的与茎中一致，也有的分裂成更多的束，或合为一束（图3-34）。

（2）叶片的构造　双子叶植物叶片的构造可分为表皮、叶肉和叶脉三部分（图3-35）。

①表皮。包被叶表面，通常由一层排列紧密的活细胞组成，也有由多层表皮细胞构成复表皮。表皮细胞中一般不具叶绿体，横切面细胞近方形，外壁常较厚（图3-35）；顶面观察细胞一般呈不规则形，侧壁（垂周壁）多呈波浪状，彼此互相嵌合，紧密相连，无细胞间隙；常具角质层和气孔，有的还具有蜡被、毛茸等附属物。叶的表皮有上、下之分，叶片的腹面称为近轴面（adaxial surface），其表皮称上表皮；叶片背面称

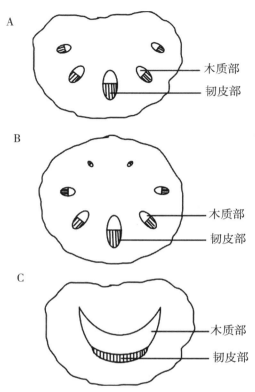

图3-34 **3种叶柄的维管束分布**（引自赵志礼，2020）
A 木质部位于腹面；B 维管束分裂成多束；C 维管束合为一束

为远轴面（abaxial surface），其表皮称下表皮。一般的远轴面表皮气孔和毛茸较近轴面多，所以常将叶的远轴面作为观察气孔和毛茸特征的材料。

②叶肉。位于上、下表皮之间，由薄壁细胞组成，常含叶绿体，是绿色植物进行光合作用的主要场所。叶肉通常分为栅栏组织和海绵组织两种。栅栏组织与上表皮相接，细胞呈圆柱形，排列整齐紧密；细胞的长轴与上表皮垂直，形如栅栏，细胞内含有大量叶绿体。栅栏组织在叶片内通常排成1层，也有排列成2层或以上的，如冬青叶、枇杷叶。各种植物叶肉的栅栏组织的层数不一样，是否通过中脉部分也各不相同，可作为叶类中药材鉴别的特征之一。海绵组织位于栅栏组织下方，与下表皮相接；由一些近圆形或不规则形状的薄壁细胞构成；细胞间隙大，排列疏松如海绵状，其厚度稍大于栅栏组织；细胞中所含的叶绿体一般较栅栏组织为少，所以大多数叶片背面的颜色较浅。

有些植物的叶片中，栅栏组织紧邻上表皮，海绵组织位于栅栏组织与下表皮之间，称两面叶，如薄荷叶。有些植物的叶在上下表皮内侧均有栅栏组织，或没有栅栏组织和海绵组织的分化，称等面叶，如番泻叶、桉叶等。有的植物叶肉中含有油室，如桉叶、橘叶等；有的植物含有草酸钙晶体，如桑叶、枇杷叶等；有的还含有石细胞，如茶叶。在上下表皮气孔内侧的叶肉中，常形成一较大的腔隙，称孔下室（气室）。这些腔隙与叶肉组织的胞间隙相通，有利于内外气体的交换。

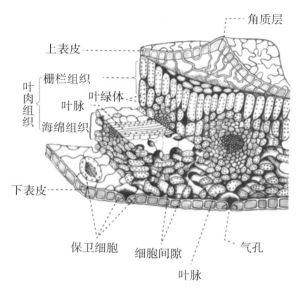

图3-35 叶片结构的立体图解（引自潘建斌 等，2021）

③叶脉。主要是叶片中的维管系统，位于叶肉中。主脉和各级侧脉的构造不完全相同。主脉和较大的侧脉由维管束和机械组织组成。维管束的构造与茎的相同，木质部位于近轴面，韧皮部位于远轴面。形成层分生能力很弱，只产生少量的次生组织。在维管束的上下方常有机械组织存在，在叶的远轴面尤为发达，因此主脉和大的侧脉在叶片背面常显著突起。侧脉越分越细，构造也越趋简化，最初消失的是形成层和机械组织，其次是韧皮部，木质部的构造也逐渐简单，在叶脉末端的木质部中只留下1~2个短的螺纹管胞，韧皮部中则只有短而狭的筛管分子和增大的伴胞。

2. 单子叶植物叶的结构

单子叶植物的叶，就外形讲多种多样；在内部构造上，叶片也有很多变化，但仍和双子叶植物一样，具有表皮、叶肉和叶脉三部分。以禾本科植物叶片的构造为例，简述如下。

（1）表皮 细胞有长细胞和短细胞两种类型，长细胞为长方柱形，长径与叶的纵长轴平行，外壁角质化，并含有硅质。短细胞又分为硅质细胞和栓质细胞两种类型，硅质细胞的细胞腔内充满硅质体，故禾本科植物叶表面粗糙且坚硬；栓质细胞则细胞壁木栓化。

在上表皮中间有一些特殊大型的薄壁细胞，称泡状细胞。泡状细胞具有大型液泡，在横切面上排列略呈扇形，干旱时由于这些细胞失水收缩，使叶子卷曲成筒，可减少水分蒸发，故又称运动细胞。表皮上的气孔是由2个狭长或哑铃状的保卫细胞构成，两端头状部分的细胞壁较薄，中部柄状部分细胞壁较厚，每个保卫细胞外侧各有1个略呈三角形的副卫细胞。

（2）叶肉 禾本科植物的叶片多呈直立状态，叶片两面受光近似，因此，一般叶肉没有栅栏组织和海绵组织的明显分化，属于等面叶类型。但也有个别植物叶的叶肉组织分化成栅栏组织和海绵组织，属于两面叶类型。如淡竹叶的叶肉组织中栅栏组织由一列圆柱形的细胞组成，海绵组织由 1~3 列（多 2 列）排成较疏松的不规则圆形细胞组成。

（3）叶脉　叶脉内的维管束近平行排列，为有限外韧型，维管束的上下两方常有厚壁组织分布。在维管束外围常有 1~2 层或多层细胞包围，构成维管束鞘（vascular bundle sheath），如玉米、甘蔗由 1 层较大的薄壁细胞组成，水稻、小麦则由 1 层薄壁细胞和 1 层厚壁细胞组成。

第四节　高等被子植物的生殖器官

植物器官中花、果实、种子被称为生殖器官，主要起植物种族繁衍的作用。

一、花

花（flower）由花芽发育而成，是适应生殖的变态短枝，节间极度缩短，不分枝。花梗和花托是枝条的变态，着生在花托上的花被、雄蕊和雌蕊均为变态叶。花是被子植物特有的繁殖器官，通过传粉和受精，发育出果实和种子，繁衍后代，延续种族。

裸子植物的花简单、原始、无花被、单性，形成雄球花和雌球花。被子植物又称为有花植物或开花植物。被子植物的花高度进化，常有鲜艳的颜色或特异的香气，所以通常所讲的花，是指被子植物的花。被子植物的花大多显著，但也有些植物的花常不易被察觉，如无花果的许多小花聚生在凹陷的肉质花序轴内，外部似乎看不到有花的形成；而有些植物色彩鲜艳的部分常被误以为花，如一品红的苞片常呈鲜艳的红色，但其实非花瓣。

花的形态和构造随植物种类而异，其特征比其他器官稳定，变异较小，往往能反映植物在长期进化过程中所发生的变化，对研究植物分类、药材鉴定特别是花类药材鉴定有着重要的意义。植物的花很多可供药用，且药用部位各异。有的用花蕾，如金银花、丁香等；有的用已开放的花，如洋金花、金莲花等；有的用花序，如菊花、旋覆花等；也有只用花的某一部分，如莲房是花托、莲须是雄蕊、番红花是柱头、玉米须是花柱等。

（一）花的组成与形态

被子植物典型的花通常由花梗、花托、花被、雄蕊群和雌蕊群等部分组成（图 3-36）。其中雄蕊群和雌蕊群是花中最重要的可育部分，具有生殖功能。花梗、花托和花被均为花中的不育部分。花梗和花托主要起支持作用；花萼和花冠合称为花被，具有保护雄蕊群、雌蕊群和引诱昆虫传粉等作用。

1. 花柄

花柄又称花梗，是花与茎的连接部分，具有支持作用。通常呈绿色、圆柱形，与茎的结构大致相同。花梗的有无、长短、粗细等因植物的种类而异，果实形成时，花梗成为果柄。

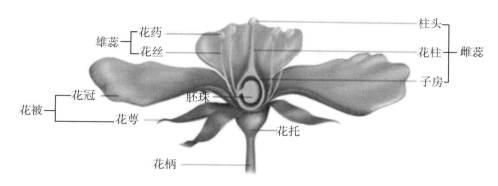

图 3-36　花的组成部分（引自潘建斌 等，2021）

2. 花托

花托是花梗顶端略膨大的部分，花被、雄蕊群、雌蕊群按一定方式排列其上。花托的形状随植物种类而异，通常平坦或稍凸起；有的呈圆柱状，如厚朴等；有的呈圆锥状，如草莓等；有的呈倒圆锥状，如莲，常称为莲蓬；有的凹陷呈杯状或瓶状，如桃、金樱子等。一些植物可在雌蕊基部或在雄蕊与花冠之间形成肉质增厚部分，呈扁平垫状、杯状或裂瓣状，常可分泌蜜汁，称花盘，如柑橘、卫矛等；有的在雌蕊基部向上延伸成一柱状体，称为蕊柄，如黄连等；有的花托在花冠以内的部分延伸成一柱状体，称为雄蕊柄，如西番莲等（图 3-37）。

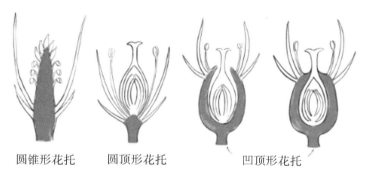

圆锥形花托　　　圆顶形花托　　　　　凹顶形花托

图 3-37　花托的类型（引自潘建斌 等，2021）

3. 花被

花被是花萼和花冠的总称，着生于花托的外围或边缘。多数植物的花被可明显分化为花萼和花冠，但有一些植物不易区分，称为花被，如厚朴、黄精等。也有一些植物的花被是完全不存在的，如鱼腥草、胡桃等。

（1）花萼　花萼是一朵花中所有萼片的总称，位于花的最外层，一般呈绿色的叶片状。花萼根据萼片彼此分离情况分为离生萼和合生萼。合生萼萼片互相联合的部分称萼筒或萼管，分离的部分称萼齿或萼裂片。有些植物的萼筒一边向外形成伸长的管状凸起，称距。

一般植物的花萼在开花后即脱落。有些植物花萼脱落不同。有些植物的花萼在花开放前即脱落，称早落萼；有些花萼在花开放后直至果实成熟仍不脱落，称宿存萼。

萼片还有一些特化的形式。副萼指萼片一般排成一轮，有的植物紧邻花萼下方另有一轮类似萼片状的苞片，如蜀葵等；膜质半透明萼片：苋科植物的花萼常膜质半透明，如牛膝、青葙等；冠毛指菊科植物的花萼常特化为羽毛状，如蒲公英等。

（2）花冠　花冠是一朵花中所有花瓣的总称，位于花萼的内方，呈叶片状，具各种鲜艳的颜色。

花瓣的颜色主要由花瓣细胞内含有色体或色素决定，含有色体时，花瓣常呈黄色、橙色或橙红色；含花青素时，花瓣常呈红色、蓝色或紫色等；如果两种情况同时存在，花瓣的色彩更加绚丽，两种情况都不存在时则花瓣呈白色。花瓣上的分泌组织细胞可分泌蜜汁及各种挥发性物质，吸引昆虫采蜜并传播花粉。

不同植物的花冠具有不同形态，常作为植物分类、鉴别依据。根据花瓣融合的情况分为合瓣花冠和离瓣花冠。根据花瓣的形态及排列方式分为：十字花冠、蝶形花冠、唇形花冠、管状花冠、舌状花冠、漏斗状花冠、高脚碟状花冠、钟状花冠、辐状或轮状花冠合生萼（图3-38）。

花冠的特化结构。①距。有些植物的花瓣基部形成管状或囊状的突起称为距。②副花冠。有些植物的花冠上或花冠与雄蕊之间形成的瓣状附属物。

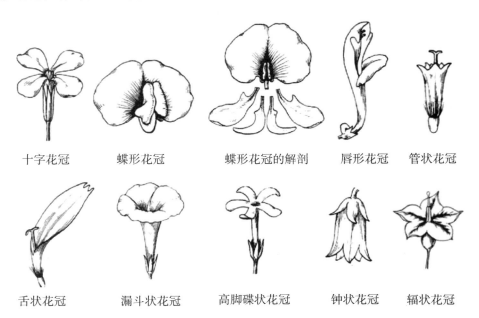

| 十字花冠 | 蝶形花冠 | 蝶形花冠的解剖 | 唇形花冠 | 管状花冠 |

| 舌状花冠 | 漏斗状花冠 | 高脚碟状花冠 | 钟状花冠 | 辐状花冠 |

图3-38　花冠的类型（引自祝峥，2017）

花被片在花芽内的排列形式及关系称为花被卷叠式，常见的花被卷叠式有镊合状、旋转状、覆瓦状、重覆瓦状（图3-39）。

（3）雄蕊群　雄蕊群是一朵花中所有雄蕊的总称，位于花被的内方，直接着生在花托上或贴生在花冠上。雄蕊数目因植物种类而异，一般多与花瓣同数或为其倍数。雄蕊数在10枚以上的称雄蕊多数。也有一朵花中仅有1枚雄蕊的，如京大戟等。

锯合状　　内向锯合状　　外向锯合状　　旋转状　　覆瓦状　　重覆瓦状

图 3-39　花被卷叠式（引自祝峥，2017）

雄蕊的组成：典型的雄蕊由花丝和花药两部分组成。

花丝：为雄蕊下部细长的柄状部分，基部着生于花托上或花筒基部，上部支撑花药，其长短、粗细随植物种类而异。

花药：为花丝顶部膨大的囊状体，是雄蕊的主要部分。花药常由 4 个或 2 个药室或称花粉囊组成，左右分成两半，中间为药隔。花药在雄蕊成熟时自行裂开，散出花粉粒。常见的花药开裂方式有纵裂、孔裂、瓣裂、横裂（图 3-40）。

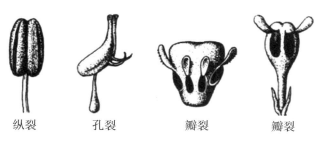

纵裂　　　　孔裂　　　　瓣裂　　　　瓣裂

图 3-40　花药开裂的方式（引自祝峥，2017）

花药在花丝上有多种着生方式：基着药、背着药、广歧着药、丁字着药、个字着药、全着药（图 3-41）。

基着药　　背着药　　广歧着药　　丁字着药　　个字着药

图 3-41　花药着生的位置（引自祝峥，2017）

花中各个雄蕊一般是相互分离的，在花中呈轮状或螺旋状排列。不同植物中雄蕊的数目、花丝长短、分离、联合、排列方式等状况有不同的变化。常见的雄蕊有：离生雄蕊、单体雄蕊、二体雄蕊、多体雄蕊、聚药雄蕊、二强雄蕊、四强雄蕊（图 3-42）。

有少数植物的花中，一部分雄蕊不具花药，或仅见痕迹，称不育雄蕊或退化雄蕊，如丹参、鸭跖草等。也有少数植物的雄蕊发生变态，没有花药与花丝的区别，而成花瓣状，如姜、姜黄等姜科植物以及美人蕉的雄蕊。

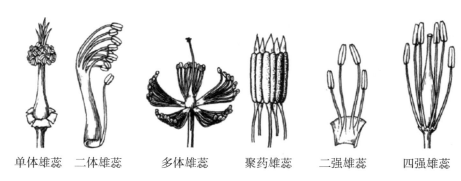

| 单体雄蕊 | 二体雄蕊 | 多体雄蕊 | 聚药雄蕊 | 二强雄蕊 | 四强雄蕊 |

图 3-42　雄蕊的类型（引自祝崢，2017）

（4）雌蕊群　雌蕊群位于花的中心部分，是 1 朵花中所有雌蕊的总称。雌蕊由心皮卷合形成。心皮是适应生殖的变态叶。当心皮卷合形成雌蕊时，其边缘的闭合缝线称腹缝线，相当于心皮中脉部分的凸起线称背缝线，胚珠常着生在腹缝线上。裸子植物的心皮又称大孢子叶或珠鳞，展开成叶片状，胚珠裸露在外；被子植物的心皮边缘结合成囊状的雌蕊，胚珠包被在囊状的雌蕊内，这是裸子植物与被子植物的主要区别。

被子植物的雌蕊可由 1 至多个心皮组成。根据组成雌蕊的心皮数目等不同，雌蕊可分为：单雌蕊、离生雌蕊、复雌蕊（图 3-43）。组成雌蕊的心皮数往往可由柱头和花柱的分裂数、子房上的腹缝线或背缝线数以及子房室数等来判断。

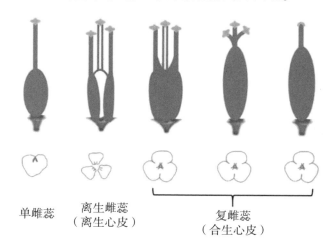

| 单雌蕊 | 离生雌蕊
（离生心皮） | 复雌蕊
（合生心皮） |

图 3-43　雌蕊的类型（引自潘建斌 等，2021）

雌蕊的结构：雌蕊的外形似瓶状，由柱头、花柱、子房三部分组成。

柱头是雌蕊顶部稍膨大的部分，常呈圆盘状、羽毛状、星状、头状等多种形状，是接受花粉的部位。柱头上带有乳头状突起，常能分泌黏液，有利于花粉的附着和萌发。

花柱是柱头与子房之间的连接部分，起支持柱头的作用，也是花粉管进入子房的通道。花柱的长短、粗细、有无等情况不一，如莲的花柱短；玉米的花柱细长；木通等无花柱，其柱头直接着生于子房的顶端；唇形科和紫草科植物的花柱插生于纵向分裂的子房基部，称花柱基生；兰科等植物的花柱与雄蕊合生成一个柱状体，称合蕊柱。

　　子房是雌蕊基部膨大的囊状部分，常呈椭圆形、卵形等形状，其底部着生在花托上，是雌蕊最重要的部分。子房的外壁称子房壁，子房壁以内的腔室称子房室，其内着生胚珠。

　　花托形状不同，子房在花托上的着生位置及与花被、雄蕊之间的关系也会发生变化，常有以下几种：子房上位（下位花）、子房上位（周位花）、子房半下位（周位花）、子房下位（上位花）（图3-44）。

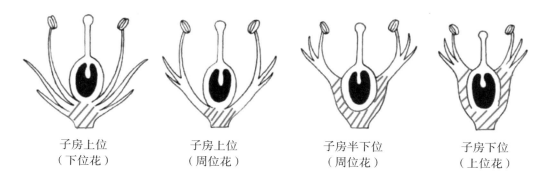

子房上位
（下位花）　　　　子房上位
（周位花）　　　　子房半下位
（周位花）　　　　子房下位
（上位花）

图3-44　子房的位置（引自祝峥，2017）

　　子房室的数目由心皮的数目及其结合状态而定，分为单子房和复子房。复子房又分为：单室复子房、复室子房。有的子房室可能被假隔膜完全或不完全地分隔为二。

　　胚珠在子房内着生的部位称胎座。其类型由雌蕊的心皮数目及联合方式等决定，常见的胎座类型有：边缘胎座、侧膜胎座、中轴胎座、特立中央胎座、基生胎座、顶生胎座（图3-45）。

　　（5）胚珠　胚珠着生在子房内胎座上，常呈椭圆形或近圆形，受精后发育成种子，其数目与植物种类有关。

　　①胚珠的构造。胚珠一端有一短柄称珠柄，与胎座相连，维管束即从胎座通过珠柄进入胚珠。大多数被子植物的胚珠有2层珠被，外层称外珠被，内层称内珠被，裸子植物及少数被子植物仅有1层珠被，极少数植物没有珠被。在珠被的顶端常留下一小孔，称珠孔，是受精时花粉管到达珠心的通道。珠被里面为珠心，由薄壁细胞组成，是胚珠的重要部分。珠心中央发育着胚囊。一般成熟的胚囊有1个卵细胞、2个助细胞、3个反足细胞和2个极核细胞共8个细胞。珠被、珠心基部和珠柄汇合处称合点，是维管束进入胚囊的通道。

　　②胚珠的类型。胚珠生长时，由于珠柄、珠被、珠心等各部分的生长速度不同，而形成直生胚珠、横生胚珠、弯生胚珠、倒生胚珠等不同的胚珠类型（图3-46）。

　　（二）花的类型

　　被子植物花的各部分在长期的演化过程中发生了不同程度的变化，形态构造多样。常见有以下几种类型。

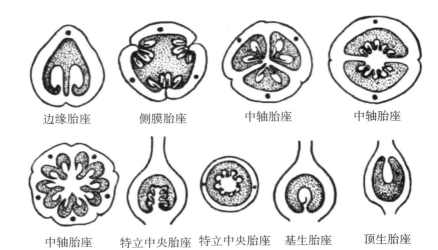

边缘胎座　　　　侧膜胎座　　　　中轴胎座　　　　中轴胎座

中轴胎座　　特立中央胎座　特立中央胎座　　基生胎座　　　顶生胎座

图 3-45　胎座的类型（引自赵志礼，2020）

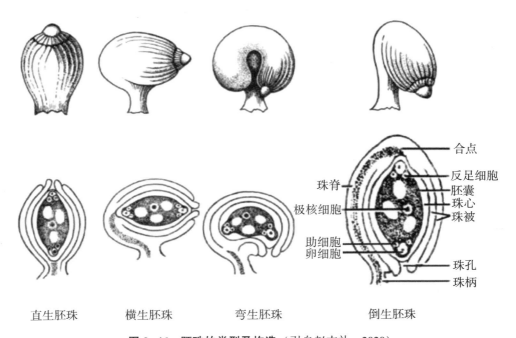

直生胚珠　　　　横生胚珠　　　　弯生胚珠　　　　倒生胚珠

图 3-46　胚珠的类型及构造（引自赵志礼，2020）

1. 完全花和不完全花

一朵具有花萼、花冠、雄蕊群、雌蕊群的花称完全花，如沙参的花。缺少其中一部分或几部分的花称不完全花，如绞股蓝的花。

2. 重被花、单被花、无被花和重瓣花

一朵既有花萼又有花冠的花称重被花，如甘草等的花。仅有花萼而无花冠的花称单被花，这种花萼常称花被，常成 1 轮或多轮排列，有时具鲜艳的颜色呈花瓣状，如玉兰的花被片为白色，白头翁的花被片为紫色等。不具花被的花称无被花或裸花，常具显著的苞片，如杨、杜仲等的花。植物的花瓣一般成 1 轮排列且数目稳定，但许多栽培品种的花瓣常成数轮排列且数目比野生型多，称重瓣花。

3. 两性花、单性花和无性花

一朵既有雄蕊又有雌蕊的花称两性花，如桔梗。仅有雄蕊或仅有雌蕊的花称单性花，其中仅有雄蕊的花称雄花，仅有雌蕊的花称雌花。同株植物既有雄花又有雌花称单性同株或雌雄同株，如半夏；同种植物的雌花和雄花分别生于不同植株上称单性异株或雌雄异株，如栝楼；同种植物既有两性花又有单性花称杂性同株，如朴树；同种植物两性花和单性花分别生于不同植株上称杂性异株，如葡萄。有些植物花的雄蕊和雌蕊均退化或发育不全，称无性花，如八仙花花序周围的花。

4. 辐射对称花、两侧对称花和不对称花

植物的花被各片的形状大小相似，通过花的中心可作 2 个及以上对称面的花称辐射对称花或整齐花，如具有"十"字形、辐状、管状、钟状、漏斗状等花冠的花。若花被各片的形状大小不一，通过其中心只可作一个对称面，称两侧对称花或不整齐花，如具有蝶形、唇形、舌状花冠的花。通过花的中心不能作出对称面的花称不对称花，如美人蕉等极少数植物的花。

（三）花的记录

1. 花程式

花程式是采用字母、数字及符号表示花各部分的组成、对称性、排列方式、数目以及相互关系的公式。

花的各组成部分用其拉丁名首字母大写表示，例如花被的拉丁文为 *perianthium*，所以用"P"表示花被；K 表示花萼（德文 kelch），C 表示花冠（拉丁文 corolla），A 表示雄蕊（拉丁文 androecium），G 表示雌蕊（拉丁文 gynoecium）。用不同的符号表示花的特征，对照表见表 3-1。

表 3-1 花程式常用符号及含义

字母	含义	符号	含义
P	花被	:	心皮数、子房室数、每室胚珠数之间的连接符号
K	花萼	( )	联合
C	花冠	+	排列的轮数或分组情况
A	雄蕊	*	辐射对称花
G	雌蕊	↑	两侧对称花
∞	10 以上或数目不定	☿	两性花
O	该部分缺少或退化	♀	雌花
G̲	子房上位	♂	雄花
G̅	子房下位		
G̿	子房半下位		

例如：紫藤花程式：♂↑K$_{(5)}$ C$_5$ A$_{(9)+1}$ G$_{(1:1:∞)}$ 表示紫藤花为两性花；两侧对称；花萼 5 枚，联合；花瓣 5 枚，分离；雄蕊 10 枚，9 枚联合，1 枚分离，即二体雄蕊；雌蕊子房上位，1 心皮，子房 1 室，每室胚珠多数。

百合花的花程式：♂ * P$_{3+3}$ A$_{3+3}$ G$_{(3:3:∞)}$ 表示百合花为两性花，辐射对称；花被 6 枚，排列成 2 轮，每轮 3 片；雄蕊 2 轮，与花被同数对生；子房上位，3 心皮合生，子房 3 室，每室有多数胚珠。

2. 花图式

花图式为花的横断面投影图，表示花各部分的排列方式、相互位置、数目及形状等实际情况（图 3-47）。在花图式的上方用小圆圈表示花轴或茎轴的位置；在花轴相对一方用部分空白带棱的新月形符号表示苞片；苞片内方用由斜线组成或黑色的带棱的新月形符号表示花萼；花萼内方用黑色或空白的新月形符号表示花瓣；雄蕊用花药横断面形状、雌蕊用子房横断面形状绘于中央。

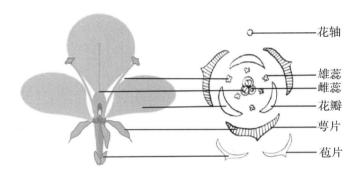

图 3-47　花图式（引自祝峥，2017）

花程式和花图式记录花结构的方式各有优点和缺点。花程式能简明地显示花的主要结构，却不能完全表达出花各轮的相互关系及花被的卷叠情况等特征；花图式直观形象，但不能表达子房的位置等特征。要完整记录花的特征，就需将花程式与花图式配合使用，常用于表示某一分类单位（如科、属）的花的特征。

（四）花序

花在花枝或花轴上排列的方式和开放的顺序称花序。花单朵着生于茎的顶端或叶腋，称单生花，如厚朴。多数植物的花按照一定的顺序在花枝上形成花序。花序中的花称小花，着生小花的部分称花序轴或花轴，花序轴可分枝或不分枝。支持整个花序的柄称花序梗，小花的花梗称小花梗，无叶的总花梗称花葶。

根据花在花轴上的排列方式和开放顺序，花序可分为无限花序和有限花序两大类。

1. 无限花序（总状花序类）

在开花期间，花序轴的顶端继续向上生长，并不断产生新的花蕾，花由花序轴的基部向顶端依次开放，或由缩短膨大的花序轴边缘向中心依次开放，这种花序称无限花序。无限花序依据花序轴状况和排列形式划分有：总状花序、复总状花序（圆锥花序）、穗状花序、复穗状花序、柔荑花序、肉穗花序、伞房花序、伞形花序、复伞形花序、头状花序、隐头花序（图3-48）。

总状花序	复总状花序	穗状花序	柔荑花序	肉穗花序
伞房花序	伞形花序	复伞形花序	头状花序	隐头花序

图3-48　常见无限花序类型（引自祝峥，2017）

2. 有限花序（聚伞花序类）

植物在开花期间，花序轴顶端或中心的花先开，因此花序轴不能继续向上生长，只能在顶花下方产生侧轴，侧轴又是顶花先开，这种花序称有限花序，其开花顺序是由上而下或由内而外依次进行。有限花序可分为：单歧聚伞花序、二歧聚伞花序、多歧聚伞花序、轮伞花序。单歧聚伞花序又分为螺旋状聚伞花序、蝎尾状聚伞花序。大戟等大戟属的最末回多歧聚伞花序下面常有杯状总苞，总苞内生1朵雌花和数朵雄花，称杯状聚伞花序（图3-49）。

二、果实

果实是被子植物特有的繁殖器官，很多可供药用，如枸杞、五味子、枇杷等。果实的形态与构造随植物种类而异，对研究植物分类、药材鉴定有重要的意义。

（一）果实的发育

被子植物的花经过传粉与受精以后，各部分发生很大变化，最终由花发育成果实。花梗发育为果柄；子房逐渐膨大，子房壁发育为果皮，胚珠发育成种子；花萼、花冠、雄蕊、雌蕊的花柱和柱头等通常枯萎脱落。但有的花萼虽枯萎并不脱落，保留在果实上（宿存萼），如山楂等；有的花萼随果实一起明显长大，如柿等。

螺旋状聚伞花序　　　　蝎尾状聚伞花序　　　　二歧聚伞花序

多歧聚伞花序（泽漆）　　　　　　轮伞花序（丹参）

图 3-49　常见有限花序类型（引自赵志礼，2020）

大多数植物的果实仅由子房发育形成，称为真果，如杏、连翘、橘等。有些植物除了子房，花的其他部分如花被、花托等也参与果实的形成，称为假果或附果，如贴梗海棠、栝楼、苹果等。花的各部分在果实形成过程中相应的变化如图 3-50 所示。

（二）果实的组成与结构

果实由果皮与种子组成。果皮由子房壁发育而来，通常可分为外果皮、中果皮、内果皮三部分。有的果实可明显观察到 3 层果皮，如桃、橘等；有些果实的果皮分层不明显，如扁豆。果实的构造一般是指其果皮的构造，在果实类药材的鉴别上，具有重要鉴别意义。

1. 外果皮

外果皮是果实的最外层，通常较薄，一般由 1 列表皮细胞或表皮与某些相邻组织构成。外面常有角质层、蜡被、毛茸、气孔、刺、瘤突、翅等附属物，如桃的外果皮被有毛茸；荔枝的果实上有瘤突；榆树、槭树的果实有翅。有的表皮细胞中含有色物质或色素，如花椒；有的表皮细胞间嵌有油细胞等，如北五味子。

2. 中果皮

中果皮位于果实的中层，占整个果实的大部分，一般由基本薄壁组织构成，维管束

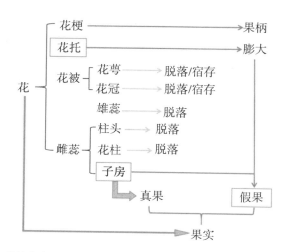

图 3-50　花的各部分结构在果实发育过程中的变化（引自赵志礼，2020）

贯穿于中果皮中。中果皮有的含石细胞或纤维，如马兜铃、连翘等；有的含油细胞、油室及油管等，如胡椒、柑橘类果实、花椒、小茴香等。

3. 内果皮

内果皮位于果实的最内层，通常由 1 层薄壁细胞构成，多呈膜质。有的内果皮由多层石细胞组成，核果的内果皮（果核）即由多层石细胞组成，如桃、杏、李、梅等。有的内果皮由 5~8 个长短不等的扁平细胞镶嵌状排列，此种细胞称镶嵌细胞，如伞形科植物的果实。

果实的形成需要经过传粉和受精作用，但有些植物只经过传粉而未经受精作用，也能发育成果实，这种果实无籽，称单性结实，如香蕉、无籽葡萄、无籽柑橘等。如果是自发形成的称自发单性结实，如葡萄柑、橘、瓜类等。如果是通过人为的某种诱导所致，称诱导单性结实，如无籽番茄。无籽的果实不一定都是由单性结实形成，也可在受精后，胚珠的发育受阻，因而形成无籽果实。还有些无籽果实是由于四倍体和二倍体植物进行杂交而产生不孕的三倍体植株形成的，如无籽西瓜。

（三）果实的类型

果实的类型很多，根据果实的来源、结构和果皮性质不同，可分为单果、聚合果和聚花果三类。

1. 单果

由 1 朵花中的 1 个单雌蕊或复雌蕊发育形成的果实，称单果（simple fruit）。依据单果果皮质地不同，分为肉质果和干果。

（1）肉质果　肉质果果实成熟时果皮肉质多浆，不开裂。有以下类型：瓠（读音：[hù]）果、梨果、柑果、核果、浆果（图 3-51）。

（2）干果果实成熟时，果皮干燥　根据果实成熟时开裂或不开裂，分为裂果与不裂果。

①裂果。指果实成熟后果皮自行开裂。根据开裂方式分为：蓇葖果、荚果、蒴果、

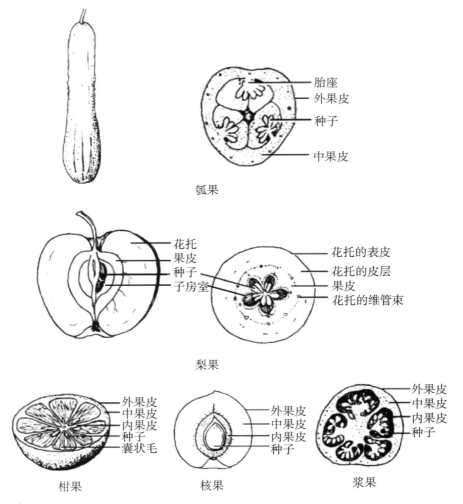

图 3-51 肉质果的主要类型

角果。蒴果成熟后有纵裂、孔裂、盖裂、齿裂等多种开裂方式，其中纵裂分为室背开裂、室间开裂、室轴开裂。角果分为长角果和短角果。

②不裂果（闭果）。果实成熟后，果皮干燥而不开裂，或分离成几部分，但种子仍被果皮包被。不裂果有：瘦果、坚果、颖果、翅果、胞果（囊果）、双悬果。

菊科植物的瘦果由 2 心皮下位子房与花萼筒共同形成，称连萼瘦果。有的坚果成熟时基部附有原花序的总苞，称为壳斗，如板栗、栎、榛等，其褐色硬壳为果皮；有的坚果形小，无壳斗包围，称小坚果，如益母草、紫苏等。

2. 聚合果

由 1 朵花中离生心皮雌蕊形成，每个雌蕊形成 1 个小果，聚生于同一花托上，称聚合果。聚合果的花托常成为果实的一部分。聚合蓇葖果如乌头、厚朴、八角茴香、芍药等；聚合瘦果如毛茛、白头翁等；聚合核果如悬钩子等。在蔷薇科蔷薇属中，许多骨质瘦果聚生于凹陷的花托中，称蔷薇果，如金樱子、蔷薇等。有的由多数坚果嵌生于膨大海绵状的花托里形成聚合坚果，如莲等。有的由多数浆果聚生于延长或不延长的花托上形成聚合浆果，如五味子等。

3. 聚花果（复果）

聚花果指由整个花序发育而成的果实，其中每朵花发育成1个小果，聚生于花序轴上，成熟后从花序轴基部整体脱落。例如，无花果由隐头花序发育而成，称为隐头果，其花序轴肉质内陷成囊，囊的内壁上着生许多小瘦果，肉质花序轴为可食部分；桑椹由雌花序发育而成，每朵花的子房各发育成一个小瘦果，包藏于肥厚多汁的肉质花被中；凤梨由多数不孕的花着生于肥大肉质的花序轴上，肉质多汁的花序轴为可食部分。

三、种子

（一）种子的形态特征

种子的形状、大小、色泽等随植物种类不同而异，常呈圆形、椭圆形、肾形、卵形、圆锥形、多角形等。

种子的表面纹理也不相同。如北五味子种子表面平滑，具光泽；天南星种子表面粗糙；太子参种子表面密生瘤刺状突起；萝藦种子表面具毛茸，称为种缨；荔枝的种皮外还具有由珠柄或胎座部位的组织延伸形成的肉质假种皮；阳春砂种子呈棕色、黄色的菲薄的膜质；蓖麻、巴豆等种子外种皮在珠孔处由珠被扩展形成海绵状突起物，称种阜，种阜掩盖种孔，种子萌发时，帮助吸收水分。

（二）种子的结构

种子由种皮、胚乳和胚三部分组成。

1. 种皮

由胚珠的珠被发育而来，包被于种子的外面，起保护作用。通常种子只有1层种皮，如大豆；也有的种子为2层种皮，即外种皮和内种皮，外种皮常较坚韧，内种皮较薄，如蓖麻。种皮可以是干性的，如豆类；也可以是肉质的，如石榴的种皮为肉质可食部分。

在种皮上常可看到以下结构：种脐、种孔、合点、种脊。

2. 胚乳

由受精极核发育而来，位于胚的周围，呈白色，细胞中含有淀粉、蛋白质、脂肪等丰富的营养物质，一般比胚发育早，主要作用是供给胚发育时所需要的养料。

少数植物的种子的珠心或珠被在种子发育过程中未被完全吸收消失而形成残留的营养组织，包围在胚乳和胚的外部，称外胚乳，因此正常胚乳便称为内胚乳，如胡椒。少数种子的种皮内层和外胚乳常插入内胚乳中形成错入组织，如槟榔；少数种子的外胚乳内层细胞向内伸入，与类白色的内胚乳交错形成错入组织，如白豆蔻。

3. 胚

由受精卵细胞发育而来，是种子中尚未发育的雏形植物体。种子成熟时分化成胚根、胚轴、胚芽和子叶四部分。

胚根是幼小未发育的根，对着种孔，最先生长，从种孔伸出，发育成植物的主根。胚轴是连接胚根与胚芽的部分。胚芽是胚的顶端未发育的地上枝，发育成植物的主茎。子叶是胚吸收和贮藏养料的器官，占胚的较大部分，出土后变绿，能进行光合作用。一般单子叶植物具 1 片子叶，双子叶植物具 2 片子叶，裸子植物具多片子叶。有些植物养料贮藏在胚内，由胚的正常维管组织转运可溶性物质到分生组织区域；有些植物养料贮藏在胚乳中，胚所需的养料通过胚的原表皮细胞吸收。禾本科植物是由高度特化的子叶即盾片来吸收养料，如小麦、玉米等。

（三）种子的类型

被子植物的种子依据胚乳的有无，分为有胚乳种子和无胚乳种子两类。

1. 有胚乳种子

植物的种子成熟时仍有发达的胚乳，而胚占较小体积，子叶薄，如蓖麻、小麦、玉蜀黍等。

2. 无胚乳种子

植物的种子在胚发育过程中，吸收了胚乳的养料，并将营养物质贮存在肥厚发达的子叶中，种子成熟后无胚乳或仅残留下一薄层，如大豆、油菜、泽泻等。

思考题

1. 植物学在发展的过程中形成了哪些分支学科？

2. 根据目前植物分类学常用的分类法，将植物界分为哪些类群？

3. 根据形态结构和功能不同，植物组织有哪些类型？

4. 顶端分生组织、侧生分生组织、居间分生组织的分裂生长与植物的哪些生长活动有关？

5. 薄壁组织的类型有哪些类型？各有什么功能？

6. 根据来源和形态结构不同，保护组织分为哪些类型？举例说明各自的结构特点。

7. 不同植物具有不同形态的表皮毛，可以作为药材鉴定的依据特征。表皮毛有哪些类型？各有什么功能？

8. 简述气孔开闭运动的机理。

9. 简述双子叶植物和单子叶植物气孔轴式的常见类型。

10. 植物的机械组织有哪些类型？细胞形态结构有哪些特征？

11. 输导组织有哪些类型？各包括哪些结构？

12. 根据导管上的纹理不同，可分为哪些类型？

13. 筛管结构有哪些特点？

14. 外部分泌组织和内部分泌组织各有哪些类型？

15. 维管束是蕨类植物、裸子植物和被子植物的输导系统。根据维管束中韧皮部和木质部排列方式和有无形成层，将维管束分为哪些类型？

16. 高等被子植物、裸子植物、蕨类植物、苔藓植物各有哪些器官？

17. 根和根系分别有哪些类型？常见的根的变态有哪些种类？

18. 简述根尖的结构。

19. 简述根的初生结构。

20. 简述根的次生生长过程。

21. 在同一种植物中，侧根发生的位置有何规律？

22. 茎区别于根的主要形态特征是什么？木本植物的茎上分布有哪些生长痕迹特征常作为鉴别植物的依据？

23. 芽有哪些类型？茎有哪些类型？

24. 简述茎尖的构造。

25. 简述双子叶植物茎的初生结构。

26. 简述双子叶植物茎的次生生长及其结构。

27. 简述单子叶植物茎和根状茎的构造特征。

28. 描述叶的形态主要从哪些方面？

29. 简述双子叶植物叶的结构。

30. 简述单子叶植物叶的结构。

31. 被子植物典型的花由哪些部分组成？

32. 花萼一般有多种类型，根据萼片彼此分离情况分为哪些类型？

33. 花冠有哪些类型和特化结构？

34. 常见的花药开裂方式有哪些类型？

35. 花药在花丝上有哪些着生方式？

36. 常见的雄蕊有哪些类型？

37. 雌蕊由什么结构发育而来？根据组成雌蕊的心皮数目等不同，雌蕊可分为哪些类型？

38. 常见子房有哪些类型？常见的胎座类型有哪些？

39. 常见花序有哪些类型？

40. 果实由哪几部分组成？有哪些类型？

41. 从哪些方面描述种子的形态特征？

42. 种子的结构包括哪些？被子植物的种子分为哪两类？

第四章　植物的类群

第一节　低等植物

低等植物包括藻类、菌类和地衣植物，它们是进化过程中出现最早的一类植物。低等植物植物体构造简单，为单细胞、多细胞群体及多细胞个体；形态上没有根、茎、叶的分化，构造上一般无组织分化，故称原植体植物；生殖结构一般由单细胞构成；合子发育时离开母体，不形成胚。

一、藻类植物

藻类植物是一群结构简单的原始自养型生物，含光合作用色素，能进行光合作用。繁殖方式有营养繁殖、无性生殖和有性生殖等。藻类植物常作药用或食用，如海带、昆布、海蒿子、羊栖菜、甘紫菜等。

二、藻类植物的特征

（一）形态多样

藻类植物（algae）形态多样。单细胞的如小球藻、衣藻、原球藻等。多细胞有丝状、叶状、树枝状。丝状体的如水绵、刚毛藻等；呈叶状的如海带、昆布等；呈树枝状的如马尾藻、海蒿子、石花菜等。

（二）结构简单

藻类植物结构简单，没有根、茎、叶分化。

细胞内含有光合作用色素，如叶绿素、胡萝卜素、叶黄素等，能进行光合作用，是自养型生活方式，故为自养植物（autotrophic plant）。

不同藻类植物通过光合作用制造的养分不同。蓝藻贮存蓝藻淀粉、蛋白质粒；绿藻贮存淀粉、脂肪；红藻贮存红藻淀粉和红藻糖；褐藻贮存褐藻淀粉、甘露醇。

此外，藻类植物还含有藻蓝素、藻红素和藻褐素等非光合色素，使不同种类的藻体呈现不同的颜色。

（三）无性生殖、有性生殖和营养繁殖

生物繁衍后代的过程中先产生专门的生殖细胞，再由生殖细胞发育为后代个体的方

式称生殖（reproduction）。生殖又分为无性生殖和有性生殖两类。

1. 无性生殖

生殖过程中产生的生殖细胞不经结合，直接发育为新植物体的生殖方式为无性生殖。

（1）孢子　无性生殖的生殖细胞称孢子（spore）。

（2）孢子体　产生孢子进行无性生殖的植物体称孢子体。

（3）孢子囊　孢子体上产生孢子的囊状结构或细胞称孢子囊。

2. 有性生殖

由合子发育为新植物体的生殖方式称为有性生殖。

（1）合子　生殖过程中产生的生殖细胞两两结合形成的细胞称为合子（zygote）。

（2）配子　有性生殖的生殖细胞称配子（gamete）。

（3）配子体　产生配子进行有性生殖的植物体称配子体。

（4）配子囊　配子体上产生配子的囊状结构或细胞称配子囊。

（5）根据两两结合的配子是否相同，有性生殖还分为同配、异配和卵配三种形式。

同配：指结合的两个配子形态、结构、行为均相同。

异配：指结合的两个配子结构差异较小，但细胞大小有明显区别。个体较大、类圆形、行为迟缓的称为卵（egg）；形体小、水滴状、具鞭毛、行动灵活，可在水中游动的配子，称精子（sperm）。

受精作用：精子和卵的配合称受精作用（fertilization）。合子也称受精卵，这种有性生殖称卵配生殖。

3. 营养繁殖

植物体的一部分脱离母体后直接发育为新的植物，称营养繁殖。

藻类植物的生殖器官为单细胞，行营养繁殖、无性生殖和有性生殖三种繁殖方式。藻类植物有性生殖时，合子萌发成新个体或直接产生孢子长成新个体，不经过胚的阶段，因此称为无胚植物。

三、藻类植物的分布

藻类植物在自然界中几乎到处都有分布。大多数水生，生活在淡水中称为淡水藻，主要是绿藻和蓝藻，有的能在85℃的温泉中生活；生活在海水里的称为海藻，主要为红藻和褐藻，有的可在100m深的海底生活。气生藻主要生活在潮湿的土壤、岩石上。有些能在零下数十度的南北极或终年积雪的高山上生活，还有些生活在树皮、墙壁上。

藻类植物适应环境能力强，在地震、火山爆发、洪水泛滥后形成的新鲜无机质上，它们能最先定植，是新生活区先锋植物之一。

藻类与真菌能形成共生复合体的地衣，主要参与者是蓝藻和绿藻。

四、藻类植物的代表类群

藻类植物约有6万多种，广布全世界。根据藻类植物的形态构造、细胞壁的成分、载色体的结构及光合作用色素种类、贮藏养分的类别、鞭毛的有无、数目、着生位置、繁殖方式和生活史类型等特征，将藻类植物分为蓝藻门、裸藻门、绿藻门、轮藻门、金藻门、甲藻门、红藻门、褐藻门8个门，现以药用及分类系统上关系较大的蓝藻门、绿藻门、红藻门和褐藻门4个门为例进行讲述。

1. 蓝藻门（Cyanophyta）

蓝藻门约有150属，2 000种，分布很广，以水生为多，且淡水中的较多，海水中的少；有的和真菌共生形成地衣。已知药用植物较少。

葛仙米（*Nostoc sphaeroides* Kützing），又名球状念珠藻，是一种传统的药食两用蓝藻，属蓝藻门（Cyanophyta）、蓝藻纲（Cyanophyceae）、段殖藻目（Hormogonales）、念珠藻科（Nostocaceae）和念珠藻属（*Nostoc*），分布于全国各地，生于湿地或地下水位较高的草地上，具有清热，收敛，益气，明目。民间习称"地木耳"，可供食用和药用。

葛仙米具有多型性。异形胞由营养细胞分化而来，在丝状体上相隔一定距离产生1个异形胞，与藻殖段繁殖和微球体出芽繁殖密切相关（附图4-1）。异形胞壁厚，与营养细胞相连的内壁为球状加厚，叫做节球。葛仙米呈墨绿色、绿色、黄褐色，生活史包括藻殖段阶段、非丝状体阶段、微球体阶段、藻丝体阶段，可通过藻殖段、微球体出芽进行繁殖，且不同繁殖方式的生活史形态特征具特殊性（附图4-2，附图4-3）。异形胞是葛仙米出芽繁殖调控的关键点。

此外，药用蓝藻门植物还有发菜（*Nostoc flagilliforme* Born. et Flah.），属念珠藻科，藻体能清热解毒，凉血明目，促进手术后伤口愈合。生长在荒漠的草原上，我国宁夏中部、内蒙古西部靠近腾格里沙漠边缘的古浪县、永昌县、景泰县、靖远县等地是主要产地。

2. 绿藻门（Chlorophyta）

绿藻门有430属，6 800种，分布广，以淡水中为最多，流水和静水中都可见到；阴湿处的陆地和海水中也有绿藻生长；有的和真菌共生形成地衣。

石莼（读音：shí chún；*Ulva lactuca* Linnaeus）属绿藻门（Chlorophyta），绿藻纲（Chlorophyceae），石莼目（Ulvales），石莼科（Ulvaceae），石莼属（*Ulva*）。

石莼是一种大型海藻，藻体呈黄绿色或绿色，有两种植物体，即孢子体和配子体。两种植物体都由两层细胞组成膜状体。膜状体近似卵形或呈广宽的叶片状，长10~40cm，厚45μm左右，边缘波状，基部有多细胞的固着器（附图4-4）。

生活史有无性生殖阶段和有性生殖阶段（图4-1）。很多植物生活史中，有性世代与无性世代互相交替发生，这种现象称世代交替。孢子体与配子体形态、大小和构造等基本一样，称同形世代交替；孢子体与配子体形态、大小和构造等有明显差异形，称异形世代交替。高等植物均有异形世代交替现象。在石莼的生活史中，单倍体和二倍体的植物体形态、大小和构造一样，为同形世代交替。

石莼广泛分布于西太平洋沿海，适温范围0~35℃，适盐范围15‰~35‰，我国主要分布于浙江至海南沿海，又称海白菜，多生长在中、低潮带的岩石上或石沼中，南方种类颜色偏黄，北方种类颜色偏绿。

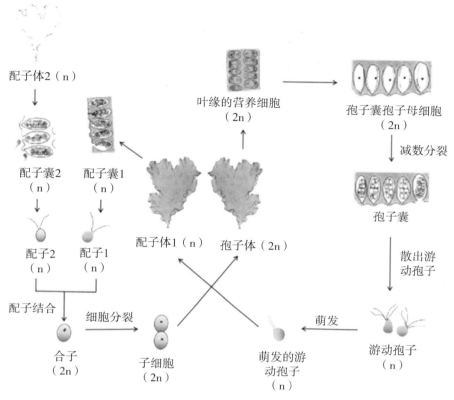

图 4-1 石莼生活史

石莼是我国野生藻类中资源极为丰富的一种。藻体含有多种维生素、麦角固醇、有机酸等，因此在中国和日本主要应用在食用、饲料、肥料方面，供鱼类或者虾、鲍类养殖以及净化水质、防止赤潮等方面。石莼具还有较高的药用价值，《本草拾遗》和《本草纲目》中记载石莼具有清热解毒、利水降脂、祛痰等功效。药理研究主要集中在石莼多糖的抗氧化、抗凝血、抗病毒、降血糖等作用上。在欧洲，石莼还用于造纸业。我国对石莼的利用远不如羊栖菜、海带等其他大型海藻。

此外，水绵（*Spirogyra nitida*）也属于绿藻门，为常见的淡水藻，在小河、池塘、水田、沟渠中均可见到，藻体入药能治疮及烫伤。浒苔（*Enteromorpha prolifera*）能清热解毒，软坚散结。礁膜（*Monostroma nitidum*）能清热化痰，利水解毒。

3. 红藻门（Rhodophyta）

红藻门有 558 属，4 740 余种，绝大多数分布于海水中，少数分布于淡水中，固着于岩石等物体上。

石花菜（*Gelidium amansii*）属于红藻门（Rhodophyta）、真红藻纲（Florideophyceae）、石花菜目（Gelidiales）、石花菜科（Gelidiaceae）、石花菜属（*Gelidium*）。石花菜属广泛分布于世界各暖温带海洋中，目前世界上大约有 139 种石花菜。我国记录的石花菜属除变种外主要有 12 个种。常见的经济种类主要有大石花菜

（*G. pacificum*）、石花菜（*G. amansii*）、中肋石花菜（*G. japonicum*）等。石花菜在我国分布范围极广，北至辽东半岛，南至广东、海南，东到台湾沿海都有分布。

石花菜是主要的经济栽培品种（附图 4-5），生活史属于三世代型生活史，分为配子体世代、四分孢子体和果孢子体两个孢子体世代（图 4-2）。

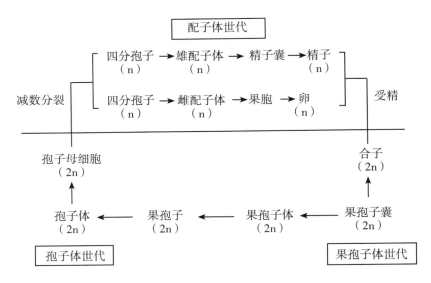

图 4-2 石花菜属海藻的生活史（引自袁安祥，2020）

石花菜是中国、韩国、日本等亚洲国家常见的食用海藻，可以拌凉菜，制凉粉。《闽书》记载石花菜夏季可煮成果冻。《南越笔记》记载石花菜食之可去上焦浮热，清热解毒。石花菜所含的褐藻酸盐类物质、硫酸脂多糖类物质可防治高血压、高血脂，具有降血脂功能。另外，其含有丰富的维生素和矿物质，能提高免疫力，活性物质还具有抗肿瘤、抗氧化等生理功能。在工业上，石花菜可制备高质量琼脂用于科研，其品质优于其他海藻。石花菜还可为原料提取生物丁醇、生物乙醇。另外，石花菜还被用来造纸。利用石花菜制取纸浆工艺比利用木材的工艺简单，无需使用制浆化学品，且漂白过程更加简单。石花菜可富集海水中的 Cu、Pb、Cd 等重金属，具有一定的生态修复作用。

其他代表物种还有：甘紫菜（*Porphyra tenera* Kjellm.）、条斑紫菜（*P. yezoensis* Ueda）、坛紫菜（*P. haitanensis* T. J. Chang et B. F. Zheng）、海人草［*Digenea simplex* (Wulf.) C. Ag.］、鹧鸪菜（美舌藻、乌菜）［*Caloglossa leprieurii* (Mont.) J. Ag.］等。

4. 褐藻门（Phaeophyta）

褐藻门约有 250 属，1 500 种。绝大多数分布于海水中，从潮间线一直分布到低潮线下约 30m 处，是构成海底"森林"的主要类群。在我国，黄海、渤海海水较混浊，褐藻分布于低潮线；南海海水澄清，褐藻分布较少。

海带（*Laminaria japonica* Aresch）属于褐藻门（Phaeosphyta），褐藻纲（Phaeophyceae），海带目（Laminariales），海带科（Laminariaceae），海带属（*Laminaria*），在

北半球5~15℃低温的冬季和早春生长旺盛，属于冷水性藻类。海带原产于日本北海道、朝鲜和俄罗斯远东沿海地区，主要分布于高纬度带的太平洋西北部。

海带孢子体是多细胞的，可分为固着器、柄和带片三个部分，颜色随着成熟程度逐渐加深。海带生活史为典型的异型世代交替，形态上分为大型的孢子体世代和微型的配子体两种。海带的孢子体和配子体之间差别很大，孢子体大而有组织地分化，配子体只有十几个细胞组成，属于异形世代交替（附图4-6，附图4-7）。

自然生长繁殖的海带一般为两年生，生活史可达三年。而人工养殖的海带由于环境条件限制，尤其是光照不足等原因，往往为一年生，生活史只有两年。一般情况下，我国北方海区自然生长繁殖的海带藻体在10—11月间成熟并产生孢子囊群放散游孢子，经过半个月时间长成孢子体。从此时到翌年夏天藻体可以长到半米左右，到了夏天由于水温升高，海带生长速度缓慢，直至秋季水温下降到23℃以下时，藻体生长速度逐渐加快，直至第三年6、7月间藻体可长到3m左右。10—11月水温下降后叶片生成孢子囊在放散大量游孢子后叶片迅速衰老死亡，完成其整个生活史。

海带是我国大规模养殖的重要经济海藻之一，在食品、医药和工业原料等方面具有较高的价值。海带富含维生素、蛋白质、矿物质、粗纤维以及钙、铁和无机盐等物质，是人们喜爱的食品。海带的含碘量很高，能有效地预防和治疗甲状腺肿，并具有降低胆固醇、软化血管、缓解高血压、抗肿瘤、抗辐射、调节免疫力等独特的医疗保健价值。同时海带还是制碘、生产甘露醇和褐藻胶的重要工业原料。

第二节 地衣植物门

地衣植物门（Lichenes）全世界已经报道的约有526属，共13 600种，占世界已知菌物总种数的20%。我国已报道的地衣有232属，1 766种和244个变种，共计2 000种，仅占全世界报道种数的15%。

地衣又称为地衣型真菌，是真菌与藻类或蓝细菌共生的复合体植物。从分类学来说，地衣的种名以真菌的种名命名，所以地衣在整个生物系统中的位置相当于真菌界的系统位置。地衣的共生菌绝大多数为子囊菌中的球果菌和盘菌；共生藻类则为蓝藻和绿藻，并以绿藻为主。地衣型子囊菌约有13 250种，占全部地衣型真菌的98%，占全部子囊菌的46%。地衣型担子菌有50余种，比例上占全部地衣型真菌的0.4%，占全部担子菌的0.3%。另外，子实体尚不明确的地衣有200余种，占全部地衣型真菌的1.6%。

地衣分布极为广泛，对养料要求不高，适应能力很强，既耐旱又耐寒，可生长在瘠薄的峭壁、岩石、树皮或沙漠上。地衣对辐射具有很强的抗性，在紫外线较强的高山上，地衣能够正常生长，而且地衣对核爆炸后散落物具有惊人的抗性，这些为人们提供了在地衣中寻找抗辐射药物的线索。但地衣生长环境要求空气清洁新鲜，尤其是对二氧化硫非常敏感，所以在工业城市附近很少有地衣的生长，地衣可作为鉴别空气污染的指示植物。

一、地衣的形态

（一）地衣的外部形态

按照地衣的外部形态特征，可将地衣分为叶状、枝状、壳状三个生长类型。

1. 壳状地衣

壳状地衣一般由颗粒状、小网格状组成，有时其中央呈壳状，周边分裂为放射状排列的裂片。其分化程度较低，没有下皮层，以地衣体的菌丝紧密固着于基物上。地衣体如果表面平滑不具裂缝，即为连续的；而如果地衣表面粗糙，并呈现鲨皮状的小疣，则为颗粒状或多疣的；若其表面分裂为龟裂状的小块，则称之为网间面。诸如此类的特征，可作为分类鉴定中重要的辅助特征。壳状地衣的植物体为颜色各异的壳状物，菌丝牢固地密贴于树干、石壁等基质上，有的还将假根伸入基质中，因此难以剥离。壳状地衣约占全部地衣的80%，如生于岩石上的茶渍衣属（*Lecanora*）地衣和生于树皮上的文字衣属（*Graphis*）地衣。

2. 叶状地衣

叶状地衣的植物体呈扁平叶片状，有背腹面之分，通常以腹面（下表面）的假根或脐固着在基物上，易与基物剥离，如生于石壁上的石耳属（*Umbilicaria*）地衣和生于树皮上的梅衣属（*Parmelia*）地衣。

3. 枝状地衣

枝状地衣的植物体呈树枝状、灌丛状、带状或须状，直立或悬垂，仅基部附着于基质上。地衣体分枝通常呈现扁平的条带状或扇状，或呈圆柱或棱柱状。石蕊属（*Cladonia*）地衣常呈现枝状分枝、丝状分枝，直立生长。松萝属（*Usnea*）地衣常悬垂生长于树上。

地衣三种类型的区别不是绝对的，其中有不少是过渡或中间类型，如标氏衣属（*Buellia*）地衣由壳状到鳞片状，粉衣科（*Caliciaceae*）地衣由于横向伸展，壳状结构会逐渐消失，呈粉末状。

（二）地衣的内部结构

地衣的横切面可分为上皮层、藻胞层、髓层及下皮层。上皮层和下皮层均由菌丝紧密交织而成，也称假皮层；藻胞层位于上皮层之下，由藻细胞聚集成层；髓层位于藻胞层和下皮层之间，由疏松排列的菌丝组成。

根据藻细胞在地衣体中的分布情况，通常又将地衣体的结构分为异层地衣和同层地衣两种类型。

异层地衣的藻细胞分布于上皮层和髓层之间，形成明显的藻胞层。叶状地衣大多数为异层地衣，从下皮层生出许多假根或脐固着在基物上。枝状地衣都是异层地衣，与异层叶状地衣的构造基本相似，但枝状地衣各层的排列是圆环状的，内部构造呈辐射状，中央有的有1条中轴，如松萝属（*Usnea*）地衣；有的髓部中空，如石蕊属（*Cladonia*）地衣。异层地衣常见还有梅衣属（*Parmelia*）地衣、蜈蚣衣属（*Physcia*）地衣、地茶属（*Thamnolia*）地衣。

同层地衣的藻细胞均匀分散于髓层菌丝之间，没有明显的藻胞层和髓层之分。这种类型的地衣较少，壳状地衣大多数为同层地衣。叶状或壳状的胶衣属（*Collema*）地衣、叶状的猫耳衣属（*Leptogium*）地衣都是同层地衣。

（三）地衣的附属结构

地衣体具有多种多样的附属结构，有些结构（如假根、绒毛和缘毛）也见于真菌中；而杯点、假杯点、粉芽、裂芽、小裂片及衣瘿则只存在于地衣型真菌中，是地衣型真菌所特有的。

二、地衣的繁殖

地衣的繁殖包括营养繁殖和有性繁殖两种方式。

（一）营养繁殖

地衣的营养繁殖是最普通的繁殖方式，主要是通过地衣体的断裂。一个地衣体断裂为数个裂片，每个裂片均可发育为一个地衣新个体。此外，粉芽、珊瑚芽和小裂片等均为地衣的营养繁殖方式。

（二）有性生殖

有性生殖是由地衣中共生的子囊菌或担子菌进行的。共生真菌为子囊菌的地衣，产生子囊果和子囊孢子，称为子囊菌地衣，占地衣种类的绝大部分；共生真菌为担子菌的地衣产生担子果和担孢子，称为担子菌地衣，为数很少。

以子囊菌地衣的有性生殖为例。首先，处于成熟期的地衣体内的共生子囊菌形成子囊果或子囊盘，产生子囊孢子；随后，子囊果或子囊盘成熟，孢子从子囊中释放出来，当孢子遇到合适的基物时萌发成菌丝体；之后，一旦这些菌丝体与合适的共生藻类相遇，就进入前地衣体共生阶段；随后，共生藻逐渐被共生菌分开，在前地衣体上逐渐形成皮层，藻细胞处于皮层之下，逐渐形成了初生地衣体；最后，共生体内其他结构逐渐出现，形成新的地衣体。

三、地衣的经济价值

地衣对大气污染成分非常敏感，因此可作为监测大气污染指数的标志物，其种类组成及数量的变化常常是植物群落演替、生态系统演变的前奏或风向标。

地衣也是岩石腐蚀风化的先锋生物，在系统演化学、共生进化、物种分化过程、地衣化学形成与演替、岩石风化等方面是良好的研究材料。

地衣具有药用价值。地衣酸是地衣植物的特征成分，已知50%以上的地衣植物含有地衣酸。地衣酸的类型比较多，有300余种，对革兰氏阳性菌和结核杆菌具有抑制活性。地衣抗生素在德国、瑞士、奥地利、芬兰等国家已用于临床。此外地衣酸能够腐蚀岩石，对土壤的形成具有重要作用。地衣中广泛存在的松萝酸具有广泛的抗菌谱。松萝酸还能间接抑制植物叶绿素的合成，有可能成为一种新型除草剂。近年来研究证明，绝大多数地衣植物中还含有地衣多糖和异地衣多糖，均具有极高的抗癌活性。

此外，地衣在染料、香料、生物化学试剂、饲料、地衣测年、环境监测、冰核降雨等领域也具有应用价值。

我国地衣资源相当丰富，有 200 属，近 2 000 种，全国均有分布，而新疆、贵州、云南等地因其独特的气候和地貌类型，成为我国地衣资源的主要分布区。

地衣可以食用，如树花、雪茶等。清赵学敏的《本草纲目拾遗》关于"雪茶"的形态、生境及滋味的描述则最为明确："雪茶，出滇南，色白，久则微黄。雪茶出云南永善县，其地山高积雪，入夏不消，雪中生此，本非茶类，乃天生一种草芽，土人采得炒焙，以其似茶，故名。其色白，故曰雪茶。"

地衣也可药用。我国药用地衣有 70 多种，自古就有用松萝治疗肺病，用石耳来止血或消肿，李时珍在《本草纲目》中就记载了石蕊的药用价值。地衣还可以用作饲料，是饲养鹿和麝的良好饲料。

四、地衣植物的分类及常见植物

根据地衣中共生真菌种类的不同，将地衣分为 3 个纲：子囊衣纲（Ascolichenes）、担子衣纲（Basidiolichenes）和半知衣纲（Deuterolichenes）。

子囊衣纲植物体中的共生真菌为子囊菌，本纲地衣的数量占地衣总数的 99%。担子衣纲植物体中的共生真菌为担子菌，菌类多为非褶菌目的伏革菌科（Corticiaceae）菌类，其次为伞菌目的口蘑科（Tricholomataceae）菌类，还有的属于珊瑚菌科（Clavariaceae）菌类。半知衣纲植物体中的共生真菌属于半知菌，根据半知衣纲植物体的构造和化学成分，其共生真菌属于子囊菌的某些属，但未见到它们的有性生殖阶段。

茶渍衣属（Lecanora）地衣体壳状，黄色。常见如果茶渍（Lecanora fruticulosa）、银白茶渍（Lecanora argentea）。

文字衣属（Graphis）。目前该属在世界报道 350 种，中国 73 种。模式种文字衣 Graphis scripta（L.）Ach.，地衣体壳状。

石蕊属模式种为尖头石蕊（Cladonia subulata）。光合共生物为共球藻属（Trebouxia）的种类。次生代谢产物主要有五类：地衣酚间缩酚酸类、β-地衣酚对缩酚酸类、β-地衣酚间缩酚环醚类、松萝酸类和三萜化合物类。常见还有喇叭粉石蕊（Cladonia chlorophaea Spreng.）（1827）、小角石蕊（Cladonia corniculata）。

石耳属（Umbilicaria）的大多数种属于亚茶渍型子囊盘，有些属于网衣型，有些属于介于网衣型和亚茶渍型之间的中间型。子囊为单孢或者双孢至八孢。孢子为无色单胞或褐色砖壁式多孢。

松萝属是子囊地衣纲茶渍目松萝科植物，目前已经发现松萝属植物在中国分布有十多个种：孔松萝（U. cavernosa）、花松萝（U. florida）、红髓松萝（U. roseola）、红皮松萝（U. rubescens）、深红松萝（U. rubicunda）、光滑松萝（U. glabrescens）、桦树松萝（U. betulina）、环裂松萝（U. diffracta）、长松萝（U. longissima）、粗皮松萝（U. montis-fuji）、粗毛松萝（U. dasypoga）等。

松萝在《诗经》中称为女萝，在《本草纲目》上称为松上寄生，又名松落、树挂、天蓬草、山挂面、龙须草、老君须、云雾草、海风藤、接筋草、金线草、关公须等。

第三节　苔藓植物门

苔藓植物门（Bryophyta）是一类以孢子繁殖，由水生向陆生过渡的高等植物，分为薛纲（Bryopsida/Musci）、苔纲（Hepaticopsia/Hepaticae）和角苔纲（Anthocerotopsida/Anthocerotae）三纲。

在高等植物中，苔藓植物的多样性仅次于被子植物。全世界约有苔藓植物22 175种，其中薛纲119科854属，约12 800种；苔纲有69科，370属，约8 029种；角苔纲有3科9属，约390种。中国最新的记载有苔藓植物150科591属3 021种，其中薛类植物86科431属1 945种，苔类植物60科152属1 050种，角苔类植物4科8属26种。苔藓植物在植物界的系统演变中具有重要地位，能够作为气候变化、环境污染等方面的生物指示材料。

一、苔藓植物的形态

苔藓植物（liverworts and mosses）是由水生向陆生过渡的一类原始茎、叶体植物，一般体型较小，不过几十厘米。通常见到的苔藓植物的营养体是配子体，孢子体不能独立生活，寄生在配子体上。苔藓植物与其他高等陆生植物相比，没有维管系统的分化，不属于维管植物。

苔藓植物的配子体有两种形态，一类是叶状体，无茎、叶分化；另一类为原始茎、叶体，有类似茎、叶的分化。配子体的叶常由一层细胞构成，不具叶脉，只有由一群狭长而厚壁的细胞构成的类似叶脉的构造，称中肋，主要起支持作用。配子体内部无中柱，不具维管束，只在较高级的种类中，茎有皮部和中轴的分化，中轴主要起机械支持作用，兼有一定疏导作用。苔藓植物的配子体没有真正的根，仅有假根，由单细胞或单列细胞组成，起固着、吸收的作用。

二、苔藓植物的生殖

（一）生殖器官结构

苔藓植物的有性生殖器官由多细胞构成的，细胞在结构和功能上已出现分化，其生殖细胞都有1层由不育细胞组成的保护结构，这是苔藓植物与藻、菌植物的一个重要区别，也是苔藓植物对陆生环境的适应。

雄性生殖器官称为精子器，一般为棒形、卵形或球形，外有1层不育细胞组成的壁，其内为多个能育的精原细胞，每个精原细胞可产生1个或2个长而弯曲的精子，精子顶端具2条鞭毛。

雌性生殖器官称颈卵器，形似长颈烧瓶，上部细狭的部分称颈部，下部膨大的部分称为腹部，其壁都由1层细胞构成。未成熟时颈部之内有1串颈沟细胞，腹部有一卵细胞，在卵细胞与颈沟细胞之间还有一腹沟细胞。

（二）受精及发育

受精过程必须借助于水才能完成。当卵发育成熟时，颈沟细胞和腹沟细胞都解体消失，成熟的精子借助于水游到颈卵器附近，然后通过颈部进入腹部与卵结合。精、卵结合形成合子，合子不经休眠而直接分裂发育成胚。胚是孢子体的早期阶段，也是孢子体的雏形，它在母体内进一步发育为成熟的孢子体。

孢子体可分为孢蒴、蒴柄和基足三部分。孢蒴结构复杂，是产生孢子的器官，生于蒴柄顶端，幼嫩时绿色，成熟后多为褐色或红棕色。蒴柄最下端为基足，基足伸入配子体组织中吸收养料，供孢子体生长。

孢蒴内的造孢组织发育成孢子母细胞，孢子母细胞经减数分裂形成孢子。孢子成熟后，从孢蒴中散出，在适宜的环境中萌发形成丝状或片状的构造，称为原丝体，从原丝体上再生出芽体和假根，由芽体发育成配子体。由此可见，苔藓植物生活史中具有明显的异形世代交替，并以配子体世代占优势。

三、苔藓植物的代表类群

（一）地钱

地钱（*Marchantia polymorpha* L.），苔纲地钱科地钱属植物。地钱是配子体和孢子体世代交替的生物。与其他苔藓一样，地钱的配子体世代占主导地位，形成主要的植物体——叶状体。这种单倍体配子体最初是一个单细胞孢子，可以发芽并且形成最初的带有假根的原丝体的单细胞小孢子，是孢子体世代的开始。复杂的叶状体植物的组织起源于顶端细胞的高度调节细胞分裂，顶端细胞出现在发育中的原丝体中。成熟叶状体的背侧常产生"胞芽杯"，容纳大量多细胞"胞芽"。叶状体可以通过胞芽进行无性繁殖。

地钱是雌雄异株的植物，并且有雌性和雄性生殖器官。以颈卵器（雌性配子囊）和精子器（雄性配子囊）著称的雌雄配子囊分别产生于雌性和雄性叶状体的伞状分支上，每个弓形体的卵腔会产生一个卵，每个精囊产生许多能动的雄性配子（精细胞、精子细胞或雄性生殖细胞）。精子通过例如雨水溅起、水的毛细作用或游泳等方式到达卵子使其受精。受精后，受精卵在卵母细胞内发育成孢子体。随着孢子体的生长，弓形体的腹腔也随之生长并成为"萼片"，保护正在生长的年轻孢子体。孢子体倒挂在始祖细胞下方，在荚膜中减数分裂后，释放出大量孢子。

孢子萌发依赖于光，需要光照10h以上才开始萌发。当孢子萌发时，不对称分裂形成一个大细胞和一个小细胞。小细胞发育成第一个假根，大细胞继续向同一个方向分裂几次，因此年幼的原丝体通常在一个末端有根状茎，然后原丝细胞不规则分裂，原丝的形状变成球形。细胞数增加后，出现透镜状的顶端细胞，并经过数次斜向分裂，有两个切割面。具有两个切割面的顶端细胞产生一个单层状的类似叶状体区域，包含顶端细胞的生长点位于叶状体的"顶端凹口"中。透镜状顶端细胞背侧和腹侧分割平面转变为楔形顶端细胞。具有四个切割面的楔形顶端细胞是最初的具有背腹性的多层叶状体。

地钱的单倍体生命始于单细胞孢子，孢子萌发后经有丝分裂形成叶状体，红光通过红光和远红光受体光敏色素抑制细胞伸长并且促进细胞增殖。地钱的主要配子体形式——叶状体，其无性繁殖体称为胞芽，是由胞芽杯底部的单个表皮细胞发育而成。胞芽杯周期性地在叶状体背面形成。在一个发育完全的胞芽杯中有一百多个胞芽。胞芽杯形成的频率受环境因素影响，如光和营养。胞芽仅通过有丝分裂从一个单细胞发育而来，因此，可以通过胞芽的传代培养建立含有同基因细胞的非嵌合细胞系，并且建立的细胞系可以通过胞芽的传代培养进行繁殖。地钱本身可以通过转移切除的片段进行无性繁殖和维持。叶状体的顶端外植体，在顶端切口处包含分生组织，通过分生组织的分叉继续顶端繁殖。此外，地钱具有较大的再生能力，一个基部的叶状体外植体在不使用生长调节剂的情况下可以再生分生组织并发育成完整的叶状体。叶状体的再生是由光敏色素介导的红光信号促进的，其速率受蔗糖利用率的限制。

地钱在长光照条件下会发生营养生长到生殖生长的过渡，地钱的生殖生长起源于生殖托的形成，雌性个体中有雌性生殖托，雄性个体中有雄性生殖托。

（二）大金发藓

大金发藓（土马騣）（*Polytrichum commune* L. ex Hedw.），藓纲金发藓科。雌雄异株，高 10~30cm，常丛集成大片群落。茎直立，单一，常扭曲。叶丛生于茎上部，向下渐稀疏且小；叶片上部长披针形，基部呈鞘状，边缘具密锐齿；中肋突出叶尖呈刺状；腹面有多数栉片，栉片顶细胞中凹；蒴帽有棕红毛；孢蒴四棱短方柱形。全国各地均有分布，生于山地及平原。全草能清热解毒，凉血止血，补虚，通便。

藓纲植物还有暖地大叶藓（*Rhodobryum giganteum*（Hook）Par.），全草具有清心明目、安神等作用，对冠心病有一定的疗效。细叶泥炭藓［*Sphagnum teres*（Schimp.）Angster］、泥炭藓（*Sphagnum cymbifolium* Ehrh.），消毒后可代药棉。葫芦藓（*Funaria hygrometrica* Hedw.），全草能除湿，止血。另外，仙鹤藓属（*Atrichum*）、金发藓属（*Polytrichum*）、曲尾藓属（*Dicranum*）等一些种类中可提取具有抗菌作用较强的活性物质如多酚化合物。提灯藓属（*Mnium*）的一些种类是五倍子蚜虫越冬的寄主，所以五倍子的产量直接与提灯藓的分布、生长及生态环境有关。

第四节　蕨类植物门

蕨类植物门（Pteridophyta）植物又称羊齿植物（ferns），具有独立生活的配子体和孢子体而不同于其他各类高等植物。蕨类植物的配子体具有颈卵器和精子器，但孢子体远比配子体发达，具有根、茎、叶的分化和较原始的维管系统。因此，蕨类植物是介于苔藓植物和种子植物之间的植物类群，它较苔藓植物进化，而较种子植物原始，既是高等的孢子植物，又是原始的维管植物。

蕨类植物的最原始类型或共同祖先很可能是起源于藻类，它们都具有二叉分枝、相似的世代交替、具鞭毛的游动精子、相似的叶绿素以及均储藏有淀粉类物质等。蕨类植物的藻类祖先，多数学者认为是绿藻类型。

蕨类植物是最古老的陆生植物，曾经在地球上盛极一时，距今 3.5 亿~2.7 亿年的泥盆纪晚期到石炭纪时期，是蕨类最繁盛的时期，由高大的鳞木、封印木、芦木和树蕨等共同组成了当时地球上的沼泽森林。二叠纪末开始，蕨类植物大量绝灭，其遗体埋藏地下，渐渐形成煤层。

蕨类植物分布很广，以热带、亚热带为其分布中心。喜阴湿温暖的环境，多生长于林下、山野、溪旁、沼泽等较阴湿地，少数生长于水中和较干旱环境，常为森林中草本层的重要组成部分。蕨类植物对外界环境条件的反应具有高度敏感性，不少种类可作为环境指示植物。如卷柏、石韦、铁线蕨等是钙质土的指示植物，狗脊、芒萁、石松等是酸性土的指示植物，桫椤与蕨属植物是热带和亚热带气候的指示植物。

地球上现有蕨类植物12 000余种，广布世界各地。我国蕨类植物约2 600种，多数分布于西南地区和长江流域以南地区。其中可供药用的蕨类植物有39科，400余种。常见的药用蕨类有金毛狗脊、海金沙、石松、卷柏、石韦、槲蕨等。

一、蕨类植物的一般特征

（一）孢子体

通常所说的蕨类植物是其孢子体植株，有根、茎、叶的分化，多年生草本，仅少数为一年生或木本状。

1. 根

根为不定根，无主根，生于直立的根状茎上。根内具原生中柱，无次生生长，不能加粗，表面有根毛，吸收能力较强。

2. 茎

多为根状茎，少数呈直立树干状或其他形式的地上茎，原始的蕨类植物既无毛也无鳞片，较进化的蕨类常有毛而无鳞片，高级类型的蕨类才有鳞片，如真蕨类的石韦、槲蕨等。茎内维管系统形成中柱，主要类型有原生中柱、管状中柱、网状中柱和散生中柱等。原生中柱为原始类型，在木质部中主要为管胞及薄壁组织，在韧皮部中主要为筛胞及韧皮薄壁组织，一般无形成层结构。

中柱类型常是蕨类植物鉴别的依据之一。真蕨类很多是根状茎入药，其上常带有叶柄残基，叶柄中维管束的数目、类型及排列方式都有明显差异。如贯众类药材中，粗茎鳞毛蕨（*Dryopteris crassirhizoma* Nakai）叶柄的横切面有维管束 5~13 个，大小相似，排成环状；荚果蕨［*Matteuccia struthiopteris*（L.）Todaro］叶柄横切面维管束 2 个，呈条形，排成"八"字形；狗脊蕨［*Wooduardia japonica*（L. f.）Sm.］叶柄横切面维管束2~4 个，呈肾形，排成半圆形；紫萁（*Osunda japonica* Thunb.）叶柄横切面维管束 1个，呈"U"字形，可作为贯众药材鉴别的根据。

3. 叶

有小型叶与大型叶两种类型。小型叶为原始类型，只有 1 个单一的不分枝的叶脉，没有叶隙和叶柄，是由茎的表皮突出形成。大型叶有叶柄和叶隙，具多分枝的叶脉，是由多数顶枝经过扁化而形成的。真蕨亚门植物的叶均为大型叶。

蕨类植物的叶仅进行光合作用而不产生孢子囊和孢子者称营养叶或不育叶，能产生孢子囊和孢子的叶，称孢子叶或能育叶。有些蕨类的营养叶和孢子叶形状相同，而且均能进行光合作用者称同型叶或一型叶；孢子叶和营养叶形状完全不同者称异型叶或两型叶，由同型叶演化为异型叶。大型叶幼时拳卷，成长后常分化出叶柄和叶片两部分，叶片有单叶或一回至多回羽状分裂；叶片的中轴称叶轴，第一次分裂出的小叶称羽片，羽片的中轴称羽轴，从羽片分裂出的裂片称小羽片，小羽片的中轴称小羽轴，最末次裂片上的中肋称主脉或中脉。

4. 孢子囊

小型叶蕨类的孢子囊单生在孢子叶近轴面叶腋或叶基部，孢子叶常集生在枝顶端，形成球状或穗状，称孢子叶穗或孢子叶球。较进化的真蕨类，孢子囊常生在孢子叶背面、边缘，常聚生成为多种多样的孢子囊群，或为不定形的散生，通常有囊群盖或无盖。

孢子囊由叶表皮细胞发育而来。原始类群中，孢子囊来源于一群细胞，称为厚囊型发育，孢子囊体型较大，无柄，囊壁由多层细胞构成。进化类群的孢子囊由 1 个细胞发育而成，称为薄囊型发育，孢子囊体型小，具长柄，囊壁仅由 1 层细胞构成。孢子囊的来源及形态特征在蕨类植物的分类中具有重要意义。

孢子囊开裂的方式与环带有关，环带是由孢子囊壁上一行不均匀增厚的细胞构成，环带的着生有多种形式，如顶生环带、横行环带、斜行环带、纵行环带等，对孢子的散布有着重要的作用。

5. 孢子

多数蕨类植物产生大小相同的孢子，称孢子同型；少数蕨类的孢子大小不同，称孢子异型，即有大孢子和小孢子之分，如水生真蕨类和卷柏属等。产生大孢子的囊状结构称大孢子囊，产生小孢子者称小孢子囊，大孢子萌发后形成雌配子体，小孢子萌发后形成雄配子体。无论同型孢子或异型孢子，在形态上都分为两类，一类是肾形、单裂缝、两侧对称的两面型孢子；另一类是圆形或钝三角形、三裂缝、辐射对称的四面型孢子。在孢子壁上通常具有不同的突起或纹饰，有的孢壁上具弹丝。

（二）配子体

孢子成熟后在适宜环境中即萌发成小型、结构简单、生活期短的配子体，又称原叶体。绝大多数蕨类的配子体为绿色的、具有腹背分化的叶状体，常呈心形，能独立生活，在腹面产生颈卵器和精子器，分别产生卵和带鞭毛的精子，受精时还不能脱离水的环境。受精卵发育成胚，幼时胚暂时寄生在配子体上，配子体不久死亡，孢子体即行独立生活。

（三）生活史

蕨类植物从单倍体的孢子开始到配子体上产生精子和卵这一阶段，为配子体世代（有性世代），其染色体数目是单倍的（n）。从受精卵开始到孢子体上产生的孢子囊中孢子母细胞进行减数分裂之前，这一阶段为孢子体世代（无性世代），其染色体数目是双倍的（2n）。这两个世代有规律地交替完成其生活史。蕨类植物和苔藓植物的生活史最大的不同有两点：一是孢子体和配子体都能独立生活；二是孢子体发达，配子体弱小，所以蕨类植物的生活史是孢子体占优势的异形世代交替。

二、蕨类植物的分类及常见植物

蕨类植物的种类较多而复杂，具有许多不同的性状，在蕨类植物分类鉴定中，常依据下列主要特征：茎、叶的外部形态及内部构造；孢子囊壁细胞层数及孢子形状；孢子囊的环带有无及其位置；孢子囊群的形状、生长部位及有无囊群盖；叶柄中维管束排列的形式，叶柄基部有无关节；根状茎上有无毛、鳞片等附属物及形状。

蕨类植物通常作为一个自然类群而被划分为蕨类植物门，1978 年我国蕨类植物学家秦仁昌将蕨类植物门分为 5 个亚门，即松叶蕨亚门、石松亚门、水韭亚门、楔叶蕨亚门、真蕨亚门。

（一）松叶蕨亚门（Psilophytina）

松叶蕨亚门是最原始的蕨类，孢子体无真根，基部为根状茎，向上生出气生枝。根状茎匍匐生于腐殖质土壤中、岩石缝隙或大树干上，表面具毛状假根；气生枝直立或悬垂，其内有原生中柱或原始管状中柱。叶小，无叶脉或仅有单一不分枝的叶脉。孢子囊 2 个或 3 个聚生成 1 个二或三室的聚囊，孢子同型。现存 1 目 1 科 2 属。

松叶蕨科（Psilotaceae）特征与亚门特征相同。本科有 2 属，约 60 种；分布于热带及亚热带。北自大巴山脉、南至海南均有分布。广布于热带及亚热带地区。我国仅有松叶蕨属，自大巴山脉至南方各省区有分布。常见植物如松叶蕨（松叶兰）[*Psilotum nudum* (L.) Beauv.] 是一种附生植物，分布于我国东南、西南、江苏、浙江等地区。药材名仍是松叶蕨，全草能祛风除湿，舒筋活络，利水，止血。

（二）石松亚门（Lycophytina）

石松亚门孢子体具根、茎、叶的分化；茎具二叉式分枝；原生中柱或管状中柱；小型叶，常螺旋状排列；孢子叶常聚生枝顶形成孢子叶穗，孢子囊生于孢子叶的腹面，孢子同型或异型。仅存 2 目，4 科，即石松目（Lycopodiales）石杉科（Huperziaceae）、石松科（Lyeopodiaceae）、石葱科（Phylloglossaceae）及卷柏目（Selaginellales）卷柏科（Selaginellaceae）。

1. 石松科（Lycopodiaceae）

陆生或附生，多年生草本。主茎长而匍匐或攀缘状，具根状茎及不定根，编织中柱。叶小，线形、钻形或鳞片状。孢子叶穗集生于茎顶端，孢子囊圆球状肾形。孢子同型。本科有 7 属，约 60 种；广布于世界各地。我国有 5 属，14 种，已知药用 9 种。

代表植物石松（*Lycopodium japonicum* Thunb.）为多年生常绿草本，分布于东北、内蒙古、河南及长江以南各地区。生于疏林下阴坡的酸性土壤上。药材名为伸筋草，全草能祛风除湿，舒筋活络，利尿，通经。孢子作丸药包衣。

2. 卷柏科（Selaginellaceae）

陆生草本。茎常背腹扁平，匍匐或直立，具原生中柱至多环管状中柱。单叶，细小，无柄，鳞片状，同型或异型，背腹各 2 列，交互对生，侧叶（背叶）较大而阔，近平展，中叶（腹叶）贴生并指向枝的顶端。腹面基部有 1 枚叶舌。孢子叶穗四棱柱形或扁圆形，生于枝的顶端。孢子囊异型，单生于孢子叶基部，肾形，孢子异型；每大孢子囊有大孢子 1~4 枚，每小孢子囊有多数小孢子，均为球状四面形。本科有 1 属，约 700 种；广布于世界各地，多产于热带、亚热带。我国有 50 余种，已知药用 25 种。

本科常见植物如卷柏 ［*Selaginella tamariscina*（Beauv.）Spring］为多年生草本，上部分枝多而丛生呈莲座状，干旱时拳卷，水分充足时，很快枝叶舒展、鲜绿蓬勃，且屡干屡绿，故称九死还魂草。药材名为卷柏，全草能活血通经，破血，止血；生用能破血，炒用能止血。垫状卷柏 ［*S. pulvinata*（Hook. et Grev.）Maxim.］形体很像卷柏，全草亦作 "卷柏" 入药。

第五节　裸子植物门

裸子植物（gymnosperms）最早出现在约 3.5 亿年前的泥盆纪，到二叠纪银杏等裸子植物相继出现，逐渐取代了古生代盛极一时的蕨类植物。从二叠纪到白垩纪早期长达 1 亿年的历史时期是裸子植物的繁盛时期。迄今地质气候经过多次重大变化，裸子植物种系也随之多次演变更替，古老的种类相继绝迹，新的种类陆续演化出来。现存的裸子植物种类已大大减少，如银杏、水杉等都是第三纪的孑遗植物。

裸子植物广布于世界各地，主要在北半球，常组成大面积森林，是木材的主要来源。我国裸子植物种类较多，资源丰富，是森林工业的重要原料，能提供木材、纤维、栲胶、松脂等多种产品。侧柏、马尾松、麻黄、银杏、香榧、金钱松等的枝叶、花粉、种子及根皮可供药用，同时也是绿化观赏树种。

一、裸子植物的一般特征

（一）孢子体发达

裸子植物的植物体为其孢子体，多为常绿乔木、灌木，少数为落叶（银杏、金钱松）、极少为亚灌木（麻黄）或藤本（买麻藤）。维管束环状排列，具形成层及次生生长，多数裸子植物的次生木质部具管胞而无导管，韧皮部有筛胞而无筛管及伴胞；麻黄科、买麻藤科有导管。叶多针形、条形或鳞片形，极少呈扁平阔叶。

（二）生殖器官特征

花单性同株或异株，常无花被，仅麻黄科和买麻藤科有类似花被的盖被；雄蕊又称小孢子叶，聚生成雄球花（小孢子叶球）；心皮又称大孢子叶或珠鳞，呈叶状而不包卷成子房，常聚生成雌球花（大孢子叶球）；形成胚珠。胚珠经传粉、受精后发育成种子，裸露于心皮上，所以称裸子植物。

（三）生活史

生活史具有明显的世代交替现象。世代交替中孢子体占优势，配子体极其简化，雄配子体为花粉粒萌发形成的花粉管，花粉管的出现，使受精作用不需要在有水的条件下进行；雌配子体由胚囊和胚乳组成，寄生在孢子体上。

（四）具颈卵器构造

大多数裸子植物具颈卵器构造，但颈卵器结构简单，埋于胚囊中，仅有 2~4 个颈壁细胞露在外面，颈卵器内有 1 个卵细胞和 1 个腹沟细胞，无颈沟细胞，比蕨类植物的颈卵器更为简化。

（五）常具多胚现象

大多数裸子植物出现多胚现象。这是由于一个雌配子体上的几个颈卵器的卵细胞同时受精，形成多胚，或由一个受精卵在发育过程中，发育成原胚，再由原胚组织分裂为几个胚而形成多胚。

裸子植物的生殖器官在生活史的各个阶段与蕨类植物基本上是同源的，但所用的形态术语却各不一样。它们之间的对照名词见表 4-1。

表 4-1　裸子植物与蕨类植物形态术语的比较

裸子植物	蕨类植物	裸子植物	蕨类植物
雄球花	小孢子叶球	雌球花	大孢子叶球
雄蕊	小孢子叶	珠鳞（心皮）	大孢子叶
花粉囊	小孢子囊	珠心	大孢子囊
花粉粒（单核期）	小孢子	胚囊（单细胞期）	大孢子

二、裸子植物的化学成分

裸子植物的化学成分，主要有黄酮类、生物碱类、萜类及挥发油、树脂等。黄酮类及双黄酮类在裸子植物中普遍存在，双黄酮除蕨类植物外很少发现，是裸子植物的特征性成分。生物碱在裸子植物中分布有限，现知仅存于三尖杉科、红豆杉科、罗汉松科、麻黄科及买麻藤科。树脂、挥发油、有机酸等，如松香、松节油，金钱松根皮含有土槿皮酸等。

三、裸子植物的分类及常见植物

现存裸子植物分为 5 纲，9 目，12 科，71 属，约 800 种。我国有 5 纲，8 目，11 科，41 属，约 300 种（含引种栽培）。其中，银杏科、银杉属、金钱松属、水杉属、水松属、侧柏属、白豆杉属等是我国特有科、属。已知药用 25 属，104 种。

（一）苏铁纲（Cycadopsida）

苏铁纲为常绿木本，茎干常不分枝。雌雄异株。精子具纤毛。仅 1 目，1 科。

苏铁科（Cycadaceae）有 10 属，110 余种；分布热带、亚热带地区。我国有 1 属，8 种；已知药用 4 种；分布西南、华南、华东等地。常见植物如苏铁（铁树）（*Cycas revoluta* Thunb.）、华南苏铁（刺叶苏铁）（*C. rumphii* Miq.）、云南苏铁（*C. siamensis* Mig.）、篦叶苏铁（*C. pectinata* Griff.）。

（二）银杏纲（Ginkgopsida）

银杏纲为落叶乔木。单叶，扇形。花雌雄异株，精子具纤毛。仅 1 目，1 科。银杏科（Ginkgoaceae）仅 1 属，1 种和多个栽培品种。常见植物如银杏（*Ginkgo biloba* Linn.）（又称白果、公孙树）是我国特有种，现世界各地均有银杏栽培，都是直接或间接来自中国，中国是银杏的故乡和原产地，北自辽宁，南至广东，东起浙江，西南至贵州、云南都有栽培。去肉质外种皮的种子药材名为白果，为止咳平喘药，能敛肺定喘，止带浊，缩小便。叶药材名为银杏叶，能益气敛肺，化湿止咳，止痢。叶的提取物能扩张动脉血管。

（三）松柏纲（Coniferopsida）

松柏纲为木本。茎多分枝，常有长、短枝之分。具树脂道。叶单生或成束，针形、条形、钻形或鳞片形。单性同株或异株，球花常呈球果状。花粉有气囊或无，精子无纤毛。

1. 松科（Pinaceae）

常绿乔木，稀落叶性。叶在长枝上螺旋状排列，在短枝上簇生，针形或条形。花单性，雌雄同株；雄球花穗状，雄蕊多数，各具 2 药室，花粉有气囊或无；雌球花由多数螺旋状排列的珠鳞（心皮）和苞鳞（苞片）组成，花期珠鳞较苞鳞小，每个珠鳞的腹面基部有 2 个胚珠，苞鳞与珠鳞分离，花后珠鳞增大，果时称种鳞，球果木质。种子具单翅，有胚乳，子叶 2~16 枚。

本科植物常含树脂和挥发油、黄酮类、多元醇、生物碱等成分，树皮中含丰富鞣质和酚类，松针和油树脂中含多种单萜和树脂酸，木材中心含二苯乙烯、双苄、黄酮类化合物。

本科常见植物有红松（*P. koraiensis* Sieb. et Zucc.），分布于东北长白山区及小兴安岭。种子药材名为海松子，能熄风，润肺，滑肠；松节、松针、树蜡均有舒筋止痛、除风祛湿等功效。云南松（*P. yunnanensis* Franch），分布于西南地区，功效同马尾松。

2. 柏科（Cupressaceae）

本科有 22 属，约 150 种，广布于全球。我国有 8 属，约 40 种（含变种），已知药用 20 余种，分布全国。·

常绿乔木或灌木。叶交互对生或轮生，常鳞形或刺形，或同一树上兼有两型叶。球花单性，同株或异株，单生枝顶或叶腋；雄球花椭圆状卵形有 3~8 对交互对生的雄蕊，每雄蕊有 2~6 药室，花粉无气裹；雌蕊花球形，有 3~6 枚交互对生的珠鳞，珠鳞与苞鳞合生，每珠鳞有 1 至数枚胚珠。球果木质或革质，熟时张开，或浆果状熟时不裂或仅顶端开裂。种子有翅或无翅，具有胚乳，子叶 2 枚。本科植物常含挥发油、黄酮、香豆素等成分。

常见植物如侧柏（扁柏）［*Platycladus orientalis*（Linn.）Franco］、柏木（*Cupressus funebris* Endl.）、圆柏［*Sabina chinensis*（Linn.）Ant.］。

（四）红豆杉纲（紫杉纲）（Taxopsida）

红豆杉纲为常绿乔木或灌木。叶条形、披针形、稀鳞形、钻形或退化成叶状枝。球花单性，雌雄异株，稀同株，胚珠生于盘状或漏斗状的珠托上，或由囊状、杯状的套被所包围。种子具有肉质的假种皮（由套被增厚形成的）或外种皮。

1. 红豆杉科（Taxaceae）

又名紫杉科，有5属，23种；主要分布于北半球。我国有4属，12种，已知药用10余种。常绿乔木或灌木。叶条形或披针形，螺旋状排列或交互对生，基部常扭转排成2列，叶面中脉凹陷，叶背有2条气孔带。球花单性，雌雄异株，稀同株；雄球花单生叶腋或苞腋，或成穗状花序顶生，雄蕊多数，具3~9个花药，花粉粒无气囊；雌球花单生或2~3对组成球序，生于叶腋或苞腋。胚珠1枚，基部具盘状或漏斗状珠托。种子核果状，全部或部分包于肉质的假种皮中。本科植物常含紫杉醇、金松双黄酮、紫杉宁、紫杉素、坡那甾酮A、甾醇、草酸、挥发油、鞣质等成分。

常见植物如榧树（*Torreya grandis* Fort. ex Lindl.）、红豆杉 [*Taxus chinensis* (Pilger) Rehd.]、南方红豆杉 [*T. wallichiana* Zucc. var, mairei（Lemée et Levl.）L, K, Fu et Nan Li]、西藏红豆杉（*T. wallichiana* Zucc）。

2. 三尖杉科（Cephalotaxaceae）

又名粗榧科，有1属，9种，主要分布在东亚。我国有7种，3变种，已知药用9种（含变种）；分布于黄河以南及西南各地。

常绿乔木或灌木。小枝近对生或轮生，基部有宿存芽鳞。叶条形或条状披针形，交互对生或近对生，侧枝叶在基部扭转而成2列，叶背有2条白色气孔带，叶内有树脂道。球花单性，雌雄异株，同株；雄球花6~11聚成头状花序，每雄球花有雄蕊4~16，各属2~4个药室（常3个），花粉无气囊；雌球花具长梗，生于小枝基部，花梗上有数对交互对生的苞片，每苞片基部生2枚胚珠，仅1枚发育。种子核果状，全部包于由珠托发育成的假种皮中，外种皮质硬，内种皮薄膜质；子叶2枚。本科植物含多种生物碱如粗榧碱类生物碱、高刺桐类生物碱、多种双黄酮类化合物等成分。

常见植物如三尖杉（*Cephalotaxus fortunei* Hook. f.）、粗榧 [*C. sinensis*（Rehd. et Wils.）Li]、篦子三尖杉（*C. oliveri* Mast.）、台湾三尖杉（*C. wisoniana* Hayata.）等。

（五）买麻藤纲（Gnetopsida）

买麻藤纲又称倪藤纲，为灌木或木质藤本，木质部有导管，无树脂道。叶对生，鳞片状或阔叶状。雌雄异株或同株，有类似花被的盖被，称假花被；胚珠1枚，珠被1~2层，具珠被管，精子无鞭毛；颈卵器极简化或无。种子包被于盖被发育成的假种皮中，胚乳丰富。子叶2枚。

1. 麻黄科（Ephedraceae）

本科仅1属，约40种；分布于亚洲、美洲、欧洲东部及非洲北部等干旱荒漠。我国有16种；已知药用15种；分布于东北、西北、西南等地。

麻黄科植物多为小灌木、亚灌木或草本状。小枝对生或轮生，节明显，节间有多条细纵槽纹。叶2~3片，对生或轮生，退化，膜质，合生成鞘状，先端具裂齿。雌雄异株，稍同株；球花卵圆形或椭圆形，顶生或腋生；雄球花单生或数个丛生，具2~8对交互对生或轮生的苞片，每苞片有1雄花，外包有膜质假花被；每花雄蕊2~8，花丝合成1~2束，花药1~3室；雌球花具2~8对交互对生或2~8轮（每轮3枚）苞片，仅顶端1~3枚苞片内有雌花，雌花具囊状假花被，包围胚珠，珠被1层，上部延长成珠被管，由假花被顶端开口处伸出。雌球花的苞片随胚珠生长发育而增厚，肉质呈红色或橘红色，假花被发育成包围种子的革质假种皮；种子 1~3，胚乳丰富，子叶 2 枚。本科植物含有麻黄碱、伪麻黄碱等多种生物碱及挥发油。

常见植物如草麻黄（*Ephedra sinica* Stapf）、木贼麻黄（*E. equisetina* Bge.）、中麻黄（*E. intermedia* Schrenk ex Mey.）等。

2. 买麻藤科（Gnetaceae）

本科有 1 属，30 多种，分布于亚洲、非洲及南美洲等热带及亚热带地区。我国有 10 种，已知药用有 8 种，分布于华南等地。

多常绿木质藤本，节膨大。单叶对生，全缘，革质，具网状脉。球花单性，雌雄异株，稀同株，伸长成穗状花序，顶生或腋生，具多轮合生环状总苞；雄球花穗生于小枝上，各轮总苞内有雄花 20~80，排成 2~4 轮，上端常有 1 轮不育雌花，雄花具杯状假花被，雄蕊常 2，花丝合生；雌球花穗生于老枝上，每轮总苞内有 4~12 朵雌花，假花被囊状或管状，紧包于胚珠之外，珠被 2 层，内珠被顶端延长成珠管，从假花被顶端开口处伸出，外珠被的肉质外层与假花被合生成假种皮，种子核果状，包于红色或橘红色肉质假种皮中；胚乳丰富，子叶 2 枚。本科植物茎、根含生物碱和低聚芪类化合物。

常见植物如小叶买麻藤（麻骨风）［*Gnetum parvifolium*（Warb.）C. Y. Cheng ex Chun］、买麻藤（倪藤）（*G. montanum* Markgr.）。

第六节　被子植物门

被子植物（angiosperms）和裸子植物相比，营养器官和繁殖器官都更加复杂和多样化，对各种环境有更强的适应能力。被子植物的心皮闭合，形成子房，胚珠内藏，最后子房发育成果实，因而有别于裸子植物，并演化出极为丰富的种类。被子植物除有乔木和灌木外，更多的是草本；在韧皮部有筛管和伴胞，在木质部有导管；有真正的花和果实；具有双受精作用和新型胚乳，此种胚乳不是单纯的雌配子体的一部分，而是经过受精作用的三倍体状态，增强了对胚的营养作用和被子植物的生命力。被子植物是现代植物界中最高级、最繁茂和分布最广的一大类群。

被子植物自从新生代以来，它们就在地球上占据着绝对优势。目前已知的有 1 万余属，25 万种左右。我国有 3 148 属，约 3 万种，是被子植物种系最丰富的地区。人类的出现和发展，亦与被子植物有密切关系。当今世界的粮食、能源、环境等全球问题，均与被子植物有关联。

一、被子植物的特征

（一）具有真正的花和果实

具有真正的花，又称有花植物。花被的形成，既加强了保护作用，同时又提高了传粉效率。

花开放后，经传粉受精，胚珠发育成种子，子房也随之长大、发育成果实。有时花萼、花托甚至花序轴也参与了果实的形成。只有被子植物才具有真正的果实。果实的形成具有双重意义：首先在种子成熟前起保护作用；其次在种子成熟后，则以各种方式帮助种子散布。

（二）具有独特的双受精作用

被子植物在受精过程中，一枚精子与卵细胞结合，形成受精卵，另一枚精子与两个极核细胞结合，发育成三倍体胚乳。这和裸子植物由雌配子体的一部分发育成的单倍体胚乳完全不同。被子植物的双受精是推动其种类繁衍，并最终取代裸子植物的重要原因之一。

（三）高度分化的孢子体和极其简化的配子体

被子植物组织分化精细，生理功能效率高。在输导组织中的木质部出现了导管，并具有纤维。导管和纤维均由管胞进化而来。而裸子植物的木质部未分化出纤维。管胞兼具水分输导和支持功能。被子植物的习性具有明显的多样性，既有木本植物，又有草本植物；有常绿的，有落叶的；有陆生的，有水生的。它们的体内均具维管束，而且能开花结果，形成果实和种子。

随着孢子体高度发育分化，配子体进一步趋向简化，且寄生在孢子体上。雄配子体成熟时，由1个营养细胞2个精子组成。大部分被子植物在花粉粒散布时，含1个营养细胞和1个生殖细胞，称2细胞的雄配子体发育阶段；另一部分被子植物，在花粉粒散布前，生殖细胞已经发生了分裂，形成了2个精子，花粉粒散布时含3个细胞，称为3细胞的雄配子体发育。雌配子体发育成熟时，常只有7个细胞8个核，即1个卵、2个助细胞、3个反足细胞和1个中央细胞（或2个极核）。雌、雄配子体结构的极度简化是适应寄生生活的结果，也是进化的结果。

（四）多种营养及传粉方式

被子植物常以自养营养方式为主，也有其他营养方式存在，常见的有寄生营养方式如菟丝子属（*Cuscuta*）、半寄生营养方式如桑寄生属（*Loranthus*）和槲寄生属（*Viscum*）。此外，还有腐生营养方式如大根兰属（*Cymbidium macrorhizon*）及与微生物建立共生关系的营养方式如天麻属（*Gastrodia*）和豆科部分植物等。

被子植物具有多种传粉方式，如风媒、虫媒、鸟媒、蝙蝠媒和水媒等。被子植物具有艳丽的花朵、强烈气味、蜜腺、花盘等。动物在花间寻找和获得花蜜时，会无意间将沾到身体上的花粉从一朵花带到另一朵花的柱头上，帮助了植物的繁殖，如昆虫类是被子植物的主要传粉者。而鸟媒传粉的花没有气味，当蜂鸟等的长而弯曲的鸟喙插进管状花获取花蜜时，同时将花粉带到另一朵花上进行传粉。具柔荑花序的植物均为风媒传粉。这些种类的花小而不起眼，产生大量的花粉靠风来传粉。还有少数为水媒传粉，如苦草属（*Vallisneria*）植物等。

被子植物所具有的这些特征较其他各类群的植物所拥有的器官和功能都完善得多，它的内部结构与外部形态高度适应地球上极悬殊的环境，使它们成为地球上现有种类繁多的一大类群。

二、被子植物的分类原则

被子植物在漫长的演化过程中，各器官均发生不同程度的变化。植物体各部分器官的变化程度，反映了该类植物的进化地位。植物器官的演化甚为复杂，既有从简单到复杂的分化，又有从复杂再到简化和特化，这是植物有机体适应环境的结果。在地球上，由于被子植物是在距今约 1.3 亿年前的中生代白垩纪兴起的，所以寻找足够的化石资料尤其是繁殖器官的化石证据尤为重要，而花部的特点又是被子植物演化的重要方面，就使得研究被子植物的演化关系困难重重。

植物在演进过程中，各器官并非同步进化，一部分器官变化多，而另一部分器官可能没有多大变化。因此不能孤立地依据其中某一条进化规律来判断某一类植物的进化地位，而必须综合地去考察植物体各部分的演进情况，不但要比较不同的方面，而且更需要比较相似的方面，基于多方面证据推断彼此的亲缘关系。表 4-2 是一般公认的被子植物形态构造的主要演化规律。

表 4-2 被子植物主要的形态构造演化规律

器官	初生的、原生性状	次生的、进化性状
根	主根发达（直根系）	主根不发达（须根系）
	乔木、灌木、直立； 无导管，有管胞	多年生或一、二年生草本藤本； 有导管
叶	单叶； 互生或螺旋排列； 常绿、有叶绿素； 自养	复叶； 对生或轮生； 落叶、无叶绿素； 腐生、寄生
花	单生； 花的各部螺旋排列； 重被花； 花的各部离生； 花的各部多数不固定； 辐射对称； 子房上位； 两性花； 花粉粒具单沟； 虫媒花	形成花序； 花的各部轮生； 单被花或无被花； 花的各部合生； 花的各部有定数（3、4 或 5）； 两侧对称或不对称； 子房下位； 单性花； 花粉粒具 3 沟或多孔； 风媒花
果实	聚合果、单果； 蓇葖果、蒴果、瘦果	聚花果； 核果、浆果、梨果
种子	胚小、有发达的胚乳； 子叶 2 片	胚大、无胚乳； 子叶 1 片

引自赵志礼 等，2020。

三、被子植物的分类及常见药用植物

按照恩格勒被子植物门分类系统，将被子植物门分为双子叶植物纲（Dicotyledoneae）

和单子叶植物纲（Monocotyledoneae），两者主要差异特征见表4-3。

表4-3 双子叶植物纲和单子叶植物纲的区别

器 官	双子叶植物纲	单子叶植物纲
根	直根系	须根系
茎	维管束环列，具形成层	维管束散列，无形成层
叶	网状脉	平行或弧形脉
花	通常为5或4基数 花粉粒3个萌发孔	3基数 花粉粒单个萌发孔
叶	子叶2片	子叶1片

引自赵志礼 等，2020。

表4-3所列的区别点也有一些例外，如双子叶植物纲的毛茛科、车前科、菊科等有须根系植物；胡椒科、睡莲科、毛茛科、石竹科等有散生维管束植物；樟科、木兰科、小檗科、毛茛科等有3基数的花；睡莲科、毛茛科、小檗科、罂粟科、伞形科等有1片子叶的现象；单子叶植物纲的天南星科、百合科、薯蓣科等有网状脉；眼子菜科、百合科、百部科等有4基数花等。

（一）双子叶植物纲（Dicotyledoneae）

双子叶植物纲分为离瓣花亚纲（Choripetalae）和合瓣花亚纲（Sympetalae）。

1. 离瓣花亚纲（Choripetalae）

离瓣花亚纲又称原始花被亚纲或古生花被亚纲（Archichlamydeae），特点是无花被、单被或重被；有花瓣时，花瓣分离；雄蕊和花冠离生。

（1）蓼科（Polygonaceae） 多为草本。茎节常膨大。单叶互生，托叶膜质，包围茎节基部成托叶鞘。花多两性；常排成穗状、圆锥状或头状花序；花被3～5深裂，或花被片6，两轮排列，常花瓣状，宿存；雄蕊3～9或较多；子房上位，3（稀2或4）心皮合生成1室，胚珠1。瘦果凸镜形、三棱形或近圆形，常包于宿存花被内。种子有胚乳。植物体内多具草酸钙簇晶；根及根茎中常有异型维管束。本科植物含蒽醌、黄酮、鞣质、芪类和吲哚苷等成分。花程式为 $♀ * P_{(3～5),3+3} A_{3～∞} \underline{G}_{(2～4:1:1)}$。

本科约有50属，1 150余种。我国有13属，230多种；已知药用10属，约136种；分布全国。

蓼科部分属检索表

1. 瘦果具翅 ···································· 大黄属 *Rheum*
1. 瘦果不具翅。
 2. 花被片6；柱头画笔状 ···················· 酸模属 *Rumex*
 2. 花被片5，稀4；柱头头状。
  3. 瘦果常比宿存的花 ··················· 蓼属 *Polygonum*
  3. 瘦果明显比宿存的花被 ··············· 荞麦属 *Fagopyrum*
（引自赵志礼等，2020）

　　本科常用药用植物有：掌叶大黄（*Rheum palmatum* L.）、何首乌（*Polygonum multiflorum* Thunb.）、虎杖（*Polygonum cuspidatum* Sieb. et Zucc.）、拳参（*Polygonum bistorta* L.）、羊蹄（*Rumex japonicus* Houtt.）、巴天酸模（*R. patientia* Linn.）。蓼蓝（*Polygonum tinctorium* Aiton），叶的药材名为蓼大青叶，能清热解毒，凉血消斑；茎叶加工可制青黛。

　　（2）罂粟科（Papaveraceae）　多草本，常具乳汁或有色液汁。叶基生或互生。花单生或排成总状花序、聚伞花序或圆锥花序；花两性，辐射对称或两侧对称；萼片2，早落；花瓣常4，稀无；雄蕊多数，离生，或6枚合生成2束，稀4枚分离；子房上位，2至多心皮合生，1室，侧膜胎座，胚珠多数，稀1枚。蒴果，瓣裂或顶孔开裂。种子细小。植物体常具有节乳汁管。本科植物含生物碱及黄酮类等成分。

　　本科约有38属，700多种。我国有18属，360多种；已知药用15属，130余种；主要分布于西南部。常见植物如罂粟（*Papaver somniferum* L.）、延胡索（*Corydalis yanhusuo* W. T. Wang ex Z. Y. Su et C. Y. Wu）、伏生紫堇（*C. decumbens* (Thunb.) Pers.）、地丁草（布氏紫堇）（*Corydalis bungeana* Turcz.）。

　　（3）十字花科［Cruciferae（Brassicaceae）］　多草本。叶基生，茎生；茎生叶常互生，单叶全缘或分裂，有时呈各式深浅不等的羽状分裂（如大头羽状分裂）或羽状复叶。花两性，辐射对称，总状花序；萼片4，2轮；花瓣4，十字形排列；雄蕊6，四强雄蕊，基部常具蜜腺；子房上位，雌蕊2心皮合生，侧膜胎座，常由心皮边缘延伸出假隔膜分成2室，胚珠1至多枚。长角果或短角果。植物体常具含芥子酶的分泌细胞；气孔不等式。本科植物含特征性成分硫苷、吲哚苷，其他成分尚有强心苷、生物碱以及胡萝卜素等四萜类化合物。

　　本科有300多属，约3 200种。我国有95属，420多种；已知药用30属，100余种；全国各地均有分布。常见植物如菘蓝（*Isatis indigotica* Fort）、葶苈（*Lepidium apetalum* Willd.）、播娘蒿［*Descurainia sophia* (L.) Webb. ex Prantl］、白芥（*Sinapis alba* L.）、莱菔（萝卜）（*Raphanus sativus* L.）、芥菜［*Brassica juncea* (L.) Czern. et Coss.］、油菜（*B. campestris* L.）、荠菜［*Capsella bursa-pastoris* (L.) Medic］。

　　（4）杜仲科（Eucommiaceae）　落叶乔木。枝、叶折断后有银白色胶丝。单叶互生，叶片椭圆形或椭圆状卵形，边缘有锯齿，无托叶。花单性异株，无花被，先叶开放或与新叶同时长出；雄花簇生，具小苞片，雄蕊5~10；雌花单生，具苞片，子房由2心皮合生，1室，胚珠2。翅果扁平，狭椭圆形，内含种子1。本科植物含杜仲胶、环烯醚萜类等成分。我国特产，仅1属1种，大部分地区有分布，各地多有栽培。杜仲（*Eucommia ulmoides* Oliv.）特征与科同。树皮的药材名为杜仲，能补肝肾，强筋骨，安胎；叶的药材名为杜仲叶，能补肝肾，强筋骨。

　　（5）蔷薇科（Rosaceae）　草本、灌木或乔木。单叶或复叶，多互生，有托叶。花两性，辐射对称，周位花或上位花；花托凸起或凹陷，发育成一碟状、钟状、杯状或圆筒状的萼筒（可能有萼片、花瓣及雄蕊基部参与）；萼片、花瓣和雄蕊均着生于萼筒边缘；萼片5，有时具副萼片；花瓣5；雄蕊常多数；心皮1至多数，分离或合生，子房上位至下位，每室1至多数胚珠。蓇葖果、瘦果、核果或梨果。本科植物含三萜皂苷、氰苷、多元酚、二萜生物碱及有机酸类等成分。

本科约有 124 属，3 300 余种。我国约有 51 属，1 000余种；已知药用约 43 属，360 多种；广布全国。根据果实类型、子房位置及心皮数目等特征分为绣线菊亚科、蔷薇亚科、李亚科和苹果亚科。

蔷薇科亚科及部分属检索表

1. 果实为开裂的蓇葖果，稀蒴果 …… 绣线菊亚科 Spiraeoideae；绣线菊属 *Spiraea*
1. 非上述情况。
  2. 子房上位。
    3. 多复叶；心皮常多数；常为瘦果 …………………… 蔷薇亚科 Rosoideae
      4. 花托（萼筒）杯状或坛状。
        5. 心皮多数；蔷薇果 ………………………………… 蔷薇属 *Rosa*
        5. 非上述情况。
          6. 有花瓣 ………………………………… 龙芽草属 *Agrimonia*
          6. 无花瓣 ………………………………… 地榆属 *Sanguisorba*
      4. 花托（萼筒）扁平或隆起。
        7. 每心皮含胚珠 2；小核果 ………………… 悬钩子属 *Rubus*
        7. 每心皮含胚珠 1；瘦果 ………………… 路边青属 *Geum*
    3. 单叶；心皮常为 1；核果 ………… 李亚科 Prunoideae
    8. 果实有沟。
      9. 核有孔穴 ………………………………… 桃属 *Amygdalus*
      9. 核常光滑。
        10. 子房和果实被短毛；花先叶开放 ……………… 杏属 *Armeniaca*
        10. 子房和果实无毛；花叶同开放 ……………… 李属 *Prunus*
    8. 果实无沟 ………………………………… 樱属 *Cerasus*
  2. 子房下位或半下位 ……………………… 苹果亚科 Maloideae
    11. 心皮成熟时骨质，果实含 1~5 小核 ………… 山楂属 *Crataegus*
    11. 非上述情况。
      12. 伞形总状花序，有时花单生。
        13. 每心皮含种子 3 至多数 ………………… 木瓜属 *Chaenomeles*
        13. 每心皮含种子 1~2。
          14. 花柱离生；果实常含多数石细胞 …………… 梨属 *Pyrus*
          14. 花柱基部合生；果实多无石细胞 …………… 苹果属 *Malus*
      12. 复伞房花序或圆锥花序。
        15. 子房下位 ………………………………… 枇杷属 *Eriobotrya*
        15. 子房半下位 ………………………………… 石楠属 *Photinia*

（引自赵志礼等，2020）

绣线菊亚科常见植物绣线菊（*Spiraea salicifolia* L.）又名柳叶绣线菊灌木，全株能通经活血，通便利水。蔷薇亚科常见植物龙芽草（仙鹤草）（*Agrimonia pilosa* Ledeb.）、掌叶覆盆子（*Rubus chingii* Hu）、金樱子（*Rosa laevigata* Michx.）、月季（*R. chinensis* Jacq.）、玫瑰（*R. rugosa* Thunb.）、委陵菜（*Potentilla chinensis* Ser.）。李亚科（Prunoideae）常见植物如杏 [*Armeniaca vulgaris* Lam.（*Prunus armeniaca* L.）]、桃 {*Amygdalus persica* L. [*Prunus persica*（L.）Batsch.]}、郁李 [*Cerasus japonica*（Thunb.）Lois（*Prunus japonica* Thunb.）]。苹果亚科（Maloideae）常见植物如山楂（*Crataegus pinnatifida* Bunge）、山里红（*C. pinnatifida* Bge. var. major N. E. Br.）、贴梗海棠（皱皮木瓜）[*Chaenomeles speciosa*（Sweet）Nakai]、木瓜 [*C. sinensis*（Thouin）Koehne]、枇杷 [*Eriobotrya japonica*（Thunb.）Lindl.]。

（6）豆科 [Leguminosae（Fabaceae）]　　草本、灌木或乔木。叶互生，多为羽状复叶。花两性，辐射对称或两侧对称，组成各种花序；萼片5，分离或联合；花瓣5，分离或连合，多为蝶形花冠；雄蕊10，分离或连合，单体雄蕊或二体雄蕊，有时多数，分离或连合；单心皮，子房上位，胚珠1至多数，边缘胎座。荚果。种子无胚乳。植物体多具草酸钙方晶。本科植物含黄酮类、生物碱、蒽醌类及三萜皂苷类等成分。下列3个亚科，有学者主张将其分别提升为3个独立的科，即含羞草科（Mimosaceae）、云实科（Caesalpiniaceae）和蝶形花科（Papilionoideae）。

本科约有650属，18 000种，为被子植物第三大科，仅次于菊科和兰科。我国有172属，近1 500种；已知药用109属，600余种；各地均有分布。

豆科亚科及部分属检索表

1. 花辐射对称，花瓣镊合状排列 ………………………………… 含羞草亚科 Mimosaceae
 2. 雄蕊多数；荚果扁平而直，不具荚节 ……………………………… 合欢属 *Albizia*
 2. 雄蕊10枚或较少；荚果具荚节 ……………………………… 含羞草属 *Mimosa*
1. 花两侧对称，花瓣覆瓦状排列。
 3. 花冠假蝶形，最上1枚花瓣位于最内方 ………… 云实亚科 Caesalpiniaceae
  4. 单叶，全缘 ………………………………………………… 紫荆属 *Cercis*
  4. 羽状复叶。
   5. 花杂性或单性异株；干和枝常具分枝硬刺 …………… 皂荚属 *Gleditsia*
   5. 花两性；无刺 ………………………………………… 决明属 *Cassia*
 3. 花冠蝶形，最上1枚花瓣位于最外方 ………… 蝶形花亚科 Papilionoideae
  6. 雄蕊10，分离或仅基部合生。
   7. 羽状复叶；荚果常在种子间紧缩成串珠状 ………………… 槐属 *Sophora*
   7. 三出复叶；荚果不成串珠状 ………… 野决明属（黄华属）*Thermopsis*
  6. 雄蕊10，合生为单体或二体，多具明显的雄蕊管。
   8. 单体雄蕊。
    9. 荚果不肿胀，含1枚种子 ………………………… 补骨脂属 *Psoralea*
    9. 荚果肿胀，含种子2枚以 ……… 猪屎豆属（野百合属）*Crotalaria*
   8. 二体雄蕊。
    10. 复叶小叶3或退化为1小叶。
     11. 藤本 ………………………………………………… 葛属 *Pueraria*

  11. 非上述情况。

    12. 荚果仅具 1 节；无小托叶 ········ 胡枝子属 *Lespedeza*

    12. 荚果扁平，具数节；有小托叶

        ················· 山蚂蝗属 *Desmodium*

  10. 小叶 5 至多枚。

    13. 藤本、灌木或乔木 ········· 崖豆藤属 *Millettia*

    13. 草本。

      14. 花药 2 型，花丝长短交错 ····· 甘草属 *Glycyrrhiza*

      14. 非上述情况 ················· 黄芪属 *Astragalus*

（引自赵志礼等，2020）

  含羞草亚科（Mimosoideae）常见植物如合欢（*Albizia julibrissin* Durazz.）、儿茶［*Acacia catechu*（L. f.）Willd.］、含羞草（*Mimosa pudica* L.）。

  云实亚科（Caesalpinoideae）常见植物如决明（*Cassia obtusifolia* L.）、皂荚（*Gleditsia sinensis* Lam.）、狭叶番泻（*Cassia angustifolia* Vahl.）、紫荆（*Cercis sinensis* Bunge）、云实［*Caesalpinia decapetala*（Roth）Alston］、苏木（*C. sappan* L.）。

  蝶形花亚科（Papilionoideae）常见植物如膜荚黄芪［*Astragalus membranaceus*（Fisch.）Bge.］、甘草（*Glycyrrhiza uralensis* Fisch.）、野葛［*Pueraria lobata*（Willd.）Ohwi］、槐（*Sophora japonica* L.）、密花豆（*Spatholobus suberectus* Dunn.）、香花崖豆藤（*Millettia dielsiana* Harms ex Diels）、苦参（*Sophora flavescens* Ait.）、补骨脂（*Psoralea corylifolia* L.）、广东金钱草［*Desmodium styracifolium*（Osbeck）Merr.］、广东相思子（*Abrus cantoniensis* Hance），扁豆（*Dolichos lablab* L.）、胡芦巴（*Trigonella foenum-graecum* L.）、绿豆（*Vigna radiata*）、赤小豆［*V. umbellata*（Thunb.）Ohwi et Ohashi］。

  （7）芸香科（Rutaceae） 乔木，灌木或草本。叶、花、果常有油点。叶互生或对生。花两性或单性，辐射对称；常为聚伞花序；萼片 4~5，离生或合生；花瓣 4~5；雄蕊常与花瓣同数或为其倍数，稀多数，药隔顶端常具油点；常具花盘；子房上位，心皮 2~15，离生或合生，每室胚珠 2，稀 1 或较多。常为蓇葖果，蒴果，核果或柑果。本科植物常含挥发油有机酸、生物碱、黄酮及香豆素类等。

  本科约有 150 属，1 600 种。我国约有 28 属，150 多种；已知药用 23 属，105 种；各地均产。

芸香科部分属检索表

1. 蓇葖果。

  2. 木本；花单性。

    3. 叶互生。

      4. 奇数羽状复叶；每心皮胚珠 2 ············· 花椒属 *Zanthoxylum*

      4. 单叶；每心皮胚珠 1 ················· 臭常山属 *Orixa*

    3. 叶对生 ··················· 吴茱萸属 *Euodia*

  2. 草本；花两性。

　　5. 花辐射对称。

　　　　6. 花瓣白色，有时顶部桃红色 ⋯⋯⋯⋯⋯⋯⋯ 石椒草属 *Boenninghausenia*

　　　　6. 花黄色⋯⋯⋯⋯⋯⋯⋯⋯⋯⋯⋯⋯⋯⋯⋯⋯⋯ 芸香属 *Ruta*

　　5. 花梢两侧对称 ⋯⋯⋯⋯⋯⋯⋯⋯⋯⋯⋯⋯ 白鲜属 *Dictamnus*

1. 核果或柑果。

　　7. 核果 ⋯⋯⋯⋯⋯⋯⋯⋯⋯⋯⋯⋯⋯⋯⋯⋯⋯ 黄檗属 *Phellodendron*

　　7. 柑果。

　　　　8. 叶具 3 小叶 ⋯⋯⋯⋯⋯⋯⋯⋯⋯⋯⋯⋯⋯⋯ 枳属 *Poncirus*

　　　　8. 单小叶。

　　　　　　9. 子房 7~15 室，每室胚珠多枚 ⋯⋯⋯⋯⋯ 柑橘属 *Citrus*

　　　　　　9. 子房 3~6 室，每室胚，珠 1~2 ⋯⋯⋯⋯ 金橘属 *Fortunella*

（引自赵志礼等，2020）

　　芸香科常见植物如橘（*Citrus reticulata* Blanco）、酸橙（*C. aurantium* L.）、香橼（*C. wilsonii* Tanaka）、佛手［*C. medica* L. var. sarcodactylis（Noot.）Swingle］、枳（枸橘）［*Poncirus trifoliata*（L.）Raf.］、黄檗（*Phellodendron amurense* Rupr.）（又名黄柏、关黄柏）、黄皮树（*P. chinensis* Schneid）（又名川黄柏）、花椒（*Zanthoxylum bungeanum* Maxim.）、青椒（*Z. schinifolium* Sieb. et Zucc.）、光叶花椒［*Z. nitidum*（Roxb.）DC.］（又称两面针）等。

　　（8）锦葵科（Malvaceae）　草本、灌木或乔木。单叶互生，常具掌状脉，有托叶。花两性，辐射对称；单生、簇生、聚伞花序至圆锥花序；萼片 3~5，分离或合生；其下面常有总苞状的小苞片又称副萼 3 至多数；花瓣 5；雄蕊多数，花丝合生成管状，称雄蕊柱，为单体雄蕊，花药 1 室，花粉粒表面有刺状突起；子房上位，2 至多室，每室胚珠 1 至多数，花柱与心皮同数或为其 2 倍。多为蒴果，常数枚果爿（读音：pán）分裂。本科植物常含黄酮苷、生物碱、酚类和黏液质等。

　　本科约有 50 属，1 000 余种。我国有 16 属，80 多种；已知药用 12 属，60 种；分布于南北各地。

锦葵科部分属检索表

1. 心皮 8 至多数；果裂成分果，与果轴或花托脱离。

　　2. 每室胚珠 1。

　　　　3. 副萼片 3，分离 ⋯⋯⋯⋯⋯⋯⋯⋯⋯⋯⋯⋯⋯ 锦葵属 *Malva*

　　　　3. 副萼片 6~9，基部合生 ⋯⋯⋯⋯⋯⋯⋯⋯⋯ 蜀葵属 *Althaea*

　　2. 每室胚珠 2 或更多 ⋯⋯⋯⋯⋯⋯⋯⋯⋯⋯⋯⋯ 苘麻属 *Abutilon*

1. 心皮 3~5；蒴果室背开裂。

　　4. 花柱不分枝 ⋯⋯⋯⋯⋯⋯⋯⋯⋯⋯⋯⋯⋯⋯ 棉属 *Gossypium*

　　4. 花柱分枝 ⋯⋯⋯⋯⋯⋯⋯⋯⋯⋯⋯⋯⋯⋯⋯ 木槿属 *Hibiscus*

本科常见植物如苘麻（*Abutilon theophrasti* Medic.）、木芙蓉（*Hibiscus mutabilis* L.）、木槿（*H. syriacus* L.）、草棉（*Gossypium herbaceum* L.）、野葵（*Mala verticillata* L.）（又名冬苋菜）。

（9）伞形科 ［Umbelliferae（Apiaceae）］　　草本。茎常中空，具纵棱。叶互生，叶片通常分裂或多裂，或为各式分裂的复叶，稀单叶全缘；叶柄基部扩大成鞘状。花小，常两性；单伞形花序或常再排成复伞形花序；萼齿 5 或无；花瓣 5；雄蕊 5，与花瓣互生；子房下位，2 室，每室胚珠 1，子房顶部有盘状或短圆锥状的花柱基，即上位花盘，花柱 2。果实成熟时常裂成 2 个分生果，每一分生果有 1 心皮柄和果柄相连，且各悬于心皮柄上，称双悬果；分生果外面有 5 条主棱（背棱 1 条，中棱 2 条，侧棱 2 条），有时主棱之间还可形成次棱；果皮内及合生面常有纵走的油管 1 至多条。本科植物常含挥发油、香豆素类、黄酮类、三萜皂苷、生物碱和聚炔类等成分。

本科 200 多属，2 500 多种。我国有 90 多属，500 多种；已知药用有 55 属，230 多种；全国均产。

本科植物的一般特征易掌握，但属和种的鉴定较为困难，特别注意双悬果的形态特征，如背腹扁压或两侧扁压；表面光滑或具有毛或小瘤等；主棱和次棱的情况，棱上有无翅和翅的特征；油管的多少和分布等。

伞形科部分属检索表

1. 单伞形花序。
  2. 果实表面无网纹 ……………………………………… 天胡荽属 *Hydrocotyle*
  2. 果实表面呈网纹状 ……………………………………… 积雪草属 *Centella*
1. 复伞形花序。
    3. 果实有刺毛、柔毛或小瘤。
      4. 果实有刺毛。
        5. 苞片常羽状分裂 ……………………………… 胡萝卜属 *Daucus*
        5. 苞片线形 ………………………………………… 窃衣属 *Torilis*
      4. 果实有柔毛或小瘤。
        6. 果实有柔毛…………………………………… 珊瑚菜属 *Glehnia*
        6. 果实有小瘤 ……………………………… 防风属 *Saposhnikovia*
    3. 果实常无刺毛、柔毛或小瘤。
      7. 果实横剖面常近圆形或近五边形；果棱无明显的翅。
        8. 单叶全缘 …………………………………… 柴胡属 *Bupleurum*
        8. 叶羽状分裂或羽状全裂。
          9. 果实圆球形 ……………………………… 芫荽属 *Coriandrum*
          9. 非上述情况。
            10. 花黄色 ………………………………… 茴香属 *Foeniculum*
            10. 花白色 ………………………………… 明党参属 *Changium*
      7. 果实横剖面近五角形至背腹扁压；果棱有翅。
        11. 主棱有翅。
          12. 棱翅发育不均匀 ……………… 羌活属 *Notopterygium*
          12. 非上述情况。
            13. 果棱的翅薄膜质 ………………… 藁本属 *Ligusticum*

　　　　　13. 果棱的翅木栓质 ·················· 蛇床属 *Cnidium*

　　　　11. 侧棱明显有翅。

　　　　　14. 侧棱的翅薄，两个分生果的翅不紧贴

　　　　　·················· 当归属 *Angelica*

　　　　　14. 侧棱的翅较厚，合生面紧紧契合，不易分离

　　　　　·················· 前胡属 *Peucedanum*

　　常见植物如当归 [*Angelica sinensis* (Oliv.) Diels]、白芷 [*A. dahurica* (Fisch. ex Hoffm.) Benth. et Hook. f. ex Franch. Et Sav.]、紫花前胡 {*A. decursiva* (Miq.) Franch. et Sav. [*Peucedanum decursivum* (Miq.) Maxim.]}、柴胡 (*Bupleurum chinense* DC.)、川芎 (*Ligusticum chuanxiong* Hort.)、藁本 (*L. sinense* Oliv.)、前胡 (*Peucedanum praeruptorum* Dunn)、防风 [*Saposhnikovia divaricata* (Turcz.) Schischk.]、珊瑚菜 (*Glehnia littoralis* Fr. Schmidt ex Miq.) (又称北沙参) 等。

　　2. 合瓣花亚纲 (Sympetalae)

　　合瓣花亚纲又称后生花被亚纲 (Metachlamydeae)，主要特征是花瓣多少联合，形成各种形态的花冠，如漏斗状、钟状、唇形、管状、舌状等，其花冠各式的联合增加了对昆虫传粉的适应和对雄蕊、雌蕊的保护。花的轮数逐渐减少，由5轮减为4轮 (主要是雄蕊的轮数由2轮减少为1轮)，且各轮数目也逐渐减少。通常无托叶，胚珠只有1层胚被。因此，合瓣花类群比离瓣花类群进化。

　　(1) 唇形科 [Labiatae (Lamiaceae)]

　　草本。茎四棱形。叶对生或轮生。轮伞花序，组成总状、穗状或圆锥状的混合花序。花两性，两侧对称。花萼宿存。花冠5裂，二唇形，上唇2裂，下唇3裂；少为假单唇形，上唇很短，2裂，下唇3裂，如筋骨草属；或单唇形，即无上唇，5个裂片全在下唇，如香科科属。雄蕊4，二强，或退化为2枚。下位花盘，肉质，全缘或2~4裂。子房上位，2心皮，常4深裂形成假4室，每室胚珠1，花柱常着生于4裂子房的底部，即花柱基生。果实为4枚小坚果。本科植物常含挥发油、萜类、黄酮及生物碱类等。

　　本科约有220多属，3 500多种，其中单种属约占1/3。我国有99属，800多种；已知药用75属，436种；全国均有分布。

唇形科部分属检索表

1. 花冠单唇形或假单唇形。

　2. 花冠假单唇，上唇很短，2深裂或浅裂，下唇3裂 ·········· 筋骨草属 *Ajuga*

　2. 花冠单唇，下唇5裂 ·················· 香科科属 *Teucrium*

1. 花冠二唇形或整齐。

　3. 花萼2裂，上裂片背部常具盾片；子房有柄 ·········· 黄芩属 *Scutellaria*

　3. 非上述情况。

　　4. 花冠下裂片为船形，比其他裂片长，不外折 ········· 香茶菜属 *Rabdosia*

　　4. 花冠下裂片不为船形。

　　　5. 花冠管包于萼内 ·················· 罗勒属 *Ocimum*

5. 花冠管不包于尊内。

  6. 花药非球形，药室平行或叉开，呈长圆、线形或卵形，顶部不贯通。

    7. 花冠为明显的二唇形，有不相等的裂片；上唇盔瓣状，镰刀形或弧形等。

      8. 雄蕊 4。

        9. 后对雄蕊比前对雄蕊长。

          10. 药室初平行，后叉开状；后对雄蕊下倾，前对雄蕊上升，两者交叉 ·························· 藿香属 *Agastache*

          10. 药室初略叉开，以后平叉开。

            11. 后对雄蕊直立；叶有缺刻或分裂 ··· 荆芥属 *Schizonepeta*

            11. 4 枚雄蕊均上升；叶肾形或肾状心形，边缘有齿 ·························· 活血丹属 *Glechoma*

        9. 后对雄蕊比前对雄蕊短。

          12. 萼二唇形，上唇顶端截形，上部凹陷，有 3 短齿 ·························· 夏枯草属 *Prunella*

          12. 非上述情况。

            13. 小坚果多少呈三角形，顶平截。

              14. 花冠上唇成盔状；萼齿顶端无刺。叶全缘或具齿牙 ·························· 野芝麻属 *Lamium*

              14. 花冠上唇直立；萼齿顶端有刺。叶有裂片或缺刻 ·························· 益母草属 *Leonurin*

            13. 小坚果倒卵形，顶端钝圆 ················· 水苏属 *Stachys*

      8. 雄蕊 2 ················· 鼠尾草属 *Salvia*

    7. 花冠近辐射对称。

      15. 雄蕊 4，近等长。

        16. 能育雄蕊 2，为前对，药室略叉开 ····· 地瓜儿苗属 *Lycopus*

        16. 能育雄蕊 4，药室平行 ························· 薄荷属 *Mentha*

      15. 雄蕊 2 或二强雄蕊。

        17. 能育雄蕊 4 ················· 紫苏属 *Perilla*

        17. 能育雄蕊 2 ················· 石荠苧属 *Mosla*

  6. 花药球形，药室平叉开，顶部贯通为一体 ·········· 香薷属 *Elsholtzia*

常见植物如益母草（*Leonurus japonicus* Houtt.）、丹参（*Salvia miltiorrhiza* Bunge）、黄芩（*Scutellaria baicalensis* Georgi）、滇黄芩（西南黄芩）（*S. amoena* C. H. Wright）、甘肃黄芩（*S. rehderiana* Diels）、薄荷（*Mentha haplocalyx* Brig.）、紫苏〔*Perilla frutescens* (L.) Britt.〕。

（2）茄科（Solanaceae）

草本或灌木，稀乔木。单叶，有时为羽状复叶。花单生、簇生或排成各式花序；两性，辐射对称；花萼常 5 裂，宿存，果时常增大；花冠钟状、漏斗状或辐状等，檐部 5

裂；雄蕊与花冠裂片同数而互生，着生在花冠管上；子房上位，心皮 2，合生，常 2 室，中轴胎座，胚珠常多数。浆果或蒴果。植物体的茎常具双韧维管束。本科植物常含生物碱，如莨菪烷类生物碱、吡啶型生物碱及甾体类生物碱，其中莨菪烷类生物碱为该科的特征性成分，并含有甾体皂苷及黄酮类等。

本科约有 80 属，3 000 种。我国有 24 属，约 105 种；已知药用 23 属，84 种；全国各地均有分布。常见植物如洋金花（白花曼陀罗）（*Datura metel* L.）、宁夏枸杞（*Lycium bartarum* L.）、枸杞（*L. chinense* Mill.）、天仙子（莨菪）（*Hyoscyamus niger* L.）、龙葵（*Solanum nigrum* L.）、白英（*Solanum lyratum* Thunb.）、颠茄（*Atropa belladona* L.）、酸浆〔*Physalis alkekengi* L. var. Franchetii（Mast.）Makino〕、山莨菪〔Anisodus tanguticus（Maxim.）Pascher〕、三分三（*A. acutangulus* C. Y. Wu et C. Chen ex C. Chen et C. L. Chen）、马尿泡（*Przewalskia tangutica* Maxim.）。

（3）忍冬科（Caprifoliaceae）

木本，稀草本。单叶对生，少羽状复叶；常无托叶。聚伞花序，或由聚伞花序构成其他花序；花两性，辐射对称或两侧对称，4 或 5 数；萼 4～5 裂；花冠管状，常 5 裂，有时二唇形，覆瓦状排列；雄蕊 5，或 4 枚而二强；子房下位，2～5 心皮合生，常 2～5 室，每室胚珠 1 至多数。果为浆果、核果或蒴果。本科植物含环烯醚萜类、黄酮类、酚性杂苷和酚酸类如绿原酸、咖啡酸、奎宁酸等。

本科约有 13 属，约 500 种。我国有 12 属，200 多种；已知药用 9 属，100 余种；多分布于华中和西南各省区。常见植物如忍冬（*Lonicera japonica* Thunb.）半常绿缠绕灌木，花双生于叶腋，花冠白色，凋落前转黄色，故称"金银花"。芳香，花蕾或带初开的花的药材名为金银花，为清热解毒药，能清热解毒，疏散风热；茎枝的药材名为忍冬藤，能清热解毒，疏风通络。

（4）桔梗科（Campanulaceae）

草本，常具乳汁。叶互生，少对生或轮生。花单生或呈各种花序；花两性，辐射对称或两侧对称；萼 5 裂，宿存；花冠常钟状或管状，5 裂；雄蕊 5，分离或合生；3 心皮合生，中轴胎座，常 3 室，稀有 2、5 心皮，2、5 室；子房下位或半下位。蒴果，稀浆果。植物体常具菊糖、乳汁管。本科植物常含三萜类、多炔类、生物碱、倍半萜内酯及苯丙素类等。有学者主张将半边莲属（Lobelia）从桔梗科分出，独立成半边莲科（Lobeliaceae），其依据为该类群的花两侧对称，花冠二唇形，5 枚雄蕊着生长在花冠管上，花丝分离，仅上部与花药合生环绕花柱，而与桔梗科其他属有诸多不同。

本科有 60 属，2 000 种。我国有 16 属，172 种；已知药用 13 属，111 种；全国均有分布，以西南地区为多。常见植物如桔梗〔*Platycodon grandiflorum*（Jacq.）A. DC.〕、沙参〔Adenophora stricta Miq.（A. axilliflora Borb.）〕、党参〔*Codonopsis pilosula*（Franch.）Nannf.〕、素花党参〔*C. pilosula* Nannf. var. *modesta*（Nannf.）L. T. Shen〕、川党参（*C. tangshen* Oliv.）。

（5）菊科〔Compositae（Asteraceae）〕

草本、亚灌木或灌木，稀乔木。有时具乳汁管或树脂道。头状花序常由多数小花集生于花序托上而组成。花序托指缩短的花序轴，外有总苞围绕，单生或再排列成总状、伞房状等；小花基部具苞片（称托片），或呈毛状（称托毛），或缺；头状花序中有同形的小花，即全为管状花或舌状花，或有异形小花，即外围为雌花，舌状，中央为管状花，两性；萼片不发育，常变态为鳞片状、刚毛状或毛状的冠毛（pappus）；花冠合瓣，常辐射对称，管状，或两侧对称，舌状或二唇形；雄蕊 4~5，花药合生为筒状；雌蕊由 2 心皮合生，1 室，子房下位，胚珠 1，花柱上端 2 裂。瘦果。植物体普遍含有菊糖。本科植物常含倍半萜内酯类、黄酮类、生物碱类、聚炔类、香豆素类及三萜类等成分。

菊科是被子植物第一大科，约有 1 000 属，25 000~30 000 种。我国约有 227 属，2 000多种；已知药用 155 属，778 种；全国广布。

根据头状花序花冠类型的不同、乳汁的有无，常分成 2 个亚科，即管状花亚科和舌状花亚科。

菊科亚科与部分属检索表

1. 植物体无乳汁管；头状花序不是全部由舌状花组成 …… 管状花亚科 Asteroideae
  2. 头状花序仅由管状花（两性或单性）组成。
    3. 叶对生，或下部对生，上部互生；总苞片多层；瘦果有冠毛
      ………………………………………………………… 泽兰属 Eupatorium
    3. 叶互生，总苞片 2 至多层。
      4. 瘦果无冠毛。
        5. 花序单性，雌花序仅有 2 朵小花，总苞外多钩刺 …… 苍耳属 Xanthium
        5. 花序外层雌花，内层两性花，头状花序排成总状或圆锥状
         ………………………………………………………… 蒿属 Artemisia
      4. 瘦果有冠毛。
        6. 叶缘有刺。
          7. 冠毛羽状，基部联合成环。
            8. 花序基部有叶状苞片，花两性或单性；果多柔毛
             ………………………………………………… 苍术属 Atractylodes
            8. 花序基部无叶状苞片，花两性；果无毛………… 蓟属 Cirsium
          7. 冠毛呈鳞片状或缺；总苞片外轮叶状，边缘有刺；花红色
            ………………………………………………… 红花属 Carthamas
        6. 叶缘无刺。
          9. 根具香气。
            10. 多年生高大草本；茎生叶互生；冠毛羽毛状
             ………………………………………………… 云木香属 Aucklandia
            10. 多年生低矮草本；叶呈莲座状丛生；冠毛刚毛状
             ………………………………………………… 川木香属 Vladimiria
          9. 根不具香气。
            11. 总苞片顶端呈针刺状，末端钩曲；冠毛多而短，易脱落
             ………………………………………………… 牛蒡 Arctium
            11. 总苞片顶端无钩刺；冠毛长，不易脱落

………………………………………………… 祁州漏芦属 *Rhaponticum*

2. 头状花序由管状花和舌状花（单性或无性）组成。

　12. 冠毛较果实长，有时单性花无冠毛或极短。

　　13. 舌状花、管状花均为黄色；总苞片数层

　　　………………………………………………… 旋覆花属 *Inula*

　　13. 舌状花白色或蓝紫色，管状花黄色；总苞片 2 至

　　　多层 ………………………………………… 紫菀属 *Aster*

　12. 冠毛较果实短，或缺。

　　14. 叶互生 ………………………………… 菊属 *Dendranthema*

　　14. 叶对生。

　　　15. 舌状花 1 层，先端 3 裂；总苞片 2 层

　　　　………………………………………… 豨莶属 *Siegesbeckia*

　　　15. 舌状花 2 层，先端全缘或 2 裂；总苞片数层

　　　　………………………………………… 鳢肠属 *Eclipta*

1. 植物体具乳汁管；头状花序全部由舌状花组成………… 舌状花亚科 Ligulihare

16. 冠毛有细毛，瘦果粗糙或平滑，有喙或无喙部；叶基生。

16. 头状花序单生于花葶上，瘦果有向基部渐厚的长喙…… 蒲公英属 *Taraxacum*

　17. 头状花序在茎枝顶端排成伞房状，瘦果极扁压，无喙部

　　………………………………………………… 苦苣菜属 *Sonchus*

16. 冠毛有糙毛，瘦果极扁或近圆柱形。

　18. 瘦果极扁平或较扁，两面有细纵肋，顶端有羽毛盘 ……… 莴苣属 *Lactuca*

　18. 瘦果近圆柱形，果腹背稍扁。

　　19. 瘦果具不等形的纵肋，常无明显的喙部 ………… 黄鹌菜属 *Youngia*

　　19. 瘦果具 10 翅肋，花序少，总苞片显然无肋 ………… 苦荬菜属 *Ixeris*

（1）管状花亚科［Tubuliflorae（Asteroideae，Carduoideae）］常见植物如菊花［*Dendranthema morifolium*（Ramat.）Tzvel.（*Chrysanthemum morifolium* Ramat.）］、植物野菊［*D. indicum*（L.）Des Moul.］、红花（*Carthamus tinctorius* L.）、白术（*Atractylodes macrocephala* Koidz.）。

（2）舌状花亚科［Liguliflorae（Cichorioideae）］蒲公英（*Taraxacum mongolicum* Hand. –Mazz.）、碱地蒲公英（*T. borealisinense* Kitam.）、山莴苣（*Lactuca indica* L.）、莴苣（*L. sativa* L.）、苦荬菜［*Lxeris denticulata*（Houtt.）Stebb.］、苦苣菜（*Sonchus oleraceus* L.）。

（二）单子叶植物纲（Monocotyledoneae）

1. 禾本科［Gramineae（Poaceae）］

多草本，稀为木本。茎特称为秆，多直立，节和节间明显。单叶互生，2 列；常由叶片、叶鞘和叶舌组成，叶片常带形或披针形，基部直接着生在叶鞘顶端；在叶片、叶鞘连接处的近轴面常有膜质薄片，称为叶舌；在叶鞘顶端的两侧各有 1 附属物，称为叶耳。花序以小穗（spikelet）为基本单位，然后再排成各种复合花序；小穗轴（花序

轴）基部的苞片称为颖（glume）；花常两性，小穗轴上具小花 1 至多数；小花基部的 2 枚苞片，特称为外稃（lemma）和内稃（palea）；花被片退化为鳞被（浆片），常 2~3 枚；雄蕊多为 3~6，花药常丁字状着生；雌蕊 1，子房上位，1 室，胚珠 1，花柱 2~3，柱头羽毛状。颖果。植物体表皮细胞中常含硅质体，气孔保卫细胞为哑铃形，叶上表皮常有运动细胞，叶肉无栅栏组织与海绵组织的分化，主脉维管束具维管束鞘。本科植物常含生物碱、黄酮类化合物、萜类、脂肪酸等活性成分。

本科约有 700 属，近 1 万种；广泛分布于世界各地。我国有 200 多属，1 500 多种；已知药用 85 属，170 多种；全国各省区均有分布。本科是单子叶植物中仅次于兰科的第二大科，但在分布上则更为广泛且个体繁茂，更能适应各种不同类型的生态环境，凡是地球上有种子植物生长的场所基本上都有禾本科植物的踪迹。本科还是粮食作物第一大科，诸多种具有重要的经济价值与药用价值。

（1）竹亚科（Bambusoideae） 灌木或乔木状。叶分为茎生叶（笋壳、竿箨）与营养叶（普通叶），茎生叶由箨鞘（读音：tuò qiào）、箨叶组成，箨鞘大，箨叶小而中脉不明显，两者相接处有箨舌，箨鞘顶端两侧各有 1 箨耳；营养叶具短柄，叶片常披针形，具有明显的中脉；叶鞘和叶柄连接处有关节，叶易从关节处脱落。

常见植物如毛金竹 [*Phyllostachys nigra* （Lodd. ex Lindl.） Munro var. Henonis （Mitford） Stapf ex Rendle] 又称淡竹，茎秆的干燥中间层的药材名为竹茹，为化痰药，能清热化痰，除烦止呕。

（2）禾亚科（Agrostidoideae） 草本。秆上生普通叶，叶片常为狭长披针形或线形，中脉明显，通常无叶柄，叶鞘明显，叶片与叶鞘连接处无关节。

常见植物如薏米 [*Coix lacrymajobi* L. var. *mayuen* （Roman.） Stapf]、淡竹叶（*Lophatherum gracile* Brongn）、芦苇（*Phragmites communis* Trin.）、稻（*Oryza sativa* L.）、青竿竹（*Bambusa tuldoides* Munro）、大头典竹 [*Dendrocalamopsis beecheyana* （Munro） Keng var. Pubescens （P. F. Li） Keng f.]、丝茅 [*Imperata cylindrica* （L.） Beauv. var. *major* （Nees） C. E. Hubb.]。

2. 棕榈科 [Palmae （Arecaceae）]

乔木、灌木或藤本。茎通常不分枝。叶互生，多为羽状或掌状分裂；叶柄基部常扩大成具纤维的鞘。花两性或单性，雌雄同株或异株，有时杂性，组成肉穗花序；花序通常大型多分枝，具一个或多个佛焰苞；萼片 3，花瓣 3，离生或合生；雄蕊多为 6 枚，2 轮；子房上位，心皮 3，离生或基部合生，子房 1~3 室，柱头 3，每心皮内有胚珠 1~2。核果或浆果。

本科约有 210 属，2 800 种；分布于热带、亚热带地区。我国约有 28 属，100 多种；已知药用 16 属，25 种；分布于西南至东南部各省区。

常见植物如棕榈 [*Trachycarpus fortunei* （Hook. f.） H. Wendl.]、槟榔（*Areca catechu* L.）、麒麟竭（*Daemonorops draco* Bl.）。麒麟竭果实渗出的树脂经加工制成的药材即为血竭，为活血化瘀药，能活血定痛，化瘀止血，生肌敛疮。百合科植物海南龙血树（*Dracaena cambodiana* Pierre ex Gagnep.），分布于海南省等。茎木提取的树脂，功效类似血竭。

3. 百合科（Liliaceae）

常为多年生草本，稀为亚灌木、灌木或乔木状。有根状茎、块茎或鳞茎。花两性，稀单性；常为辐射对称；花被片 6，2 轮，离生或部分联合，常为花冠状；雄蕊通常 6 枚，花药基生或丁字状着生；子房上位，稀半下位；常 3 室，中轴胎座，每室胚珠 1 至多数。蒴果或浆果，稀坚果。植物体常有黏液细胞，并含有草酸钙针晶束。本科植物常含甾体生物碱、甾体皂苷、甾体强心苷等。

本科约有 230 属，3 500 种；分布于温带和亚热带地区。我国有 60 属，约 560 种；已知药用 52 属，374 种；分布遍及全国。

百合科部分属检索表

1. 植株无鳞茎。
　2. 叶轮生茎顶端；花项生　·················· 重楼属 Paris
　2. 非上述情况。
　　3. 植株具叶状枝 ····················· 天门冬属 Asparagus
　　3. 植株无叶状枝。
　　　4. 成熟种子小核果状。
　　　　5. 子房上位 ····················· 山麦冬属 Liriope
　　　　5. 子房半下位 ··················· 沿阶草属 Ophiopogon
　　　4. 浆果或蒴果。
　　　　6. 叶肉质肥厚 ··················· 芦荟属 Aloe
　　　　6. 叶非上述情况。
　　　　　7. 花单性 ····················· 菝葜属 Smilax
　　　　　7. 花两性。
　　　　　　8. 雄蕊 3 枚 ················· 知母属 Anemarrhena
　　　　　　8. 雄蕊 6 枚。
　　　　　　　9. 蒴果 ··················· 萱草属 Hemerocallis
　　　　　　　9. 浆果 ··················· 黄精属 Polygonatum
1. 植株具鳞茎。
　10. 伞形花序；植株常具葱蒜味　··········· 葱属 Altium
　10. 非上述情况。
　　11. 花被片基部有蜜腺窝 ·············· 贝母属 Frillaria
　　11. 花被片基部无蜜腺窝 ·············· 百合属 Lilium

本科常见植物如卷丹（*Lilium lancifolium* Thunb.）、百合（*L. brownii* F. E. Brown ex Miellez var. *viridulum* Baker）、山丹（细叶百合）（*L. pumilum* DC.）、川贝母（*F. cirrhosa* D. Don）、甘肃贝母（*F. przewalskii* Maxim. ex Batal.）、玉竹 [*Polygonatum odoratum* (Mill.) Druce]、黄精（*P. sibiricum* Delar. ex Redoute）、阔叶山麦冬（*Liriope platyphylla* Wang et Tang）、华重楼（七叶一枝花）[*Paris polyphylla* Smith var. *chinensis* (Franch.) Hara]、天门冬 [*Asparagus cochinchinensis* (Lour.) Merr.]、知母（*Anemarrhena asphodeloides* Bunge）、土茯苓（*Smilax glabra* Roxb.）、库拉索芦荟（*Aloe* barbadensis Miller）、藜芦（*Veratrum nigrum* L.）、海南龙血树（*Dracaena cambodiana* Pierre ex Gagnep.）、丽江山慈姑（*Iphigenia indica* Kunth et Benth.）。

4. 姜科（Zingiberaceae）

多年生草本，常具特殊香味。地下变态茎明显。叶通常 2 列，羽状平行脉；具叶鞘及叶舌。花序种种；花两性，常两侧对称；花被片 6，2 轮，外轮萼状，常合生成管，一侧开裂，顶端常 3 齿裂，内轮花冠状，基部合生，上部 3 裂，通常位于后方的 1 枚裂片较两侧的为大；退化雄蕊 2 或 4 枚，其中外轮的 2 枚称侧生退化雄蕊，呈花瓣状，齿状或不存在，内轮的 2 枚联合成一唇瓣，常十分显著而美丽，极稀无，能育雄蕊 1；子房下位，中轴胎座，或侧膜胎座，胚珠常多数。蒴果或浆果状。种子具假种皮。本科植物常含挥发油、二萜类、黄酮类、二芳基庚烷类等成分。

本科约有 50 属，1 300 种；主要分布于热带、亚热带地区。我国有 20 属，200 多种；已知药用 15 属，100 余种；分布于东南至西南各地。

姜科部分属检索表

1. 花葶从根状茎抽出，具长柄，侧生退化雄蕊花瓣状 …………… 姜黄属 *Curcuma*
1. 花葶从横走的根状茎抽出或从地上茎叶腋抽出，侧生退化雄蕊小或不存在。
　2. 花序顶生，唇瓣 2~3 裂，蒴果不开裂或开裂 ……………… 山姜属 *Alpinia*
　2. 花序单独自根茎发出。
　　3. 侧生退化雄蕊与唇瓣分离，唇瓣不具 3 裂片
　　………………………………………………… 豆蔻属（砂仁属）*Amomum*
　　3. 侧生退化雄蕊与唇瓣联合，唇瓣大而具 3 裂片 ……………… 姜属 *Zingiber*
常见植物如姜（*Zingiber officinale* Rosc.）、草豆蔻（*Alpinia katsumadai* Hayata）、高良姜（*A. officinarum* Hance）、益智（*A. oxyphylla* Miq.）、山姜 ［*A. japonica*（Thunb.）Miq.］、姜黄（*Curcuma longa* L.）、广西莪术（*C. kwangsiensis* S. G. Lee et C. F. Liang）、温郁金（*C. wenyujin* Y. H. Chen et C. F. Liang）、砂仁（*Amomum villosum* Lour.）、海南砂（*A. longiligulare* T. L. Wu）、草果（*A. tsao-ko* Crevost et Lemaire）、白豆蔻（*A. kravanh* Pierre ex Gagnep.）。

5. 兰科（Orchidaceae）

多为陆生或附生草本。常有根状茎或块茎。茎下部常膨大成鳞茎。总状花序、圆锥花序，稀头状花序或花单生。花两性，常两侧对称；花被片 6，2 轮；萼片 3，离生或合生；花瓣 3，中央 1 枚特化为唇瓣，由于花作 180° 扭转，常位于下方，形态变化多样。花柱与雄蕊完全合生成 1 柱状体，特称为合蕊柱（column）；蕊柱顶端常具药床和 1 花药，腹面有 1 柱头穴，柱头与花药之间有 1 舌状物，称蕊喙（rostellum）；花粉常粘合成团块状，并进一步特化成花粉块；子房下位，常 1 室而具侧膜胎座，胚珠多数；蒴果。种子细小，极多。

兰科大多数为虫媒花，其花粉块的精巧结构与传粉机制的多样性，植物与真菌之间的共生关系等，都达到了极高的地步，因此说兰科是被子植物进化最高级，花部结构最为复杂的科之一。植物体常具黏液细胞，并含有草酸钙针晶，周韧型维管束。本科植物常含有生物碱、菲醌类化合物、芪类化合物、香豆素类、挥发油及蒽醌类化合物等活性

成分。

本科约有 700 属，2 万种；多分布于热带、亚热带地区。我国有 171 属，1 200 多种；已知药用 76 属，287 种；多分布于云南、台湾及海南等地。

兰科部分属检索表

1. 腐生草本；萼片与花瓣合生成筒 …………………………………… 天麻属 *Gastrodia*
1. 陆生或附生草本；萼片与花瓣分离。
  2. 陆生草本，唇瓣 3 裂，无蕊柱足，花粉团 8 个 ……………… 白及属 *Bletilla*
  2. 附生草本，唇瓣不裂，具蕊柱足，花粉团 4 个 ………… 石斛属 *Dendrobium*

常见植物如天麻（*Gastrodia elata* Bl.）、石斛（*Dendrobium nobile* Lindl.）、同属植物铁皮石斛［*D. officinale* Kimura et Migo（*D. candidum* Wall ex Lindl.）］、马鞭石斛［*D. fimbriatum* Hook.（*D. fimbriatum* Hook. var. *oculatum* Hook. F.）］、白及［*Bletilla striata*（Thunb. ex A. Murray）Rchb. f.、手参 *Gymnadenia conopsea*（L.）R. Br.］、石仙桃（*Pholidota chinensis* Lindl.）、羊耳蒜［*Liparis nervosa*（Thunb.）Lindl.］、斑叶兰（*Goodyera schlechendaliana* Reichb. f.）。

思考题

1. 低等植物包括哪些类群？有哪些特点？
2. 藻类植物有哪些特点？
3. 从分类学看藻类植物包括哪些门？
4. 什么是异形胞？
5. 什么是世代交替？什么是同形世代交替？什么是异形世代交替？
6. 地衣又称为地衣型真菌，从分类学来说，地衣的种名按什么命名？相当于哪一界的系统位置？
7. 按照地衣的外部形态特征，可将地衣分为哪些生长类型？
8. 地衣的内部结构是怎样的？
9. 地衣体有哪些附属结构？
10. 苔藓植物有哪些特点？常见的代表植物有哪些？
11. 蕨类植物有哪些特点？常见的代表植物有哪些？
12. 裸子植物有哪些特点？常见的代表植物有哪些？
13. 被子植物有哪些特点？一般公认的被子植物形态构造的主要演化规律是什么？
14. 双子叶植物纲和单子叶植物纲的主要区别是什么？
15. 双子叶植物纲的离瓣花亚纲主要有哪些科？合瓣花亚纲主要有哪些科？
16. 豆科作为被子植物中仅次于菊科和兰科的第三大科，有哪几个亚科？有什么形态特征？
17. 菊科作为被子植物第一大科，有哪几个亚科？有什么形态特征？
18. 禾本科是单子叶植物中仅次于兰科的第二大科，有哪几个亚科？各有什么形态特征？
19. 兰科作为被子植物进化最高级，花的结构有哪些特点？

第五章　动物的类群及描述方法

第一节　动物学概述

一、动物学及其分支学科

（一）动物学

动物学是生物学的分支学科，是研究动物的形态、结构、生命活动特征、分类、类群发生发展规律及其与环境之间关系的基础学科。

（二）动物学的分支学科

随着科学的发展，动物学形成了许多分支学科。

1. 按研究领域分类

按研究领域分类，主要包括动物形态学、动物分类学、动物生理学、动物胚胎学、动物生态学、动物地理学、动物遗传学等。

（1）动物形态学　研究动物体内外形态结构及其在个体发育和系统发展过程中的变化规律的学科。解剖学、比较解剖学、古动物学、组织学和细胞生物学都是动物形态学的分支。

解剖学研究动物器官结构、功能及其相互关系。通过比较不同动物器官、系统的异同研究动物进化关系是比较解剖学的内容。

古动物学是研究绝种动物化石来阐明古动物起源、进化及与现代动物之间关系的学科。古动物学与比较解剖学的研究成果是解析动物起源、进化关系的重要证据。

在组织水平或细胞水平研究动物器官显微结构和功能的学科分别称为组织学和细胞学。目前，细胞学已经发展为分子细胞生物学，从亚细胞和分子水平研究动物细胞的形态、结构、生理、代谢及其与细胞功能之间的关系。

（2）动物分类学　研究各分类阶元中动物类群间的异同、亲缘关系、进化和发展规律的学科。

（3）动物生理学　研究动物的机能、机能的变化发展以及对环境条件的反应等的学科。这些机能包括消化、循环、呼吸、排泄、生殖、应激反应等。动物生理学还分支出了针对某个机能的专门学科，如内分泌学、免疫学等。

（4）动物胚胎学　研究动物胚胎的形成、发育过程及其规律的学科。近年来用分子生物学和细胞生物学的理论和方法研究个体发育机理，是胚胎学发展的新阶段，称为发育生物学。

（5）动物生态学　研究动物与环境之间的相互关系的学科，包括个体生态学、种群生态学、群落生态学等。

（6）动物地理学　研究动物种类在地球上的分布、特征及规律的学科。

（7）动物遗传学　研究动物遗传、变异规律的学科，包括遗传物质的本质、传递、遗传信息表达调控等。

2. 按研究对象分类

动物学按研究对象分为无脊椎动物学、脊椎动物学、原生动物学、寄生动物学、蛛形学、昆虫学、鱼类学、鸟类学、哺乳动物学等。

3. 按研究重点和应用范围分类

按研究重点和应用范围分为理论动物学、应用动物学、医用动物学、资源动物学、畜牧学、桑蚕学、水产学等。

由于学科的发展，动物学的研究向微观和宏观两极拓展，许多分支学科都是从分子、细胞、组织、器官、个体、群体到生态系统多层次的展开研究。此外，动物学与其他学科的交叉融合也会产生新的研究方向，如仿生学。

二、动物的类群

根据细胞数量、分化、体型、胚层、体腔、体节、附肢以及内部器官的布局特征等，将整个动物界分为多个门（图5-1）。

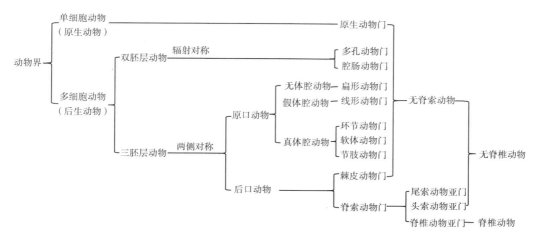

图5-1　常见动物的类群及主要特征（引自谢桂林 等，2014）

对于动物的门数及各门动物在动物演化系统上的位置，不同动物学家持有不同的见解，并根据新的准则和证据不断提出新观点。根据近年来许多学者的意见，将动物界分为如下36门。

1. 原生动物门（Protozoa）　　　　　　　2. 中生动物门（Mesozoa）

3. 多孔动物门（Porifera）

4. 扁盘动物门（Placozoa）

5. 腔肠动物门（Coelenterata，或称
刺胞动物门 Cnidaria）

6. 栉水母动物门（Ctenophora）

7. 扁形动物门（Platyhelminthes）

8. 纽形动物门（Nemertea）

9. 颚口动物门（Gnathostomulida）

10. 微颚动物门（Micrognathozon）

11. 黏体门（Myxozoa）

12. 轮虫动物门（Rotifera）

13. 腹毛动物门（Gastrotricha）

14. 动吻动物门（Kinorhyncha）

15. 曳鳃动物门（Priapulida）

16. 兜甲动物门（Loricifera）

17. 线虫动物门（Nematoda）

18. 线形动物门（Nematomorpha）

19. 棘头动物门（Acanthocephala）

20. 圆环动物门（Cycliophora）

21. 内肛动物门（Entoprocta）

22. 环节动物门（Annelida）

23. 螠虫动物门（Echiura）

24. 星虫动物门（Sipuncula）

25. 须腕动物门（Pogonophora）

26. 软体动物门（Mollusca）

27. 缓步动物门（Tardigrada）

28. 有爪动物门（Onychophora）

29. 节肢动物门（Arthropoda）

30. 腕足动物门（Brachiopoda）

31. 苔藓动物门（Bryozoa，或称外
肛动物门 Ectoprocta）

32. 帚虫动物门（Phoronida）

33. 毛颚动物门（Chaetognatha）

34. 棘皮动物门（Fchinodermata）

35. 半索动物门（Hemichordata）

36. 脊索动物门（Chordata）

三、动物学研究的意义

动物学研究内容与农、林、牧、渔、医、工等多方面的人类活动密不可分，也为人类的衣、食、住、行提供了丰富的资源，很多动物还是人类的伙伴，成为美化和满足人类生活的重要元素。但是，有害动物的繁殖扩散对人类的生产、生活和健康造成了极大的损害。

（一）动物学研究可为发展有益动物和经济动物提供必要的基础理论

当前畜牧业已经从传统的家庭副业发展成为农业农村经济的重要支柱产业之一，在满足肉蛋奶消费、促进农民增收、维护生态安全等方面发挥了不可替代的重要作用。目前我国每头母猪可提供出栏肥猪 15 头左右，而美国、丹麦等养猪强国可以达到 22~26 头；我国每头荷斯坦成年母牛单产 6t 左右，以色列、美国、加拿大等国单产超过 9t。现在我国生猪的平均饲料转化率为 3.5kg 饲料/1kg 肉，而发达国家大部分在 3kg 饲料/1kg 肉以下，这就意味着同样增长 1kg 肉我国要多用 0.5kg 以上饲料。与此同时，我国畜禽良种综合生产性能与国外还有一定差距，育种创新能力弱；一些地方畜禽品种资源数量持续下降，甚至濒临灭绝。可见，我国的畜牧业的生产能力仍然需要大幅度提高。为了提高畜牧业的产量和质量，掌握家禽、家畜、水产动物的形态结构、生长发育规律、繁殖遗传特点等动物学知识才能更好地满足其所需的生活条件，达到增产增效的目的。

在医药卫生方面，动物学及其许多分支学科，如解剖学、组织学、胚胎学、生理学、寄生虫学等是医药卫生研究的基础学科。很多动物具有药用价值，明代李时珍著《本草纲目》有461种动物入药，占该书药物总数的24.4%。1979年和1983年出版的《中国药用动物志》第一册和第二册共收载816种，其中软骨鱼类20种，硬骨鱼类132种，两栖类21种，爬行类80种，鸟类102种，哺乳类142种。水蛭、虻虫、全蝎、蜈蚣、牡蛎、文蛤、海马等均为中医临床常用药。一些动物的副产品，如牛黄、麝香、蜂王浆、蜂毒、蛇毒等也是重要的药物资源。近年来，从欧洲医蛭、日本医蛭中分离纯化的一种蛋白质——水蛭素，是迄今为止发现的最强特异凝血酶抑制剂，通过非共价结合凝血酶发挥抑制凝血酶活性的作用，是欧洲已上市的一个新型抗凝药物。目前，具有更优特异靶向性的新蛭素（neohirudin，EH）和菲牛蛭素成为研究热点，已报道了新蛭素通过酵母表达系统、大肠杆菌表达系统生产原液的方法、成品的质量控制方法及质量标准。

在工业方面，许多轻工业原料来源于动物。绝大多数体型较大的哺乳动物的皮毛是制裘或鞣革的原料。我国皮毛动物约150种，优质的如紫貂、石貂、沙狐等，其次的如黄鼬、豹猫、鼬獾等。黄鼬皮年产量250万张左右，鼬獾皮50万~70万张。毛皮年产量超过10万张的种类有赤狐、貉、豹猫、麝鼠、旱獭、松鼠等。产丝昆虫如家蚕、柞蚕所产的蚕丝及羊毛、驼毛、兔毛等，为丝、毛纺织提供原料。白蜡是军工、轻工、化工、手工和医药生产上的重要原料，具有密封、防潮、防锈、经久不腐等特性，用于金属品的防腐抛光，精密仪表机械的防潮、防锈及润滑，纺织工业上的着光剂，造纸工业上的填充和上光剂，电容器的防腐，也作为汽车蜡、地板蜡、化妆品的原料，还用于名贵家具的抛光等。白蜡又名虫白蜡，是白蜡虫寄生在女贞树上由雄虫分泌的蜡花经加工熬制而成的精品。商品白蜡色泽洁白、无臭、无味、油滑而有光泽，质地坚硬而有脆性。白蜡属于高分子动物蜡，以虫蜡酸、虫蜡醇酯为主要成分。

（二）动物学研究可应用于有害动物的防控

1. 应用于农业有害动物的防控

我国农作物主要害虫有800多种，其中重大害虫有20多种。生物防治中利用自然界的天敌昆虫抑制农、林、牧、医等各类害虫既环保，又高效。美国从20世纪70年代起，先后从国外引进天敌昆虫600多种，对120种害虫起了控制作用。赤眼蜂是一类卵寄生蜂，可寄生在玉米螟、黏虫、条螟、棉铃虫、松毛虫等害虫的卵内，起杀虫的作用。我国利用人工卵培育赤眼蜂，特别在研制无昆虫物质的人造卵方面处于国际领先地位。我国还具有丰富的农林蜘蛛资源，种类多，发生量大，是控制害虫的重要天敌资源。我国稻田蜘蛛已知的有280余种，棉田和橘园有150余种，蔬菜有70余种，茶有190余种，森林140余种，草原120余种，均居各类捕食性天敌种类和发生量之首。

两栖类和爬行类动物是消灭有害动物的重要成员。浙江省丽水地区利用蛙类防治田间害虫，每亩稻田放养蛙类1 000只，可增产粮食14.6%~21.5%。一条中等大小的蛇在夏秋两季可吞食鼠类100只左右。

鸟类在消灭害虫方面也功不可没。黑龙江省带岭林场招引益鸟防治落叶松害虫，使越冬松毛虫降至每株平均1只，而对照区每株高达10.1只。新疆粉红椋（读音：

liáng）鸟在繁殖期能使捕食区内的蝗虫从每平方米 33 只下降到不足 1 只。武昌地区越冬长耳鸮（读音：xiāo）的食物主要是黑线姬鼠。

2. 应用于传染病的防控

多种低等动物都是寄生虫病的病原物。血吸虫病是一种由日本血吸虫、曼氏血吸虫等寄生于人或多种哺乳动物静脉血管中造成的人畜共患病。在我国历史上，受血吸虫病威胁的人口曾多达 1 亿多人。截至 2020 年全国 450 个血吸虫病流行县、市、区中，337 个（74.9%）达到血吸虫病消除标准，98 个（21.8%）达到传播阻断标准。2020 年全国仅查出 3 例血吸虫病病原学检查阳性者。

随着城市化进程的不断推进，旅游业、饮食业以及宠物行业的快速发展，人与动物密切接触的机会越来越多。据统计，人类 60% 的传染病来自动物。禽流感、新型冠状病毒感染以及狂犬病等疾病，经过不断的进化，均已具备感染人类的能力。人畜共患病的流行严重威胁人类和动物健康，破坏国际贸易和经济秩序稳定。控制和消除人畜共患病的流行是动物学持续关注的研究热点。

（三）动物学研究可应用于动物资源的保护、开发和可持续利用

我国有 952.8 万 km² 的陆地和 92.1 万 km² 的海疆，毗邻的中国海总面积 485 万 km²，蕴育着丰富多样的动物资源。已知淡水鱼类近 800 种，海洋鱼类约 1 700 种，两栖类 220 多种，爬行类 380 多种，鸟类 1 187 种，兽类 500 多种。昆虫和其他无脊椎动物种类初步估计分别为 15 万种和 3.5 万种。这些动物在国计民生的许多方面有重要作用。

但是，由于巨大的经济利益驱使，乱捕滥猎和过度开发的情况非常严重。蝴蝶是观赏用的国际贸易商品，世界年贸易额约 1 亿美元。我国台湾地区在蝴蝶贸易全盛期曾年创汇约 2 千万美元。我国有丰富的蝴蝶种质资源，有许多珍稀的蝶类，如金斑喙凤蝶、宽尾凤蝶、高山绢蝶等。但是由于管理上的漏洞，一些名贵的蝴蝶常被非法滥捕，导致蝴蝶种质资源受到威胁。我国有百余种观赏鸟，如红嘴相思鸟、画眉、绣眼、百灵、八哥、太平鸟等。1978 年和 1979 年曾出口百余万只活的观赏鸟，换汇百余万美元。外销数量较大的是红嘴相思鸟，每年出口 20 余万只；其次是画眉，每年约 10 万只。由于利益驱动，这些鸟的野生资源也受到威胁。

动物资源是国家的重要财富，合理开发利用，才能防止物种灭绝、资源枯竭以及由此引发的生物多样性损失和生态环境恶化。早在 1962 年国务院就发出了《关于积极保护和合理利用野生动物资源的指示》。1979 年、1986 年、1988 年和 1992 年国家先后颁布了《中华人民共和国水产资源繁殖保护条例》《中华人民共和国渔业法》《中华人民共和国野生动物保护法》和《中华人民共和国陆生野生动物保护实施条例》。经过几十年的努力，我国动物资源的保护工作已取得很大成绩，在法制管理的轨道上逐步趋于完善。

为了加强资源管理，积极驯养繁殖，合理有效地开发利用动物资源，首先定期开展动物资源调查研究必不可少；其次，挽救濒危动物，保护珍稀物种需要了解动物生活环境、食性、繁殖规律及其他动物学相关知识，这些都要动物学基础理论的支持。

（四）动物学研究可为正确应对人与野生动物冲突提供帮助

随着社会经济发展及人类对土地资源的扩张开发，野生动物栖息地不断减少，生物多样性恢复质量不断降低，人与野生动物冲突问题突显出来。野生动物如亚洲象、野猪、食肉类等大中型兽类对农作物、家畜或人造成损失的现象越来越受关注。这类事件不仅会给当地社区带来经济损失甚至危及人身安全，影响人们正常的生产生活，也会挫伤人们对野生动物保护的积极性，甚至导致对肇事动物的报复性猎杀。

人与野生动物冲突问题反映的是人与野生动物互动关系的理想与现实之间的差距。许多保护项目通过栖息地分区管理来避免人与野生动物在时空上的重叠，或通过提高栖息地质量来满足野生动物的生存需要，减少对共有资源的竞争。具体措施包括扩大保护区面积、修建生态廊道、调整土地利用模式、分区管理等，有效缓解了人与野生动物的冲突矛盾。这些措施的制定很大程度上依赖于动物学基础研究提供的依据。

第二节　原生动物门

原生动物也称单细胞动物，约有 5 万种，其中约 2 万种为化石种，是动物界最原始、最低等的动物。这类动物分布很广，生活在淡水、海水以及潮湿的土壤中，如常见的变形虫、眼虫、草履虫等。也有不少种类是寄生的，包括使人致病的种类，如疟原虫、黑热病原虫、痢疾内变形虫、睡病虫等。

一、原生动物门的分类

原生动物的分类在一些教科书和专著中意见不一致。1980 年以 N. D. Levine 为首的原生动物学家协会进化分类学委员会基于先前的研究和新发现，将原生动物归为原生动物亚界，按生物三界系统划分属于动物界的一个亚界，按五界系统划分属于原生生物界的一个亚界，分为肉足鞭毛门、盘蜷门、顶复体门、微孢子门、精细孢子门、腹虫门和纤毛门 7 个门，其下又设若干亚门、总纲及纲、亚纲等。1985 年，由于对原生动物超微结构和分子分类方法的研究，J. J. Lee 等主编的《原生动物图解指南》一书，又将原生动物分为 6 个门，其中有 5 个门与 1980 年的分类系统相同，精细孢子门因该门下属的类群归属一直有争议而未被纳入。近些年来，原生动物学者多从原生动物的显微结构、超微结构、分子探索研究原生动物的分类和系统发展。结果各学者意见不一，有关原生动物的分类仍需继续深入研究。

二、原生动物门的主要特征

（一）形态
原生动物身体微小，长度为 30~300μm，由单个细胞构成。

（二）生理活动
原生动物具有呼吸、循环和排泄等生理活动。呼吸通过体表进行；循环通过胞质环流和扩散完成；排泄由体表扩散或伸缩泡完成。

伸缩泡指淡水产原生动物体内一种有节律性收缩的小泡，能及时收集体内多余的水分并排出体外，以维持体内水分的平衡，并具有一定的排泄作用。伸缩泡的数目、位置、结构在不同类的原生动物中不同。伸缩泡是原生动物排泄和调节渗透压平衡的细胞器。

（三）营养方式

原生动物的营养方式有 3 种：植物性营养、腐生性营养和动物性营养。

鞭毛纲植鞭亚纲含有色素体。色素体中含有叶绿素、叶黄素等，能进行光合作用，自己制造食物，这种营养方式称为植物性营养。

孢子纲及其他一些寄生或自由生活的种类能通过体表的渗透作用从周围环境中摄取溶解在水中的有机物质获得营养，这种营养方式称为腐生性营养。

绝大多数原生动物是通过取食活动而获得营养。例如，变形虫类通过伪足的包裹作用吞噬食物；纤毛虫类通过胞口、胞咽等细胞器摄取食物，食物进入体内后被细胞质形成的膜包围成为食物泡随原生质而流动，经消化酶作用使食物消化，不能消化吸收的食物残渣再通过体表或固定的胞肛排出体外，这种营养方式称为动物性营养。

（四）生殖方式

原生动物的生殖包括无性生殖和有性生殖两种方式，有性生殖又分为配子生殖和接合生殖。

1. 无性生殖

无性生殖存在于所有原生动物，一些种类（如锥虫）无性生殖是唯一的生殖方式。无性生殖有以下几种形式：二分裂、出芽生殖、复分裂、质裂。

2. 有性生殖

有性生殖包括配子生殖和接合生殖两种方式。

（1）配子生殖　配子生殖是大多数原生动物的有性生殖方式，即经过两个配子的融合或受精形成一个新个体。

配子生殖包括同配生殖和异配生殖。同配生殖是指同形配子的生殖。同形配子是指融合的两个配子在大小、形状上相似，仅在生理功能上不同。异配生殖是指异形配子进行的生殖。异形配子是指融合的两个配子在大小、形状及功能上均不相同。根据异形配子大小不同分别称为大配子和小配子，大、小配子从仅略有大小的区别分化到形态和功能完全不同的卵和精子。卵受精后形成受精卵，亦称合子。

（2）接合生殖　接合生殖是纤毛纲原生动物所具有的一种有性生殖方式。接合生殖时，首先两个二倍体虫体相贴，口沟相对，每个虫体的大核逐渐消失，小核减数分裂，形成单倍体的配子核，相互交换新形成的较小核，交换后的单倍体较小核与对方的单倍体较大核融合，形成一个新的二倍体结合核，然后两个虫体分开，各自再行有丝分裂，形成 4 个二倍体的新个体。

（五）运动

原生动物的运动是由运动细胞器完成的。运动细胞器有两种类型：一种是鞭毛和纤毛；另一种是伪足，它们运动的方式不同。

鞭毛、纤毛在结构与功能上没有明显的区别，只是鞭毛较长（5~200μm）、数目较少（多鞭毛虫类除外），多数鞭毛虫具有 1~2 根鞭毛，而纤毛较短（3~20μm）、数目特别多。

鞭毛呈对称摆动，一次摆动包括数个左右摆动的运动波；纤毛呈不对称运动，一次摆动仅包括一个运动波。鞭毛与纤毛除了运动功能之外，还具有某些感觉功能。另外它们的摆动，可以引起水流动，利于取食，推动物质在体内的流动。伪足也是一种运动细胞器，其形成与运动是由细胞质内微丝的排列来决定，是由原生质的流动而形成，形状有叶状、针状、网状等。可以形成伪足的原生动物，其身体都可改变形状，故伪足可用来在物体表面上进行爬行运动。

（六）应激性

原生动物是一个独立完整的有机体，对外界环境的变化能产生一定的反应，这种特性称应激性。应激性能帮助原生动物找寻食物和逃避敌害。

（七）可形成包囊

原生动物大多在遇到不良环境时，体表的细胞器如纤毛、鞭毛、伪足缩入体内或消失，外被厚壳，形成圆球形包囊，即可以渡过恶劣环境，又容易被风或其他动物带至远处。包囊是原生动物对不良环境的一种适应，一旦环境适宜，胞壳破裂，又恢复原来的生活状态。

（八）生活史

原生动物的生活史有多种类型。有的种类如锥虫，生活史中仅有分裂生殖，从未出现过有性生殖，因此子体与母体都是单倍体，用"N"表示。一些鞭毛纲及孢子纲原生动物，如有孔虫，在生活史中尽管出现了无性生殖与有性生殖，但生活史的大部分时期为单倍体（N）时期，即细胞核内染色体的数目为受精后染色体数目的1/2，受精后染色体数目比配子的多 1 倍，形成二倍体，用"2N"表示。其二倍体时期很短，当孢子形成时又进行减数分裂（meiosis），所以减数分裂是出现在受精作用之后，结果单倍体与二倍体交替出现，单倍体时期为无性世代，二倍体时期为有性世代。原生动物纤毛纲及多细胞动物生活史的绝大部分时期为二倍体，减数分裂发生在受精作用之前，减数分裂之后才产生单倍体的配子，配子在受精作用之后个体又立刻进入二倍体时期。

三、原生动物的代表类群

原生动物门分类争议较多，但是其下的鞭毛纲、肉足纲、孢子纲、纤毛纲这 4 大类群是过去长期得到认可的，是原生动物中最基本的类群。

（一）鞭毛纲

鞭毛纲动物约有 1 万种。一般具鞭毛，通常有 1~4 条或稍多。鞭毛的结构为内周缘部排列 9 条双联体微管，中央有 2 条中央微管。无性繁殖一般为纵二分裂，有性繁殖为配子生殖或整个个体结合。在环境不良的条件下一般能形成包囊。根据营养方式的不同，可分为两个亚纲：植鞭亚纲（Phytomastigina）和动鞭亚纲（Zoomastigina）。

1. 植鞭亚纲

植鞭亚纲动物一般具有色素体，能行光合作用，自由生活在淡水或海水中；也有无色素的类群，是在进化中失去了色素体，其结构与有色素体的类群基本相似。

绝大多数的植鞭毛虫是浮游生物的组成成分，是鱼类的自然饵料，但也有一些淡水生活的种类会引起水污染。植鞭亚纲可分为金滴虫目（Chrysomonadida）、隐滴虫目（Cryptomonadida）、腰鞭毛目（Dinoflagellida）、眼虫目（Euglenida）、绿滴虫目（Chloromonadida）和团藻目（Volvocida）等。本亚纲在植物界中属于裸藻门、绿藻门、甲藻门等。本亚纲中如眼虫（Euglena）和盘藻（Gonium），一般由4~16个个体排在同一个平面上，呈盘状，每个个体都有2根鞭毛，有纤维素的细胞壁，有色素体，每个个体都能进行营养和生殖；团藻（Volvox）由成千上万个个体构成，排成一个空心圆球形，有简单的生殖和营养个体的分化；腰鞭毛虫类中的夜光虫（Noctiluca）由于海水波动的刺激在夜间可见其发光，而钟罩虫（Dinobryon）、尾窝虫（Uroglema）、合尾滴虫（Symura）生活在海中，颜色发红，大量繁殖时可引发赤潮。

2. 动鞭亚纲

动鞭亚纲动物体内无色素体存在，异养；鞭毛1至多根；细胞表面只有细胞膜；营养方式为动物性营养或腐生性营养，以糖原作为其食物的储存物；许多种类营共生或寄生生活，少数种类营自由生活，其中有不少寄生的种类危害人类或成为经济动物。例如，利什曼原虫（Leishmania）感染后可引起黑热病，由白蛉子传播；锥虫（Trypanosoma）感染后可引起昏睡病；隐鞭虫（Cryplobia）常寄生于鱼鳃；披发虫（Ttrichonympha）共生于白蚁肠道，使其可以消化木材的纤维素。

动鞭亚纲包括领鞭毛目（Choanoflagellida）、根足鞭毛虫目（Rhizomastigida）、动质体目（Kinetoplastida）、曲滴虫目（Retortamonadida）、双滴虫目（Diplomonadida）、毛滴虫目（Trichomonadida）和超鞭毛目（Hypermastigida）。

（二）肉足纲

肉足纲动物最典型的特征是具有运动和摄食功能的伪足。体表仅有极薄的细胞质膜，细胞质常明显分化为外质与内质。外质在质膜之下，无颗粒，均匀透明；外质之内是内质，具有颗粒，有细胞核、伸缩泡、食物泡等，能流动。内质可分为两部分，处在外层相对固定的部分称为凝胶质，在其内部早液态的部分称为溶胶质。虫体依靠两者的相互转化完成变形运动。虫体有裸露，有具石灰质、矽质或几丁质的外壳。繁殖为二分裂，少数种类具有性生殖，包囊形成普遍。生活于淡水或海水中，也有些寄生生活。肉足纲动物已发现8 000多种，根据伪足形态分为2个亚纲：根足亚纲（Rhizopoda）和辐足亚纲（Actinopoda）。

1. 根足亚纲

根足亚纲动物的伪足为叶型、丝型及根型，但无轴型，在淡水或海水中生活，极少数寄生于昆虫、脊椎动物及人类消化道内。有些种类自由生活，有些种类营寄生生活。

常见种类包括各种变形虫、表壳虫属（Arcella）、砂壳虫属（Difflugia）、球房虫属

（*Globigerina*）和有孔虫属（*Foraminifer*）的动物。

2. 辐足亚纲

辐足亚纲动物具轴型伪足，身体多呈球形，多营漂浮生活，生活在淡水或海水中。常见种类包括太阳虫目（Heliozoa）和放射虫目（Radiolaria）。

太阳虫目动物体呈球形，主要营淡水漂浮生活，具轴型伪足，由球形身体周围伸出。一些种类还有拟壳质的囊包围在虫体之外，是浮游物的组成部分，也是海洋动物的天然饵料。常见的种类有辐射虫属（*Actinosphaerium*）、太阳虫属（*Actinophrys*）等。

放射虫目动物伪足轴形或丝形，身体呈球形放射状，多数种类具有矽质骨骼，骨骼是由虫体的中央向四周伸出放射状的长骨针和外表硅质或硫酸锶质的网格壳共同构成。放射虫是古老的动物类群，虫体最大直径可达 5mm，当虫体死亡之后，其骨骼能形成海底放射虫软泥。代表种包括：等棘虫（*Acanthomelra elasticum*）、锯六锥星虫（*Hexaconus serralus*）和等辐骨虫（*Acanthometron*）。

（三）孢子纲

孢子纲动物全部营寄生生活，没有运动细胞器，只在生活史中的特定阶段具有伪足或鞭毛，异养，多具有顶复合器结构，宿主 1~2 个，生活史包括裂体生殖和孢子生殖，有世代交替现象。分布广，约有 3 500 种，常见的动物有疟原虫（*Plasmodium*）、球虫（*Eimeria*）、焦虫（*Piroplasmia*）和碘孢虫（*Myxobolus*）等。

（四）纤毛纲

纤毛纲是原生动物门中种类最多、结构最复杂的一个纲。纤毛纲动物成体或生活周期的某个时期具有纤毛，以纤毛为其运动及取食的细胞器。纤毛的结构与鞭毛相同，但纤毛较短，数目较多，运动时节律性强。生活在淡水或海水中，也有些营寄生生活。

根据纤毛的模式及胞口的性质，将纤毛纲分为 3 个亚纲 7 个目的分类系统，目前该分类系统已为大多数原生动物学家所接受。

（1）动片亚纲（Kinetolragminophora）　动片亚纲动物口区有独立的基体列，体表纤毛一致，没有复合纤毛器官，包括裸口目（Gymnostomata）、庭口目（Vestibulifera）、下毛目（Hypostomata）和吸管虫目（Suctoria）4 个目。

①裸口目生活在淡水、海水及潮间带的砂土中，植食性或肉食性。代表种类有榴弹虫（*Coleps*）、栉毛虫（*Didinium*）、棒棰虫（*Dileptus*）和长吻虫（*Lacrymaria*）等。

②庭口目代表种类有肾形虫（*Colpoda steim*）、肠纤毛菌虫（*Isotricha intestinalis*）、内毛虫（*Entodinium*）和结肠肠袋虫（*Balantidium coli*）。

③下毛目代表种类有蓝管虫（*Nassula aurea*）、旋漏斗虫（*Spirochona*）和枪尾纤毛虫（*Trochilia Palustris*）等。

④吸管虫目代表种类有壳吸管虫（*Acinela*）、足吸管虫（*Podophrya*）等。

（2）寡毛亚纲（Oligohymenophora）　寡毛亚纲动物口区结构较发达，具有复合的纤毛器官，包括膜口目（Hymenostomata）和缘毛目（Peritricha）2 个目。

①膜口目代表种类有草履虫（*Paramecium caudalum*）、四膜虫（*Tetrahymena*）、口帆纤毛虫（*Pleuronema*）和豆形虫（*Colpidium*）等。草履虫常作为研究有性生殖、交配

型及遗传学的实验材料；四膜虫由于可以在纯无机饲养液中饲养，因此被作为细胞学、营养学、遗传学等的研究材料。

②缘毛目代表种类有端毛轮虫（*Telodrocha*）、钟形虫（*Vorticella*）、独缩虫（*Carchesium*）和累枝虫（*Epistylis*）等。端毛轮虫的幼虫可以自由游泳，对固着生活种类的传播有重要作用。

（3）多膜亚纲（Polyhymenophora）　多膜亚纲动物口区具有显著的口旁小膜带，体表纤毛一致，或构成复合的纤毛结构，如棘毛。多膜亚纲只有旋毛目（Spirotricha）1个目。

旋毛目体表纤毛一致或形成棘毛，口旁小膜带发达，身体呈卵圆形、长圆形等。生活在淡水或海水中，少数营共生或寄生。分为异毛亚目（Heterotrichida）和腹毛亚目（Hypotrichida）2个亚目。

①异毛亚目代表种类有喇叭虫（*Stentor*）、赭纤虫（*Blepharisma*）、旋口虫（*Spirostomum*）等。喇叭虫身体呈喇叭形，体长可达3mm，肉眼可见，常作为研究细胞水平形态发生的重要材料。

②腹毛亚目是原生动物中高度进化的种类，常见的代表种类有游仆虫（*Euplotes*）、棘尾虫（*Stylonychia*）等。

第三节　多细胞动物的起源与发育

一、多细胞动物起源

与原生动物相比，绝大多数多细胞动物称为后生动物（metazca），一般认为多细胞动物起源于单细胞动物。很多学者认为，在原生动物和后生动物之间，还有一个过渡类群，称为中生动物（mesoana），其分类地位至今尚难确定。中生动物身体较小，整个虫体由20~30个细胞组成，全部寄生在海洋无脊椎动物体内，生活较复杂。

二、多细胞动物胚胎发育

多细胞动物的胚胎发育比较复杂，不同种类的动物，胚胎发育的情况不同，但是早期胚胎发育的几个重要阶段是相同的。多细胞动物胚胎发育的一般规律是所有多细胞动物都是由一个受精卵发育而来，胚胎发育的全过程都是细胞的量变增殖和质变分化及细胞运动的过程。

（一）受精与受精卵

由雌、雄个体产生雌、雄生殖细胞，雌性生殖细胞称为卵，雄性生殖细胞称为精子，精子与卵结合成的一个细胞称为受精卵，这个过程就是受精。卵较大，卵内一般含有大量卵黄。卵可根据卵黄的多少分为少黄卵、中黄卵和多黄卵。卵黄多的一端称为植物极，另一端称为动物极。精子个体小，尾部为"9+2"双联体微管结构，能活动，可游动到卵与卵受精。受精卵是新个体发育的起点，新个体即是由受精卵发育而成。

（二）卵裂

受精卵至细胞分化前，动物胚胎的细胞分裂与一般细胞分裂不同，每次分裂形成的新细胞未经长大，又继续分裂，分裂成的细胞越来越小，故将这种细胞分裂称为卵裂，其分裂形成的新细胞称为分裂球。从受精卵形成到胚胎开始出现空腔的阶段称为卵裂期。由于不同动物的卵细胞内卵黄多少及卵黄在卵内分布情况不同，卵裂方式分为完全卵裂和不完全卵裂。

完全卵裂是指整个卵细胞都进行分裂，多见于少黄卵。如果卵黄少且分布均匀，形成的分裂球大小相等称为均等卵裂，如文昌鱼。如果卵黄在卵内分布不均匀，形成的分裂球大小不等的称为不均等卵裂，如多孔动物、蛙类。

不完全卵裂常见于多黄卵。因卵内的卵黄多，细胞分裂受阻，受精卵只在不含卵黄的部位进行分裂。分裂只在胚胎处进行的称为盘裂，如鸡卵；分裂只在卵表面进行的称为表面卵裂，如昆虫卵。各种卵裂的结果，虽然形态上有差别，但都会进入下一个发育阶段。

（三）囊胚的形成

卵裂的结果是分裂球排列成中空的球状胚，称为囊胚。囊胚中间的腔称为囊胚腔，囊胚壁上的一层细胞组成囊胚层。从胚胎出现空腔到囊胚层开始向内变化的阶段，称为囊胚期。

（四）原肠胚的形成

囊胚进一步发育即可形成原肠胚。从囊胚层开始向内变化到中胚层开始形成的阶段称为原肠胚期，期间胚胎将分化出内、外两胚层和原肠腔。各类动物原肠胚的形成方式不完全相同，主要有以下5种。

1. 内陷

囊胚的植物极细胞向内陷入，最后形成两层细胞，包在外面的一层细胞称为外胚层，陷入里面的一层细胞称为内胚层。内胚层所包围的腔，将来形成动物的肠腔，故称为原肠腔。原肠腔与外界相通，在原肠胚表面形成的孔称为原口或胚孔。

2. 内移

由囊胚的部分细胞向内移入，然后进行卵裂形成内胚层。初移入的细胞无规则地充填于囊胚腔内，之后随着卵裂的进行逐渐排成一层内胚层，内移形成的原肠胚开始没有胚孔。胚孔是在原肠胚后期，由胚的一端开口形成的。

3. 外包

植物极的细胞卵黄多，分裂非常慢；动物极的细胞卵黄少，分裂较快。随着卵裂的进行，动物极的细胞逐渐向下扩展，将植物极细胞包裹，形成外胚层，被包围的植物极细胞为内胚层。此时的原肠胚不显著，胚孔位于内胚层外露的地方。

4. 分层

囊胚细胞分裂时，细胞沿切线方向分裂，向着囊胚腔内部分裂形成的一层细胞称为内胚层，留在表面的一层细胞称为外胚层。

5. 内转

通过盘裂方式形成的囊胚，继续分裂时细胞由下面的边缘折入向内伸展成为内胚层，上面的细胞称为外胚层。

原肠胚形成的以上 5 种方式经常综合出现，最常见的是内陷和外包同时进行，分层和内移相伴而行。

（五）中胚层及体腔的形成

原肠胚形成了内、外两个胚层后，会继续发育。多孔动物和腔肠动物在内、外胚层之间，外胚层和内胚层细胞侵入形成了间质，不形成中胚层，称为两胚层动物。从扁形动物开始，在内、外胚层之间又产生一个新胚层，称为中胚层。中胚层的形成方式主要有以下两种。

1. 端细胞法

在胚孔两侧的内外胚层交界处各有一个细胞分裂成许多细胞，即中胚层细胞，随后中胚层细胞伸入内、外胚层之间，形成堡状。两个囊接触后愈合成一个大囊，充填于囊胚腔中，紧贴在外胚层的内面和内胚层的外面，分别形成体壁中胚层和肠壁中胚层。在中胚层之间形成的空腔随着胚胎发育逐渐形成动物的体腔称为真体腔，由于此体腔是在中胚层细胞之间裂开形成的，因此又称裂体腔，原口动物和高等脊索动物都是以端细胞法形成中胚层和体腔的。

2. 体腔囊法

在与原口相对的原肠背部两侧，内胚层向外突出形成成对的囊状突起称为体腔囊。体腔囊发育到一定程度后与内胚层脱离，在内、外胚层之间逐渐扩展成为中胚层囊，逐渐发育，紧贴在外胚层的内面和内胚层的外面，分别形成体壁中胚层和肠壁中胚层，中胚层囊的囊腔以后则发育为体腔。因为体腔囊来源于原肠背部两侧，所以又称为肠体腔。棘皮动物、半索动物及原索动物等后口动物均以此法形成中胚层和体腔。

（六）胚层的分化

胚胎时期开始出现的细胞有可塑性，较简单、均质。随着胚胎发育的进行，由于遗传性、环境、营养、激素以及细胞群之间的相互诱导等因素的影响，而变为具稳定性、较复杂、异质性的细胞，这种变化称为细胞的分化。简言之，细胞分化是指细胞由普通型变为特殊型之意，故细胞分化又称细胞的特化，之后，分化的细胞又可以形成组织、器官和系统。从细胞分化角度看，组织是指起源于一定的胚层、经过分化，具有相似形态结构和行使同一功能的细胞群与一些非细胞形态的物质所组成的综合体。动物体的组织、器官都是从内、中、外三胚层发育分化而来的。分化的结果是：内胚层分化为消化管的大部分上皮、肝、胰、呼吸器官、内分泌腺、排泄与生殖器官的小部分；中胚层分化为肌肉组织、结缔组织（包括骨骼、血液等）、排泄与生殖器官的大部分；外胚层分化为皮肤的上皮及上皮各种衍生物、神经组织、感觉器官、消化管的两端。

第四节　多细胞动物的主要类群

一、多孔动物门

多孔动物又称海绵动物，是最原始、最低等的后生动物。这类动物在演化上是一个侧支，因此又名侧生动物，约5 000种。

多孔动物主要生活在海水中，极少数（仅一科）生活在淡水中。成体全部营固着生活且多为群体，附着在水中的岩石、贝壳、水生植物或其他物体上。

（一）多孔动物的结构和主要特征

1. 体形多为不对称

多孔动物的体形有不规则的块状、球状、树枝状、管状、瓶状等，也有辐射对称；只有固着端和游离端之分，身体的周围是相似的。

2. 体壁由两层细胞构成，无明显的组织、器官和系统

多孔动物的体壁由两层细胞构成，外层称为皮层，内层称为胃层，在两层之间有中胶层。皮层主要由一层扁平的皮层细胞构成，称为扁细胞。扁细胞内有肌丝，用于收缩控制水流。有些扁细胞变成肌细胞，围绕入水小孔或出水口形成能收缩的小环控制水流。在扁细胞之间穿插有无数孔细胞，孔细胞呈戒指状，中央的孔称为入水孔，是外界水进入中央腔的通道。中央腔的顶端有一较大的开口称为出水孔，是水流的出口。胃层由领细胞组成。作用时鞭毛波动水流，食物附于领上落入细胞质中形成食物泡，进行细胞内消化。中胶层胶状物质，内有骨针和海绵丝，起支持作用。

由上述结构可见，多孔动物的细胞分化较多，身体的各种机能是由或多或少独立活动的细胞完成的，因此一般认为海绵是处在细胞水平的多细胞动物，可认为它还没形成明确的组织。

3. 具有水沟系

水沟系是海绵动物所特有的结构，靠鞭毛的摆动，不断将外界的水流同食物、氧带入水沟系中，又不断将废物由出水口带到外面。因为多孔动物的摄食、呼吸及其他生理机能都要借助水流来维持。所以水沟系对其固着生活有重要意义。

4. 生殖和发育

无性生殖为出芽生殖和形成芽球2种方式。芽球（gemmule）的形成是在中胶层中，由一些储存了丰富营养的原细胞聚集成堆，外包以几丁质膜和一层双盘头或短柱状的小骨针，形成球形芽球。当成体死亡后，无数的芽球可以生存下来，度过严冬或干旱，当条件适合时，芽球内的细胞从芽球上的一个开口出来，发育成新个体。所有的淡水海绵和部分海产种类都能形成芽球。

有性生殖为雌雄同体或雌雄异体，异体受精。就钙质海绵来说受精卵进行卵裂，形成囊胚，动物极的小细胞向囊胚腔内生出鞭毛，另一端的大细胞中间形成一个开口，后来囊胚的小细胞由开口倒翻出来，里面小细胞具鞭毛的一侧翻到囊胚的表面。这样，动

物极的一端为具鞭毛的小细胞，植物极的一端为不具鞭毛的大细胞，此时称为两囊幼虫，幼虫从母体出水孔随水流逸出，然后具鞭毛的小细胞内陷，形成内层，而另一端大细胞留在外边形成外层细胞，这与其他多细胞动物原肠胚形成正相反，其他多细胞动物的植物极大细胞内陷成为内胚层，动物极小细胞形成外胚层，因此称为逆转。幼虫游动后不久即行固着，发育成成体。

多孔动物发育特点是发育过程中出现两囊幼虫和逆转现象。

5. 再生能力强

海绵的再生能力很强，如把海绵切成小块，每块都能独立生活，而且能继续长大。将海绵捣碎过筛，再混合在一起，同一种海绵能重新组成小海绵个体。将橘红海绵（细芽海绵属 *Microciona*）与黄海绵（穿贝海绵属 *Cliona*）分别做成细胞悬液，两者混合后，各按自己的种排列和聚合，逐渐形成了橘红海绵与黄海绵。这对研究细胞识别与黏着的分子机理很有意义。

综上所述，多孔动物的主要特点是体型多数不对称；没有器官和明确的组织，体壁为两层细胞；具有水沟系；生殖和发育出现逆转现象；再生能力强。

（二）多孔动物门的代表类群

多孔动物已知者约有 1 万种，根据其骨骼特点分为钙质海绵纲（Calcarea）、六放海绵纲（Hexactinellida）、寻常海绵纲（Demospongiae）3 个纲。

钙质海绵纲骨针为钙质，如白枝海绵和毛壶。六放海绵纲骨针为矽质、六放形，如偕老同穴（*Euplectella*）、拂子介（*Hyalonema*）。寻常海绵纲矽质骨针（非六放）或海绵质纤维，如浴海绵、淡水的针海绵（*Spongilla*）。

海绵的结构与机能具有原始性特征，很多与原生动物相似，其体内又具有与原生动物领鞭毛虫相同的领细胞，因此过去有人认为它是与领鞭毛虫有关的群体原生动物。但是海绵在个体发育中有胚层存在，而且海绵动物的细胞不能像原生动物那样无限制地生存下去，因此海绵是属于多细胞动物。近年来生化研究证明，海绵动物体内具有与其他多细胞动物大致相同的核酸和氨基酸，更加证明了这一点。但海绵的胚胎发育又与其他多细胞动物不同，有逆转现象，又有水沟系、发达的领细胞、骨针等特殊结构，这说明海绵动物发展与其他多细胞动物不同，所以认为它是很早由原始的群体领鞭毛虫发展来的一个侧支，因而称为侧生动物。

（三）经济意义

多孔动物对人类有利也有害。有利方面如浴用海绵的海绵丝柔软而富有弹性，吸收液体能力强，在医药上多用于吸收药液、血液和脓汁等，工业上用于擦拭机器。拂子介和偕老同穴的骨骼可做装饰品。由于多孔动物处于低等、原始的位置，常被作为研究生命科学的材料。有害方面表现在，有的种类生长在软体动物贝壳上，能把贝壳封闭起来，造成贝类死亡。还有的可分解碳酸钙，溶蚀贝壳，对贝类养殖危害很大。淡水海绵大量繁殖时，可堵塞水道。

二、腔肠动物门——辐射对称的动物

腔肠动物门（Coelenterata）的身体呈辐射对称或两辐射对称，体壁具外胚层和内胚层2个胚层，外胚层和内胚层之间由中胶层相连。由体壁包围形成的腔称为消化循环腔，消化循环腔一端开口，另一端封闭，即有口无肛门。腔肠动物大部分生活在海水中，少数生活在淡水中。

（一）腔肠动物门动物结构和主要特征

1. 体型呈辐射对称

从腔肠动物开始，体型有了固定的对称形式，多数为辐射对称，即通过身体的中轴可以有无数个切面把身体分为2个相等的部分。辐射对称是一种原始的低级的对称形式，整个身体只有上、下之分，没有前后左右之分，这种体形适于水中营固着或漂浮生活。有些种类由辐射对称发展为两辐射对称，即通过身体的中央轴只有两个切面可以把身体分为相等的两部分，是介于辐射对称和两侧对称的一种中间形式。

2. 两胚层和原始消化腔

腔肠动物是两胚层动物，在内外胚层之间有由内、外胚层细胞分泌的中胶层。在体内可同时进行细胞外及细胞内消化，具有消化的功能，消化腔又兼有循环的作用，能将消化后的营养物质输送到身体各部分，故腔肠动物的消化腔称为消化循环腔。腔肠动物有口无肛门，不能消化的残渣仍将由口排出，其口兼有摄食和排遗的双重功能。

中胶层是腔肠动物的外胚层与内胚层之间的部分。水螅体内的中胶层通常很薄，不发达，里面几乎没有细胞分布。水母型体内的中胶层发达，其中含有纤维及少量来源于外胚层的细胞，占据了身体的绝大部分。中胶层的作用是使腔肠动物保持体形及伸缩功能。

多孔动物虽然具有两胚层，但从发生来看，与其他后生动物不同，一般只能称为两层细胞。腔肠动物才是具有真正内、外两胚层的动物。

3. 出现组织分化

海绵动物主要是有细胞的分化，而腔肠动物不仅有细胞分化，如皮肌细胞、腺细胞、间细胞、刺细胞、感觉细胞、神经细胞等，而且开始分化出简单的组织。

组织分化上，上皮组织和肌肉组织没有完全分开，具有独特的皮肌细胞。上皮细胞内含有肌原纤维，具有上皮和肌肉的功能，称为上皮肌肉细胞，简称皮肌细胞。皮肌细胞是组成腔肠动物外胚层和内胚层的主要细胞。

4. 原始的神经系统——神经网

神经网是动物界最简单、最原始的神经系统。腔肠动物是最早具有神经系统的分布的动物，其神经系统为原始的神经网，由两极或多极神经元以及感觉细胞基部的纤维互相连接而成。水螅只有一个神经网，大多数种类具有两个神经网，分别位于内、外胚层的基部。神经网的特点：无神经中枢、神经传导无定向性、速度慢。

5. 水螅型、水母型及世代交替现象

腔肠动物的类型有两种：营固着生活的水螅型和营漂浮生活的水母型。水螅型身体

呈圆筒状，口向上，中胶层薄，有的有石灰质骨骼，以出芽方式进行无性生殖，是无性世代。水母型呈圆盘状，口向下，中胶层厚，有性生殖，是有性世代。多数腔肠动物的水螅型以无性生殖的方式产生水母型个体，水母型个体又以有性生殖的方式产生水螅型个体。无性生殖和有性生殖交替进行，这种现象称为世代交替。

6. 生殖与发育

腔肠动物的生殖方式有无性生殖和有性生殖两种。无性生殖多为出芽生殖，即母体的一部分体壁先向外突形成芽体，芽体逐渐长大，之后与母体脱离成为独立的新个体。有些种类的芽体长成后不脱离母体，而留在母体上构成复杂的群体。

有性生殖为异配生殖，且多为雌雄异体种类，其生殖细胞由间细胞分化形成。

许多海生种类在个体发育过程中有浮浪幼虫阶段。

（二）腔肠动物门的代表类群

腔肠动物约 10 000 多种。依据身体结构、生殖发育和生活方式的不同，分为 3 纲：水螅纲（Hydrozoa）、钵水母纲（Scyphozoa）、珊瑚纲（Anthozoa）。

（1）水螅纲代表动物为水螅和薮枝螅。主要特征有：一般是小型的水螅型或水母型动物。水螅型结构较简单，只有简单的消化循环腔；水母型有缘膜，触手基部有平衡囊。水螅纲的水螅体生殖腺来源于外胚层，生活史大部分有水螅型与水母型，即有世代交替现象（如薮枝虫），少数种类水螅型发达，无水母型（如水螅）或水母型不发达（如筒螅 *Tubularia*），也有水母型发达，水螅型不发达或不存在，如钩手水母（*Gonione-mus*）、桃花水母（*Craspedacusta*）；还有的群体发展为多态现象，如僧帽水母（*Physalia*）。

（2）钵水母纲代表动物为海月水母（*Aurelia aurita* Lamarck）。本纲动物，大多为大型的水母类，如有一种霞水母（*Cyanea arctica*）伞部直径大的有 2m 多，触手长 30m。钵水母类在腔肠动物中是经济价值较高的一类动物，如海蜇（*Rhopilema esculentum*）。

（3）珊瑚纲代表动物为海葵，主要特征有：①动物只有水螅型，没有水母型，且水螅体的构造较复杂；②单体或群体，多数具有骨骼；③身体呈两辐射对称，生殖腺来自内胚层；④全为海产，多生活在暖海、浅海的海底。

珊瑚纲与水螅纲的螅型体的区别：珊瑚纲只有水螅型，其构造较复杂，有口道、口道沟、隔膜和隔膜丝。水螅纲的螅型体构造较简单，只有垂唇，无上述结构。珊瑚纲螅型体的生殖腺来自内胚层，水螅纲螅型体的生殖腺来自外胚层。海葵是单体的，无骨骼。很多珊瑚虫为群体，大多具骨骼。水螅纲的螅型体无骨骼。

珊瑚骨骼的形成：构成"海底花园"的主要为珊瑚虫。大多数珊瑚虫的外胚层细胞能分泌骨骼，如红珊瑚（*Corallium*）。石珊瑚目（Medreporaria）有单体与群体，每个虫体与海葵相似，其基盘部分与体壁的外中胶层胚层细胞能分泌石灰质物质，积存在虫体的中轴底面、侧面及隔膜间等处，好像每个虫体都坐在一个石灰座上，称为珊瑚座（corallite）。石珊瑚的骨骼是构成珊瑚礁和珊瑚岛的主要成分。由大量的珊瑚骨骼堆积成的岛屿，如我国的西沙群岛、南太平洋的斐济群岛等。石珊瑚的生活习性要求一般水温 22~30℃、水深约在 45m 以内浅水的环境，海水对它有一定的冲击力量，靠海边的珊瑚承受海水冲击的部分生活得最好，所以随着骨骼的堆积，常沿着海岸逐渐向海里推移，逐渐扩展，形成大的岛屿。在沿海的岸礁，有如海边上的天然长堤，能使海岸坚固。但在海底的暗礁，妨碍航行。石珊瑚还可用来盖房子、烧石灰、制水泥、铺路、养殖石花菜、观赏、制作装饰品等。

（三）腔肠动物的系统发展

腔肠动物在动物的系统发生上占有很重要的地位，是真正多细胞动物的开始。在个体发育上，一般海产的腔肠动物都经过浮浪幼虫的阶段，由此推测，最原始的腔肠动物是具纤毛、能够自由游泳、形状像浮浪幼虫的动物。根据梅契尼柯夫的假说，腔肠动物可能是由群体鞭毛虫的一些细胞移入群体内部后形成的原始两胚层动物。

（四）腔肠动物与人类的关系

腔肠动物与人类的关系密切，对其有益或有害的判断需要具体问题具体分析。例如，大型水母在海中袭击人时对人是有害的，但在仿生学上对人却是有益的。

有益的方面：①部分种类可食用，例如海蜇；②形成珊瑚岛和珊瑚礁。古珊瑚和现代珊瑚礁都可以形成储油层，故珊瑚化石对地质找矿和鉴定地层有重要意义。珊瑚岛可供居住和驻防，岛上活动的鸟类非常多，其粪便可做肥料，而岛中碳酸钙可制水泥及石灰。珊瑚暗礁虽然给出海航行带来危险，但是可以保护海岸；③珊瑚可供制作观赏工艺品，如红珊瑚可制造纽扣和项链，黑珊瑚可制造手镯等装饰品；④用于医药研究和生产。许多海产腔肠动物可做药用，如海葵含有抗凝血因子；有些珊瑚能提取抗癌物质；柳珊瑚可提取前列腺素；海蜇有清热化痰、消肿散结、降压的功效，可治疗高血压、哮喘、气管炎和胃溃疡等疾病；⑤仿生学。海蜇靠脉冲喷射进行运动。水母感觉器中的平衡石能感觉到风暴来临时发出的次声波。人们模拟水母感受次声波的器官，设计出的风暴预测仪可提前15h预报风暴的来临。

有害的方面：腔肠动物门的3纲中都有对人有毒的种类，如细斑指水母、长须水母、僧帽水母等，当其触手接触人的皮肤后，毒液随刺细胞中的刺丝进入人体，一般症状是虚脱、头痛、发热和原发性休克，较严重者可出现呼吸困难、肌肉痉挛、麻痹，其中的多数人在数分钟之内即可因心跳停止而死亡。腔肠动物的毒素包括肌肉毒素、心脏毒素和神经毒素，其中心脏毒素是引起接触者死亡的主要毒素。此外，还有些种类捕食小鱼及其他小动物，可给渔业造成一定损失。

三、扁形动物门——三胚层无体腔动物

扁形动物门（Platyhelminthes）动物开始出现了两侧对称（bilateral symmetry）的体型，在内、外胚层之间出现了中胚层。由于中胚层的形成，产生了复杂的肌肉系统，感受器趋完善，神经、摄食、消化、排泄等功能也随之加强，这些特征为动物从水生进化到陆生奠定了基础。扁形动物约2万种，根据形态特征和生活方式的不同分为涡虫纲（Turbellaria）、吸虫纲（Trematoda）和绦虫纲（cestoidea）3个纲。

（一）扁形动物门的结构特征

从扁形动物开始出现了两侧对称和中胚层，这对动物体结构和机能的进一步复杂、完善和发展，对动物从水生过渡到陆生奠定了必要的基础，所以它在动物进化史上占有

重要地位。

1. 出现两侧对称的体型

两侧对称的体型，即通过动物体的中央轴，只有一个对称面（或者切面）将动物体分成左右相等的两部分，因此两侧对称也称为左右对称。

两侧对称的意义：身体有了明显的背腹、前后、左右之分。背面发展了保护功能；腹面发展了运动功能；神经和感觉器官逐渐集中于身体前端，使得动物的运动从不定向趋于定向。这种变化使动物对外界环境的反应更迅速、更准确。两侧对称的体型是动物由适应水中漂浮生活到底栖爬行生活的结果，而这种变化是进化到陆生爬行的先决条件。

2. 在内、外胚层之间出现了中胚层

从扁形动物开始，在内胚层和外胚层之间出现了中胚层（mesoderm）。

中胚层的出现是动物由水生进化到陆生的基本条件，对动物的结构和机能的发展意义重大，表现在：①中胚层的形成引起了一系列组织、器官、系统的分化，为动物体结构的进一步复杂、完善提供了必要的物质条件；②促进了新陈代谢。中胚层形成复杂的肌肉层，增强了运动机能，使动物有可能在更大的范围内摄取更多的食物；同时肠壁上也形成有肌肉，增强了消化能力；③由于新陈代谢的加强，所产生的代谢废物也增多，因此促进排泄系统的形成，开始有了原始的排泄系统——原肾管系统；④由于运动机能的提高，促进了神经系统和感觉系统的进一步发展，成为较集中的梯形神经系统；中胚层所形成的实质组织有储存养料和水分的功能，动物可以抵抗饥饿和干旱。

3. 皮肤肌肉囊

由于中胚层的形成而产生了复杂的肌肉构造，如环肌、纵肌、斜肌。与外胚层形成的表皮相互紧贴而组成的体壁称为"皮肤肌肉囊"，它所形成的肌肉系统除有保护功能外，还强化了运动机能，加上两侧对称，使动物能够更快和更有效地去摄取食物，更有利于动物的生存和发展。在皮肌囊之内，为实质组织所充填，体内所有的器官都包埋于其中。

4. 不完全消化系统

不完全消化系统，即有口，无肛门。肠是由内胚层形成的盲管。自由生活种类消化道复杂，寄生生活种类的消化道趋于退化，如吸虫纲，有的完全消失，如绦虫纲。

5. 原肾管排泄系统

扁形动物开始出现了原肾管的排泄系统。由外胚层内陷形成的排泄管分布在身体两侧，有排泄孔通体外。排泄管通常有许多分支，每一小分支的最末端，由焰细胞组成盲管。实际焰细胞是由帽细胞和管细胞组成。帽细胞位于小分支的顶端，盖在管细胞上，帽细胞生有两条或多条鞭毛，悬垂在管细胞中央。鞭毛打动，犹如火焰，故名焰细胞。管状细胞上有许多小孔，帽状细胞的鞭毛不停摆动，使实质中的代谢产物和水一起进入排泄管，再由体表的排泄孔排到体外。

6. 梯形神经系统

扁形动物的神经系统与腔肠动物相比有显著的进步。为梯形神经系统。神经系统的前端形成脑，从脑发出背、腹、侧3对神经索，其中腹面的2条神经索最发达，神经索

之间有横神经相连，形成梯形。

7. 生殖系统

大多数雌雄同体，由于中胚层的出现，形成了产生雌雄生殖细胞的固定的生殖腺及一定的生殖导管，如输卵管、输精管等，以及一系列附属腺，如前列腺、卵黄腺等。这样使生殖细胞能通到体外，进行交配和体内受精。

8. 生活方式

扁形动物营自由生活或寄生生活，自由生活的种类（如涡虫纲）分布于海水、淡水或潮湿的土壤中，肉食性。寄生生活的种类（如吸虫纲和绦虫纲）则寄生于其他动物的体表或体内，摄取该动物的营养。

（二）扁形动物门的代表类群

扁形动物约有 2 万种，一般分为涡虫纲、吸虫纲、绦虫纲 3 纲。

1. 涡虫纲（Turbellaria）

涡虫纲代表动物为三角涡虫，主要特征有：多数自由生活，主要生活在海水中，少数在淡水或湿土中。具有皮肤肌肉囊。神经系统和感官发达，能对外界环境（如光线、水流及食物等）迅速发生反应。感觉器官包括眼、耳突、触角、平衡囊等。消化系统发达，有口无肛门，其消化管复杂程度不同。最原始的没有消化管，消化功能由口通到体内一团来源内胚层的吞噬细胞完成，这些吞噬细胞或称营养、消化细胞，呈合胞体状；简单的消化管为一囊状或盲管状（如单肠目）；有些消化管由中央肠管向两侧伸出许多侧枝（如多肠目）；有些则如三角涡虫消化管分为 3 支，1 支向前，2 支向后，再分多次分枝，如三肠目。呼吸排泄通过体表从水中获得氧，并将二氧化碳排至水中。扁形动物开始出现了原肾管式的排泄系统。原肾管通常由具许多分支的排泄管构成，分支的最末端都由焰细胞组成盲管。焰细胞包括帽细胞和管细胞。帽细胞位于小分支的顶端，盖在管细胞上形成盲端，帽细胞向管细胞中央生有两条或多条鞭毛，鞭毛打动时犹如火焰，故名焰细胞。电镜下，在帽细胞和管细胞间或管细胞上有无数小孔，管细胞连到排泄管的小分支上。原肾管的作用是通过帽细胞鞭毛的不断打动，在管细胞的末端产生负压，引起实质组织中的液体经过管细胞膜的过滤，Cl^-、K^+ 等在管细胞处被重新吸收形成低渗液体或水分，经过管细胞膜上的无数小孔进入管细胞围成的管腔中，最后经排泄管、排泄孔排出体外。原肾管的功能主要是调节体内水分的平衡，同时排出少量代谢物，调节渗透压。以上所述的体表代谢是扁形动物排出含氮废物的主要途径。原肾管存在于除无肠目以外的所有扁形动物类群。生殖系统发达。生殖系统除少数单肠类为雌雄异体外，其余均为雌雄同体的。一般生殖系统相当复杂。一些海产种类（如多肠目）个体发育经螺旋卵裂和牟勒氏幼虫阶段。

涡虫纲的常见种类有旋涡虫（Convoluta）、微口涡虫（Microstomum）、平角涡虫（Planocera）、笄蛭涡虫（Bipalium）。

2. 吸虫纲（Trematoda）

代表动物为华支睾吸虫（Clonorchis sinensis）。主要特征有：①均为寄生的，少数营外寄生，多数营内寄生生活；②具有皮层和吸附器。体表无纤毛、无杆状体，也无一般的上皮细胞，而大部分种类发展有具小刺的皮层，如肌肉发达的吸盘，用以固着于寄主的组织上；③神经、感觉器官也趋于退化，除外寄生种类有些尚有眼点外，内寄生的种类眼点感觉器官消失；④消化系统相对趋于退化，一般较简单，有口、咽、食管和肠；⑤呼吸由外寄生的有氧呼吸到内寄生的厌氧呼吸；⑥生殖系统趋向复杂，生殖机能发达；生活史也趋向复杂，外寄生种类生活史简单，通常只有 1 个寄主，1 个幼虫期；内寄生的复杂，常有 2 个或 3 个寄主，具有多个幼虫期，如从受精卵开始经毛蚴、胞蚴、雷蚴、尾蚴、囊蚴到成虫（在不同种吸虫、幼虫期有所差别），且幼虫期（胞蚴、雷蚴）能进行无性的幼体繁殖，产生大量的后代，无疑有利于几次更换寄主。这些都是适应于寄生生活的结果。

吸虫纲的常见种类有：三代虫（*Gyrodactylus*）、日本血吸虫（*Schistosoma japonicum*）。

3. 绦虫纲（Cestoida）

代表动物为猪带绦虫（*Taenia solium*）。主要特征有：①全部为体内寄生；②身体前端有一个特化的头节，头节上有吸盘、小钩或吸沟等构造，用以附着寄主肠壁，以适应肠的强烈蠕动；③体表纤毛消失，感觉器官完全退化，消化系统全部消失，通过体表来吸收寄主小肠内已消化的营养；④生殖器官高度发达。一般也有幼虫期，其幼虫也为寄生的，大多数只经过一个中间寄主。

绦虫纲的常见种类：牛带绦虫（*Taenia saginatus*）、细粒棘球绦虫（*Echinococcus granulosus*）。

四、假体腔动物

假体腔动物（Pseudocoelomata）又称原腔动物，是动物界中比较复杂的一个较大的类群，当今多数学者认为，假体腔动物中各类群的形态结构上存在着明显差异，应各自列为独立的门，共包括 7 个门：线虫动物门、腹毛动物门、轮形动物门、动吻动物门、线形动物门、棘头动物门、内肛动物门。这几类动物具有一些共同的特点：均为假体腔；消化管发育完善；体表被角质膜；排泄器官属原肾系统；雌雄异体。

假体腔动物的主要结构特征

原腔动物目前全世界约有 1.7 万种，其形态结构差异很大，主要有以下共同特征。

1. 外部形态

绝大多数原腔动物的身体呈细长的圆柱形，两端略尖。极少数原腔动物为橄榄形或卵形。无明显头部，身体不分节，两侧对称。自由生活的原腔动物通常很小，长度一般在 1mm 以下。寄生的原腔动物大小差异很大，小的长度在 1mm 以下，大的长度可超过 1m。

2. 体壁及假体腔

原腔动物体壁由外向内依次由角质层、表皮层（或称下皮层）和肌肉层组成。角质层光滑且富有弹性，是由表皮层细胞分泌的胶原物质构成。在不同种类，角质层因有环纹而出现假分节的现象，有的则可形成棘、刚毛及鳞片。角质层下面是由上皮细胞形成的合胞体的表皮层。表皮之内就是中胚层形成的肌肉层，一般只有一层纵肌，无环肌。

原腔动物有三胚层，具原体腔。原体腔是指在中胚层形成的体壁肌肉层和内胚层形成的肠壁之间的空腔。原体腔由于在系统演化上出现早，由胚胎时期的囊胚腔发育而来，只有体壁中胚层，无体腔上皮形成的体腔膜和肠壁中胚层及肠系膜。体腔直接被体壁肌肉所包围，故称为初生体腔，又称为假体腔。在密闭的体腔内充满体腔液，维持膨压，加上体壁肌肉只有纵肌，无环肌，使整条线虫呈膨胀的紧绷状态，不能做伸缩运动，只能做弯曲运动。

3. 消化系统

原腔动物的消化管分化为一条简单的直管，前端有口，让食物进入，后端有肛门，排出食物残渣，成为完全消化管。身体结构出现了"管中套管"的结构形式。原腔动物的消化管可分为前肠、中肠和后肠 3 部分。前肠是胚胎时期的外胚层在原口处部分内陷而成，包括口、咽（食管）部，咽部有发达的肌肉，帮助原腔动物吸吮；中肠是一条直管，由内胚层细胞发育组成，是食物消化和吸收的部分；后肠是后端外胚层内陷而成，包括直肠和肛门。

在动物进化史上，从原腔动物开始出现肛门，肛门的出现促进了消化管生理功能和形态的分化，避免了食物和粪便的混合，便于营养的吸收和粪便的排出有序进行，大大提高了消化率。

4. 循环与呼吸系统

原腔动物没有循环和呼吸系统。养料和气体的运送由体腔液的流动来完成。自由生活的原腔动物，呼吸作用通过体壁来进行；寄生的原腔动物一般生活在缺氧环境中，通常进行厌氧呼吸。

5. 排泄系统

原腔动物的排泄系统是外胚层演化而来的原肾管系统，即一端以排泄孔通体外，而通体内的一端则为盲端，与扁形动物原肾管的主要区别在于完全没有纤毛或鞭毛。原腔动物的排泄器官可分为 2 种类型：腺型和管型。腺型是原始的类型，通常为单一腺细胞，即原肾细胞或排泄细胞，有的种类有 2 个腺细胞，存在于海产自由生活种类体内。寄生原腔动物的排泄系统多为管型，是由一个原肾细胞衍生而成，如蛔虫为"H"形管型原肾管。

6. 神经系统与感觉器官

原腔动物的神经系统包括围咽神经环和与其相连的神经节。由围咽神经环发出 6 条神经干，前端连接感觉乳突。6 条神经干包括 1 条背神经干、1 条腹神经干、2 条背侧神经干和 2 条腹侧神经干。其中以腹神经干最为发达，各神经干之间有横神经联络，组成圆筒状的梯形神经系统。

原腔动物的感觉器官不发达。乳突是体表的感觉器官。头感器和尾感器与乳突不同，其内部膨胀成袋状与神经相连，属化学感觉器。头感器位于虫体前端，尾感器位于虫体后端。寄生的种类，头感器退化，尾感器发达。

7. 生殖系统与发育

原腔动物绝大多数是雌雄异形异体，通常雌虫较小，末端蜷曲。原腔动物的生殖器官呈连续的管状结构，维性通常是单管型，可分精巢、输精管、储精管、射精管，最后与直肠汇合成泄殖腔。多数种类具有交接刺囊，囊中的交接刺用来撑开雌性生殖孔以便输精。雌性生殖器官通常是双管型，有1对卵巢、1对输卵管和1对子宫。这对子宫在末端汇成阴道，以雌性生殖孔开口于腹中线上。

原腔动物的精子一般呈圆形或圆锥形，能做变形运动。交配时，雄虫用交接刺插入雌虫的雌性生殖孔中，精子由雌性生殖孔经阴道到达子宫，在子宫的上方和卵子受精，受精后的卵在子宫中形成卵壳。原腔动物的卵可留在子宫内继续发育或在受精后由雌性生殖孔排出。自由生活的种类产卵数量少；寄生种类产卵量巨大。原腔动物的发育有直接发育和间接发育，也有蜕皮现象。

8. 生态

原腔动物的生活史和生活环境比扁形动物更为多样化，有自由生活的，也有寄生于动植物的。有的成虫营自由生活，幼虫营寄生生活；有的成虫营寄生生活，幼虫营自由生活；有的成虫和幼虫都营寄生生活；有的终生生活在宿主体内，但必须交换宿主。自由生活的原腔动物，其生活环境有陆生的，也有水生的；有淡水的，也有海产的；同是水生但也有浅水与深水、急流与温泉等不同环境之分，极其复杂多样。

五、线虫动物门

线虫动物门（Nematoda）是原腔动物中一个重要类群，已知约有15 000种，有人估计为50万种。线虫分布很广，自由生活种类在海水、淡水、土壤中都有，数量极大，农田土壤中每平方米有线虫1 000万条，重可达10g以上。植食性线虫以细菌、单细胞藻类、真菌、植物根及腐败有机物等为食；肉食性种类食原生动物、轮虫及其他线虫等。寄生线虫寄生在人体、动物和植物的各种器官内，危害较大。

（一）线虫动物门的主要结构特征

1. 体表有角质膜

体表有角质膜，一般分为皮层、中层（基质）和基层（斜行纤维）3层，最内为基膜，是由上皮分泌形成，主要成分为蛋白质，坚韧富有弹性，起保护作用。

2. 原体腔

原体腔又称假体腔、初生体腔，是胚胎时期囊胚腔的剩余部分保留到成体形成的体腔，只有体壁中胚层，没有肠壁中胚层及体腔膜。腔内充满体腔液，将体壁和肠道分开，能促进肠道在体内独立运动。

3. 消化系统

线虫为发育完善的消化管，即有口有肛门。消化管分为前肠、中肠和后肠三部分。食物由口摄入，在中肠内进行细胞外消化，不能消化的食物残渣由肛门排出。这样的消化机能更为完善，与胃循环腔相比是个飞跃的进步，这也是动物进化的特征之一。

4. 排泄器官

线虫的排泄器官可分为腺型和管型2种。腺型排泄器官属原始类型，通常由1~2个称为原肾细胞的大的腺细胞构成。

寄生线虫的排泄器官多为管型，是由一个原肾细胞特化形成，由纵贯侧线内的 2 条纵排泄管构成，二管间尚有一横管（有的呈网状，如蛔虫）相连，略呈"H"形。由横管处伸出一短管，其末端开口即为排泄孔，位于体前端腹侧。

5. 生殖

线虫为雌雄异体，且雌雄异形，雄性个体小于雌性个体。有极少数种类为雌雄同体，如某些小杆线虫和植物线虫。更有一些种类只有雌虫存在，未发现雄虫，营孤雌生殖。数种陆生线虫和根结线虫虽有雄虫存在，也出现孤雌生殖。雌雄同体常称为共殖，共殖线虫的外观呈雌性，在共殖线虫培养中，偶然也有雄虫出现。

6. 神经系统

线虫的神经系统有围绕咽部的围咽神经环，主要是神经纤维，只有少数神经节细胞。与围咽神经相连的主要神经节有成对的侧神经节和单个或成对的腹神经节。神经环向前后伸出多条神经，均嵌在上皮中，以背神经和腹神经最发达。

线虫的感官不发达，头端有头刺毛、唇乳突，为触觉器官；头感器可接受化学刺激。尾端有尾乳头、尾感器。寄生线虫的头感器退化，尾感器发达。

（二）线虫动物门的代表动物

秀丽线虫（*Caenorhabditis elegans*）是重要的模型动物之一。结构上，秀丽线虫成体长度约 1mm，自由生活在土壤（或尘土）中，主要以细菌等微生物为食，易于培养在有大肠杆菌的琼脂板上。它具有两个性别的个体——雌雄同体和雄性体。角质膜透明，从体表可以看到其体内的结构；体细胞数目恒定可数。雌雄同体的成虫体细胞为 959 个加上约 2 000 个生殖细胞；雄性体为 1 031 个体细胞加上约 1 000 个生殖细胞。体细胞数目恒定是由于在线虫的发育过程中，一旦器官发生完成了，除了生殖细胞系以外，所有体细胞的有丝分裂停止，因此，虫体的生长是由于细胞大小的增加。这种动物体细胞数目恒定，是所有线虫动物的特征之一。但是在大型的线虫上是难以观察的。生殖和发育方面，雌雄同体的成体是雄性先成熟，产生精子储存在受精囊内，然后卵子成熟，从输卵管移向子宫之前，在受精囊内进行自体受精，也可与少有存在的雄性体进行交配生殖。受精卵发育进行卵裂，第一次卵裂是不对称的，即细胞质中的 P 颗粒集中在其后端。形成 P 细胞及前端的 AB 细胞，经过前 3 次分裂形成 AB、MS、E、C 谱系，这些谱系细胞进一步发育分化形成不同的组织器官，然后孵化出幼虫，新孵出的幼虫为 556 个细胞。幼虫经 4 次蜕皮，其中有些细胞继续分裂，形成 959 个体细胞的成体。秀丽线虫的生活周期较短，在 25℃条件下从受精卵开始的胚胎发育只需 15h，孵化的幼虫经过 50h 便发育为成虫。秀丽线虫在琼脂培养基（加上大肠杆菌）上可大量繁殖，而且其幼虫还可直接进行活体冻存（能存活在 -196℃的液氮中）和复苏。

线虫动物门常见的动物有：人蛔虫（*Ascaris lumbricoides*）、人蛲虫（*Enterubius vermicularis*）、十二指肠钩虫（*Ancylostoma duodenale* Dubini）、班氏丝虫（*Wuchereria bancrofti*）、马来丝虫（*Brugia malayi* Brug）、小麦线虫（*Anguina tritici*）。

六、线形动物门

线形动物门（Nematomorpha）动物体呈线形，细长，一般 30cm ~ 1m，直径仅为

1~3mm。已知约 325 种，绝大多数种属于铁线虫纲（Gordioda）；仅有 1 属 4 种属于游线虫纲（Nectonematoida），生活在远洋沿海区域。铁线虫纲动物成体生活在世界上温暖、热带地区各种类型的淡水和潮湿土壤中；幼虫寄生在节肢动物，特别是昆虫体内。例如铁线虫（*Gordius*）、拟铁线虫（*Paragordus*）。成虫很像生锈的铁丝，体壁有较硬的角质，其内侧为上皮层和纵肌（与线虫的体壁相似），上皮层具腹上皮索，也有的具背、腹上皮索。神经系统包括神经环和一腹神经索与腹上皮索相连。假体腔内大部分充以间质、结缔组织。消化系统退化，成体和幼虫往往无口，不能摄食；幼虫以体壁吸收寄主的营养物质。成虫主要以幼虫期储存的营养物为生，也可通过体壁及退化的消化管吸收一些小的有机分子。缺乏排泄系统。雌雄异体，雌、雄虫各有一对生殖腺和一对生殖导管。雌雄交配产卵到水中，卵黏成索状，幼虫从卵孵出，具有能伸缩的有刺的吻，借以运动，钻入寄主（昆虫）体内或被吞食，在寄主血腔内营寄生生活，几个月后发育为成虫，离开寄主在水中营自由生活。

线形动物从其形态结构看，与线虫接近，但有些线形动物幼虫的形态像曳鳃动物，因此，线形动物的演化关系尚不十分明确。

七、棘头动物门

棘头动物门（Acanthocephala）动物全部营内寄生生活，生活史中有两个寄主。成虫寄生在脊椎动物（鱼、鸟、哺乳动物）的肠管内；幼虫寄生于节肢动物的甲壳类和昆虫体内。世界性分布。已记载的有 1 100 种。

这类动物体长差异很大，从不足 2mm 到 1m，通常为 1~2cm，常不超过 20cm。体呈长圆筒形或椭扁平，体前端有一能伸缩的吻可缩入吻囊内，吻上有许多带钩的棘刺（spine），为附着器、用以钻入并钩挂在寄主肠壁上。没有口和消化管，通过体表吸收寄主的营养物。体壁结构特殊，经电镜观察，体表无角质膜。体壁主要由上皮层和肌肉层（环肌、纵肌）构成。合胞体的上皮层较厚、核的数目（6~20 个）因种而异、核很大（直径可达 5mm）。上皮表面有很多凹进的隐窝以增加食物吸收的表面积。在合胞体的上皮层内贯穿着一个复杂具分支小管的腔隙系统，它是一独特的液体运输系统，体壁肌肉是管状的，充满液体。肌肉中的管与腔隙系统是连续的。由腔隙液的循环给肌肉带来营养物并带走废物。肌肉收缩可推动腔隙液体的循环。在上皮细胞质膜的内侧有一薄的蛋白质丝的合胞体内板，对上皮层和体壁有支撑作用。在合胞体上皮质膜的外侧有由黏多糖和糖蛋白等构成的细胞被覆于虫体表面，可保护虫体免受寄主消化酶的消化及免疫反应。

在假体腔内，不仅无消化管，其他器官系统也趋于退化，比如排泄器官，如果有，为一对原肾管，神经系统仅在吻囊腹侧有一神经节，由此发出神经至身体各部。感官退化，仅生殖系统发达。雌雄异体。雄虫有精巢一对及输精管、阴茎、雄生殖孔；雌虫有卵巢一对或一个，然后碎裂成很多游离的卵球，称为游离卵巢，可释放卵，最后游离卵巢和卵全散布在假体腔中。体后有一肌肉性漏斗形的子宫钟，其上有两对孔，前一对通假体腔，后一对通阴道到雌生殖孔。雌雄交配，体内受精。受精卵在假体腔内发育成含有胚胎的卵。未成熟的卵由子宫钟的前一对孔又返回假体腔，成熟的卵才可通过后一对孔，到阴道由雌生殖孔随寄主粪便排出。卵被中间寄主如昆虫、甲壳类等吞食，在其体内发育，幼虫从卵孵出称为棘头幼虫，当终寄主吞食中间寄主时则被感染，在其肠内发育为成虫。

八、动吻动物门

动吻动物门（Kinorhyncha）动物是小型的海生动物，体长小于1mm，从南极到北极、从潮间带到6 000m的海底都有分布，大部分生活在泥沙中，也有些生活在海藻的支架、海绵和其他海生无脊椎动物体表，主要以硅藻类为食。体分13或14节带。体表无纤毛，不能游泳，体前端的吻能伸缩，每个节带之间角质膜很薄，可伸缩自由。通过吻伸缩及节带活动钻动前进。体壁由角质膜、合胞体上皮层及纵肌构成，与线虫相似。假体腔内含有液体和变形细胞，神经系统与上皮层接触，有一个多叶的脑围绕咽部，伸出一套腹神经索。有些种类具眼点或感觉刺毛作为感觉器官。

已知的动吻动物有150种。其中研究较多的为刺节虫（Echinoderes）、壮吻虫（Pycnophyes）和动吻虫（Kinorhynchus）。

九、内肛动物门

内肛动物曾与外肛动物（Ectoprocta）原合为苔藓动物门。由于内肛动物为假体腔动物，外肛动物为真体腔动物，现行分类将这两类动物各独立为门。

内肛动物门（Entoprocta＝Kamptozoa）约有150种，为小型的（不超过5mm）单体或群体营固着生活的动物。除湖萼虫（Urnatella）生活在淡水外，所有的全部生活在海中，固着在浅海底部的岩石、贝壳或海生无脊椎动物体上。单体的内肛动物分为萼、柄及基部附着盘。群体可以由2~3个柄共有一个附着盘。柄端的萼部一般为杯形，其边缘有一圈带纤毛的触手（数目8~30个，在触手的侧面和内面有纤毛），形成触手冠，是这类动物的特征之一，其他特征还有如"U"形消化管、原肾管、神经节等。内肛动物具无性生殖和有性生殖。通过无性出芽生殖产生群体。有性生殖时，受精卵经螺旋卵裂，个体发育中经过的幼虫像担轮幼虫。

关于内肛动物的分类地位，它与哪类动物亲缘关系较近，尚不清楚，有争议。

十、环节动物门

环节动物门（Annelida）动物是高等无脊椎动物的开始。身体不仅两侧对称，三胚层，而且身体分节，并具有疣足和刚毛，运动敏捷；真体腔出现，相应地促进循环系统和后肾管的发生，从而使各种器官系统趋向复杂，机能增强；神经组织进一步集中，脑和腹神经索形成，构成索式神经系统；感官发达接受刺激灵敏，反应快速。本门动物约有16 500种，常见有蚯蚓、水蛭、蚂蟥、沙蚕等。

（一）环节动物门的主要结构特征

1. 身体分节

环节动物身体由许多形态相似的体节构成，除体前端2节及末1体节外，其余各体节，形态上基本相同，称此为同律分节。分节不仅增强运动机能，也是生理分工的开始。这是无脊椎动物在进化过程中的一个重要标志。体节与体节间以体内的隔膜相分隔，体表相应地形成节间沟，为体节的分界。同时许多内部器官如循环、排泄、神经等也表现出按体节重复排列的现象，这对促进动物体的新陈代谢，增强对环境的适应能力，有着重大意义。

2. 形成真体腔

环节动物的体壁和消化管之间有一广阔空间，即为真体腔或称次生体腔。

从胚胎发育看，是由两个中胚层细胞发育为两团中胚层带。每团裂开，分成成对的体腔囊，靠近内侧的中胚层和内胚层合为肠壁，外侧的中胚层和外胚层合为体壁，体腔即位于中胚层的内外层之间。由于该体腔是由中胚层裂开形成，故称为裂体腔。这种体腔在结构上既有体壁中胚层又有肠壁中胚层及体腔膜。

真体腔形成的意义：①消化管有了肌肉，增强了蠕动，提高了消化机能；②真体腔的形成，促进了循环系统、排泄系统、生殖系统的器官形成和发展，使动物体的结构进一步复杂，各种机能进一步完善。

环节动物的次生体腔由体腔上皮依各体节间形成双层的隔膜，分体腔为许多小室，各室彼此有孔相通。次生体腔内充满体腔液在体腔内流动，不仅能辅助物质的运输，也与体节的伸缩有密切关系。

3. 具有刚毛与疣足

刚毛与疣足是环节动物的运动器官。大多数环节动物都具有刚毛。刚毛由上皮细胞内陷形成的刚毛囊中的一个毛原细胞形成的。

每一体节所具有的刚毛数目、刚毛着生位置及排列方式等，因种类不同而异。

海产种类一般有疣足，疣足是体壁凸出的扁平片状突起双层结构，体腔也伸入其中，一般每体节一对。典型的疣足分成背肢和腹肢，背肢的背侧具一指状的背须，腹肢的腹侧有一腹须，有触觉功能。背肢和腹肢内各有一起支撑作用的足刺。背肢有 1 束刚毛，腹肢有 2 束刚毛。疣足具有运动功能。疣足内密布微血管网，又可进行气体交换。

环节动物刚毛和疣足的出现，增强了运动功能，使它们的运动更敏捷、迅速。

4. 闭管式循环系统

环节动物具有较完善的循环系统，由纵行血管和环行血管及其分支血管组成。各血管以微血管网相连，血液始终在血管内流动，不流入组织间的空隙中，构成了闭管式循环系统。

环节动物循环系统的出现与真体腔的发生有着密切关系。真体腔的发展，使原体腔（囊胚腔）不断缩小，最后只在心脏和血管的内腔留下遗迹，即残存的原体腔。一些环节动物的次生体腔被间质填充而缩小，血管已完全消失，形成了腔隙，血液（实为血体腔液）在这些腔隙中循环，代替了血循环系统。环节动物的血液呈红色，因血浆中含有血红蛋白，血细胞无色。多毛类中极少数种类血细胞中含血红蛋白。

5. 后肾管排泄

多数环节动物的排泄系统为后肾管，来源于外胚层，每体节一对或很多。典型的后肾管为一条迂回盘曲的管子，一端开口于前一体节的体腔，称肾口，具有带纤毛的漏斗；另一端开口于本体节的体表，为肾孔。这样的肾管称大肾管。有些种类（寡毛类）的后肾管发生特化，成为小肾管，有的小肾管无肾口，肾孔开于体壁；也有的开口于消化管，称消化肾管。后肾管除排泄体腔中的代谢产物外，因肾管上密布微血管，故也可排出血液中的代谢产物和多余水分。

6. 链状神经系统

由脑（即一对咽上神经节）、咽下神经节、围咽神经环（连接脑和咽下神经节）以及腹神经索组成。腹神经索在每个体节有一对神经节，成为贯穿全身的链状神经系统。每个体节的神经节发出 2~5 条侧神经。神经系统进一步集中，致使动物反应迅速，动作协调。

多毛类动物的感官发达，有眼、项器、平衡囊、纤毛感觉器及触觉细胞等。寡毛类及蛭类的感官则不发达。感官不发达种类有的无眼，体表有分散的感觉细胞、感觉乳突及感光细胞等。

7. 担轮幼虫

陆生和淡水生活的环节动物为直接发育，无幼虫期。海产种类的个体发育中，经螺旋卵裂、囊胚，以内陷法形成原肠胚，最后发育成担轮幼虫。幼虫呈陀螺形，体中部具 2 圈纤毛环，位体侧口前的一圈称原担轮，口后的一圈为后担轮，体末尚有端担轮。口接短的食道，连膨大的胃，通入肠，肛门开口于体后端。消化管内具纤毛，只有肠来源于内胚层。担轮幼虫的前端顶部有一束纤毛，有感觉作用。

（二）环节动物门的代表类群

环节动物有近 17 000 种，海水、淡水及陆地均有分布，少数营内寄生生活，如花索沙蚕科（Arabellidae）。分为多毛纲、寡毛纲和蛭纲 3 纲。

多毛纲（Polychaeta）代表动物为沙蚕（Nereis）、哈鳞虫（Harmnothoe）、吻沙蚕（Glycera）、鳞沙蚕（Chaetopterus）、海蚯蚓（Arenicola cristata）。

寡毛纲（Oligochaeta）代表动物为环毛蚓（Pheretima）。常见种类有：①近孔目（Plesiopora）的颗（读音：piǎo）体虫（Aeolosoma）、颤蚓（Tubifex）、尾鳃蚓（Branchiura）、头鳃蚓（Branchiodrilus）；②前孔目（Prosopora）带丝蚓科（Lumbriculida）的蛭蚓（Branchiobdella），常寄生在虾类体表；③后孔目（Ophisthopora）环毛蚓属（Pheretima）、异唇蚓属（Allolobophora）、杜拉蚓属（Drawida）、爱胜属（Eisenia）。

蛭纲（Hirudinea）代表动物为医蛭（Hirudo）。常见种类有：喀什米亚扁蛭（Hemiclepsis kasmiana）、宽身扁蛭（Glossiphonia lata）、扬子鳃蛭（Ozobranchus yantseanus）、日本医蛭（Hirudo nipponica）、宽身蚂蟥（Whitmania pigra）、天目山蛭（Haemadipsa tianmushana）、日本山蛭（H. japonica）。

（三）环节动物与人类的关系

环节动物种类多，数量大，分布广，与人类之间的关系密切，具有重要的经济意义。其与人类的关系可分为有益和有害两个方面。

1. 有益方面

①食用。我国南方沿海居民有炒食沙蚕的习惯。环毛蚓含蛋白质较高，其含量占干

重的 50%~65%，含 18~20 种氨基酸，其中 10 余种为禽畜的必需氨基酸，是一种优良的动物性蛋白添加饲料，可用于家禽、家畜、鱼类饲料的生产；②药用。新型杀虫剂杀螟丹从多毛动物异足索沙蚕中得到启发后人工合成，是一种广谱、高效、低毒的神经性毒剂，称为沙蚕毒素，对家蝇、蚂蚁、水稻害虫有毒杀作用且不易使昆虫产生抗药性。环毛蚓在中药中称为地龙，含地龙素、多种氨基酸、维生素等，有解热、镇静、平喘、降压、利尿等功能，自古即入药。蛭素是由 65 种氨基酸组成的低相对分子质量多肽，有抗凝血、溶解血栓的作用，是一种有效的天然抗凝剂。蛭类可干燥后全体入药，含有蛭素、肝素等，有破血通经、消积散结、消肿解毒之功效。在整形外科中，可利用医蛭吸血消除手术后血管闭塞区的瘀血，减少坏死发生；再植或移植组织器官时用医蛭吸血，可使静脉血管通畅，提高手术的成功率；③饵料。多毛类幼体是浮游生物的一大类群，常是经济动物幼体的摄食对象，是水螅、扁虫、软体动物、棘皮动物、甲壳类、鱼类及其他多毛动物的饵料，而且当群浮生殖多毛类在海面大量出现时，会引起鱼类的集群，对渔场的形成及鱼类对产卵场的选择都有较密切的关系。寡毛类中的水蚓类可作为淡水鱼类的饵料，只是繁殖过多时，会损害鱼苗或堵塞输水管道；④生态环境。多毛类可作为海洋生态环境的指示生物。如耐低氧的小头虫、奇异稚齿虫等出现的多寡可指示底质污染的程度。陆蚓类穴居土壤中，在土壤中穿行，吞食土壤，能使土壤疏松，改良土壤的物理化学性质。经过环毛蚓消化管的土壤，排出成蚓粪，其中所含氮、磷、钾的量较一般土壤高出数倍，是一种高效有机肥料。蚓粪又可增加腐殖质，对土壤团粒结构的形成起很大作用。环毛蚓吞食土壤和有机物质的能力很强，聚集土壤中某些重金属（镉、铅、锌等），可利用环毛蚓处理城市的有机垃圾和受重金属污染的土壤，保护环境，防止污染，化害为利，抑制公害。

2. 有害方面

龙介虫（石灰虫）和螺旋虫具石灰质栖管，多附于岩石、贝类、珊瑚、海藻叶片、船只和码头上；才女虫可通过凿穴破坏珍珠贝，对人类经济和生产活动有很大的危害。

蛭类吸血后可使伤口血流不止，易感染细菌，引起化脓溃烂等，对人和家畜危害很大。一些种类通过吸血还可以传播皮肤病病原体和血液中的寄生虫，或为其中间宿主；有些蛭类寄生在鱼体上，发生细菌性溃烂，影响鱼类的生长发育。内侵袭性吸血蛭类可随人畜饮水进入其鼻腔、咽喉、气管等部位营寄生生活，造成极大的危害。

十一、软体动物门

软体动物门（Mollusca）动物种类多，为动物界仅次于节肢动物的第二大类群，已定名的现存种类超过 10 万种，还有数万化石种类。广泛分布在湖泊、沼泽、海洋、山地等。与人类关系密切。

软体动物的结构进一步复杂，机能更完善，它们具有一些环节动物的特征：成体两侧对称，由裂腔法形成的中胚层和真体腔、后肾管，个体发育经过螺旋卵裂、担轮幼虫发育等，因此认为软体动物与环节动物起源于共同祖先，在长期发展过程中，适应不同的环境，形成形态结构、生活方式差异很大的两类群。

（一）软体动物门的主要结构特征

1. 形态结构

软体动物身体柔软，不分节，具有 3 胚层、两侧对称，是由裂腔法形成的真体腔动物；身体一般包括头、足、内脏团和外套膜 4 部分；体外常具分泌的贝壳。

（1）头部　软体动物的头部位于身体前端。进化程度较高、运动敏捷的种类头部发达，分化明显，背面着生有触角和眼等感觉器官，如田螺、蜗牛、乌贼、章鱼等；比较原始、行动迟缓的种类头部不发达，仅有口，与身体没有明显的界线，如毛肤石鳖等；营穴居或固着生活的种类头部退化，体躯完全包被于外套膜和贝壳之内，如蚌类、牡蛎等。

（2）足部　足部是软体动物的运动器官，位于身体腹侧，随生活方式不同呈现不同形式：有的种类蹠（读音：zhí）面平滑，适于在陆地或水底爬行，如腹足纲；有的种类早斧状，有利于挖掘泥沙在水底营埋栖生活，如瓣鳃纲；有的种类足退化，适应固着生活，如牡蛎科；有的种类有足丝腺，能分泌足丝，不能运动，但可用以附着在外物上生活，如贻贝科、扇贝科等。头足纲动物，足特化成头部的腕，上面生有许多吸盘，为捕食器官，部分足还变态成漏斗，适于游泳生活，如乌贼和章鱼等。翼足目（Pteropoda）的足在侧部（即侧足）特化成片状，可游泳，称为翼或鳍。平衡器通常着生在足部，有的足上部生有许多触手。

（3）内脏团　内脏团位于身体背部，包括胃、肠、消化腺、心脏、肾脏、生殖腺等内脏器官，为外套膜和贝壳所包被。多数种类的内脏团为左右对称，少数扭曲成螺旋状，失去了对称性，如螺类。

（4）外套膜　外套膜是身体背部皮肤皱褶向腹面延伸而形成的一种保护结构，由内外表皮、中间结缔组织和少数肌肉纤维组成。外套膜与内脏之间的空腔是外套腔，鳃、口、肛门、肾脏和生殖腺均开口于外套腔。外套膜的边缘常具各种形状的触手，有的种类有外套眼，构造很复杂。外套膜内表皮细胞具纤毛，纤毛摆动，为水流动提供动力，使水在外套腔内循环，借以完成呼吸、排泄、摄食等。左右 2 片外套膜在后缘处常有一两处愈合，形成出水孔和入水孔。有的种类的出入水孔延长成管状，伸出壳外形成出水管和入水管。

（5）贝壳　软体动物体外多具贝壳。贝类学（malacology）即研究软体动物的学科。贝壳由外套膜分泌的钙质和有机质形成。贝壳的数量和形态是区分种类的重要特征：有的种类有 1 扇贝壳，如腹足纲、掘足纲；有的种类有 2 扇贝壳，如瓣鳃纲；有的种类有 8 扇贝壳，如多板纲；有的种类贝壳退化成内壳；有的种类无壳。贝壳的形态随种类变化很大，有的呈帽状，有的呈螺旋形，有的呈管状，有的呈瓣状。

贝壳的主要成分是碳酸钙和壳基质（或称贝壳素）。贝壳的结构从外至内分为 3 层：①最外层是角质层，很薄，透明，有光泽，由不受酸碱侵蚀的壳基质构成，能够保护贝壳；②中间层为壳质层，又称棱柱层，由角柱状的方解石构成，占贝壳的大部分；③最内层为壳底，又称珍珠质层，具光泽，由叶状霰石构成。外套膜边缘主要分泌形成外层和中层，这两层不增厚，但可随动物的生长逐渐加大；内层由整个外套膜分泌形成，既可随个体的生长而加大，又能增加厚度。珍珠由珍珠质层形成，其形成过程为：

当微小砂砾等异物侵入刺激外套膜时，受刺激处的上皮细胞即以该异物为核，逐渐陷入外套膜上皮之间的结缔组织中，接着陷入的上皮细胞自行分裂形成珍珠囊，最后珍珠囊分泌珍珠质，将核层复一层地包裹而逐渐形成珍珠。角质层和壳质层的生长不是连续的，受食物、温度等因素影响，在一定时间内贝壳的生长速度不同，因而在贝壳表面形成生长线，用以表示其生长的快慢。

2. 消化系统

软体动物的消化系统由口、食管、胃、肠、肛门和附属腺体组成。瓣鳃纲的口是一个简单的开口或具较发达的肌肉，口周围有发达的唇瓣，唇瓣三角形，上面布满纤毛。头足纲口的周围有口膜。除瓣鳃纲外，软体动物的口腔内均有颚片和齿舌。腹足纲的颚片若有1个则位于背面，若有2个则位于口腔两侧。头足纲有2个颚片，分别位于口腔的背腹面，可辅助捕食。齿舌是软体动物口腔底部的舌突起连同表面排列成行的角质齿构成，似锉刀状，摄食时以齿舌做前后伸缩运动刮取食物，是软体动物特有的器官。齿舌的形态、小齿的形状、小齿的数目和排列方式是科属分类的主要依据。口腔连有唾液腺，口腔向下为食管，食管下部常形成嗉囊。食管有附属腺体，如腹足类的勒布灵腺、毒腺等。食管下面连接胃，胃内壁有强有力的收缩肌，通常形成口袋状，内有肝脏的开口。胃的后部为肠，胃肠之间常有1个瓣膜分开。肠的末端为直肠，直肠以肛门开口于体外。

3. 呼吸系统

鳃是水生软体动物的呼吸器官。鳃是由外套膜内面的上皮伸展形成的，形态各异，包括鳃轴和鳃丝，鳃轴与动脉和静脉贯通。软体动物的鳃有多种类型：①盾鳃指鳃轴两侧均生有鳃丝，呈羽状；②栉鳃是指仅鳃轴一侧生有鳃丝，呈梳状；③瓣鳃是指鳃成瓣状；④丝鳃是指鳃延长成丝状。有的软体动物鳃消失，在背侧皮肤表面生出次生鳃。也有的软体动物无鳃。鳃的数目和形态随类别而异，可单个或成对，在单板纲为5或6对，多板纲为6~88对，原始的腹足类为1对，较高级的腹足类为1个，瓣鳃纲为1对，头足类为1对或2对。

陆生软体动物均无鳃，为了适应陆地生活，它们在外套腔内部一定区域形成微细血管密集的肺室，用以直接摄取空气中的氧。

4. 循环系统

循环系统由心脏、血管、血窦及血液组成。心脏位于身体背部的围心腔中，由心室和心耳构成。心室1个，壁厚，能搏动，为血液循环的动力；心耳1个、2个或4个，常与鳃的数目一致，可收集血液回心室。心耳与心室间有防止血液逆流的瓣膜，血管分化为动脉和静脉。血液自心室经动脉，进入身体各部分，后汇入血窦，由静脉回到心耳，故软体动物的循环系统一般为开管式循环。较高等的头足纲，动脉管和静脉管通过微血管联络成为闭管式循环。血液含5-羟色胺（血清素），呈无色或青色，血细胞呈变形虫状。仅瓣鳃纲中的蚶和腹足纲的扁卷螺科有血红蛋白，血液呈红色。软体动物的次生体腔极度退化，仅形成围心腔、生殖腺和排泄器官的内腔。初生体腔发达，为存在于各组织器官的间隙，内有血液流动，形成血窦。

5. 排泄系统

软体动物的肾脏呈囊状，由后肾管形成。后肾管由腺体部分和管状部分组成，腺体部分富血管，肾口具纤毛，开口于围心腔；管状部分为薄壁的管子，内壁具纤毛，肾孔开口于外套腔，不仅能输送汇集于围心腔中的废物，而且能过滤血液中的废物排出体外。肾脏在不同类群中数量不同：高等的腹足纲只有 1 个；多板纲、瓣鳃纲、原始腹足纲及头足纲的二鳃类为 1 对，四鳃类为 2 对；单板纲为 6 对。除肾脏外，腹足纲、瓣鳃纲和头足纲等许多种类的围心腔壁上的围心腔腺也是重要的排泄器官。

6. 神经系统

软体动物中，神经系统在原始种类无神经节的分化，由围咽神经环、1 对足神经索和 1 对侧神经索组成，如单板纲。较高等种类由脑神经节、足神经节、侧神经节和脏神经节 4 对神经节和与之联络的神经构成：①脑神经节负责感觉，1 对，位于食管背侧，发出的神经支配头部和体前部；②足神经节负责运动和感觉，1 对，位于足的前部，发出的神经支配足部；③侧神经节 1 对，位于体前部，发出的神经支配外套膜和鳃等；④脏神经节 1 对，位于体后部，发出的神经支配内脏诸器官；⑤各神经节之间都有神经连索相互联系，如腹足纲、瓣鳃纲和掘足纲等。在高等的头足纲则形成脑，脑位于头部，由各神经节集合而成，在外有软骨包围。

7. 感觉器官

软体动物感觉灵敏，有触角、眼、嗅检器及平衡囊等感觉器官。

（1）触角　不同软体动物的触角具有不同的数目和形状：①新碟贝有 2 个口前小触角；②腹足纲前鳃亚纲有 1 对头触角；③肺螺亚纲有一大一小 2 对触角，其中 1 对大触角起嗅觉作用。与肺螺亚纲的大触角相似的感觉器官还有后鳃亚纲的嗅角、头足纲的嗅觉陷。瓣鳃纲动物起触觉作用的是分布于外套膜边缘和水管触手的感觉细胞。

（2）眼　软体动物眼的构造有的简单，有的复杂，最简单的是色素凹陷，复杂的则具有晶体和网膜结构。眼通常 1 对，位于头部两侧，有的生于眼柄顶端形成柄眼。头部不发达或头部退化的软体动物无眼，个别种类如石鳖类的贝壳表面有微眼，瓣鳃纲的很多种类有外套眼。

（3）平衡囊　平衡囊存在于除双神经类以外的所有软体动物，由足部皮肤内陷而形成，位于足部，左右各 1 个，受脑神经节的控制。平衡囊内在原始的种类具耳沙，进化的种类则具耳石，耳沙或耳石的刺激，使得动物能测定行动的方向和保持身体的平衡。

（4）嗅检器　嗅检器是水生软体动物受脑神经节发出的神经控制，用来检验水流中沉积物的质量和水的化学性质的器官。

8. 生殖系统

软体动物的生殖系统由生殖腺、生殖导管、交接器和一些附属腺体构成。生殖腺由体腔壁形成，其内的生殖腺腔有生殖导管内端开口，生殖导管外端则开口于外套腔或直接开口于体外。雌雄异体或雌雄同体。多板纲、绝大多数前鳃亚纲和瓣鳃纲、头足纲等为雌雄异体，通过交尾受精，或将生殖产物分别排到水中受精。无板纲、后鳃亚纲、肺螺亚纲以及少数前爬类和瓣鲤纲为雌雄同体。

软体动物受精卵的卵裂是典型的螺旋形卵裂，然后通过外包、内陷或由两者形成原肠胚，之后很快发育为自由游泳的担轮幼虫。少数软体动物从担轮幼虫直接发育成成体，大多数种类先从担轮幼虫发育成面盘幼虫，然后才发育成成体。担轮幼虫与环节动物多毛类的幼虫相似，面盘幼虫在发育早期，背侧有外套的原基，且分泌外壳，腹侧有足的原基，面盘或称缘膜由口前纤毛环发育成。有的担轮幼虫在卵袋中度过，如大多数海产腹足类；有的担轮幼虫和面盘幼虫都在卵袋中度过，如前鳃类、淡水腹足类和肺螺类。钩介幼体是淡水中生活的蚌类为适应寄生生活由面盘幼虫特化而来。钩介幼体寄生在鱼类的鳃、鳍或其他部位，在鱼体上形成胞囊。一段时间后，幼虫通过从宿主身体获取营养逐渐发育成成体，破囊而出，沉落水底营底栖生活。头足纲为直接发育，其卵裂属于不完全分裂的盘状卵裂。

软体动物门的主要特征为：身体柔软，一般分头、足、内脏团和外套膜4部分，具贝壳或退化；初生体腔和次生体腔并存，开管式循环系统；消化系统呈"U"字形，许多种类具齿舌，具肝脏；水生种类以肺呼吸，陆生种类以外套膜一定区域的微血管密集成网的"肺"呼吸；排泄系统包括后肾管和围心腔腺；神经系统一般不发达，但头足类很发达，是无脊椎动物中最发达的神经系统；大多雌雄异体，异体受精；多为间接发育，出现担轮幼虫、面盘幼虫和钩介幼虫。

（二）代表类群

软体动物是动物界中仅次于节肢动物的第二大门类，种类繁多，分布广泛。现存的软体动物有11万种以上，还有3.5万化石种。软体动物门根据贝壳、足、腮、神经及发生等特征可分为7个纲：无板纲（Aplacophora）、多板纲（Polyplacophora）、单板纲（Monoplacophora）、掘足纲（Scaphopoda）、腹足纲（Gastropoda）、双壳纲（Bivalvia）和头足纲（Cephalopoda）。其中仅腹足纲和双壳纲有淡水生活的种类，一些腹足纲软体动物利用"肺"进行呼吸，身体具有调节水分的能力，使其可以在地面上生活，与节肢动物一起构成了无脊椎动物中的陆生动物。腹足纲和双壳纲包含了软体动物中95%以上的种类，其他各纲均为海洋生活。

无板纲为原始种类，全部海产，有300种左右，有新月贝目和毛皮贝目2个目，前者占绝大多数。

多板纲动物如石鳖全部海产，约有600多种，另有350左右化石种，我国沿海常见种类有毛肤石鳖（Acanthochiton）、锉石鳖（Ishnochiton）和鳞带石鳖（Lepidozona）等。

单板纲动物均为深海生活，许多动物学家都认为很可能单板纲就是现存腹足类、双壳类及头足类的祖先动物。在寒武纪及泥盆纪的地层中发现它们的化石，到1952年才发现活的动物标本——新碟贝（Neopilina galathea）。这些标本是由丹麦"海神号"调查船在哥斯达黎加海岸3 350m深处的海底发现的。之后，在太平洋及南大西洋等许多地区2 000~7 000m深的海底先后又发现了单板类7个不同的种。新碟贝形态与多板纲的石鳖相似，是原始的软体动物。

掘足纲动物的贝壳呈长圆锥形、稍弯曲的管状或象牙状，两端开口，又称为管壳类。头部退化为前端的一个突起，足发达，呈圆柱状，全部海产，多在泥沙中营穴居生活，滤食浮游生物。掘足纲约有 350 种，分为角贝科和光角贝科 2 个科。

腹足纲动物通称螺类，是软体动物中最大的一纲，分布广泛，各种水域都有它们的身影。肺螺类具有明显的头部，有眼及触角，口中有齿舌，体外有 1 枚螺旋卷曲的贝壳，壳口大多具厣，头、足、内脏团及外套膜均可缩入壳内。发育过程中，身体经过扭转，致使神经扭成了 "8" 字形，内脏器官也失去了对称性。海产种类具担轮幼虫期和面盘幼虫期，是真正征服陆地环境的种类，可以在陆地上生活。腹足纲是软体动物中最繁盛的一类，广泛分布在海洋、淡水和陆地。目前有 7.5 万生存种和 1.5 万化石种，分为 3 个亚纲：前鳃亚纲（Prosobranchia）、后鳃亚纲（Opisthobranchia）和肺螺亚纲（Pulmonata）。

双壳纲动物通称贝类。身体侧扁，左右对称；体表具 2 片贝壳，故名双壳类。头部退化，只保留有口，口内无口腔及齿舌。足部发达呈斧状，故名斧足纲（Pelecypoda）。外套膜发达呈两片状，由身体背部悬垂下来，并与内脏团之间构成宽阔的外套腔，外套腔内有鳃 1~2 对，呈瓣状，故名瓣鳃纲（Lamellibranchia）。瓣鳃的主要功能是收集食物及进行气体交换。神经系统较简单，有脑、脏、足 3 对神经节。海产种类发育过程中常有担轮幼虫和面盘幼虫，淡水蚌则有钩介幼虫。现存种类约有 3 万种。根据贝壳的形态、铰合齿的数目、闭壳肌的发育程度和鳃的构造不同，双壳纲一般分为 6 亚纲：古列齿亚纲（Palaeotaxodonta）、隐齿亚纲（Cryptodonta）、翼形亚纲（Pterimorphia）、古异齿亚纲（Palaeoheterodonta）、异齿亚纲（Heterodonta）和异韧带亚纲（Anomalodesmacea）。

头足纲身体分为头、足和躯干 3 部分。头部发达，两侧具 1 对构造非常完善的眼。神经系统复杂，神经节集中于头部，脑神经节、足神经节和脏侧神经节合成发达的脑，外面有中胚层形成的软骨匣保护。足生于头部前方，特化为 8 或 10 条腕和 1 个漏斗。除鹦鹉螺等原始种类具外壳，其余均具内壳或无壳。心脏发达，闭管式循环。雌雄异体。全部海产，现存约 100 种，包括鹦鹉螺、乌贼、柔鱼、章鱼等。根据鳃和腕的数目，头足纲分为四鳃亚纲（Tetrabranchia）和二鳃亚纲（Dibranchia）2 个亚纲。

（三）软体动物与人类的关系

软体动物中有很多种类可以为人类所利用，有益于人类，但也有许多种类会危害人类并常造成经济上的损失。

1. 有益方面

（1）食用价值　海产的鲍鱼、玉螺、香螺、红螺、东风螺、泥螺、蚶、贻贝、扇贝、牡蛎、文蛤、蛤蜊、蛏、乌贼、枪乌贼、章鱼，淡水产的田螺、螺蛳、蚌、蚬，陆地栖息的蜗牛等含有丰富的蛋白质、无机盐和维生素，肉味鲜美，具有很高的营养价值。

（2）药用价值　鲍的贝壳可以治疗眼疾，中药称 "石决明"；宝贝科的贝壳中药名叫 "海巴"，能明目解毒；珍珠是名贵的中药材，具平肝潜阳、清热解毒、镇心安神、止咳化痰、明目止痛和收敛生机等功效；乌贼的贝壳叫 "海螵蛸"，可以用于止血，治疗外伤、心脏病和胃病；蚶、牡蛎、文蛤、青蛤等的贝壳是常用中药材；鲍鱼、凤螺、海蜗牛、蛤、牡蛎、乌贼等可以用于提取抗生素和抗肿瘤药物。

（3）农业价值　软体动物繁殖迅速，繁殖量大，有时可以做农田肥料或饲料。例如，我国沿海出产的寻氏肌蛤、鸭嘴蛤、篮蛤等可以喂猪、鸭、鱼、虾；淡水产的田螺、河蚬可以饲养淡水鱼类。

（4）工业价值　软体动物的贝壳是烧石灰的良好原料，我国东南沿海各地有许多贝壳烧石灰窑，为建筑领域提供石灰。珍珠层较厚的贝壳（如蚌、马蹄螺等）是制纽扣的原料。

（5）工艺价值或装饰价值　很多瓣鳃纲的贝壳有独特的形状和花纹，富有光泽，绚丽多彩，如宝贝、芋螺、凤螺、梯螺、骨螺、扇贝、海菊蛤、珍珠贝等是玩赏品。有些贝类，如蚌、贻贝、鲍、唐冠螺、瓜螺等是制作贝雕、螺钿和工艺美术品的原料。

（6）地学价值　软体动物在地质历史时期中有很多可作为指示沉积环境的化石。在寒武纪的最底部，已有单板纲和其他软体动物化石出现；中生代的不少菊石成为洲际范围内划分、对比地层的带化石，有些可用以了解古水域温度和含盐度等；蜗牛化石还能反映第四纪气候环境。

2. 有害方面

很多软体动物是人体寄生虫的中间宿主，如钉螺是日本血吸虫的中间宿主。植食性的腹足类是以各种海藻，水生或陆生植物为食，可根据不同的生活环境而取食不同的植物，有些种甚至造成农业上的危害。例如，蜗牛可以危害玉米种植，造成大面积减产。有些软体动物如贻贝大量繁殖时，可以堵塞管道，且很难清除。

十二、节肢动物门

节肢动物门（Arthropoda）动物是在环节动物同律分节的体制结构基础上发展起来的一个庞大的体躯分部、附肢分节的动物类群。已知种类多达100万种以上，约占动物界总数的85%，是动物界中最大的门，其种类多、数量大、分布广、适应性强的特点是任何其他动物所不能比拟的。生活方式多样，大部分营自由生活，少数营寄生生活，个别种类具有高度群体社会性。节肢动物是最重要的动物学研究对象，常见节肢动物有虾、蟹、蜘蛛、蜱螨、蜈蚣及昆虫等。

（一）节肢动物门的主要结构特征

1. 具有外骨骼和蜕皮现象

节肢动物要在陆地上存活，必须制止体内水分的大量蒸发，其包在身体外的角质膜，即外骨骼正是起着这种重要的作用。外骨骼的结构包括上角质膜、外角质膜、内角质膜、外骨骼分片。上角质膜又称上表皮，位于最外层，最薄，含蜡层、色素，不透水。外角质膜又称外表皮，最坚硬部分，含有钙盐、骨蛋白。内角质膜又称内表皮，具柔软、延展性，主要成分为蛋白质、几丁质复合体。外骨骼分片在骨片间的节间部分，不含外表皮或外表皮不发达，因此较柔软，不妨碍身体活动。

蜕皮是在内分泌激素的调节下，换上柔软多皱的新皮，以适应身体的不断增长的现象。外骨骼的作用主要是保护内脏器官；防止体内水分蒸发；抵抗不良环境及病毒细菌等的侵染；与附着在体壁内面的肌肉协同完成各种运动，这一点与脊椎动物的骨骼有相似的作用。

2. 异律分节和附肢分节

节肢动物的身体是异律分节，相邻的体节愈合形成不同的体区。不同的体区有分工，完成不同的生理功能。一般形成：头部、胸部、腹部。头部（如昆虫）由 6 个体节愈合形成，有眼、触角、口器等，是取食和感觉中心。胸部如昆虫由 3 个体节组成，有足、翅等器官，是运动中心。腹部由多个体节组成，是生殖和代谢中心。

身体的分部在有些类群中有愈合，如甲壳类的头和胸愈合为头胸部，蜈蚣的身体又分为头部和躯干部。总之，体节既分化，又组合，从而增强运动，提高了动物对环境条件的趋避能力。

节肢动物每一体节几乎都有 1 对附肢，对于运动的增强起了重要作用。它的附肢与环节动物不同：环节动物疣足是体壁的中空凸起，本身及其与躯干部相连处无活动关节，小而运动力不强；节肢动物附肢实心，内有发达的肌肉，本身及其与身体相连处有活动的关节，十分灵活而且有力，这种附肢称为节肢。

附肢的分节以及着生部位的不同，其形态和功能有很大的变化，形成了触角、口器、足以及呼吸和生殖等各种形态。

节肢动物的附肢结构基本上可分两种类型，即双枝型和单枝型；前者可能较为原始，例如虾类腹部的游泳足等。这类附肢由原肢及其顶端发出的内肢和外肢三部分构成。原肢是附肢的基干，连接身体，原分 3 节，基部一节名为前基节，中间一节是基节，顶端一节叫做底节。原肢内外两侧常有突起，内侧的称为内叶，外侧的称为外叶。内肢由原肢顶端的内侧发出，一般有 4~5 肢节。外肢则由原肢外侧发出，肢节数较多。单枝型节肢原由双枝型演变而来，其外肢已完全退化，只保留了原肢和内肢，例如昆虫的 3 对步足。

3. 具有横纹肌

节肢动物的肌纤维是横纹肌，肌原纤维多，伸缩力强，同时肌纤维集合成肌肉束，其两端着生在坚厚的外骨骼上。通过外骨骼的杠杆作用，还调整和放大了肌肉运动，以增强效能。节肢动物的肌肉束往往按节成对排列，相互拮抗。

4. 高效的呼吸器官——气管

在节肢动物中，水生种类也像一部分环节动物那样，以鳃呼吸。而鳃是体壁的外凸物，如果暴露空气中，易使动物体内大量水分蒸发，危及生命。在漫长的适应过程中，陆栖节肢动物形成另一种呼吸器官，即气管。气管是体壁的内陷物，不会使体内水分大量蒸发，其外端有气门和外界相通，内端则在动物体内延伸，并一再分枝，布满全身，最细小的分枝一直伸入组织间，直接与细胞接触，供应氧气给组织，也可直接从组织排放碳酸气，因此气管是动物界高效的呼吸器官。

5. 混合体腔和开管式循环系统

节肢动物的体腔为混合体腔。混合体腔也由中胚层形成的成对的体腔囊形成，但这些体腔囊并不扩大，其囊壁的中胚层细胞也不形成体腔膜，而分别发育成有关的组织和器官，囊内的真体腔因此和囊外的原始体腔合并成一个完整的混合体腔。混合体腔内充满血液，因此又称血体腔。节肢动物的循环系统十分简单，由具备多对心孔的管状心脏和由心脏前端发出的一条短动脉构成。这条短动脉伸入头部，末端开口；无微血管相连。血液通过这条动脉离开心脏，就流泛在身体各部分的组织间隙中，因此节肢动物的循环系统是开管式的。后来这些血液由身体各部分的组织间隙逐渐汇集到体壁与内脏之间的混合体腔中，再通过心孔，回归心脏。直接浸润在血液中的肠道所吸收的养料可透过肠壁进入血液内，然后再随血流分送到身体各部分。昆虫等大多数节肢动物的血液就只输送养料，而氧气和碳酸气等的输导则全靠气管。

6. 灵敏的感觉器和发达的神经系统

在增强运动器官的同时，节肢动物还必须发展感觉器官和神经系统，方能及时感知陆地上多样和多变的环境因子，迅速作出反应。节肢动物的感官有触觉器、化感器和视觉器等3种，这些器官都十分发达。就视觉器而言，除单眼外，还具备结构复杂的复眼；复眼不仅能感知光线的强弱，还可形成物像。随着感觉器官的发达，神经系统也就不断增强。虽然节肢动物的中枢神经系统像环节动物一样，基本上仍然保持链状，但神经节相对集中。脑量大，前脑是视觉和行为的神经中心，中脑是触觉的神经中心，后脑发出神经至上唇和前脑、肠。

7. 独特的消化系统和新出现的马氏管

动物加强运动，能量消耗增大，必然要提高养料的需求量，这样也就促进了消化系统的发达。一部分种类还有十分发达的中肠突出物，便于体内储存养料，这对于陆栖生活至关重要。昆虫虽无中肠突出物，却在肠道周围和体壁内面有许多脂肪细胞，代行养分储存的功能。对陆生动物来说，保存体内水分是十分重要的，绝大多数节肢动物都有6个直肠垫（rectal papillae），能从将要排出的食物残渣中回收水分，并将其输送到血体腔内，以维持体内水分的平衡。

新陈代谢作用加强，节肢动物产生了新的排泄器官，即马氏管（malpighian tube）。这是从中肠与后肠之间发出的多数细管，直接浸浴在血体腔内的血液中，能吸收大量尿酸等蛋白质的分解产物，使之通过后肠，与食物残渣一起由肛门排出。

（二）代表类群

节肢动物是动物界最大的一个门，已知约有120万种，占动物总数的4/5。根据异律分节、附肢、呼吸和排泄的情况，将现存种类分为6个纲。

1. 原气管纲（Prototracheata）

又称有爪纲（Onychophora），蠕虫形，身体表面没有明显分节，只有环纹。已知约有70种，我国仅在西藏有记录，如栉蚕（Peripatus）。

2. 肢口纲（Merostomata）

生活在海洋中，化石种类有120种，现存活有5种，称鲎（读音：[hòu]），我国沿海有中国鲎（Tachypleus tridentatus）的分布。

3. 甲壳纲（Crustacea）

生活在海洋、淡水中，极少数生活在潮湿的陆地上。主要特征：身体分为头胸部和腹部；附肢对数较多，触角2对；同时附肢大多保持双枝型；用鳃呼吸；绝大多数种类水栖，海洋中。甲壳纲是节肢动物门的第三大纲，共约35 000种。虽然种数少于蛛形纲，远远不及昆虫纲，但分类系统相当复杂，分为8亚纲、30余目。常见种类有：鳃足亚纲（Branchiopoda）体小，胸肢扁平似叶。主要生活在淡水的湖泊、池沼以至间歇性小水域中。如蚤状溞（*Daphnia pulex*）。桡足亚纲（Copepoda）栖息海洋和淡水中，是浮游动物的主要组分。不少种类寄生于鱼体。约 8 400 种。如近邻剑水蚤（*Cyclops vicinus*），体长 1.20~1.65mm，为湖泊常见的浮游动物。蔓足亚纲（Cirripedia）全部海栖，成体固着生活。共约 1 000 种。如纹藤壶（*Balanus amphitrite*）我国南北海区广泛分布，密集成群，附着在岩礁、码头、浮标、船底以及贝壳上。软甲亚纲（Malacostraca）为本纲最大的亚纲，其种数为全纲总种数的 70%。身体平均大小远远超过其余 7 亚纲。甲壳坚硬，头胸甲特别发达。体节数恒定，共 20~21 个体节。两性生殖孔位于固定体节上，雌性在第六胸节，雄性在第八胸节。腹部有附肢；末一对有时和尾节组合为尾扇。共约 18 000 种。常见物种有普通卷甲虫（西瓜虫）（*Armadillidium vulgare*）、华丽磷虾（*Euphausia superba*）、中国对虾（*Penaeus orientalis*）、三疣梭子蟹（*Portunus trituberculatus*）、中华绒螯蟹（*Eriocheir sinensis*）。

4. 蛛形纲（Arachnida）

主要特征：身体分为头胸部和腹部，不少种类这 2 个体部也相互愈合，全身已无明显的体节可以识别；无触角，头胸部有 6 对附肢，第 1 对是螯肢，第 2 对是脚须，后 4 对为步足，腹肢几乎全部退化；呼吸器官有书肺和气管；排泄用基节腺和马氏管；除蜱螨间接发育外，其余种类均直接发育。

本纲共约 80 000 种，分为 9 目，各目差别很大。现将重要的 3 目简介如下。

①蝎目（Scorpionida）。为本纲最原始的类群。头胸部和腹部直接相连，两体部间无细的腹柄。腹部较长，分为明显的 12 个体节，前 7 节短而宽，宽度近似头胸部，称为前腹；后 5 节狭窄，呈圆柱形，与末端一个由尾节演变而成的毒刺共同组成后腹。毒刺内有成对的毒腺，毒腺连接细的输出管，开口于毒刺末端。螯肢与脚须均有钳，前者无毒腺，后者十分发达。全世界约有 600 种，我国仅记载 15 种，其中最常见的为东亚钳蝎（*Buthus martensii*），是一种重要的中药，有祛风、止痛和镇静等作用，主治惊痫抽搐、中风、半身不遂、口眼歪斜、破伤风、淋巴结核、疮疡肿毒等症。山东和河南产量较大，但近年来资源急剧减少，现正开展人工养殖研究。

②蜘蛛目（Araneida）。头胸部和腹部间有腹柄相连。腹部不长，呈囊状，具纺器。整肢有发达的毒腺。雄蛛脚须末部特化成脚须器。食性很广，但以昆虫为主。是本纲中第二大目，种数仅次于蜱螨目，全世界共约 30 000 种，估计我国有 3 000 种左右。如草间小黑蛛（*Erigonidium graminicola*），体长仅 3mm 左右，呈灰黑色，在我国分布广泛，常为南方稻田中的绝对优势种，捕食飞虱、蚜虫、棉铃虫以及各种螟虫等害虫。络新妇属（*Nephila*），常织网于篱笆或灌木丛边，蛛网中心有 4 条弯曲的银白色支持带。蝇虎属（*Plexippus*），多见于屋内窗户和墙壁上，步足粗短，擅跳跃，性凶猛，一遇昆虫，就迅速捕扑。

③蜱螨目（Acarina）。体小，通常长 0.5~2.0mm。圆形或椭圆形。全身不分节，头胸部和腹部愈合。身体的前端部分以及一对整肢和一对脚须共同组成颚体，也称假头，内无脑，外无眼。颚体之后的身体其余部分称为躯体；两部分间以围头沟为界。通常两性生殖，但不少种类孤雌生殖。分布广泛。是本纲最大的一个目，有 50 000 种以

上。与人类关系十分密切，有些种类危害农作物，如红叶螨（红蜘蛛）属（*Tetranychus*），危害多种农作物、果树和森林，尤其对棉花，使棉苗生长停滞，棉叶发红干枯，棉铃脱落，严重减产。人疥螨（*Sarcoptes scabiei*），寄生人体皮肤内，钻凿隧道，引起疥疮。隧道深达 1cm；雌螨产卵于其底部。后孵出幼螨，幼螨多爬到隧道外，不久在隧道浅部生长蜕皮，成为若螨。雄若螨蜕皮一次，雌若螨则蜕皮 2 次，各成为成螨。雌雄成螨在人体皮肤表面交配，不久雄螨死去，而雌螨另凿新隧道；一面钻凿，一面产卵，因此雌螨终在隧道底部。一生可产卵 15 ~ 20 粒；从卵发育到成螨约需 10 ~ 14d，成螨可存活 1 ~ 2 个月。

蜱亚目（Ixodides）根据体背有无一块硬的背板而分为硬蜱科（Ixodidae）和软蜱科（Argasidae）。二者都营寄生生活，主要吸食哺乳类、鸟类和爬行类的血液，但也刺吸人血，传播多种病原体，如森林脑炎病毒、回归热螺旋体、斑疹伤寒立克次氏体、鼠疫杆菌以及焦虫等，对人畜危害严重。病原体常可经卵而传至后代，因此蜱类不仅作为传播疾病的媒介，还起到保存病原体的作用。如全沟硬蜱（*Ixodes persulcatus*）主要分布于原始森林地带，栖息草地，尤其树荫下最为常见，是森林脑炎的主要传播者。

5. 多足纲（Myriapoda）

多足纲身体分为头部和躯干部，躯干部每个体节 1 ~ 2 对足；以气管呼吸，马氏管排泄。几乎都陆栖，多为土壤动物。分布在陆地潮湿的地方，已知约 10 500 种，主要有蚰蜒、蜈蚣、马陆等。

6. 昆虫纲（Insecta）

昆虫纲是节肢动物门中最大的一个类群，也是动物界中种类最多的类群，已知 850 000 多种，每年还有许多新种发布。

（1）主要特征　①体分头、胸、腹 3 部分，头部附肢演变成 1 对触角、1 对大颚、1 对小颚和 1 片下唇。胸部是运动中心，有 3 对强壮的步足和 2 对可飞翔的翅。腹部附肢几乎全部退化；②具有高效的空气呼吸器——气管；③具有高度适应陆上生活排泄管——马氏管。

（2）昆虫一些重要的分类特征　①口器。常见的 5 种口器：咀嚼式口器、刺吸式口器、舐吸式口器、虹吸式口器、嚼吸式口器。咀嚼式口器由上唇、上颚、下颚、下唇、舌组成。刺吸式口器为取食植物汁液和动物体液的昆虫特有，能刺入组织吸取营养液，与咀嚼式口器的不同在于上、下颚特化成针状的口针，下唇延长成喙，前肠前端形成强有力的抽吸机构。如蝉和蚊的口器。舐吸式口器为蝇类所具有，特点是无上下颚。上唇和舌形成食物道，下唇延长成喙，末端特化为 1 对唇瓣，瓣上有许多环沟，两唇瓣间的基部有小孔，液体食物由孔直接吸收，或通过环沟的过滤进入食物道。虹吸式口器是蝶蛾类成虫特有的口器，大部分结构退化，仅下颚的外颚叶延长并左右闭合成管状，用时伸出，不用时盘卷成发条状，适于取食花蜜和水滴等液体食物。嚼吸式口器上颚用于咀嚼花粉和筑巢，下颚的外颚叶延长成刀片状，下唇的中唇舌和下唇须延长，吸蜜时下颚和下唇合拢，形成 1 个食物管，不用时各自分开。了解口器的类型不仅可以辨别昆虫的类别，还可以在害虫防治中根据植物的被害状况了解危害植物的昆虫，从而选择合适的农药，比如消毒剂、触杀剂或者内吸剂。

②触角。由柄节（1节）、梗节（1节）和鞭节（多节）组成，有多种类型：丝状触角细长如丝，鞭节各节的粗细大致相同，逐渐向端部变细，如蝗虫、天牛。棒状触角的鞭节基部细长如丝，顶端数节逐渐膨大，全形像棒球杆，如蝶类。刚毛状触角短小，基部1~2节较粗，鞭节细如刚毛，如蝉、蜻蜓。念珠状触角的鞭节各节大小相近，形如圆球，全体像一串珠子，如白蚁。鳃状触角的端部3~7节向一侧延展成薄片状叠合在一起，状如鱼鳃，如金龟子。具芒状触角一般仅3节，短而粗，末端一节特别膨大，其上有1根刚毛，称触角芒，芒上有许多细毛，如蝇类。羽毛状触角的鞭节各节向两侧突出，形如羽毛，如蛾类。膝状触角的鞭节向外弯折，如蜜蜂。环毛状触角的鞭节各节有1圈细毛，越接近基部的细毛越长，如雄蚊。

③翅。翅有多种类型：膜翅的翅膜薄而透明，翅脉明显可见，如蜻蜓。复翅的翅质地坚韧如皮革，有翅脉，如蝗虫的前翅。鞘翅坚硬如角质，不用于飞行，起保护作用，如天牛、瓢虫的前翅。半鞘翅翅基半部为皮革质，端半部为膜质，如蝽象类。鳞翅的质地为膜质，翅上有许多鳞片，如蝶蛾。毛翅的质地是膜质，翅上有许多毛，如石蛾。缨翅的蓟马类昆虫的前后翅狭长，翅脉退化，翅质地膜质，翅周缘缀有长毛。

④足。由基节、转节、腿节、胫节、跗节、前跗节组成。步行足各节都较细长，宜于行走。如蝗虫的前2对足。跳跃足一般为后足特化，腿节特别膨大，胫节细长，如蝗虫的后足。开掘足一般为前足特化，胫节宽扁，外缘具齿，似钉耙，适于掘土，如蝼蛄的前足。游泳足的后足特化成浆状，扁平，边缘有毛，适于水中游泳，如龙虱。携粉足是蜜蜂用以采集和携带花粉的构造，由后足特化，胫节扁宽有长毛，构成花粉篮。捕捉足为前足特化，腿节腹面有槽，胫节可以折嵌其内，形似一把折刀，用以捕捉猎物，如螳螂的前足。攀缘足为生活在毛发上的虱类具有，前跗节为一大形钩状的爪，胫节肥大，外缘有指状突起，两者结合时可牢牢抓住寄主的毛发。

（3）昆虫的变态类型

增节变态：是一种最原始的变态类型。昆虫纲中只有原尾目属于这一类。成虫和幼虫除大小外表上极为相似，体节数随蜕皮增多，最初有节，最后到12节。

表变态：是一种原始的变态类型。无翅亚纲中除原尾目以外的各目都属于此类。幼虫和成虫除大小外，在形态上无显著差别，腹部体节数也相同，但成虫期还继续蜕皮。

原变态：仅见于蜉蝣目。从幼虫到成虫要经过一个"亚成虫期"，亚成虫与成虫完全相同，仅体色较浅，足较短，呈静休状态，一般经几分钟到1天就蜕皮变为成虫。

不完全变态：幼虫与成虫的形态特征和生活习性有所不同，因其程度的不同分为：渐变态（如蝗虫）、半变态（如蜻蜓）、过渐变态（如缨翅目）。

完全变态：从幼虫到成虫中间经历蛹期。如蝇类、蝶、蛾。

（4）昆虫纲代表类群　昆虫纲的分类有各种不同的分类系统，一般根据翅、口器、触角、附肢、变态的类型和特征等将昆虫纲分成2亚纲34个目。以下仅就重要的目作简要介绍。

①无翅亚纲（Apterygota）。原始无翅，体弱，微小。

弹尾目（Collembola）。一般1~3μm，触角4~6节，咀嚼式口器，无翅，在第1、3、4腹节上分别有腹管、握钩弹器，善跳跃，俗称跳虫。生活在潮湿的土壤中。

缨尾目（Thysanura）。中小型昆虫，触角丝状，咀嚼式口器，无翅，腹末端有 2 条尾须和 1 条中尾丝。生活在石块及落叶下的湿地，也有在室内咬衣服和书籍的，如毛衣鱼（*Ctenolepism villosa*）。

②有翅亚纲（Pterygota）。

蜉蝣目（Pterygota）。小型至中型，复眼大，触角丝状，膜翅，后翅小。1 对尾须细长多节，中间常有 1 中尾丝。若虫水生，成虫口器退化，不取食，多数存活几个小时。不完全变态，如蜉蝣属（*Ephemera*）。

蜻蜓目（Odonata）。大型，复眼大，触角刚毛状。咀嚼上式口器。膜翅，翅脉网状，各翅均有 1 翅痣。若虫水生，不完全变态，如黑眼蜻蜓（*Aeschna melanictera*）、新豆娘（*Caenagrion*）。

直翅目（Orthoptera）。中型到大型。触角丝状，多节。咀嚼式口器。前翅为复翅，后翅为膜翅。后足为跳跃足。常有听器和发声器。雌虫产卵器发达。不完全变态，如各种蝗虫、蟋蟀、蝼蛄等。

竹节虫目（Phasmida）。大型。体多为棒形，也有扁平如叶。触角丝状。口器咀嚼式。翅退化。不完全变态。

等翅目（Isoptera）。俗称白蚁。小型到中型。身体柔软，色浅。触角念珠状。口器咀嚼式。翅的有无因群体内不同品级而异，一般兵蚁和工蚁无翅，繁殖蚁有翅。翅为膜翅，前后翅的大小、形状，翅脉相似。不完全变态。为社会性昆虫。

半翅目（Heteroptera）。俗称蝽。触角丝状。口器刺吸式。前翅为半鞘翅，后翅为膜翅。不完全变态。水生和陆生。

同翅目（Homoptera）。小型至大型。口器刺吸式，从头后方生出。前翅膜质或革质。如蝉、叶蝉、蚜虫等。

鞘翅目（Coleoptera）。口器咀嚼式，触角 10～11 节，前翅为鞘翅，后翅为膜翅，如天牛。

双翅目（Diptera）。口器刺吸式、舐吸式等，仅有 1 对前翅，为膜翅，后翅特化为平衡棒。全变态，如蝇类、蚊、虻。

鳞翅目（Lepidoptera）。口器虹吸式，2 对翅都为鳞翅。蝶类触角为棒状，蛾类触角多样但无棒状。

膜翅目（Hymenoptera）。2 对翅为膜翅，后翅小于前翅。口器咀嚼式或嚼吸式。腹部第 1 节并入胸部称并胸腹节，第 2 节常缩小成细腰。全变态，如胡蜂、蜜蜂、茧蜂、蚂蚁等。

（三）节肢动物与人类的关系

节肢动物是地球上最繁盛的种类，对人类社会的生存和发展有重大的影响。根据对人类的利害关系，可将节肢动物分为有益和有害两个方面。

有益方面：①食用，虾、蟹、蜂蛹、蝉等；②药用，很多昆虫或其产品，是名贵的药材或营养补品，如冬虫夏草、斑蝥、蝉蜕、蜈蚣、蝎、蜂王浆、蜂毒及虫茶等；③一些昆虫产品是重要的工业原料，如丝蚕和蜂蜡等，在显花植物中，80%属于虫媒传粉，利用昆虫给植物传粉可以显著提高作物产量；④生物防治，在昆虫中，有 1/3 的种类属于捕食性或寄生性昆虫，它们多以植食性昆虫为食，为天敌昆虫，在害虫防治方面起重要的作用。

有害的方面：①传播疾病，危害动物健康，如按蚊、跳蚤、蜱及牛虻等；②侵害农作物，危害农林生产，如蝼蛄、蝗虫及棉红蜘蛛等。

第五节 触手冠动物

触手冠动物（Lophoporatea）包括 3 个门，即外肛动物门（Ectoprocta）、腕足动物门（Brachiopoda）、帚虫动物门（Phoronida）。这三类动物都营固着生活，体柔软，具外壳；身体前端都有由一圈触手构成的触手冠称为总担；消化管呈"U"字形，肛门位体前方。由于这些共同的特征，过去常将它们隶属于拟软体动物门（Molluscoidea）。这三类动物在系统演化上的类缘关系不清楚，形态结构差异较大，故将它们独立成门。

外肛动物、腕足类及帚虫三类动物身体不分节，次生体腔；在胚胎发育中，胚孔形成口，这是原口动物的特征；腕足类以体腔囊法形成中胚层及体腔，这又是后口动物的特征。因此这三类动物可能介于具有次生体腔的原口动物和后口动物之间的一类动物。

一、外肛动物门

外肛动物门（Ectoprocta）动物为群体，营固着生活，外形似苔藓植物，故又名苔藓动物。大多数生活在温带海域，少数淡水产。群体的每个个体很小，不及 1mm，外被一层由外胚层分泌的角质或钙质包围的虫室。

个体头部不明显，前端体壁外突，于口周围形成圆形或马蹄形物，其上生有触手，触手具纤毛，这是触手冠，称为总担，为摄食器官。总担可伸缩出入虫室顶端的开口。总担中央为口，消化管呈"U"字形，内壁上皮具纤毛。肛门开口于总担的外侧，故又称外肛动物（Ectoprocta）。缺乏肾管和循环系统。苔藓动物为雌雄同体，能进行配子生殖。海产种类有一似担轮幼虫的幼虫期。通常以出芽法行无性生殖。可产生休眠芽，外被几丁质壳，能抵御不良环境。神经系统不发达，皮下神经网状，神经节在背侧，位于口和肛门之间，发出神经至触手等处。

海产苔藓虫为海洋污损生物的主要成员之一，其生态特点是在船底及一些设施上形成特定的生物群落。沿海工厂冷却水管、船底、浮标、码头、水产养殖网箱等设施及养殖的海带、贝类等都有苔藓虫群落附着，造成不同程度的危害，阻碍养殖生物的生长发育，使产量下降。我国黄渤海沿岸有苔藓虫 35 种，加州草苔虫（*Bugula californica*）在旅顺、天津、烟台、连云港等都有分布。

二、腕足动物门

腕足动物门（Brachiopoda）动物全部生活在海洋中，多数分布在浅海。体外具背腹两壳，很像软体动物，故以前将其归入拟软体动物门，但这两类动物差异极大。

腕足类的背壳小，腹壳大，腹壳后端常具一肉质柄，以固着外物。肉质柄收缩，使动物快速潜入海底泥沙中。背腹二壳内面各具一片外套膜，其边缘有刚毛。常由套膜分泌形成，二套膜之间为外套腔，动物的柔软身体的大部分位于其中。外套腔被隔膜分为前后两部，前部内有螺旋状的总担，一般左右各一，后部为内脏团。腕足类体腔发达，充满体腔液；循环系统由心脏和血管组成，血管与体腔相通，故循环为开管式，血液即体腔液。总担的基部为口，消化管呈"U"字形，有的种类无肛门。由于总担上触手的纤毛摆动，造成水流，摄食黏着的藻类及有机颗粒，送入口中。总担除有摄食功能外，又是腕足类的呼吸器和幼体孵化袋。具 1 或 2 对后肾管，兼有生殖导管功能。腕足类雌雄异体，一般具有 2 对生殖腺。胚胎发育中以肠腔囊法形成中胚层及次生体腔，这是后口动物的特征。个体发生中有似担轮幼虫具纤毛的幼虫期。

神经系统不发达，食管周围有一神经环，由此发出神经至体各部。无特殊感觉器官，外套膜边缘触觉灵敏。遇外界刺激，闭壳肌收缩，关闭背腹壳。

腕足类生存种类有 300 多种，已描述的化石种在 30 000 种以上。下寒武纪出现，奥陶纪至二叠纪最繁盛，中生代时大为减少，到新生代时大部分种都灭绝了。腕足类的化石对鉴定地层和石油开采有重要的参考价值。腕足类生活在不同深度的海水中，从潮间带至 4 000m 深海均有分布。

三、帚虫动物门

帚虫动物门（Phoronida）虫体呈蠕虫状，长 6～200mm，大多数不超过 100mm。管栖，管子由上皮分泌，成分为几丁质。帚虫全部生活在浅海海底泥沙中，上端外露。

帚虫体前端具一马蹄形总担，由内外两行具纤毛的触手构成，围绕着口。口为横裂状，位两列触手之间，消化管"U"字形，肛门在总担基部，口的一侧。次生体腔，被一稍斜行的隔膜分为前后两部，前部为体腔，后部为后腔，后腔又为背、腹、侧肠系膜隔成 4 个纵室。闭管式循环，无心脏，背、腹血管可以收缩。红细胞含有血红蛋白。具后肾管一对，"U"字形，兼作生殖导管用。肾孔开口于肛门附近。多数种类雌雄同体，少数雌雄异体。雌雄同体种类的卵巢位于侧血管的背侧，精巢位于腹侧。卵裂有各种形式，有的为螺旋式卵裂，个体发生中经一似担轮幼虫的辐轮幼虫。神经系统简单，口后有一上皮内神经环，由此发出神经至身体各部。

帚虫种类很少，只有 2 属 20 余种。分布仅限于热带和温带的浅海区域。澳大利亚帚虫（*Phoronis austrulis*）在我国厦门鼓浪屿被发现，体最长者为 93mm。此外，此种还分布于澳大利亚、日本及印度等。

第六节　棘皮动物门

棘皮动物门（Echinodermata）动物在动物演化上属于后口动物（deuterostome），是无脊椎动物中最高等的类群。棘皮动物从浅海到数千米的深海都有广泛分布，现存种类 6 000 多种，但化石种类多达 2 万余种，从早寒武纪出现到整个古生代都很繁盛。沿海常见的种类有海星、海胆、海参和海蛇尾等。

一、棘皮动物门的主要结构特征

（一）后口动物

在棘皮动物之前，所有的多细胞动物都属于原口动物（protostomia）。原口动物成体的口是由胚胎时期原肠胚的胚孔发育而来的，受精卵为螺旋卵裂，以裂腔法形成成体的体腔。棘皮动物、半索动物及脊索动物三门属于后口动物（deuterostome），因为它们在原肠胚期的胚孔发育成了成体的肛门，而在肛门相对的另一端重新形成成体的口；棘皮动物在发育中受精卵是放射卵裂，体腔由肠腔法形成。所以，棘皮动物在动物的进化中处于较高等的地位。

（二）五辐射对称与次生辐射对称

棘皮动物全部是五辐射对称，即过身体的中轴有 5 个平面可以将身体分成左右相等的两部分。但其幼虫期的身体是两侧对称，所以成体的五辐射对称与腔肠动物的原始的辐射对称不同，是次生性的，这可能与原始种类的固着生活有关。

棘皮动物的体壁由表皮和真皮组成。体壁的最外面是一层很薄的角质层，其内为一层具纤毛的柱状上皮细胞，上皮细胞中夹杂有神经感觉细胞及黏液腺细胞构成表皮。表皮下面是一层神经细胞及纤维层，构成表皮下神经丛。随后是真皮层，由一层很厚的结缔组织和肌肉层构成。肌肉分为外层的环肌和内层的纵肌，反口面的纵肌发达，主要功能是收缩后使腕弯曲。肌肉层之内为体腔膜。棘皮动物的骨骼是内骨骼，由中胚层形成，位于体壁的结缔组织中，由许多分离的不同形状的小骨片在结缔组织的连接下形成的网格状骨骼，成分是含 10%碳酸镁的钙盐。小骨片上有穿孔，这样既可减轻重量，又可增加强度。除了骨片之外，体表还散布有一些骨骼成分的刺、叉棘及棘突束等，用以防卫及消除体表的沉积物。此外，表皮上还有大量的皮鳃。

棘皮动物的神经系统都是分散的，与上皮细胞紧密相连，不形成神经节或神经中枢。一般海星类包括 3 个互不相连的神经结构。

外神经系统。是最重要的神经结构，位于口面体壁的表皮细胞之下，在口面围口膜周围形成 1 个口神经环，由它发出神经支配食管及口，并向各腕分出辐神经。辐神经断面呈"V"字形，沿步带沟底部中央直达腕的末端，沿途发出神经到管足和坛囊。外神经系统起源于外胚层，是感觉神经。

内神经系统。是由上皮下神经丛在步带沟外边缘加厚形成的 1 对边缘神经索。它发出的神经到成对的步带骨板的肌肉上，并在体腔膜下面形成神经丛，可以支配体壁的肌肉层。内神经系统起源于中胚层，是感觉神经。

下神经系统。位于围血系统的管壁上，由一个围口神经环及 5 个间辐区神经加厚构成。下神经系统起源于中胚层，是感觉神经，此是动物界的特例。

眼点是棘皮动物唯一的感觉器官，单个，红色，位于每个腕末端的触手下面，由 80~200 个色素杯状的小眼构成。每个小眼由上皮细胞构成杯状，其中有红色色素颗粒，盖在其外面的角质层加厚处，作为晶体之用。表皮中还含有大量的具有长突起的神经感觉细胞，连接上皮神经丛，对光、触觉及化学刺激均有反应。这些感觉细胞在整个体表都有分布，在管足、触手、步带沟边缘特别丰富。

（三）水管系统

水管系统（water vascular system）是棘皮动物所特有的来自体腔的管状系统，管内壁裹有体腔上皮，内部充满液体，主要功能在于运动。水管系统通过筛板与外界相通。筛板是 1 个圆板，石灰质，上面盖有一层纤毛上皮，表面具有许多沟道，沟底部通过许多小孔及管道通入下面的囊内，由囊再连到下面的石管。石管的管壁有钙质沉积，管壁有突起伸入管腔，进而将管腔不完全地隔开，以允许管内液体向口面和向反口面同时流动。石管由反口面垂直向下，到达口面内后与口周围的环水管相连。环水管位于口面骨板的内面，管壁也常有褶皱，也将管腔分成许多小管道，以利于液体在其中的流动。在间辐区的环管上有 4~5 对褶皱形成的囊状结构，称为贴氏体（tiedemann's body），其作用是产生体腔细胞。波利囊（polian vesicle）是大多数海星类环管上 1~5 个具管的囊，囊壁上有肌肉，用以储存环管中的液体。由环管向每个腕伸出 1 个辐水管直达腕的末端，辐水管位于步带沟中腕骨板的外面，沿途向两侧伸出成对的侧水管，左右交替排列。侧水管的末端膨大，穿过腕骨片向内进入体腔形成坛囊。坛囊的末端为管足，位于步带沟内。许多种类管足末端形成扁平的吸盘。由辐水管向两侧伸出的侧水管如果等长，则管足在步带沟内表现出两行；如果侧水管长短交替，则管足在步带沟内表现出 4 列，如海盘车。水管系统中充满液体，该液体与海水等渗，其中含有体腔细胞、少量蛋白质及很高浓度的钾离子，在运动中相当于 1 个液压系统。当坛囊收缩时，坛囊与侧水管交界处的瓣膜关闭，囊内的液体进入管足，管足延伸，与地面接触，管足末端的吸盘产生真空以附着地面。当管足的肌肉收缩时，管足缩短，液体又流回坛囊。棘皮动物的运动就是这样靠管足的协调收缩来完成，而水管系统的其他部分仅用以维持管内的压力平衡。

（四）围血系统

棘皮动物没有专门的循环器官，循环功能由体腔液执行。体腔液是中央盘和腕中发达的体腔内充满液体，器官浸浴在其中，靠体腔膜细胞纤毛的摆动造成体腔液的流动，以完成营养物质的输送。体腔液中有体腔细胞，具吞噬功能。由于体腔液与海水等渗，缺乏调节能力，因此鲸皮动物只能生存在海水中。棘皮动物具有一特殊的血系统及围血系统（perihaemal system）。血系统是一系列与水管系统相应的管道，即血管，其中充满液体，液体中有体腔细胞。在口面环水管的下面有环血管，向各腕也伸出辐血管，均位于辐水管之下。由环血管向反口面伸出 1 个深褐色海绵状组织的腺体，与石管伴行，称为轴腺，具有一定的搏动能力，可看成是棘皮动物的心脏。轴腺在接近反口面处伸出胃围血环（gastric hemal ring），并向幽门盲囊发出分支，到达反口面时再次形成反口面血环，并分支到生殖腺。血系统在靠近筛板处有一背囊，也有搏动能力，可推动液体的流动。围血系统是体腔的一部分，包在血系统之外形成一套窦隙，除了没有胃围血环之外，其余完全与血系统相伴而行。实际上，海星类的呼吸及排泄主要由皮鳃、管足和体表进行。皮鳃是体壁的内、外两层上皮细胞向外突出的瘤囊状物，体腔液可流入其中。在皮鳃内体腔上皮纤毛的作用下，皮鳃的体腔液在其中流动，同时，皮鳃外层的纤毛上皮造成体表的水流动，这样可不停地进行气体交换。

（五）生殖系统

绝大多数的棘皮动物为雌雄异体，少数种类为雌雄同体。如海星类，在非成熟期腺体很小，位于 5 条腕的基部。在生殖期，生殖腺很大，几乎充满了整个的腕，雌雄体颜色不同，是辨别雌雄的最常用方法。雄性的生殖腺常为白色，雌性的生殖腺多为橙色，每个生殖腺都有 1 个生殖孔位于反口面腕基部中央盘上。生殖细胞均来自体腔上皮，产卵和受精均在海水中进行。生殖细胞的存在往往可以刺激其他个体也排卵或雄性排精，卵的成熟与排放与由辐神经的神经分泌细胞所分泌的物质有关。大多数种类个体产卵量很大，可达 250 万粒，卵小，少黄卵，间接发育，个体发育要经过双羽幼虫和短腕幼虫（brachiolaria）。少数种产卵数目较少，卵亦大，卵黄亦多，为直接发育，但卵可由母体孵育。一般情况下，海星类都有很强的再生能力，一个腕只要带有部分中央盘都可以再生成一个整体，特别是带有筛板时更易于再生。

棘皮动物门的主要特征：①身体为辐射对称，且大多为五辐对称。辐射对称的形式是次生形成的，是由两侧对称的幼体发育而来；②次生体腔发达，是由体腔囊又称肠腔囊发育形成，体壁由上皮和真皮组成，上皮单层细胞；③真皮包括结缔组织、肌肉层、内骨骼（中胚层形成）、体腔上皮；④内骨骼差别很大，有的内骨骼极微小，如海参；有的内骨骼形成骨片呈一定形式排列，如海星等；有的骨骼完全愈合成完整的壳，如海胆类。内骨骼常突出体表，形成刺或棘，故称棘皮动物；⑤有独特的水管系统和管足，是次生体腔的一部分特化形成的一系列管道组成，有开口与外界相通，海水可在其中循环。管足有运动、呼吸、摄食的功能；⑥运动迟缓，神经和感官不发达；⑦雌雄异体，个体发育中有各型的幼虫（如羽腕幼虫、短腕幼虫、海胆幼虫等）；⑧全部生活在海洋中。

二、代表类群

棘皮动物全部海洋底栖生活，现存 6 000 多种，化石种类有 20 000 多种。分为 2 亚门 5 个纲。

（一）有柄亚门（Pelmatozoa）

固着或附着生活，在某个生活史中具固着用的柄。

海百合纲（Crlnoidea）是本门中最原始的一类，用柄营固着生活（海百合），也有无柄营自由生活（海羽星）。现存约 630 种。

（二）游在亚门（Eleutherozoa）

自由生活，生活史中没有固着用的柄。

海星纲（Asteroidea）身体星形，中央盘与 5 个腕之间的界限与海尾蛇相比不明显。腕的口面有步带沟，步带沟中有 2~4 排管足。

海胆纲（Echinoidea）体呈球形、盘形或心脏形，无腕。内骨骼愈合，形成 1 个坚固的壳。体表长有可以活动的刺。现存约 900 种。

海参纲（Holothuroldea）体呈蠕虫状，两侧对称，无腕。骨片微小，体表没有棘。

现存约 1 100 种。

蛇尾纲（Ophiuroidea）体扁平，星状，体盘小，腕细长，二者分界明显。

（三）棘皮动物与人类的关系

棘皮动物中多数种类对人类有益，少数有害。海参类中有 40 多种可供食用，如我国的刺参、梅花参等，含蛋白质高，营养丰富，是优良的滋补品。海参可入药，有益气补阴、生肌止血之功效。海胆卵可食用，也是发育生物学的良好实验材料。据记载，我国明朝已有以海胆生殖腺制酱的应用。海胆壳入药，可软坚散结、化痰消肿；海胆壳亦可做肥料。海星及海燕等干制品可做肥料，并能入药，有清热解毒、平肝和胃、补肾滋阴的功能。海星卵是研究受精及早期胚胎发育的好材料。一些冷水性底层鱼（鳕鱼）常以蛇尾为天然饵料。海胆喜食海藻，故可危害藻类养殖；有些海胆的棘有毒，可对人类造成危害。海星喜食双壳类，是贝类养殖的敌害。

第七节　半索动物门

半索动物门（Hemichorda），又称隐索动物门（Adelochorda），是一个种类很少的小门，约 90 种，均为海产，生活于海水中或泥质沉积物中。最常见的代表动物为各种柱头虫。

本门动物的体长为 2.3~2.5m 不等，大多数种类广泛分布于热带沿海和温带沿海，只有极少数种能生存在寒带沿海中。主要栖息于潮间带或潮下带的浅海沙滩、泥地或岩石间，营单体自由生活或集群固着生活，40m 以下的海域中种类甚少，在西非大西洋4 500m 深海所发现的粗吻柱头虫（*Glandiceps* sp.），是迄今所知生活在海底最深的半索动物。

一、半索动物门的代表动物及主要特征

（一）柱头虫的外形和生活习性

柱头虫属（*Balanoglossus*）属于肠鳃纲（Enteropneusta），是半索动物门中分布甚广的类群，产于我国的三崎柱头虫（*B. misakiansis*）具有本门动物的主要特征，在浅海沙滩中运动和挖掘成"U"字形洞道，并藏身在洞道内营少动的生活，人们可在退潮时于其洞口看到盘曲成条的粪便。

（二）主要特征

1. 体壁和体腔

体壁由表皮、肌肉层和体腔膜构成。表皮的外层是单层较厚的上皮，外被纤毛，除肝囊区外，上皮内含有形状各异的多种腺细胞，均可分泌黏液至体表，粘牢洞道壁上的沙粒，使之不致坍塌。外层下为神经细胞体及神经纤维交织而成的神经层，底部则为薄而无结构的基膜。基膜的深处是环肌、纵肌和结缔组织合成的平滑肌层，紧贴其内的为体腔膜。

吻内有一吻腔，后背部以吻孔与外界相通，可容水流进入和废液排出，当吻腔充水时，吻部变得坚挺有力，形似柱头，可用于穿洞凿穴，柱头虫即因此而得名。领和躯干部被背、腹隔膜分为成对的领腔及躯干腔，这5个腔都是由体腔分化而来。

2. 消化和呼吸

柱头虫的消化道是从前往后纵贯于领和躯干末端之间的一条直管。口位于吻、领的腹面交界处，口腔背壁向前突出一个短盲管至吻腔基部，盲管的腹侧有胶质吻骨，但尚无坚硬结构，因此过去曾被视作雏形脊索而称为口索，也有人认为短盲管可能是脊椎动物脑垂体前叶的前身。由于口索形甚短小，所以把具有这一结构的动物称为半索动物。口后是咽部，在外形上相当于鳃裂区，其背侧排列着许多（7~700）成对的外鳃裂，每个外鳃裂各与一"U"字形内鳃裂相通，然后再由此通向体表。彼此相邻的鳃裂间分布有丰富的微血管，虫体在泥沙掘进过程中，水和富含有机物质的泥沙被摄入口内，水经内鳃裂从外鳃裂排出时，就完成了气体交换的呼吸作用，而食物的消化和吸收情形，则与蚯蚓大致相同。胃的分化不显著，在肠管靠后段的背侧有若干对黄、褐、绿等混合色彩的突起为肝盲囊，故称肝囊区，肝盲囊是柱头虫的主要消化腺。肠管直达虫体末端，开口于肛门。

3. 循环和排泄

循环系统属于原始的开管系，主要由纵走于背、腹隔膜间的背血管、腹血管和血窦组成。血液循环方式与蚯蚓类似，背血管的血液向前流动，腹血管的流向往后。背血管在吻腔基部略为膨大呈静脉窦，再往前则进入中央窦。中央窦内的血液通过附近的心囊搏动，注入其前方的血管球，由此过滤排出新陈代谢废物至吻腔，再从吻孔流出体外。自血管球导出4条血管，其中有2条分布到吻部，另2条为后行的动脉血管，在颈部腹面两者汇合成腹血管，将血管球中的大部分血液输送到身体各部。

4. 神经

除身体表皮基部布满神经感觉细胞外，还有2条紧连表皮的神经索，即沿着背中线的一条背神经索和沿着腹中线的一条腹神经索。背、腹神经索在颈部相连成环。背神经索在伸入颈部处出现有狭窄的空隙，由此发出的神经纤维聚集成丛，这种结构曾被认为是雏形的背神经管，该特点表明它们似与更高等的脊索动物具有一定亲缘关系。

5. 生殖和发育

雌雄异体。生殖腺的外形相似，均呈小囊状，成对地排列于躯干前半部至肝囊区之间的背侧。性成熟时卵巢呈现灰褐色，精巢呈黄色。体外受精，卵和精子由鳃裂外侧的生殖孔排至海水中。柱头虫的卵小，卵黄含量也少，受精卵为均等全裂，胚体先发育成柱头幼虫，然后经变态为柱头虫。柱头幼虫体小而透明，体表布有粗细不等的纤毛带，营自由游泳生活，它们不论在形态或生活习性方面均酷似棘皮动物海参的短腕幼虫。变态时期，幼虫沉至海底，身体逐渐转为黄色，纤毛带也相继消失，前后两端分别延伸成吻部和躯干部，最终发育成柱头虫。美国沿海的有些种类如纤吻柱头虫在胚胎发育过程中不经幼虫时期和变态，即可直接发育为柱头虫。

二、半索动物在动物界的位置

半索动物在动物界究竟处在什么地位？这个问题直到现在也有争论。一种观点认为，半索动物应该列入动物界中最高等的一个门即脊索动物门里面去，因为半索动物的主要特征与脊索动物的主要特征基本符合，口索相当于脊索动物的脊索；背神经索前端有空腔，相当于脊索动物的背神经管；有咽鳃裂。当然，在脊索动物中，半索类仍然是最原始的一群。不同意上述观点的人则认为，把口索直接看成是与脊索相当的构造说服力不足，因为根据一些研究报告，口索很可能是一种内分泌器官；另外，半索动物具有一些非脊索动物的结构，例如腹神经索、开管式循环、肛门位于身体末端等。

就目前已有的研究资料来看，把半索类作为脊索动物中的一个类群，不如把它作为无脊索动物中的一个独立的门较为合适。现有的动物学文献表明：半索类和棘皮动物的亲缘更近，它们可能是由一类共同的原始祖先分支进化而成。根据是：①半索动物和棘皮动物都是后口动物；②两者的中胚层都是由原肠凸出形成；③柱头虫的幼体（柱头幼虫）与棘皮动物的幼体（如短腕幼虫）形态结构非常相似；④有人认为，脊索动物肌肉中的磷酸肌酸（phosphagen）含有肌酸的化合物，非脊索动物肌肉中的磷酸肌酸含有精氨酸的化合物。但海胆和柱头虫的肌肉中都同时含有肌酸和精氨酸，认为这两类动物有较近的亲缘关系，从生化方面也可以得到证明。

半索动物门的两个纲，在外形上差别很大。肠鳃纲的动物像蚯蚓，羽鳃纲的动物像苔藓虫。这是由于它们各自适应不同的生活环境而产生的结果，凡是分类地位很近的动物，由于分别适应各种生活环境，经长期演变终于在形态结构上造成明显差异的现象，特称为适应辐射（adaptive radiation）。

第八节　脊索动物门

脊索动物门（Chordata）是动物界中最高等的一门，是与人类关系最密切的动物类群。相对于无脊椎动物，脊索动物在其个体发育的某一时期或整个生活史中，都具有脊索（notochord）、背神经管、咽鳃裂，这是脊索动物的最主要的 3 个基本特征。

一、脊索动物门的特征

（一）主要特征

1. 脊索

脊索是身体背部起支持作用的一条棒状结构，位于消化道和神经管之间。脊索来源于胚胎期的原肠背壁，经加厚、分化、外突，最后脱离原肠而成。脊索由富含液泡的脊索细胞组成，外面围有脊索细胞所分泌而形成的结缔组织性质的脊索鞘。脊索鞘常包括内外两层，分别为纤维组织鞘和弹性组织鞘。充满液泡的脊索细胞由于产生膨压，使整条脊索既具弹性，又有硬度，从而起到骨骼的基本作用。

低等脊索动物中，脊索终生存在或仅见于幼体时期。高等脊索动物只在胚胎期间出现脊索，发育完全时即被分节的骨质脊柱所取代。组成脊索或脊柱等内骨骼（endoskeleton）的细胞，都能随同动物体发育而不断生长。而无脊椎动物通常仅身体表面被有几丁质等外骨骼（exoskeleton）。

2. 背神经管

背神经管位于脊索背方的神经管，由胚体背中部的外胚层下陷卷褶所形成。背神经管在高等种类中前、后分化为脑和脊髓。神经管腔在脑内形成脑室，在脊髓中成为中央管。无脊椎动物神经系统的中枢部分为一条实性的腹神经索，位于消化道的腹面。

3. 咽鳃裂

低等脊索动物在消化道前端的咽部两侧有一系列左右成对排列、数目不等的裂孔，直接开口于体表或以一个共同的开口间接地与外界相通，这些裂孔就是咽鳃裂。低等水栖脊索动物的鳃裂终生存在并附生着布满血管的鳃，作为呼吸器官，陆栖高等脊索动物仅在胚胎期或幼体期（如两栖纲的蝌蚪）具有鳃裂，随同发育成长最终完全消失。无脊椎动物的鳃不位于咽部，用作呼吸的器官有软体动物的栉鳃以及节肢动物的肢鳃、尾鳃、气管等。

（二）次要特征

心脏腹位：脊索动物的心脏及主动脉位于消化道的腹面。无脊椎动物的心脏及主动脉在消化道的背面。

肛后尾：绝大多数脊索动物于肛门后方有肛后尾。无脊椎动物的肛孔常开口在躯干部的末端。

闭管式循环：脊椎动物的循环系统为闭管式，无脊椎动物循环系统大多为开管式。

（三）与高等无脊椎动物共有的特征

三胚层；后口；次级体腔；两侧对称的体型；身体和某些器官的分节现象等。这些共同点表明脊索动物是由无脊椎动物进化而来的。

二、脊索动物分类概述

现存的脊索动物约有 4 万多种，分属于尾索动物亚门（Subphylum Urochordata）、头索动物亚门（Subphylum Cephalochordata）、脊椎动物亚门（Subphylum Vertebrata）3个亚门，简述如下。

（一）尾索动物亚门

尾索动物亚门的脊索和背神经管仅存于幼体的尾部，成体退化或消失。体表被有被囊（tunic）。常见种类有各种海鞘和住囊虫，营自由生活或固着生活。有些种类有世代交替现象。本亚门包括尾海鞘纲（Appendiculariae）、海鞘纲（Ascidiacea）、樽海鞘纲（Thaliacea）等。

（二）头索动物亚门

头索动物亚门（Cephalochordata）的脊索和神经管纵贯于全身的背部，并终生保留。咽鳃裂众多。本亚门仅头索纲（Cephalochorda）一个类群，体呈鱼形，体节分明，表皮只有一层细胞，头部不显，故称无头类（Acrania）。

尾索动物和头索动物两个亚门是脊索动物中最低级的类群，总称为原索动物（Protochordata）。

（三）脊椎动物亚门

脊椎动物亚门的脊索只在胚胎发育阶段出现，随后或多或少地被脊柱所代替。脑和各种感觉器官在前端集中，形成明显的头部，故称有头类（Craniata）。本亚门包括 7 个纲。

圆口纲（Cyclostomata）。无颌，缺乏成对的附肢，单鼻孔，脊索及雏形的椎骨并存，又名无颌类（Agnatha）。

鱼纲（Pisces）。软骨鱼纲（Chondrichthyes）的骨骼为软骨，出现上、下颌，体表大多盾鳞，鳃呼吸，有成对的胸鳍和腹鳍。硬骨鱼纲（Osteichthyes）的骨骼为硬骨，出现上、下颌，体表大多硬鳞或骨鳞，鳃呼吸，有成对的胸鳍和腹鳍，适于水生生活。软骨鱼和硬骨鱼纲与更高等的四足类（Tetrapoda）脊椎动物合称为有颌类（Gnathostomata）。

两栖纲（Amphibia）。皮肤裸露，幼体用鳃呼吸，以鳍游泳，经过变态后的动物上陆生活，营肺呼吸和以五趾型附肢运动。

爬行纲（Reptilia）。皮肤干燥，外被角质鳞、角盾或骨板。心脏有二心房、一心室或近于两心室。本纲与鸟纲、哺乳纲在胚体发育过程中出现羊膜（Amnion），因而合称为羊膜动物（Amniota），其他各纲脊椎动物则合称为无羊膜动物（Anamniota）。

鸟纲（Aves）。体表被羽（Feather），前肢特化成翼，恒温，卵生。

哺乳纲（Mammalia）。身体被毛，恒温，胎生，哺乳。

三、脊索动物的主要类群

（一）尾索动物分类

尾索动物亚门是脊索动物中最低等的类群，遍布世界各个海洋，约 1 370 多种，分属于 3 纲，我国已知有 14 种左右。代表动物为柄海鞘（*Styela clava*）。

1. 尾海鞘纲（Appendiculariae）

本纲是尾索动物中的原始类型，共 1 目 3 科 60 余种。体长数毫米至 20mm，代表动物为住囊虫（*Oikopleura*）和巨尾虫（*Megalocercus huxlevi*）等。尾海鞘纲与本亚门中其他 2 纲的主要区别是：体外无被囊，只有两个直接开口体外的鳃裂而缺乏围鳃腔，终生保持着带有长尾的幼体状态，大多在沿岸浅海中营自由游泳生活。生长发育过程中无逆行变态，故又名幼形纲（Larvacea）。我国至今尚未发现本纲动物。

2. 海鞘纲（Ascidiacea）

种类繁多，约有 1 250 种，包括单体和群体 2 种类型，附着于水下物体或营水底固定生活。单体型种类的最大体长可达 200mm 左右，群体的全长可超过 0.5m。群体型种类的许多个体都以柄相连，并被包围在一个共同的被囊内，但分别以各自的入水孔进水，有共同的排水口，如群体海鞘。

3. 樽海鞘纲（Thaliacea）

本纲动物大多是营自由游泳生活的漂浮型海鞘，体呈桶形或樽形，咽壁有 2 个或更多的鳃裂。成体无尾，入水孔和出水孔分别位于身体的前后端。被囊薄而透明，囊外有环状排列的肌肉带，肌肉带自前往后依次收缩时，流进入水孔的水流即可从体内通过出水孔排出，以此推动樽海鞘前进，并在此过程中完成摄食和呼吸作用。生活史较复杂，繁殖方式是有性与无性的世代交替。樽海鞘纲约有 65 种，代表动物有樽海鞘（*Doliolum deuticulatum*）。

（二）头索动物亚门

头索动物是一类终生具有发达脊索、背神经管和咽鳃裂等特征的无头鱼形脊索动物。头索动物分布很广，遍及热带和温带的浅海海域，其中尤以北纬 48°至南纬 40°之间的沿海地区数量较多。

头索动物的脊索不但终生保留，且延伸至背神经管的前方，故称头索动物。又因本亚门动物都缺乏真正的头和脑，所以又称无头类。我国厦门、青岛等地所产的文昌鱼（*Branchiostoma belcheri*），可作为头索动物的代表。

头索动物的身体构造虽然比较简单，但已充分显示出其是典型脊索动物的简化缩影。例如文昌鱼的进步特征是具有脊索，鳃裂，神经管；原始特征是无头，无脑，无心脏，原始分节排列的肌节，无集中的肾脏，排泄与生殖器官无联系，无生殖管道，表皮为单层细胞，无脊椎骨形成。文昌鱼的特化特征是口笠，触手，缘膜，轮器，内柱，脊索比神经管长。

从文昌鱼的进步性特征和原始特征可知，文昌鱼是脊索动物中较原始的类群。但文昌鱼又有一些适应于底栖钻沙的特化特征，所以它不可能是脊索动物的祖先。

A. H. 谢维尔曹夫根据文昌鱼的胚胎发育进行推测，头索动物的祖先似乎是一类身体非左右对称、无围鳃腔、鳃裂较少而直通体外、营自由游泳生活的动物。这样的动物称为原始无头类，很可能是头索动物和脊椎动物的共同始祖，它们在进化中由于适应不同的生活而分成两支演变，一支改进和发展了适于自由游泳生活的体形结构，演变成原始有头类，导向脊椎动物的进化之路；另一支往少动和底栖钻沙的生活方式发展，特化为旁支，演变成头索动物。曾有人先后在非洲、澳大利亚、斯里兰卡、苏门答腊的深海捕到过偏文昌鱼。

从偏文昌鱼所具有的无围鳃腔和肝盲囊、腹褶及鳃裂均不对称，只在身体右侧有生殖腺、口和肛门的位置偏左等特征看来，A. H. 谢维尔曹夫有关文昌鱼演化的推论基本上是正确的。我国广东和海南等省的沿海也发现了短刀偏文昌鱼（*Asymmetron cultellum*）。

四、脊椎动物亚门

脊椎动物亚门（Vertebrata）是脊索动物门中数量最多、结构最复杂、进化地位最高的一大类群，因而也是动物界中最进步的类群。脊椎动物虽只是一个亚门，但因各自所处的环境不同，生活方式就显出千差万别，形态结构也彼此悬殊。然而高度的多样化并不能掩盖它们都属于脊索动物的共性，即在胚胎发育的早期都要出现脊索、背神经管和咽鳃裂。有些种类的幼体用鳃呼吸；有些种类即使是成体，也终生用鳃呼吸。

（一）主要特征

出现了明显的头部神经管的前端分化成脑和眼、耳、鼻等重要的感觉器官，后端分化成脊髓。这就大大加强了动物个体对外界刺激的感应能力。由于头部的出现，脊椎动物又有"有头类"之称。

在绝大多数的种类中，脊索只见于发育的早期，以后即为脊柱（vertebral column）所代替，脊柱由单个的脊椎（vertebra）连接组成。脊椎动物就是因为具有脊椎而得名。脊柱保护着脊髓，其前端发展出头骨保护着脑。脊柱和头骨是脊椎动物特有的内骨骼的重要组成部分，它们和其他的骨骼成分一起，共同构成骨骼系统以支持身体和保护体内的器官。

原生的水生种类（即在系统发展上最多只达到鱼类阶段的动物）用鳃呼吸，次生的水生种类（即在系统发展上已超过鱼类阶段，因适应环境的关系又重新回到水中生活，如鲸类）及陆生种类只在胚胎期间出现鳃裂，成体则用肺呼吸。

完善的循环系统。出现了能收缩的心脏，促进血液循环，有利于生理机能的提高。在高等的种类（鸟类和哺乳类）中，心脏中的多氧血与缺氧血已完全分开，机体因得到多氧血的供应，所以能保持旺盛的代谢活动，使体温恒定，形成脊椎动物中所特有的恒温动物（温血动物）。

用构造复杂的肾脏代替了简单的肾管，提高了排泄系统的机能，使新陈代谢所产生的大量废物更有效地排出体外。

除了圆口类之外，都具备了上、下颌，颌的作用在于支持口部，加强动物主动摄食和消化的能力。都用成对的附肢作为运动器官这就是水生种类的鳍和陆生种类的肢。这种成对的附肢，在整个脊椎动物中，数量不超过两对。所以，作为成对的鳍，只有胸鳍和腹鳍；作为成对的肢，也只有前肢和后肢。有少数种类失去了一对附肢（如河鲀没有腹鳍，鳗鲡没有后肢）或甚至两对附肢都全部失去（如黄鳝、蛇）。这是一种次生现象，因为在它们的身上还不同程度地留有附肢的痕迹，说明它们是从有成对附肢的祖先演变而来。

（二）圆口纲

1. 主要特征

无上下颌，因此又称为无颌类；皮肤裸露无鳞；只有奇鳍，没有偶鳍；骨骼由软骨和结缔组织构成，没有硬骨，脊索终生存在；心脏具有一心房、一心室和一静脉窦，无动脉圆锥；呼吸器官为鳃囊，囊壁上有若干褶皱状鳃丝。圆口类是最原始的脊椎动物。

2. 圆口纲的分类

已知现存的圆口动物有 70 多种，全部水生，生活于海水或淡水水域。

七鳃鳗目（Petromyzoniformes）全世界约有 41 种，中国有 3 种：日本七鳃鳗（*Lampetra japonica*）、东北七鳃鳗（*Lampetra morii*）和雷氏七鳃鳗（*Lampetra reissneri*）。

盲鳗目（Myxiniformes）全部海生，栖息于温带和亚热带水域。全世界约有 32 种，中国有 5 种：蒲氏黏盲鳗（*Eptatretus burgeri*）、深海黏盲鳗（*Eptatretus okinoseanus*）、陈氏副盲鳗（*Paramyxine cheni*）、杨氏副盲鳗（*Paramyxine yangi*）和台湾副盲鳗（*Paramyxine taiwanae*）。

3. 圆口纲与人类的关系

圆口动物有一定的经济价值，七鳃鳗和盲鳗均可食用，七鳃鳗有一定的捕捞价值。盲鳗的数量较多，寄生生活，是脊椎动物中唯一的体内寄生动物。一般在晚上袭击鱼类，多从鳃部钻入体腔摄食寄主的内脏和肌肉。对鱼类危害较大，但它们也食腐肉，有一定的净化水质的作用。

（三）鱼纲

1. 鱼纲的主要特征

鱼类是最早出现上下颌的类群；脊椎骨无结构与功能的分化；不仅有奇鳍（背鳍、臀鳍和尾鳍），而且出现了成对的偶鳍（胸鳍和腹鳍），既强化了运动能力，又为陆生脊椎动物四肢的出现奠定了基础；身体呈流线形以减少阻力，体表被覆鳞片起保护作用，体内有鳔，能调节鱼体的比重，有利于沉浮运动；身体两侧有侧线器官，能感受水流的压力和震动；心脏为一心房一心室、血液循环为单循环，用鳃呼吸。鱼类身体结构的上述特征使其非常适应水生生活。

2. 鱼纲的分类

软骨鱼类（Chondrichthyes）骨骼全为软骨；体被盾鳞或无鳞；鳃裂一般 5 对，各开口于体外，鳃间隔发达，无鳔；口在腹面，肠内有螺旋瓣；体内受精，雄性有鳍脚，卵生或卵胎生。软骨鱼类有 800 余种，绝大多数生活于热带和亚热带海洋中，如六鳃鲨、宽纹虎鲨、噬人鲨、花点无刺鳐和黑线银鲛。

硬骨鱼类（Osteichthyes）骨骼多为硬骨；体被硬鳞、骨鳞或无鳞；鳃裂 4 对，不直接开口于体外，有骨质鳃盖保护，鳃隔退化；一般有鳔；口位于头前端，多数种类肠内无螺旋瓣；多体外受精，卵生。已知硬骨鱼类有 2 万多种，广泛分布于世界各海洋和淡水水域。如雀鳝（分布于美洲淡水中）、香鱼、大麻哈鱼、鲥鱼、鳗鲡、鲈鱼、海马、黄鳝、鳜鱼、斗鱼、乌鳢、牙鲆、石蝶、河豚，四大家鱼通常指青鱼、草鱼（又称皖鱼）、鲢鱼和鳙鱼等。

（四）两栖纲

1. 两栖纲的主要特征

幼体生活在水中，用鳃呼吸，经变态发育为成体；成体分头、躯干和尾部，具典型的五趾型四肢，脊柱分化为颈椎、躯干椎、荐椎和尾椎，以适应陆地生活；皮肤裸露无鳞片，表皮内有丰富的皮肤腺，分泌物可保持皮肤湿润有助于皮肤呼吸；成体首次出现了肺，但结构简单，呈囊泡状，呼吸功能弱；心脏二心房一心室，为不完全的双循环，提高了输送氧的能力，体温不恒定，属变温动物。该类群是由水生到陆生的过渡类群。

2. 两栖纲的分类

世界上现存的两栖动物 4 200 余种，我国有 280 余种，分为 3 个目。

无足目（Apoda）是两栖类中最原始而又特化的一类。外形似蛇，尾短或无尾，无四肢及带骨，穴居生活，眼退化，隐于皮下。一些蚓螈具骨质真皮鳞，这是比较原始的特征。体内受精，卵胎生或卵生。全世界约有 150 种，我国仅有一种，分布于西双版纳，故称为版纳鱼螈（*Ichthyophis bannanicus*）。

有尾目（Caudata）全世界有 8 科 60 属 300 余种，我国有 3 科 11 属 24 种，代表动物有大鲵（*Andrias davidiamus*），俗称娃娃鱼，是我国珍贵的II级保护动物。还有极北小鲵（*Salamandrella keyserlingii*）、中国瘰螈（*Paramesotriton chinensis*）、东方蝾螈（*Cynops orientalis*）、肥螈（*Pachytriton brevipes*）和细痣疣螈（*Tylototriton asperrimus*）等。

无尾目（Amura）全世界有 18 科 2 000 余种，我国有 7 科 200 余种。代表动物有东方铃蟾（*Bombina orientalis*）、宽头大角蟾（*Megophrys carinensis*）、大蟾蜍（*Bufo bufo*）、黑斑蛙（*Rana nigromaculata*）、中国林蛙（*Rana chensinensis*）、牛蛙（*Rana catesbeiana*）和北方狭口蛙（*Kaloula borealis*）等。

（五）爬行纲

1. 爬行纲的主要特征

四肢发达（蛇类除外），可行走和跑动；体表有角质鳞片或角质板，可防止水分的散失；脊柱分化完善，分为颈椎、胸椎、腰椎、荐椎和尾椎，同时出现了肋骨，与腹中线的胸骨连接成胸廓，胸廓为羊膜动物特有，能更好地保护内脏和适应陆地生活；完全肺呼吸，肺海绵状，气体交换面积大；心室间出现了不完全隔膜，仍为不完全双循环，虽然效率比两栖类高，但仍属于变温动物；出现了羊膜卵，其内有羊膜腔，胎儿在腔内的羊水中发育，使胎儿完全脱离了对外界水的依赖。

2. 爬行纲的分类

爬行纲现存约 6 000 种，分为 4 个目。我国约有 400 种。

喙头目（Rhynchocephaliformes）分布于新西兰，是爬行纲最古老的类群之一，有"活化石"之称。现仅存 1 种，即楔齿蜥。成体头部前端呈鸟喙状，口内无齿。具有顶眼，寿命可长达 300 年。

龟鳖目（Chelonia）现存 330 多种，分别生活在热带、亚热带的陆地、淡水和海水中。常见种类有象龟（*Geochelone elephantopus*）、乌龟（*Chinemys reevesii*）、黄喉水龟（*Mauremys mutica*），常有龟背基枝藻等附着与之共生，称为"绿毛龟"。还有玳瑁（*Eremochelys imbricata*）、棱皮龟（*Dermochebs coriacea*）、鳖（*Trionyx sinensis*）等。

蜥蜴目（Lacertiformes）也可将蜥蜴类与蛇类合并为有鳞目（Squamata）。现有 16 科，约 3 750 种，我国 160 多种。代表动物有多疣壁虎（*Gekko japonicus*）、石龙子（*Eumeces elegans*）、鳄蜥（*Shinisaurus crocodilurus*）（国家一级保护动物）、巨蜥（*Varanus giganteus*）、避役（*Chamaeleon sp.*）、短尾毒蜥（*Heloderma suspectum*）等。

蛇目（Serpentiformes）身体细长，四肢、带骨、胸骨退化。无活动眼睑、瞬膜和泪腺。本目 13 科，3 200 种，我国 210 多种，50 种有毒。代表种类有蟒蛇（*Python molurus*）、赤链蛇（*Dinodon rufozonatum*）、银环蛇（*Bungarus multicinctus*）、蝮蛇（*Agkisirodon halys*）和眼镜蛇（*Naja naja*）等。

鳄目（Crocodiliformes）是最高等的爬行类。现存 22 种，分布于非洲、大洋洲、亚洲南部及美洲热带等温暖地区。我国仅 1 种，即扬子鳄（*Alligator sinensis*）。其他代表种类有美国短吻鳄（又称密河鳄，*Alligator mississippiensis*）、湾鳄（*Crocodylus porosus*）（大型食人鳄，产于印度和马来半岛）等。

（六）鸟纲

1. 鸟纲的主要特征

身体呈流线形，体具羽毛，羽毛包括正羽、绒羽和纤羽，正羽又包括飞羽和尾羽，正羽由羽轴和羽片构成，羽片由羽枝和羽小枝（具倒刺）构成；骨骼高度愈合，且为气质骨，胸骨具龙骨突，供发达的胸肌附着，前肢变为翼；心脏由二心房和二心室构成，为完全的双循环，多氧血和缺氧血完全分开，并与呼吸系统相配合；呼吸为双重呼吸，肺与9个气囊相连，吸气和呼气时都可进行气体交换；具有高而恒定的体温，与哺乳动物同属恒温动物。这些特征使鸟类成为高度适应飞行生活的脊椎动物。

2. 鸟纲分类

鸟纲通常分为两个亚纲：古鸟亚纲（Archaeornithes）和今鸟亚纲（Neomithes）。古鸟亚纲在白垩纪以前已经灭绝，以中国辽宁的中华龙鸟（*Sinosauropteryx prima*）和德国的始祖鸟（*Archaeopteryx lithographica*）等为代表。今鸟亚纲包括白垩纪以来的一些化石种类以及现存鸟类。现存鸟类9 700余种，分为3个总目，33目，203科。

平胸总目（Ratitae）为大型走禽，具有一系列原始特征：翼退化、不具龙骨突，不具尾综骨和尾脂腺，羽枝不具羽小钩。2~3趾，适于奔走。分布于南半球，共分5目6科，60余种。如非洲鸵鸟（*Struthio camelus*）、美洲鸵鸟（*Rhea americana*）等。

企鹅总目（Impennes）为中大型潜鸟。分布于南半球。仅1目，1科，16种。代表动物有王企鹅（*Aptenodytes patagonicus*）。

突胸总目（Carinatae）全为善飞的鸟类。分21目，155科，8 500种以上。我国现存鸟类均属此目。

（七）哺乳纲

1. 哺乳纲的主要特征

体表被毛，具有角、爪、指甲、蹄、乳腺、汗腺和皮脂腺等皮肤衍生物；运动器官发达完善，运动能力强，活动范围大；神经系统和感觉器官高度发达，大脑体积大，大脑皮层高度发达，形成了高级神经活动中枢；内脏器官系统十分完善，适应恒温和高代谢水平的需要；具胸腔和腹腔之分，之间为肌肉质的横膈膜；胎生和哺乳保证了后代有较高的成活率。哺乳纲几乎遍及地球的每个角落，虽然其种类数量不及鱼类、鸟类和昆虫，但其对自然界的适应能力是最强的，是动物界中高度发达的一个类群。

2. 哺乳纲分类

现存哺乳动物有4 600多种，我国有607种（968亚种或群），分为3个亚纲。原兽亚纲（Prototheria）卵生；具泄殖腔（Cloaca）（消化管、输尿管和生殖管共同开口的总腔）；无齿；无乳头；如鸭嘴兽（*Ornithorlynchus anatinus*）、针鼹（*Tachyglossus aculeatus*）等。

后兽亚纲（Metatheria）胎生，但无真正的胎盘，幼体发育不良，需在母体的育儿袋中继续发育，因而本类群也称为有袋类；具退化残余泄殖腔。270多种只有有袋目（Marsupialia）一个目，多分布于澳大利亚岛屿，少数居于北美洲及南美洲草原。代表动物有袋鼠、袋狼、袋鼬、袋貂和袋兔等。

真兽亚纲（Eutheria）胎生，有胎盘；不具泄殖腔；异型齿（门、犬、臼齿），每种齿式固定。现存哺乳类约95%的种属于本亚纲，有18目，我国有14目，54科，210属，509种，如食虫目（Insectivora）的鼩鼱（读音：qú jīng）（*Sorex araneus*），树鼩目（Scandentia）的树鼩（*Tupaia glis*），翼手目（Chiroptera）的蝙蝠（*Vespertilio superans*），灵长目（Primates）的金丝猴（*Rhinopithecus roxellanae*）、黑猩猩（*Pans troglodytes*）、现代人（*Homo sapiens*），贫齿目（Edentata）的大食蚁兽（*Myrmecophaga tridactyla*），鳞甲目（Pholidota）的穿山甲（*Manis pentadactyla*），兔形目（Lagomorpha）的雪兔（*Lepus timidus*），啮齿目（Rodentia）的棕鼯鼠（*Petaurista petaurista*），鲸目（Cetacea）的白鳍豚（*Lipotes vexillifer*）、抹香鲸（*Physeter macrocephalus*），食肉目（Carnivora）的狼（*Canis lupus*）、大熊猫（*Ailuropoda melanoleuca*），鳍足目（Pinnipedia）的加州海狮（*Zalophus californianus*）、儒艮（*Dugong dugon*）等，长鼻目（Proboscidea）的亚洲象（*Elephas maximus*），奇蹄目（Perissodactyla）的野马（*Equus przewalskii*），偶蹄目（Artiodactyla）的野猪（*Sus scrofa*）、单峰驼（*Camelus dromedarius*）、麋鹿（*Elaphurus davidianus*，四不像）和藏羚羊（*Pantholops hodgsonii*）等。其中，金丝猴、白鳍豚和大熊猫为我国特产珍稀动物。

思考题

1. 名词解释：后口动物，轴腺，皮鳃，管足，居维尔氏小管，水管系统，五辐射对称。

2. 外肛动物门、腕足动物门及帚虫动物门各有何主要特征？

3. 试述上述三类动物介于原口动物与后口动物之间类型的理论依据。

4. 棘皮动物门的主要特征是什么？

5. 毛颚动物门的主要特征是什么？

6. 为什么说棘皮动物、毛颚动物为无脊椎动物中的高等类群？

7. 了解棘皮动物和毛颚动物的经济意义。

8. 试述棘皮动物的系统发育及其对了解动物演化的意义。

9. 试述棘皮动物门的主要特征。

10. 简单比较棘皮动物门游移亚门中4个纲各方面的异同。

11. 半索动物在动物界中处在什么地位？

12. 何谓"适应辐射"？用半索动物为例来说明。

13. 脊索动物的三大主要特征是什么？简要说明。

14. 脊索动物还有哪些次要特征？为什么说它们是次要的？

15. 脊索动物门可分为几个亚门？几个纲？试扼要记述一下各亚门和各纲的特点。

16. 试描述海鞘的呼吸活动和摄食过程。

17. 何谓逆行变态？试以海鞘为例来加以说明。

18. 尾索动物的主要特点是什么？

19. 头索动物何以得名？为什么说它们是原索动物中最高等的类群？

20. 理解和掌握文昌鱼的胚胎发育各阶段的特征。

第六章　遗传学基础

第一节　遗传学概述

一、遗传学的研究对象和任务

早在渔猎时代，人类就已经觉察到生物界存在子代和亲代相似的遗传现象。公元2—3世纪的《涅槃经》中就提到"种瓜得瓜，种豆得豆"、中国俗语"什么样的葫芦什么样的瓢""好种出好苗""宝马产良驹"等俗语都是用来描述生物界的遗传现象的。

（一）遗传学的定义

1906年，在伦敦召开的"第三次国际杂交与植物培育会议"上，主席Bateson在大会演讲中提出Genetics这个新的学科名称，并将会议改为"第三次国际遗传学会议"。1909年Bateson将Genetics这一学科名称写入《孟德尔的遗传原理》中，从此遗传学作为一门学科诞生了。

遗传学（Genetics）是研究生物体遗传信息的组成、传递和表达规律的一门学科，其主要任务是研究基因的结构和功能以及两者之间的关系，所以遗传学又可称为基因学。

（二）基本概念

1. 遗传与变异

遗传（heredity）指生物繁殖过程中，亲代与子代间或父母与子女间保持在形态、结构、生理功能、生化反应、行为本能各方面的相似性。人类的身高、体型、肤色、单双眼皮、耳垂的有无、睫毛的长短、鼻梁的高低都能见到子女与父母的相似性，这就是遗传现象。

变异（variation）指的是亲代与子代或父母与子女间，在形态、结构、生理功能、生化反应、行为本能各方面的差异。"一母生九子，九子各不同"，在遗传学上就是变异现象。

遗传、变异是生物界普遍存在的生命现象，是生命活动的基本特征之一，两者的关系概括如下：遗传保证了物种的相对稳定性和物种间的差异性，变异丰富了物种的多样性；遗传是相对的、保守的，而变异是绝对的，即物种的相对稳定性是通过遗传的保守性实现的，但是物种又在不断变化，因此变异是绝对的；遗传能使变异得到积累，而变异为自然选择提供了条件，使物种不断适应变化的环境，为物种的进化和新品种的选育提供基础。综上所述，遗传和变异是相辅相成的，如果只有遗传而没有变异，生物就不能进化；如果只有变异而没有遗传，生物变异就不能积累，变异就无从谈起。因此遗传和变异两者之间既是相互矛盾又是辩证统一的关系。

2. 性状、基因型与表现型

性状是指生物体所有特征的总和，如形态、结构、生理、行为方式等。基因型是指某一生物个体全部基因组合的总称，反映生物体的遗传构成，即从双亲获得的全部基因的总和。两个生物只要有一个基因不同，那么它们的基因型就不相同，因此基因型指的是一个个体所有等位基因的所有基因座上的所有组合。在杂交试验中，专指所研究的、与分离现象有关的基因组合。表现型，简称表型，指具有特定基因型的个体，在一定环境条件下所表现出来的性状的总和。

（三）遗传学的研究对象和任务

遗传学是研究生命延续中，生物遗传与变异规律的学科。因此遗传学研究的内容主要包含三个方面：研究遗传物质的本质，包括化学本质，以及所包含的遗传信息，它的结构、组织和变化等；研究遗传物质的传递方式，包括遗传物质的复制，染色体的行为，遗传规律和基因在群体中的变迁等；研究遗传信息的实现，包括基因的功能鉴定，基因间的相互作用，基因表达的调控机理等。

（四）遗传学分科

根据研究领域分为：经典遗传学、细胞遗传学、统计遗传学、分子遗传学等。

根据研究的生物范畴或对象分为：动物遗传学、植物遗传学、微生物遗传学、人类遗传学。

根据遗传机理划分：生理遗传学、生化遗传学、发育遗传学、辐射遗传学。

根据学科交叉产生的分支分为：行为遗传学、药物遗传学、毒理遗传学、免疫遗传学、生态遗传学、病理遗传学。

二、遗传学的发展历史

人类在长期的农业生产和饲养家畜过程中，早已认识到遗传和变异现象，并且通过选择，育成大量的优良品种，但是无法探知其中的原理。直到18世纪下半叶和19世纪上半叶，才由拉马克（J. B. Lamarck，1744—1829年）和达尔文（C. Darwin，1809—1882年）对生物界遗传和变异机理提出了一些观点。

（一）启蒙阶段

1. 用进废退假说和获得性遗传假说

1809年拉马克在阐述他的进化理论的同时提出了器官"用进废退"和"获得性遗传"的假说。

"用进废退"是指生物在长期生活的环境中，某一器官如果经常使用就会变得越来越发达，而不使用的器官就会逐渐废退，这种变异可以通过生物的繁殖遗传给下一代，即生物变异的根本原因是环境条件的改变。

"获得性遗传"是指所有生物变异（获得性状）都是可遗传的，并可在生物世代间积累。拉马克曾以长颈鹿的进化为例说明其观点。长颈鹿的祖先颈部并不长，由于干旱等原因，在低处已找不到食物，迫使它伸长脖颈去吃高处的树叶，久而久之，它的颈部就变长了。一代又一代，遗传下去，它的脖子越来越长，终于进化为现在所见的长颈鹿。对鹭、鹤等涉禽长腿的解释为这些鸟类长期生活在水边，但不喜欢游水，为了不使身体陷进淤泥，就尽力伸长腿部。这样获得的性状，逐代遗传下去就成了长颈长腿的涉禽了；还有"铁匠的儿子将来肌肉一定发达"等有名的自相矛盾又荒唐的例子。

拉马克学说有其进步意义，那就是使生物学第一次摆脱了神学的束缚，走上了科学的道路；物种是可以变化的，种的稳定性是相对的。拉马克的学说为达尔文的科学进化论的诞生奠定了基础，他的《动物哲学》和达尔文的《物种起源》被称为现代进化论思想的两大源泉。

2. 泛生假说

达尔文支持拉马克"用进废退"和"获得性遗传"的假说，并于 1868 年提出了"泛生假说"：遗传物质是存在于生物器官中的"泛子/泛生粒"；生物的各种性状，都以"泛子/泛生粒"状态通过血液循环或导管运送到生殖系统，从而完成性状的遗传。达尔文的泛生论，对后来的遗传理论，尤其是德弗里斯、高尔顿和魏思曼的遗传理论产生了重要影响。

3. 种质论

魏斯曼（A. Weismann，1834—1914 年）肯定了达尔文的选择理论，但否定了"获得性遗传"的观点，并于 1883 年提出了"种质论"：多细胞生物由种质和体质两部分组成；种质指生殖细胞，负责生殖和遗传，可世代相传，不受体质和环境的影响；体质指体细胞，由种质产生，负责营养活动，不能遗传；遗传是通过具有一定化学成分和一定分子性质的物质（种质）在世代间传递实现的。

魏斯曼做了著名的切老鼠尾巴实验，在连续切了 22 代老鼠的尾巴后，第 23 代仍长出了尾巴，以此来佐证自己提出的"种质论"。

（二）经典遗传学阶段

1. 孟德尔定律

遗传学的基本原理是由奥地利人孟德尔（G. Mendel，1822—1884 年）最早揭示的。1856—1864 年，孟德尔做了 8 年的豌豆杂交试验。结合前人的工作，孟德尔提出了遗传因子的分离和重组的假设。1865 年，在奥地利布隆自然科学协会每月例会上，孟德尔分别在 2 月 8 日和 3 月 8 日的报告中阐述了他的豌豆杂交的实验目的、方法和过程。1866 年，孟德尔在布隆自然科学协会会刊第 4 卷上发表了他的论文《植物杂交实验》，但这一成果被学术界忽视了长达 34 年之久。直到 1900 年，荷兰的德弗里斯（H. De Vries）、德国的科伦斯（C. Correns）和奥地利的丘歇马克（E. von. S. Tschermak）3 位植物学家分别在多种植物上经过大量的杂交工作，取得了与孟德尔实验相同的结果，验证了孟德尔对豌豆所做的遗传学研究结果。这一年标志着遗传学的诞生，孟德尔也被誉为遗传学奠基人。

2. 突变论

1866 年荷兰科学家德弗里斯（De·Vries）在靠近阿姆斯特丹的希尔维瑟姆城边，偶然发现在田野间生长着 2 种差异明显的月见草（*Oenothera Lamarckian*），德弗里斯认为其变异程度达到了物种水平，于是命名为 *Oenotheral aevifolia* 和 *Oenothera brevistylis*。从 1886 年起将 9 株拉马克月见草移到他自己家的庭院里进行栽种，每代均进行自花授粉，至 1899 年第 8 代为止，累计收获了 54 343 株，其中在形态上表现明显异常的有 834 株，可划分为 7 种类型。德弗里斯认为这 7 种形态上异常的类型，均达到了可区分为种的水平，并分别加以命名，再加上原来的两个"种"，就有 9 个，还陆续发现若干个"种"。

德弗里斯基于在拉马克月见草所发现的突然出现"新种"的情况，提出了"突变论"，认为生物进化并非如达尔文所说的那样，是由连续的微小的变异不断积累而导致分歧所致，物种的进化是由突然的、不连续的、不定方向的巨大变异一蹴而就的。

"突变论"也承认有许多突变因缺失适应能力而被自然选择所淘汰。但有的突变则具有适应能力，一下子就可成为新种，其间没有连续的渐变过程，也没有经受自然选择长期累积的作用，自然选择不过是起个"筛子"的作用。德弗里斯在其所著《突变论》（*The Mutation Theory*，1901—1903 年）中更为明确地阐述了他的"突变"（mutation）主张，否定达尔文的渐变的、自然选择的理论。

这个理论在 20 世纪初叶成为反对达尔文学说的一面耀眼的旗帜。许多生物学家相信德弗里斯的见解而反对达尔文的进化理论，后来经过德国植物学家、遗传学家鲍尔（E. Baur，1875—1933 年）等学者的研究，证明德弗里斯所举出的"新种"的例子，其实并非新物种，而为基因突变、基因重组与染色体畸变等多种原因所致，于是德弗里斯的新种可不经自然选择而突然产生的说法便被学界所否定了。然而，他所使用的"mutation"一词却被遗传学界保留了下来沿用至今。

3. 染色体遗传理论和连锁遗传规律

1906 年贝特生等在香豌豆杂交试验中发现性状连锁现象。约翰生（W. L. Johannsen，1859—1927 年）于 1909 年发表了"纯系学说"并且最先提出"基因"一词，以代替孟德尔的遗传因子概念。在这个时期，细胞学和胚胎学有很大的发展，人们对于细胞结构、有丝分裂、减数分裂、受精过程，以及细胞分裂过程中染色体的动态等都已比较了解，1903 年萨顿（W. S. Sutton）提出，染色体在减数分裂期间的行为是解释孟德尔遗传规律的细胞学基础。

1910 年以后，摩尔根（T. H. Morgan，1866—1945 年）等用果蝇（*Drosophila melanoguster*）为材料进行大量的遗传试验，同样发现性状连锁现象。于是摩尔根结合研究细胞核中染色体的动态，创立了基因理论，证明基因位于染色体上，呈直线排列。由此他提出了连锁遗传规律，这已成为遗传学中第三个基本规律。他还提出了染色体遗传理论，并进一步发展为细胞遗传学。斯特蒂文特（A. H. Sturtevant）以果蝇为研究对象，于 1913 年绘制出第一张遗传连锁图，标明基因在染色体上的线性排列。

4. 人工诱变

1927 年穆勒（H. J. Muller）和斯特德勒（L. J. Stadler）几乎同时采用 X 射线，分

别诱发果蝇和玉米突变成功。1937 年布莱克斯里（A. F. Blakeslee）等利用秋水仙素诱导植物多倍体成功，为探索可遗传变异开创了新的途径。布莱克斯里在 20 世纪 30 年代随着玉米等杂种优势在生产上的利用，提出了杂种优势的遗传假说。

（三）遗传学的发展阶段

1930—1939 年费希尔（R. A. Fisher）、赖特（S. Wright）和霍尔丹（J. B. S. Haldane）等应用数理统计方法分析性状的遗传变异，推断遗传群体的各项遗传参数，奠定了数量遗传学和群体遗传学的数学分析基础。

1941 年比德尔（G. W. Beadle）塔图姆（E. Tatum）等开始用红色面包霉（*Neurospora crassa*，也称粗糙型链孢霉或链孢霉）为材料，着重研究基因的生理和生化功能、分子结构及诱发突变等问题。比德尔等的研究证明了基因是通过酶而起作用的，提出"一个基因一个酶"的假说，从而创立了微生物遗传学和生化遗传学。

（四）现代遗传学建立

20 世纪 50 年代前后，由于近代物理学、化学等先进技术和设备的应用，人们在遗传物质的研究上取得了重大的进展，证实了染色体是由脱氧核糖核酸（DNA）、蛋白质和少量的核糖核酸（RNA）所组成，其中 DNA 是主要的遗传物质。1944 年艾沃瑞（O. T. Avery）用试验方法直接证明 DNA 是转化肺炎球菌的遗传物质。1952 年赫歇（A. D. Hershey）和蔡斯（M. Chase）在大肠杆菌（*Escherichia coli*）的 T 噬菌体内，用放射性同位素进行标记试验，进一步证明 DNA 的遗传传递作用。特别重要的是 1953 年沃森（J. D. Watson）和克里克（F. H. C. Crick）通过 X 射线衍射分析的研究，提出 DNA 的分子结构、自我复制、相对稳定性和变异性，并对 DNA 作为遗传物质的储存和传递等提供了合理的解释；明确了基因是 DNA 分子上的一个片段，从而促进了分子遗传学的迅速发展，为进一步从分子水平上研究基因结构和功能、揭示生物遗传和变异的奥秘奠定了基础。

20 世纪 70 年代初，利用分子遗传学理论已成功地进行了人工分离基因和人工合成基因，开始建立了遗传工程的新领域。遗传工程的发展，使人类在改变生物性状上获得更多的自由。它的深远影响，不仅在于可以打破物种界限，克服远缘杂交的困难，能够有计划地培育出高产、优质、抗逆等优良的动植物和微生物品种，大幅度地提高农业和工业的生产效率，而且可以有效地治疗人类的某些遗传性疾病，并可能从根本上控制癌细胞的发生，造福人类。

20 世纪 90 年代初美国率先实施的"人类基因组计划"（Human Genome Project）确定人类基因组 DNA 编码的遗传信息。在 21 世纪，遗传学的发展将进入"后基因组时代"，将进一步阐明人类及其他动植物的基因组编码的蛋白质的功能，弄清 DNA 序列所包含的遗传信息的生物学功能。

在经典遗传学时期，以杂交为基础，通过观察比较生物体亲代和杂交后代的性状变化，从而认识与生物性状相关的基因的传递规律。也就是从生物体的性状改变来认识基因，称为正向遗传学。

在现代遗传学时期，以物理学和化学的原理和实验技术为基础，通过 DNA 重组、定点突变等技术有目的地、精确定位地改造基因的精细结构以确定这些变化对表型性状的直接影响，在分子水平上揭示基因的结构和功能，也就是从基因的结构出发，认识基因的功能。由于这一认知路线与经典遗传学刚好相反，故将这个新的领域作为遗传学的一个分支学科，称为反向遗传学。

遗传学 100 余年的发展历史表明它是一门发展极快的学科，差不多每隔 10 年，就有一次重大的提高和突破。迄今为止，现代遗传学已有 30 多个分支，其中分子遗传学和基因组学已经成为生物科学中最活跃和最有生命力的学科之一，而遗传工程将是分子遗传学中最重要的研究方向。无数的事实证明，遗传学的发展正在为人类的未来展示出无限美好的前景。

第二节　染色体和基因

一、染色质和染色体

染色质（chromatin）是 1879 年由 Flemming 提出的术语，用以描述细胞核中能被碱性染料强烈着色的物质。1888 年，W. von Waldeyer - Hartz 又提出染色体（chromosome）的概念。经过一个多世纪的研究，人们认识到，染色质和染色体是在细胞周期不同阶段可以互相转变的形态结构。

（一）染色质和染色体概念

染色质指间期细胞核内由 DNA、组蛋白、非组蛋白及少量 RNA 组成的线性复合结构，是间期细胞遗传物质存在的形式，也是遗传物质的载体。

染色体是指细胞在有丝分裂或减数分裂的特定阶段，由染色质聚缩而成的棒状结构。

染色质和染色体化学组成无差异，而构型不同，是遗传物质在细胞周期不同阶段的不同表现形式。在真核细胞的细胞周期中，大部分时间是以染色质的形态而存在的。

（二）染色体的形态结构

中期染色体具有比较稳定的形态，它由两条相同的姐妹染色单体（chromatid）构成，彼此以着丝粒（centromere）相连。

1. 着丝粒与动粒

着丝粒连接两条染色单体，并将染色单体分为两臂：短臂（p）和长臂（q）。由于着丝粒区浅染内缢，所以也叫主缢痕。

近年来的研究表明，着丝粒是一种高度有序的整合结构，在结构和组成上都是非均一的，至少包括动粒结构域、中央结构域、配对结构域 3 种不同的结构。

（1）动粒结构域　动粒结构域位于着丝粒外表面。哺乳类动粒又称着丝点（kinetochore），超微结构可分为内板、中间间隙、外板 3 个区域。内板与着丝粒中央结构域相联系；中间间隙电子密度低，呈半透明。在没有动粒微管结合时，覆盖在外板上的第 4 个区称为纤维冠，由微管蛋白构成。

动粒微管与内外板相连，并沿纤维冠相互作用，与内板相联系的染色质是与微管相互作用的位点。已有证据表明，动粒结构域的化学组成包括与动粒结构与功能相关的两类蛋白质以及着丝粒 DNA，但是目前关于动粒的结构模型尚无定论。

（2）中央结构域　中央结构域是着丝粒区的主体，由串联重复的卫星 DNA 组成。这些重复序列大部分是物种专一的。人染色体的着丝粒 DNA 由 α 卫星 DNA 组成，重复单位 17bp，每一着丝粒串联重复 2 000~30 000 次，可达 250~400kb，但不同染色体着丝粒的 α 卫星 DNA 序列存在差别。

（3）配对结构域　配对结构域位于着丝粒内表面，是中期姐妹染色单体相互作用的位点。已经发现有两类蛋白：一类是内部着丝粒蛋白（inner centromere protein，INCENP），另一类是染色单体连接蛋白（chromatid linking protein，CLIPS），两者与染色单体配对有关。

虽然三种结构域具有不同的功能，但它们并不能独自发挥作用。正是三种结构域的整合功能，才确保细胞在有丝分裂中染色体与纺锤体整合，发生有序的染色体分离。

2. 次缢痕

除主缢痕外，染色体上其他的浅染缢缩部位称次缢痕。它的数目、位置和大小是某些染色体所特有的形态特征，因此也可以作为鉴定染色体的标记。

3. 核仁组织区

核仁组织区（nucleolar organizing region，NOR）位于染色体的次缢痕部位，但并非所有次缢痕都是 NOR。染色体 NOR 是除 5S rRNA 基因外 rRNA 基因所在部位，与间期细胞核仁形成有关。

4. 随体

随体（satellite）指位于染色体末端的球形染色体节段，通过次缢痕区与染色体主体部分相连。它是识别染色体的重要形态特征之一，有随体的染色体称为 sat 染色体。

5. 端粒

端粒（telomere）是染色体两个端部特化结构。端粒通常由富含鸟嘌呤核苷酸（G）的短的串联重复序列 DNA 组成（TEL DNA），伸展到染色体的 3′端。一个基因组内的所有端粒都是由相同的重复序列组成，但不同物种的端粒的重复序列是不同的。哺乳类和其他脊椎动物端粒的重复序列中的保守序列是 TTAGGG，串联重复 500~3 000 次，序列长度在 2~20kb 不等。端粒的长度与细胞及生物个体的寿命有关。端粒的生物学作用在于维持染色体的完整性和独立性，可能还与染色体在核内的空间排布等有关。

（三）染色体的类型

根据着丝粒在染色体上所处的位置，可将中期染色体分为中着丝粒染色体、亚中着丝粒染色体、亚端着丝粒染色体、端着丝粒染色体 4 种类型（图 6-1）。

（四）核型分析

核型指染色体组在有丝分裂中期的表型，包括染色体数目、大小、形态特征的总和。一个体细胞中的全部染色体，按其大小、形态特征（着丝粒的位置）顺序排列所构成的图像就称为核型。在完全正常的情况下，一个体细胞的核型一般可代表该个体的

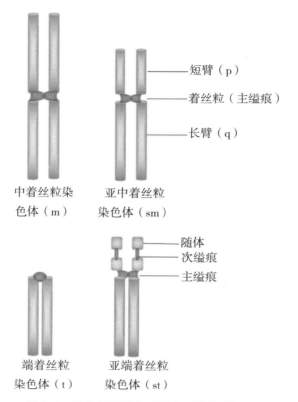

图 6-1　染色体的形态（引自丁明孝 等，2020）

核型。

　　将待测细胞的核型进行染色体数目、形态特性的分析，确定其是否与正常核型完全一致，称为核型分析。

　　1. 染色体数目计数要求

　　染色体数目一般以体细胞数目为准。由于减数分裂细胞价体分析难以保证准确，所以除苔藓和蕨类等因材料所限而用减数分裂细胞计数染色体外，其他则一般只宜作为辅助计数材料。统计的细胞数目应在 30 个以上，其中 95% 以上的细胞具恒定一致的染色体数，即可认为是该植物的染色体数目。

　　如果观察材料是混倍体，则应如实记录其染色体数的变异范围和各类细胞的数量和百分比。

　　2. 染色体形态描述指标

　　作为核型分析的染色体，一般以体细胞为基本形态。此外，如果减数分裂粗线期的染色体分散良好，着丝点清晰者，也可用作核型分析。

　　（1）染色体长度　①绝对长度、相对长度和染色体长度比：绝对长度均以微米表示，一般在放大的图片或图像上进行测量，然后按下式换算：

$$绝对长度（\mu m）= \frac{放大的染色体长度（mm）}{放大倍数} \times 1\,000$$

②相对长度均以百分比表示。计算相对长度值的方法，在过去的文献中也有多种公式，现以 Levan（1964）的公式为准。即：

$$相对长度（\%）=\frac{染色体长度}{染色体组总长度}\times100$$

绝对长度只在某些情况下有相对的比较价值，在许多情况下，它不是一个可靠的比较数值。由于预处理条件和染色体缩短的程度不同，所以即使同一种植物，不同作者所测得的绝对长度值也往往有明显差异，这是无法避免的。但是，相对长度则是稳定的可比较的数值。目前在国内外许多核型研究的文献中，往往只用相对长度值，这种简化是可取的。

染色体长度比指核型中最长染色体与最短染色体的比值，即：

$$染色体长度比=\frac{最长染色体长度}{最短染色体长度}$$

在 Stebbins（1971）的核型分类系统中，染色体长度比是衡量核型对称或不对称的两个主要指标之一。

（2）臂比　臂比指染色体长臂与短臂的比值。其计算公式为：

$$臂比=\frac{长臂长度}{短臂长度}$$

（3）着丝点位置　Levan 等（1964）将着丝点位置以臂比值确定，此命名规则现已为全世界广泛采用（表6-1）。

表 6-1　着丝点位置的表述方法

臂比值	着丝点位置	简写
1.00	正中部着丝点（median point）	M
1.01~1.70	中部着丝点区（median region）	m
1.71~3.00	亚中部着丝点区（submedian region）	sm
3.01~7.00	亚端部着丝点区（subterminal region）	st
7.00 以上	端部着丝点区（terminal region）	t
∞	端部着丝点（terminal point）	T

注：引自张行勇 等，2016。

此外，文献中还有其他常用的着丝点命名法，如长短臂差值、着丝点指数。

$$长短臂差值（d）=长臂-短臂（染色体全长为10）$$

$$着丝点指数（i）=\frac{短臂长度}{染色体全长}\times100$$

臂比值、长短臂差值、着丝点指数的对照关系见表6-2，三者可按以下公式换算：

$$着丝点指数（i）=\frac{100}{臂比值+1}=5\times（10-长短臂差值）$$

表 6-2　植物染色体臂比值、长短臂差值、着丝点指数对照

着丝点位置	臂比值（r）	长短臂差值（d）	着丝点指数（i）
M	1.00	0.0	50.0
m	1.05	0.5	47.5
	1.22	1.0	45.0
	1.35	1.5	42.5
	1.50	2.0	40.0
	1.67	2.5	37.5
sm	1.86	3.0	35.0
	2.08	3.5	32.5
	2.33	4.0	30.0
	2.64	4.5	27.5
	3.00	5.0	25.0
st	3.44	5.5	22.5
	4.00	6.0	20.0
	4.71	6.5	17.5
	5.67	7.0	15.0
	7.00	7.5	12.5
t	9.00	8.0	10.0
	12.33	8.5	7.5
	19.00	9.0	5.0
	39.00	9.5	2.5
T	∞	10.0	0.0

注：引自张行勇 等，2016。

（4）臂指数　臂指数又称 N. F. （Number fundamental）值，即把具中部着丝点的"V"形染色体计算为两个臂；而把具近端和端部着丝点的"J"形或"I"形染色体计算为一个臂。以此来统计核型中的总臂数。

核型分析的准确性，不仅要求分析一定数量的细胞，更要求有高质量的染色体图像，这是保证核型分析准确的基础。

3. 核型的表述方法

核型的描述包括两部分内容，一是染色体数目，二是性染色体组成，两者之间用

"，"分隔开，如正常女性的核型描述为：46，XX，正常男性核型描述为：46，XY。

核型分析中各项测定的平均数值应列表报告，列表内容要力求简明和实用，其格式和项目如表6-3所示。

染色体序号一律用阿拉伯数字，相对长度和臂比值均取小数点后两位数。

染色体绝对长度值的变异范围、染色体长度比、核型类别等在表注可以单列说明。随体的长度是否计算，不做统一规定，但应在表下加注解说明。具有随体或次缢痕的染色体，在表中应以"＊"标记。

表6-3 单瓣花型崇明水仙根尖体细胞染色体的核型参数

染色体序号	长度（μm）			相对长度（%）	臂比（长臂/短臂）	类型
	长臂	短臂	全长			
1	5.49	1.09	6.58	15.62	5.02	st
2	4.70	1.23	5.93	14.07	3.81	st
3	3.59	2.09	5.68	13.47	1.72	sm
4	4.39	0.90	5.29	12.56	4.87	st
5	4.01	0.84	4.85	11.53	4.76	st
6	3.09	1.11	4.20	9.96	2.80	sm
7＊	2.04	0.63	2.67	6.33	3.25	st
8	1.93	0.66	2.59	6.15	2.91	sm
9	1.63	0.65	2.28	5.42	2.51	sm
10	1.45	0.61	2.06	4.89	2.36	sm
总计	32.32	9.81	42.13	100.00		

注："＊"表示具有随体，随体长度不计入染色体长度。引自周永刚 等，2011。

（1）染色体序号编码方法 常染色体序号一律按照染色体全长顺序编号，全长最长的编码1号，依次类推。如果两对染色体长度完全相等，则按短臂长度顺序排列，长者在前、短者排后。性染色体和B染色体一律排在最后。如果为二型核型（bimod-al karyotype），如中国水仙、芦荟等植物，则长染色体群按L1，L2……顺序排列。对于像普通小麦即按A、B、D三组分别编号排列，而不是全部21对染色体统一顺序排列。如果核型中有差异明显且恒定的杂合染色体对时，则应分别测量每一成员的长度值和臂比值，分别列于表中，编号可任选其中一成员为准，并附加说明。

（2）模式照片 一般每种材料应附一张有代表性的中期染色体的完整照片，并标出一个以微米为长度单位的标尺，便于目测染色体大小（图6-2）。尽量少用放大倍数。

（3）核型图 将与模式照片同一细胞的染色体剪下，参照染色体长度和臂比值，进行同源染色体"配对"，然后按表格中的染色体序号顺序排列，此即为该细胞核型图。

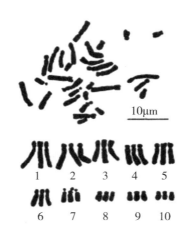

图 6-2　单瓣花型崇明水仙根尖体细胞的染色体模式照片与核型图（引自周永刚 等，2011）

（4）核型模式图　以各染色体的相对长度平均值绘制（图 6-3）。构图有各种形式。

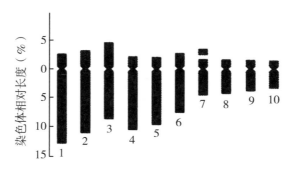

图 6-3　单瓣花型崇明水仙根尖体细胞染色体核型模式图（引自周永刚 等，2011）

（5）核型公式　核型公式是综合核型分析的结果将核型的主要特征以公式表示。核型公式中 n 表示物种配子体的染色体个数；x 表示该物种一个染色体组中染色体数，如果是二倍体则 n = x。例如：芍药（*Paenia lactiflora*）：2n = 2x = 10 = 6m + 2sm + 2st（SAT），核型公式表示：芍药是二倍体，有 2 个染色体组，每个染色体组有 5 条染色体，二倍体中有 6 条中着丝粒染色体，2 条亚中着丝粒染色体，2 条亚端着丝粒染色体，有随体。

单瓣花型崇明水仙的核型公式为 2n = 3x = 30 = 15st（3SAT）+15sm，表示单瓣花型崇明水仙为三倍体，有 3 个染色体组，每个染色体组有 10 条染色体，共 30 条染色体；15 条亚端着丝粒染色体，其中 3 条有随体；15 条亚中着丝粒染色体。

4. 核型不对称度

Stebbins（1971）参照生物界现有的核型资料，根据核型中染色体的长度比和臂比两项主要特征，用以区分核型的对称和不对称程度，并将其分为 12 种类型，如表 6-4 所示。

表 6-4　核型不对称程度的划分标准

最长/最短	臂比大于 2∶1 的染色体的百分数（%）			
	0	1~50	51~99	100
<2∶1	1A	2A	3A	4A
（2∶1）~（4∶1）	1B	2B	3B	4B
>4∶1	1C	2C	3C	4C

注：引自张行勇 等，2016。

以表 6-3 的单瓣花型崇明水仙数据为例，第 10 号染色体最短，全长为 2.06μm；第 1 号染色体最长，全长为 6.58μm，最长染色体与最短染色体长度的比值为 3.09。臂比大于 2 的染色体有 9 组，占全部染色体组的 90%。根据 Stebbins 的 核型分类标准，单瓣花型崇明水仙的体细胞的染色体核型属于"3B"型。

该分析法在分析和讨论核型进化的一个方面是有参考价值的，可作为核型表述的一项内容。

5. 小染色体

小染色体指其长度在 2μm 以下、不易分辨着丝点的染色体。植物界中具此类染色体的种类居多，有的整个属甚至整个科都具有小染色体。

（五）带型

染色体带型可分为两大类，即荧光带型和 Giemsa 带型。目前前者已很少应用，主要为后者。两种分带所显示的带纹基本上是相同的。在 Giemsa 分带中，无论是用 BSG 法，还是胰酶法等，所显示的带纹均为结构异染色质，统称为 C-带。

文章一般应附一张染色体显带清晰而完整的标准照片和一张与核型图要求相同的带型图。

（六）凭证标本

除一般栽培植物外，其他植物则无论是只报道染色体数目，还是进行核型或带型研究，均需有凭证标本，并注明学名、采集地、采集者、标本鉴定人、凭证标本号和标本存放地点等。

二、基因

（一）基因的本质

染色体遗传学说表明，染色体上有决定性状的基因。基因是什么呢？基因是 DNA 分子的片段。

真核细胞如高等动、植物细胞的染色体是由多种化学成分所构成的，主要由脱氧核糖核酸（Deoxyribonucleic acid，DNA）、组蛋白（一类碱性蛋白质）和少量的非组蛋白（酸性蛋白）等构成。20 世纪 40 年代，多项实验证明基因的化学本质是 DNA，在某些病毒中是 RNA，组蛋白不带遗传信息，它们是构成染色体结构的重要成分，对基因的表达只起辅助性的调节作用。

（二）DNA 的分子结构

DNA 是一种由多个的核苷酸通过 3′, 5′磷酸二酯键连接在一起的长链聚合物。构成 DNA 的核苷酸由戊糖、磷酸基团和含氮碱基三部分组成，其中碱基分为嘌呤和嘧啶两种，嘌呤包括腺嘌呤（adenine，A）和鸟嘌呤（guanine，G），嘧啶分为胞嘧啶（cytosine，C）和胸腺嘧啶（thymine，T），因此核苷酸分为 A、G、C、T 4 种。

DNA 双螺旋结构模型主要内容如下。

第一，DNA 分子由 2 条反向平行的多核苷酸长链构成。每条多核苷酸长链是通过 3′, 5′磷酸二酯键将前一个核苷酸的戊糖基团和后一个核苷酸的磷酸相连而成，因此长链的两端是不同的，一端是 3′端（3′-OH），一端是 5′端（5′-PO_4）。DNA 分子的一条长链的方向是从 5′到 3′，另一条长链是从 3′到 5′。

第二，两链的碱基互相以氢键相连。DNA 的碱基配对总是 A 与 T 配对，G 与 C 配对。A、T 之间以 2 个氢键相连，G、C 之间以 3 个氢键相连（图 6-4）。

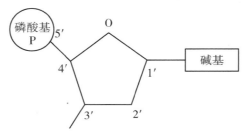

图 6-4　核苷酸简图

第三，DNA 的 2 条长链互相缠绕成右手螺旋分子。右手螺旋是指多核苷酸链从左下方走向右上方时，位于另一个多核苷酸链的上面。碱基是疏水的，它们都位于螺旋的里面。碱基对之间的距离为 0.34nm。每一螺旋长为 3.4nm。因而可知，每螺旋含有 10 对碱基，它们顺序排在 2 条多核苷酸之间，很像梯子的横阶（图 6-5）。

近来的研究发现了左手螺旋的 DNA，称为 Z-DNA。例如，果蝇的 DNA 分子中就有 Z-DNA 的部分。Z-DNA 分子的螺旋形不规则，它的磷酸核糖骨架不是平均的而是折弯的，所以称为 Z-DNA。有人认为 Z-DNA 和右手螺旋的 DNA 构象上的互相转变可能正是基因有无活性及活性变化的基础。

（三）基因表达的复杂性

基因一般不是独立发生作用的，生物的性状也常是多个基因相互作用的结果，而不是由单个基因决定的。

1. 等位基因的相互作用

（1）不完全显性　孟德尔发现的 2 个相对性状的等位基因中只有一个表达出来，称为完全显性。如果具有相对性状的纯合亲本杂交后，F1 表现中间类型，称为不完全显性。

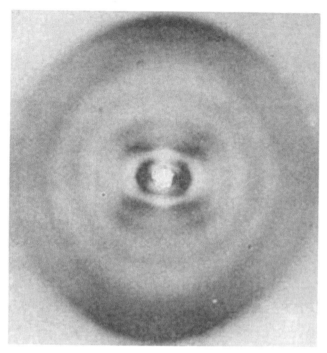

Fig.1　Fibre dlagram of deoxypentoce nucleic acld from *B.coli*.
Fibre axls vertical

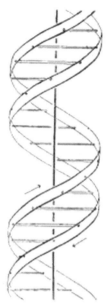

This figurs is purely diagrammatic. The two ribbons symbolize the two phosphate—sugar chains,and the borirontal rods the pairs of basea holding the chalns together.The vertical line marka she fibre axia

图 6-5　DNA 双螺旋结构模型（引自 Watson 等，1953）

（2）共显性　有的杂合体 2 个等位基因都能表达出来，称为共显性现象。这两个基因为共显性关系。例如，人的 ABO 血型是由显性基因 I^A、I^B 和隐性基因 i 共 3 个等位基因决定。AB 型血的人 I^A、I^B 两显性基因都表达出来，称之为共显性关系。

2. 非等位基因的相互作用

非等位基因的相互作用是多种多样的，主要有互补基因、抑制基因、上位基因等。

（1）互补基因　如果只有在若干非等位基因同时存在才能出现某一性状时，这些基因便称为互补基因。豌豆中 C（c）P（p）植株开紫花，ccP（p）或 Ccpp 或 ccpp 植株都开白花，这说明基因 C 和 P 对于紫色都属必要，两者中任何一个发生了突变都开白花。这里 C 和 P 就是互补基因。

（2）抑制基因　一个基因抑制另一个非等位基因的作用，使后者的作用不能表现出来，这个基因称抑制基因。结黄茧的家蚕和结白茧的中国家蚕品种杂交，杂种是结黄茧的，这说明黄茧是显性性状，白茧是隐性性状。但如果把结黄茧的品种和欧洲的结白茧的品种交配，子一代却都是结白茧的。在这里，黄茧的显性基因（Y）的效应没有显示出来，这是因为欧洲种存在着另一对非等位的抑制基因（I），它的存在抑制了基因 Y，使之不能表达。

（3）上位基因　一对等位基因的表型受到另一对等位基因的制约，随后者的不同而不同，后者称为上位基因，这一现象称为上位效应。在家兔中，基因 C 和 c 决定黑色素的形成，而 G 和 g 控制黑色素在毛内的分布情况。每一个体至少有一个显性基因 C 才能合成黑色素，因而才能显示出颜色来，而 G 和 g 也只有在这时才能显示作用，G 才能使毛色成为灰色。因此，当 C 存在时，基因型 GG 或 Gg 表现为灰色，gg 表现为黑色；当 C 不存在时，即在 cc 个体中，基因型 GG、Gg 和 gg 都为白色。基因 C 和 c 对 G 和 g 为上位基因。

（4）微效基因的累加作用　有些性状是连续性的数量性状，如农作物的高度、产量等。决定这种数量性状的基因常常是多对，每个基因只有较小的一部分表型效应，称为微效基因。数量性状是多个微效基因的效应累加的结果。例如，植株的高度是决定于多对等位基因的，假定一株植物的高度决定于 4 对基因：L_1l_1、L_2l_2、L_3l_3、L_4l_4，其中 L 是高度增加的基因，基因型中每有一个 L，高度就有一个相应的微小增长，因此基因型如果是 L_1L_1、L_2L_2、L_3l_3、L_4L_4，这株植物就是最高的。相反，基因型如果是 l_1l_1、l_2l_2、l_3l_3、l_4l_4，这株植物就是最矮的，因为除了基本高度外没有任何增加。如果把最高的和最矮的 2 个极端型交配，F1 代 L_1l_1、L_2l_2、L_3l_3、L_4l_4 是中等高的，F1 代自交，F2 代就可能出现多种高度，其中极端型极少、中间型最多，正好是正态分布。

（5）性状的多基因决定　基因之间的相互作用是多种多样的。一个遗传性状常由多个基因所控制，其中有一个基因起主要作用，称为主效基因。主效基因起作用时也受其他许多基因的影响，但这些影响有时很微弱。这些对性状影响较小的基因称为微效基因。最终表现的性状是主效基因与微效基因共同作用的结果。基因 B 决定人类眼睛的颜色为褐眼，是显性性状，基因 b 使眼睛为蓝眼，是隐性性状。褐眼人的虹膜具有含黑色素的色素细胞，蓝眼人则不含黑色素。大多数人都可分为褐眼人和蓝眼人两类。等位基因 B、b 就是决定人眼颜色的主效基因，而许多修饰基因，有的作用于虹膜上色素的数量，有的作用于色素的色调，有的影响其分布（覆盖于整个虹膜，散乱地分布，缠绕虹膜外缘一圈等），就是微效基因，最终眼睛的颜色如褐色、黑色、灰色、蓝色等就是这些基因共同表达的结果。

（6）基因的多效性　一个性状可以受多个基因的影响，一个基因也可以影响多个性状，称为多效性。鸡的羽毛卷曲、松散由一对双隐性的纯合子基因决定。这种鸡不但羽毛变形且不耐低温，只适于高温，脾脏大，血液多，心跳快，消化器官大，产卵量少。总之，代谢及代谢器官都不正常。这种现象是不难理解的，因为生物体发育中各种生理生化过程都是相互联系、相互制约的，基因通过生理生化过程而影响性状。鸡的羽毛变松散，自然要影响鸡的体温，于是一连串反应，如心跳加快、血量增加等一系列变化就出现了。

（7）细胞质遗传　细胞质中有一些细胞器如线粒体、叶绿体以及细菌的质粒等含有基因，起一定的遗传作用。线粒体基因、叶绿体基因、细菌质粒基因等的遗传表型主要与细胞分裂时分得的细胞质有关，称为细胞质遗传。紫茉莉有多种变异，在绿色植株上除了正常的绿色枝条外，还可长出有黄色或白色花斑点的绿色枝条和黄色枝条。如果从这 3 种枝条上收集花粉，分别使这 3 种枝条上的花去雄后受粉，收集种子种下，所得植株的有无叶绿素这一表型取决于花所在枝条的性状的，花粉所在枝条的性状无作用。

细胞学检查证明，这种紫茉莉细胞质中的质体有 2 种：一种能合成叶绿素，呈绿色；一种不能合成叶绿素，呈黄色。细胞分裂时，如果子细胞只分得绿色质体，它发育而成的枝条就是绿色的；如果子细胞只分得黄色质体，它发育而成的枝条就是黄色的；如果子细胞分得 2 种质体，它发育而成的枝条就是黄绿相间的花斑状的。黄色植株因不能合成叶绿素，不能成活。有性生殖时，无论精子来自什么枝条，核基因型是一样的，因此后代植株能否合成叶绿素，不是决定于核基因型，而是决定于卵细胞质中的质体基因。紫茉莉质体色素的遗传就是一种细胞质遗传。

（8）遗传与环境　遗传性状是由基因决定的，但基因的表达却要求一定的环境条件。同一基因型在不同的环境条件下可以产生不同的表型。环境影响基因表达的一个突出的实例是喜马拉雅兔的毛色。兔的毛色决定于 4 个等位基因，每只兔只有这 4 个等位基因中的 2 个，不同组合的 2 个等位基因使兔的皮色呈现：野生型的灰色、栗色、白色和第四种喜马拉雅兔，其耳鼻、足及尾黑色，体白色。但如果在高温如 35℃ 条件下培育，喜马拉雅兔就不出现黑色，而变为全白；如果在某一局部，如背部缚以冰袋，使之降温，背部就变成黑色。

第三节　基因工程

基因工程（genetic engineering）原称遗传工程。狭义基因工程是指将一种或多种生物（供体）的基因与载体在体外进行拼接重组，然后转入另一种生物（受体）体内，使之按照人们的意愿遗传并表达出新的性状的过程。广义的基因工程定义为 DNA 重组技术的产业化设计与应用，包括上游技术和下游技术两大组成部分。上游技术指的是外源基因重组、克隆、表达的设计与构建，即狭义的基因工程；下游技术则指含外源基因的重组生物细胞（基因工程菌或细胞）的大规模培养以及外源基因表达产物的分离纯化过程。上游 DNA 重组的设计必须以简化下游操作工艺和装备为指导，而下游过程则是上游基因重组蓝图的体现与保证，这是基因工程产业化的基本原则。

狭义基因工程中，外源 DNA、载体分子、工具酶和受体细胞是基因工程的要素。相对于受体而言，来自供体的基因属于外源基因。除了 RNA 病毒外，几乎所有生物的基因都存在于 DNA 序列中，而用于外源基因重组拼接的载体也都是 DNA 分子，因此基因工程亦称为 DNA 重组技术（DNA recombination）。另外，DNA 重组分子大都需在受体细胞中复制扩增，因此基因工程又称为分子克隆（molecular cloning）技术。

一、工具酶

（一）限制性内切酶

限制性核酸内切酶（restriction endonucleases）能在特异位点上催化双链 DNA 分子的断裂，产生相应的限制性片段。限制性核酸内切酶几乎存在于所有原核细菌中，由于不同生物来源的 DNA 具有不同的酶切位点以及不同的位点排列顺序，因此各种生物的 DNA 呈现特征性的限制性酶切图谱，这种特性在生物分类、基因定位、疾病诊断、刑事侦查直至基因重组领域中起着极为重要的作用，因此限制性核酸内切酶被誉为"分子手术刀"。

目前，在细菌中已发现了上千种限制性核酸内切酶，根据其性质不同可分为三大类。其中，Ⅱ类限制性核酸内切酶与其所对应的甲基化酶是分离的，由于这类酶的识别切割位点比较专一，因此广泛用于 DNA 重组。

1. Ⅱ类限制性核酸内切酶的命名

目前已分离并鉴定出 800 余种Ⅱ类限制性核酸内切酶，商品化的约有 300 种。这些酶的统一命名由其来源的细菌名称缩写构成，具体规则是：以细菌属名的第一个大写字母和种名的前两个小写字母构成酶的基本名称；如果酶存在于一种特殊的菌株中，则将株名的一个字母加在基本名称之后；若酶的编码基因位于噬菌体（病毒）或质粒上，则还需用一个大写字母表示这些非染色体的遗传因子。酶名称的最后部分为罗马数字，表示在该菌株中发现此酶的先后次序，如 Hind Ⅲ 是在流感嗜血杆菌（*Haemophilus influenzae*）d 株中发现的第三个酶，而 *EcoR* Ⅰ 则表示其基因位于大肠杆菌（*Escherichia coli*）的抗药性 R 质粒上。

2. Ⅱ类限制性核酸内切酶的识别序列

多数Ⅱ类酶的识别序列为 4~8 对碱基，而且具有 180° 旋转对称的特征性回文结构。例如，*EcoR* Ⅰ 的识别序列为 5′–GAATTC–3′（单链序列），对称轴位于第 3 与第 4 位碱基之间；对于由 5 对碱基组成的识别序列而言，其对称轴为中间的一对碱基。一部分Ⅱ类酶的识别序列中某一或某两位碱基并非严格专一，但都在两种碱基中具有可替代性，这种不专一性并不影响内切酶和甲基化酶的切割位点，只是增加了 DNA 分子上的酶识别与作用频率。

3. Ⅱ类限制性核酸内切酶的切割方式

绝大多数的Ⅱ类酶均在其识别位点内部或两侧切割 DNA，使得 DNA 每条链中相邻两个碱基之间的磷酸二酯键断开。

根据酶识别序列和断开结果分为：①同位酶：一部分酶识别相同的序列，但切点不同，这些酶称为同位酶，如 *Xma* Ⅰ、*Sma* Ⅰ、*Ava* Ⅰ；②同裂酶：识别序列与切割位点均相同的不同来源的酶称为同裂酶，如 *Sst* Ⅰ 与 *Sac* Ⅰ、*Hind* Ⅲ 与 *Hsu* Ⅰ 等；③同尾酶：有些酶识别位点不同，但切出的 DNA 片段具有相同的末端序列，这些酶称为同尾酶，如 *Mbo* Ⅰ、*Bg* Ⅱ、*Bc* Ⅱ、*BamH* Ⅰ。极少数酶的 DNA 切割活性依赖于识别序列内部碱基的甲基化作用。

不考虑碱基序列，根据被切开的 DNA 末端性质的不同，所有的Ⅱ类酶又可分为：5′突出末端酶、3′突出末端酶、平头末端酶三大类。除后者外，任何一种Ⅱ类酶产生的两个突出末端在足够低的温度下均可退火互补，因此这种末端称为黏性末端（cohesive ends），这是 DNA 分子重组的基础。

（二）甲基化酶

有些Ⅱ类限制性核酸内切酶拥有相应的甲基化酶伙伴，甲基化酶的识别位点与限制性内切酶相同，并在识别序列内使某位碱基甲基化，从而封闭该酶切口。

此类甲基化酶的命名常在相对应的限制性内切酶名字前面冠以"M"，例如，*EcoR*

Ⅰ的甲基化酶 M. EcoRⅠ催化 S-腺苷甲硫氨酸（SAM）中的甲基基团转移到 *EcoR*Ⅰ识别序列中的第 3 位腺嘌呤上，经过 M. EcoRⅠ处理的 DNA 分子便不再为 *EcoR*Ⅰ所降解。

（三）T4-DNA 连接酶

DNA 连接酶广泛存在于各种生物体内，其催化的基本反应形式是将 DNA 双链上相邻的 3′羟基和 5′磷酸基团共价缩合成 3′, 5′-磷酸二酯键，使原来断开的 DNA 缺口重新连接起来，因此它在 DNA 复制、修复以及体内体外重组过程中起着重要作用。

T4-DNA 连接酶来自于 T4 噬菌体，商品化的 T4-DNA 连接酶均由大肠杆菌基因工程菌生产。T4-DNA 连接酶与大肠杆菌连接酶相比具有更广泛的底物适应性。

（四）其他用于 DNA 重组的工具酶

除了 DNA 切割和连接外，分子克隆实验有时还需要对待连接的 DNA 分子进行结构修饰，后者由多种功能各异的工具酶催化进行，如 Klenow 酶、S1 核酸酶、Bal31 核酸酶等。

二、常用的生物学操作

（一）DNA 分子的长度及检测方法

一个单链的 DNA 分子的长度是指构成该分子的核苷酸的数量，用 mer 表示。一个双链的 DNA 分子长度是指构成该分子的碱基对的数目，用 bp 表示，1 000bp＝1kb。

估算 DNA 分子的长度通常用琼脂糖凝胶电泳法。DNA 分子带大量负电荷，置于电场中将向正电极方向迁移。琼脂糖凝胶相当于分子筛，当 DNA 穿过筛孔向正极泳动时，短小的 DNA 分子在凝胶孔隙中速度快，长链的 DNA 分子运动速度慢，长度相同的分子聚集在同一位置，形成条带。根据待测 DNA 与已知 DNA Mark 条带的电泳位置，可以估算待测 DNA 分子的大致长度和分子量。由于 DNA 分子是无色的，所以在将 DNA 样品中加入 DNA 染料再进行电泳，DNA 分子就会在紫外光照射下显出位置，条带的亮度与 DNA 分子浓度呈正相关。

（二）DNA 分子的变性和复性

DNA 分子的变性是指双链分子中双螺旋区内的碱基对之间的氢键受到某些物理或化学因素作用而断开，变成单链的过程。这些因素包括高温（85~90℃）、介质 pH 值小于 4 或大于 10 或变性剂甲醇、乙醇、尿素等。变性过程同时伴有物理性状的改变，双链 DNA 的吸光度比同量单链 DNA 碱基的吸光度要低，所以可用吸光度的增加来表示DNA 的变性过程。

DNA 分子的复性又称退火，是变性的逆过程，指变性后的两条完全互补的单链DNA 分子在适当的条件下再度形成双链的过程。一般复性的温度比 DNA 分子解链的温度的 Tm 值低 25℃。复性还与 DNA 分子的浓度和 DNA 分子本身的长度有关，一般浓度越高，复性越容易，DNA 分子的长度越长复性越困难。

（三）DNA 分子的延长

聚合酶（polymerases）能够催化核苷酸加载到一个已存在的 DNA 分子上，延长DNA 分子，这个过程需要已知的单链模板和引物。引物通过碱基配对与模板的双链，在聚合酶的催化下 3′羟基端加载核苷酸，因此聚合酶只能在 5′→3′方向上 DNA 链的延长（图6-6）。有一些聚合酶没有特定的模板也能延伸 DNA 分子，末端转移酶就是其中的一种，它在双链分子的两端加了一个单链的尾巴。单链简短的 DNA 分子称为寡核苷酸（oligos），可以用化学合成的方法。引物一般委托生物技术公司用化学合成的方法获得需要的 DNA 分子（图6-7）。

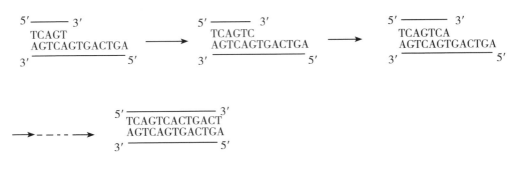

图 6-6　DNA 分子的延长（引自张惠展，2017）

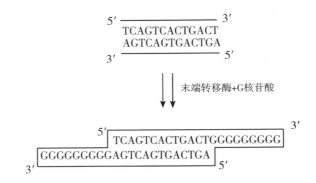

图 6-7　末端转移酶作用下的 DNA 分子延长（引自张惠展，2017）

（四）缩短 DNA 分子

缩短 DNA 分子需要 DNA 核酸酶（nuclease）催化。DNA 核酸酶是降解 DNA 分子的酶，分为外切核酸酶（exonuclease）和内切核酸酶（endonuclease）。

外切核酸酶通过每次从 DNA 分子的末端切割一个核苷酸来缩短 DNA 分子，可以从 5′端和 3′端来切除核苷酸。有些外切核酸酶是专门用于切割单链分子的，而有的专门用于切割双链分子。例如 Bal31 能延 5′→3′方向和 3′→5′方向同时降解链（图6-8）。

（五）在特定位点切割 DNA 分子

限制性内切核酸酶能识别特定的序列，并从识别位内切割双链分子。如果长链 DNA 分子上有多个切割位点，则可以进行多点切割。例如，*EcoR* I的识别序列 5′-GAATTC-3′，一段 DNA 序列有 2 个 *EcoR* I识别切割位点，则该 DNA 分子能被 *EcoR* I切成 3 段，通过琼脂糖凝胶电泳就能看到 3 个条带，未酶切的阳性对照是一个大片段（图6-9）。

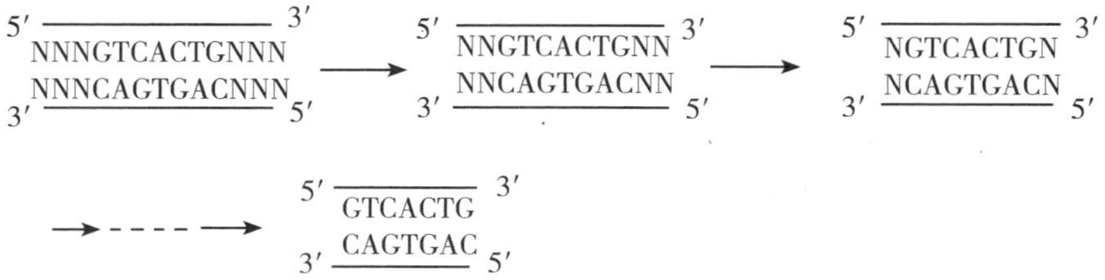

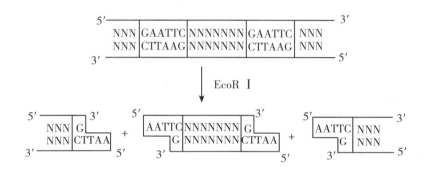

图 6-8 核酸外切酶 Bal31 缩短 DNA 分子（引自张惠展，2017）

图 6-9 *EcoR* I 的多点切割（引自张惠展，2017）

（六）DNA 分子的连接

连接酶（ligase）能催化将两个 DNA 分子的连接反应。DNA 分子的连接通常分为黏末端连接和平末端连接。

黏末端连接：用同种限制性内切核酸酶或者同尾酶切割两个 DNA 分子，两个互补的黏性末端的 DNA 分子，再次发生退火反应通过氢键的作用把互补的黏性末端连接在一起，再由 DNA 连接酶催化缺口（nick）处形成新的磷酸二酯键，就完成黏性末端连接。

平末端连接：两个完整的双链分子之间若要连接就是平头连接。例如，T4-DNA 连接酶能催化限制性内切酶切割产生 DNA 平末端的连接。

（七）DNA 分子的杂交

DNA 分子的杂交就是将不同的 DNA 片段按照碱基互补配对原则杂交形成双链分子或者部分双链的过程。

（八）从混杂的 DNA 分子中挑出需要的 DNA 分子

DNA 分子杂交和亲和层析法能从 DNA 分子混合液中准确挑出所需要的 DNA 分子并纯化出来。

（九）DNA 分子的复制

DNA 分子的批量复制是基因工程的一个中心问题，用于专用 DNA 片段的扩增。聚合酶链式反应（Polymerase chain reaction，PCR）技术能够进行 DNA 分子的复制，PCR 具有高度的灵敏度和有效性，即使初始只有一条单链，PCR 也能在很短时间内产生数百万个 DNA 分子的拷贝。

（十）DNA 分子的修饰

DNA 分子的修饰方法如下。

甲基化酶：常是限制性内切酶的伙伴酶，具有与限制性内切酶相同的识别位点。当甲基化酶与识别位点结合时能将限制性内切酶别位点内的一个核苷酸甲基化，使对应的限制酶无法识别这个位点而在该位点不被切割。

碱性磷酸酶：能将 DNA 分子的 5′端除去磷酸基而留下–OH 基，这样就不能形成磷酸二酯键，避免了该分子自身连接而形成环状分子或外源 DNA 片段之间的连接。

多聚核苷酸激酶：它的作用正好与碱性磷酸酶的作用相反，它把磷酸基转移到 5′，为某些分子间或分子自身的连接提供了可能，同时如果给磷酸基加上放射性标记的话，还可以来标记特定的 DNA 分子。

三、DNA 分子重组的一般步骤

DNA 分子重组是将某特定的基因或片段，通过载体或其他方法送入受体细胞，使它们在受体细胞中增殖并表达的一种遗传学操作。基本 DNA 分子重组技术一般包括 5 个步骤，以扁果枸杞中与干旱响应相关的 *LbCER*1 基因核心片段的克隆为例，说明 DNA 分子重组方法如下。

（一）外源 DNA 片段的获得

1. 植物材料准备

挑选籽粒饱满的种子，消毒后铺在湿润滤纸上萌发，待种子露白后，播种在蛭石中并加入营养液。待幼苗长至 3 周龄，用一定强度的干旱胁迫处理幼苗 24h 后，取 80～100mg 叶置于液氮中速冻用于基因克隆。

2. 设计引物

在 NCBI（https：//www.ncbi.nlm.nih.gov/guide/）中下载拟南芥（*Arabidopsis thaliana*）、亚麻荠（*Camelina sativa*）、番茄（*Solanum lycopersicum*）、烟草（*Nicotiana tabacum*）等植物已知的 *CER*1 基因序列，根据其高度同源的保守区序列，利用 DNAMAN、Primer 等生物软件设计一对 *CER*1 基因的引物 P1、P2（表 6-5），用于扩增 *LbCER*1 基因核心片段，预测 PCR 产物长度为 828bp。

表 6-5　扁果枸杞 *LbCER*1 核心片段克隆所用的引物序列

引物类型	引物名称	引物序列（5′-3′）
核心片段引物	*P*1	5′-CATCAYCAYTCWATTGYWACWGARCC-3′
	*P*2	5′-CAACWGCYARDCTRCTTCCRTCYACC-3′

3. 总 RNA 的提取

一般根据总 RNA 抽提试剂盒说明书操作即可，得到的 RNA 通过甲醛变性电泳的方法检测总 RNA 的完整性。

4. RNA 反转录成 cDNA

RNA 反转录成 cDNA 一般也是根据 cDNA 合成试剂盒说明书操作。

5. 获得核心片段

按照 PCR 试剂盒说明书加入灭菌水、酶、4 种碱基混合物、*CER*1 的引物 P1 和 P2、反转录得到 cDNA 模板等，混匀后进行 PCR 扩增。

将 PCR 扩增所得产物用琼脂糖凝胶电泳检测。如果电泳出现目的条带，则将目的条带切下，根据 DNA 胶回收试剂盒说明书操作，回收上述目的条的核酸产物，得到所需的扁果枸杞醛脱羧基酶基因 *LbCER*1 核心片段。

（二）测序和序列保存

为了方便测序和保存通过上述操作得到的 *LbCER*1 核心片段核酸产物，一般是将产物连接到质粒载体上，再转化到大肠杆菌中，将含有 *LbCER*1 核心片段的大肠杆菌保存起来，具体做法如下。

1. 连接反应

一般根据由生物技术公司购买的载体 PCR 产物克隆试剂盒说明书，将 PCR 扩增所得 *LbCER*1 核心片段核酸产物连接在载体上。

2. 转化

常采用热激法将连接有目的片段的载体转化至常规用感受态大肠杆菌 DH5α 菌株，具体方法如下：①取 $-80℃$ 条件下的感受态于冰上解冻；②吸取 $10\mu L$ 连接液加至 $100\mu L$ DH5α 感受态细胞中，用移液器轻轻混匀，冰上静置 30min；③水浴锅中 42℃ 热激 90s，快速移至冰上，静置 $15\sim20$min；④加入 $890\mu L$ SOC 液体培养基，轻轻混匀，37℃、180r/min 振荡培养 1h；⑤吸取上述培养液 $80\sim100\mu L$ 涂布于含有 X-gal、IPTG、Amp 的 LB 固体培养基；⑥平板 37℃ 正向放置 1h，吸收过多的液体，倒置过夜培养。

3. 蓝白斑筛选与阳性克隆的鉴定

将上述菌落生长良好的平板于 4℃ 冰箱放置 4h，使蓝白斑显色完全，用已灭菌的移液器吸头挑取白色菌落，加入含有 100ug/mL 氨苄（Amp）的 1mL LB 液体培养基，37℃ 振荡培养 $8\sim12$h 后，在 $4\,000g$ 离心 5min，倒去上层培养液，加入 $40\mu L$ 无菌水，制成菌悬液，然后进行菌液 PCR 阳性克隆鉴定。PCR 扩增体系包括 Taq 酶、P1 和 P2 引物、悬浮菌液、无菌水。PCR 扩增产物用琼脂糖凝胶电泳检测后，挑选含有阳性克隆所对应的菌液送至基因测序公司测序。

4. 菌种保藏与复苏

一般采用将菌悬液与灭菌的甘油按体积比 7:3 混匀后制成甘油管置于液氮中迅速冷冻后放在 $-80℃$ 条件下就能长期保存。使用时，只要刮取少量含有工程菌的冰渣加入含有筛选抗生素的 LB 液体培养基中在 37℃ 下振荡培养 $8\sim12$h 就能使工程菌复苏。

第四节　遗传学在工业方面的应用

21世纪遗传学与信息技术融合，催生了新的领域，DNA分子除了在生物体内承担存储遗传信息的任务之外，在工业领域有了广阔的应用前景，DNA计算机、DNA存储器、基因重组蛋白3D打印纳米机器人、自组装多酶催化纳米线等新概念、新技术成为遗传学研究的前沿热点。

一、DNA计算

（一）DNA计算概述

1. 背景

DNA计算是一种以分子以及与其相关生物酶等生物材料作为基本操作数据，以生化反应为基础的计算模式，其核心思想是利用有机分子的信息处理能力来代替数字开关部件以达到运算的目的。

1994年伦纳德·阿德曼（Leonard Adleman）在《科学》上发表文章"Molecular Computation of Solutions to Combinatorial Problems"中公布了他设计的第一个DNA计算机原型（图6-10），解决了汉密尔顿路径问题（Hamiltonian Path Problem）和一个类似旅行推销员问题的NP完全问题。

Molecular Computation of Solutions to Combinatorial Problems

Leonard M. Adleman

Science, New Series, Volume 266, Issue 5187 (Nov. 11, 1994), 1021-1024.

Stable URL:
http://links.jstor.org/sici?sici=0036-8075%2819941111%293%3A266%3A5187%3C1021%3AMCOSTC%3E2.0.CO%3B2-%23

Your use of the JSTOR archive indicates your acceptance of JSTOR's Terms and Conditions of Use, available at http://www.jstor.org/about/terms.html. JSTOR's Terms and Conditions of Use provides, in part, that unless you

图6-10　伦纳德·阿德曼和他在《科学》上发表的DNA计算机模型文章（引自Adleman，1994）

DNA计算机优点如下。①具有高度的并行性。区别于遗传算法等智能算法的隐并行性，计算真正地实现了底层机制的并行；②运算速度快。在一周的运算量相当于所有电子计算机从问世以来的总运算量；③贮存容量大。DNA的溶液可存储1万亿的二进制数据，远远超过当前全球所有电子计算机的总存储量；④耗能低。计算机所消耗的能量只占一台电子计算机完成同样计算所消耗的能量的十亿分之一；⑤DNA分子的资源丰富。当前的生物技术能够从多种有机体中提取需要的分子。

2. DNA 分子与二进制的关联

（1）DNA 碱基序列转化为二进制数值串的方法　DNA 分子碱基配对遵循碱基互补配对原则，即 A 和 T 配对，G 和 C 配对，A–T 配对形成两个氢键，而 G–C 配对形成三个氢键，G–C 对比 A–T 对的连接更牢固。利用 G–C 和 A–T 之间配对的差别作为承载信息的一种方式，令 A–T 碱基对为二进制的"0"，G–C 碱基对为二进制的"1"，这样就把 DNA 双链碱基对序列转换为计算机所依赖的二进制流，进而让 DNA 计算实现电子计算机的同样功能。

（2）DNA 分子类型与二进制的关联　DNA 分子主要有单链 DNA 分子、双链分子、质粒分子、带有黏性末端的分子、发卡构型分子几种主要的存在形式。每种形式都能作为编码的基本单元，形态的选择要视问题域和处理模式的不同而不同。

DNA 分子的结构主要包含一级结构、二级结构和三级结构。超螺旋是 DNA 三级结构的一种重要的存在形式，一般细胞线粒体内的 DNA 分子大多以这种形式存在。图 6-11 给出了 DNA 分子的三种结构。

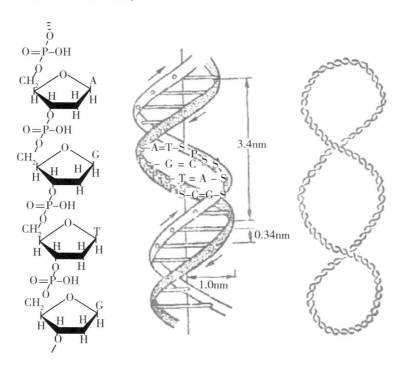

图 6-11　DNA 分子的三种结构（引自王庆虎，2010）

①单链 DNA 分子。单链分子是 DNA 分子的一级结构，组成单链分子的核苷酸之间通过磷酸二酯键连接。通常用 A、G、C、T 的一个序列来表示单链分子，如 3′–GCAT-GGTA–5′就表示了一个单链分子，单链分子是一些计算模型常用的编码结构。

②双链 DNA 分子。双链分子对应着 DNA 分子的二级结构，它是由两条单链通过碱基互补配对原则链接而成，知道了其中一条链的序列，就能根据碱基互补配对原则推出互补链的序列。下面给出单链、双链的通用表示方法，一般用大写字母来表示双链分

子，如 X；用小写字母来表示单链，如 x；而用x̄表示单链 x 的互补链，同一双链中的两条互补单链中，通常称 x 为正链，x̄ 为互补链，此时可以把双链 X 表示成 X = σ（x）。如给定一个单链分子 x1 = GGTACCTGAA，x1 作为双链分子的上链，则其互补链x̄1 = CCATGGACTTA，两条单链合成的双链分子如下：

X1 = GGTACCTGAA

CCATGGACTT

③具有黏性末端的 DNA 分子。描述为不完全分子，指形成双链分子的两条单链具有不同的碱基数目，这样在形成的双链分子的一端或两端就会形成黏性末端，通常这种分子是人工合成的。不完全分子占有重要的分量，许多的计算模型都部分地依赖于不完全分子的编码。图 6-12 给出了几个不完全分子的实例。

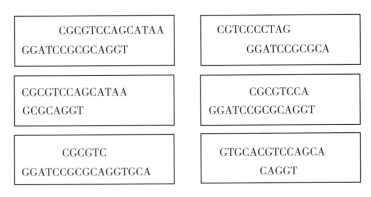

图 6-12 不完全分子实例（引自王庆虎，2010）

④发卡构型分子。发卡构型分子的形成有两种情形：一种情况是在一定条件下，一个较长的单链分子通过氢键，按照碱基互补配对原则，使自身分子两端的碱基之间形成氢键，从而导致部分单链 DNA 分子之间通过杂交形成双链，而部分没有进行杂交，从而形成了环（图 6-13A）；另一种情况是两条部分互补的单链进行不完全杂交而在形成的双链的中间部位形成发夹（图 6-13B）。

发卡型 DNA 分子在 DNA 计算与 DNA 计算机的研究中具有非常重要的地位：一是，利用发卡型 DNA 分子制作成分子信标，在 DNA 计算中主要用于解的检测；二是，将发卡型 DNA 分子作为某些约束条件；三是，将发卡型 DNA 分子应用于疾病诊疗 DNA 计算机模型的研究，其中颈部为诊断部分，而环部则为抑制疾病发展的一段 DNA 序列。

（3）DNA 分子杂交与 DNA 计算的关联　DNA 分子杂交是 DNA 计算处理信息的核心过程。在 DNA 计算的过程中对问题进行编码，而编码的首要原则就是能够使编码后的 DNA 分子能够在设计好的操作流程下顺利的进行杂交反应。DNA 分子的杂交包括完全性杂交、假阳性杂交、假阴性杂交、发卡构型杂交等。

完全性杂交指两条互补的单链分子或具有互补的黏性末端分子按照碱基互补配对原则在相互匹配的碱基之间都形成氢键的过程，称为完全性杂交。完全性杂交是应用DNA 计算解决问题所期望的杂交方式，可以说，DNA 计算的核心工作就是围绕着进行

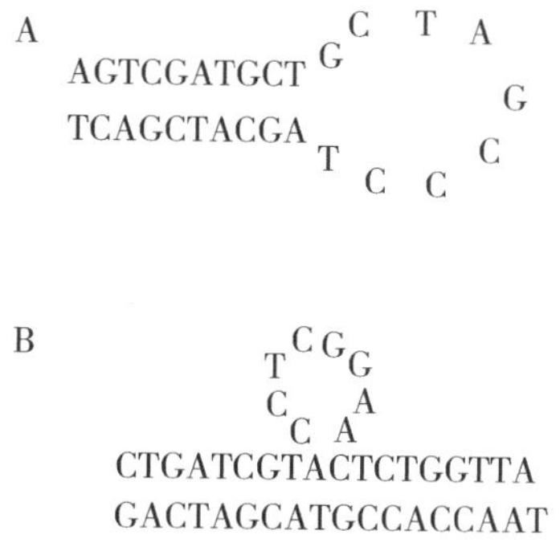

A
AGTCGATGCT
TCAGCTACGA
G C T A G C C C T
B
TCGG
C A
C A
CTGATCGTACTCTGGTTA
GACTAGCATGCCACCAAT

图 6-13　发卡构型分子结构图（引自王庆虎，2010）

特异性的完全杂交展开的一系列研究工作（图 6-14A）。

假阳性杂交指不完全互补的 DNA 分子在适当的条件下也能够杂交形成双链分子的现象（图 6-14B，E）。假阳性杂交造成的原因主要是由于杂交的两个 DNA 分子有足够的相似度造成的。这种杂交现象在 DNA 计算中一般是要尽量回避的现象，然而，在 DNA 计算乃至整个过程中会经常出现，为了克服这种现象，首要的问题是在 DNA 序列的编码问题上设法解决，其次考虑在实验条件上进行处理。

假阴性杂交指完全互补的 DNA 分子在反应过程中由于种种原因而没有完全杂交的现象（图 6-14C）。通常把这个具体的现象也称为位移杂交。假阴性现象出现的主要原因是由反应条件及生化操作本身的失误引起的。

发卡构形杂交指一个单链的 DNA 分子自身的碱基序列之间在一定的条件下局部配对形成氢键的现象。这种现象一般情况下不希望产生，但是发卡构型的分子是表达约束条件的很好的方式。图 6-14D 是发卡构型杂交情况下形成的发夹分子，图 6-14E 同样是具有环的类发夹分子。

GCTAGGTCGA
CGATCCAGCT
A
TACGTCGATGAC
ATGCATATACTG
B
TGACGTCGCTGCA
TGCAGCGACGTCA
C
AGTCGATGCT
TCAGCTACGA
G C T A G C C C T
D
TCGG
C A
C A
CTGATCGTACTCTGGTTA
GACTAGCATGCCACCAAT
E

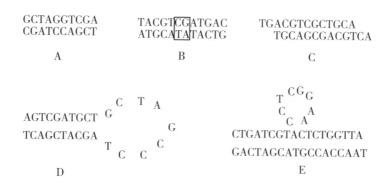

图 6-14　DNA 分子的杂交的类型（引自王庆虎，2010）

（4）DNA 分子的复制与 DNA 计算的关系　DNA 分子的批量复制是 DNA 计算中重

要的环节，为能利用 DNA 计算得到代表特定问题的解的某种特定序列的 DNA 分子，在反应的溶液中该种序列的分子必须有量的优势，以便顺利完成运算。基于上述理论，得到特定序列的大量 DNA 分子拷贝显得尤为重要。聚合酶链式反应（polymerase chain reaction，PCR）技术能准确完成 DNA 分子的复制，即使初始只有一条单链，PCR 也能在很短时间内产生数百万个 DNA 分子的拷贝。

（二）DNA 计算模式

模式就是指一些被科学团体所普遍认同的看法和观点。DNA 计算成为一种流行的计算模式还有许多的任务有待完成。

1. DNA 实验操作的计算机化语言

（1）试管 N　定义一个试管 N 就是在字母集 {A，C，G，T} 上的字的多重集合。一般而言，一个试管就是一个串的 DNA 的集合，在试管中的串具有多重性，因为在实验中为保证能产生结果，通常溶液中的 DNA 分子或单链是有冗余的，这一点要区别于一般集合中元素的互异性。初始试管中既可以包含单串，又可以包含双串。

（2）合并（merge）　给定试管 N1 和 N2，形成他们的并 N1 ∪ N2，计算机化语言为：merge（N1 N2）。

（3）扩增（amplify）　给定一个试管 N，将它复制两份，计算机化语言为：amplify N to produce N1 and N2。

（4）检测（detect）　给定一个试管 N，如果 N 中至少包含一个 DNA 串，则返回"true"，否则返回"false"，计算机化语言为：detect（N）。

（5）分离/提取（separate/extract）　在字母集 {A，C，G，T} 上给定一个试管 N 和一个串 w，产生两个试管+（N，w）和-（N，w），其中+（N，w）由在试管 N 内包含 w 的所有的串构成；同样，-（N，w）由在试管 N 中不包含子串 w 的所有串构成。

2. DNA 计算模式

传统的电子计算机的计算模式有图灵机理论的支持。图灵计算机的操作本质上是串行的，但 DNA 计算本质是并行的，但总可以用这样或那样的方式来模拟 DNA 分子的巨大的并行性操作。

就图灵理论中两个模型的等价证明，把图灵机中的计算模型使用的双正移语言和 DNA 计算遵循的 Waston-Crick 互补性进行对比，说明 DNA 计算模式同样符合图灵理论。双正移语言是自动机理论中作用于字母表 $\{0，1，\bar{0}，\bar{1}，\}$ 上的符合特定文法规则的语言，关于双正移语言的具体说明请参考相关文献。双正移语言使用了两个字母 0，1，以及它们的补 $\bar{0}$，$\bar{1}$。这与构成 DNA 分子的四种碱基——嘌呤 A、G 和它们互补碱基嘧啶 T、C 完全相似。双正移语言中字母 0，1 被用作必要的编码，而它们的补 $\bar{0}$，$\bar{1}$，用来提供以双正移语言中的字描述任意计算所需要的结构。不妨假设给定了一种 DNA 计算模式下的语言，该语言使用的字母表为 {A，G，T，C}，令 A=0，G=1，T=$\bar{0}$，C=$\bar{1}$，这样可以清楚地认识到双正移语言能表达的问题，DNA 计算完全可以实现。事实上，DNA 的一个分子就可以用来编码图灵机的瞬时描述，DNA 的分子操作和酶可以来完成对连续序列的操作。基于上述讨论，DNA 计算模式必须要考虑能够充分地利用 DNA 计算中 DNA 分子的两个主要优点：①提供双正移语言有效功能的 Waston-Crick 碱基互补配对原则；② DNA 计算的海量并行性。

DNA 计算模型在 DNA 计算中占有举足轻重的作用。现阶段成功的 DNA 计算模型主要包括粘贴模型、剪接系统模型、插入-删除系统、表面计算模型、质粒计算模型、发夹 DNA 计算模型等。这些模型具有完备的图灵机功能。

（1）粘贴模型　粘贴模型是一个比较重要的 DNA 计算模型，采用的分子编码结构是一种混合了单、双链的 DNA 分子，用单链的编码来表示二进制数中"0"，而双链用来表示二进制数中的"1"。因此可以用单双链混合的 DNA 分子来表示任何的一个二进制数。粘贴模型有一个由存储合成物构成的随机访问存储区，一个存储合成物就是一个二进制数的编码的部分双链的二进制串，图 6-15 给定了一个存储复合体的例子。基于传统计算理念的考虑，任何描述问题的数据在计算机中最终都会被表示为一个二进制串，所以粘贴模型就可以来描述任何问题的 DNA 编码问题，具备了一般计算模型的通用性特质。粘贴模型目前已有较多的应用，诸如图的最大团与最大独立集问题、图的顶点着色问题、图的顶点覆盖问题、子图问题、可满足性问题、图的同构问题等。粘贴模型包含了一些生物操作，现将各种操作介绍如下。

合并操作（merge）。将来自于两个试管 T1 和 T2 中的存储合成物合并到一个试管 T 里，所得到的试管可以看作是由两个输入试管的并所构成的多重集，即 T=T1+T2。

分离操作（separation）。将一个混合了多个存储复合体的试管中的存储链，根据某位元上的值将其分离成两个试管。其中一个试管中的存储链在该位上的值为"0"，而另一试管中的存储链在该位上的值为"1"，该生物操作可通过设计探针来实现。

设置操作（set）。将试管中所有的存储链某位元的值全部变为"1"。设置操作的生物实现比较简单，只要通过杂交反应将原序列的某部分同准备好的互补单链进行杂交。

清除操作（clear）。清除操作可以看成是设置操作的逆过程，也就是将试管中所有的存储链某位元的值全部变为"0"，即通过变性将原序列段由双链变为单链，清除操作可通过在存储链中设置一个特殊的位元来实现。

图 6-15 的 4 条链分别表示 4 个二进制数 00000、10010、11100、11111 的单、双混合型编码的 DNA 分子。

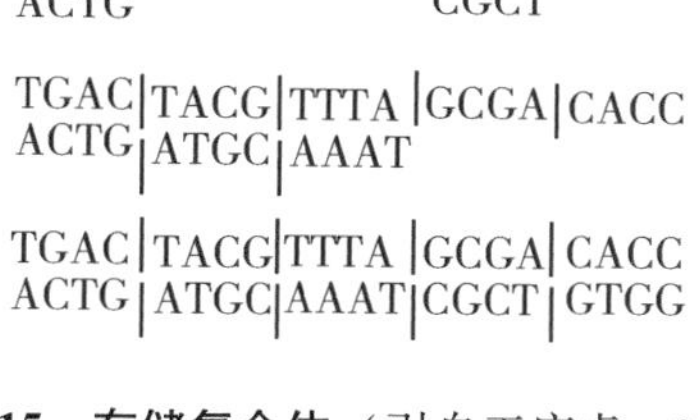

```
TGAC|TACG|TTTA|GCGA|CACC

TGAC|TACG|TTTA|GCGA|CACC
ACTG           CGCT

TGAC|TACG|TTTA|GCGA|CACC
ACTG|ATGC|AAAT

TGAC|TACG|TTTA|GCGA|CACC
ACTG|ATGC|AAAT|CGCT|GTGG
```

图 6-15　存储复合体（引自王庆虎，2010）

（2）剪接计算模型　剪接系统模型是当前 DNA 计算研究模型中的一个主要模型。这种模型是在限制性内切酶和连接酶作用下 DNA 分子重组行为的一种形式模型。剪接就是指首先将 DNA 分子通过相关的限制性内切酶从该酶的识别位点处进行剪切，然后将剪切后的 DNA 片段再重新组合，然后用连接酶将它们重新连接起来。在剪接模型中有两种重要的生物操作，即切割和连接，这两种生物操作必须满足一些必需的规则，也就是剪接规则，这两种生物操作是封闭的，因为对 DNA 分子进行切割或连接后得到的仍然是 DNA 分子。图 6-16 演示了剪接系统下的一个操作实例。

分析上述操作的文法描述，对于给定的字母表 V＝ ｛A，G，C，T｝，上述的操作过程可以描述为：对于 x，y，z∈V＊，有

(x，y) ｜−r z 当且仅当 x＝ x1 u1 u2 x2，

$\qquad$ y＝ y1 u3 u4 y2，

$\qquad$ z＝ x1 u1 u4 y2，其中 x1，x2，y1，y2 ∈V＊.

r＝（u1，u2；u3，u4）表示分别在位点 u1/ u2 和 u3/u4 处剪接 x 和 y，r 被称为是一个剪接规则。

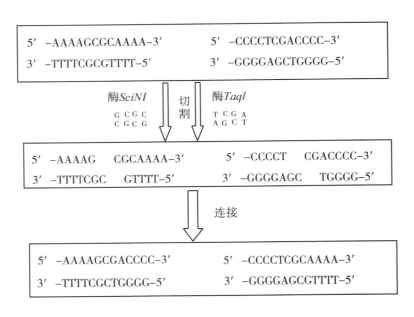

图 6-16　剪接模型（引自王庆虎，2010）

（3）表面计算模型　表面 DNA 计算模型是基于生物实验操作而抽象出的一种计算模型，该模型的提出回避了试管操作方式中对漂浮在溶液中的 DNA 分子操作困难且 DNA 分子易丢失的缺点，是将对应于问题解空间的 DNA 分子固定在一块固体载体上，进而完成各种生化反应，或是在其表面上逐步生成解空间，最后获得运算结果。表面计算模型的计算模式与传统电子计算机的计算模式在某些程度上有了一点相近的趋势，它的发展道路可能会是 DNA 芯片技术，具有广阔的前景。表面 DNA 计算模型主要应用于图和组合优化问题的研究，如在 SAT-可满足性问题、0-1 规划问题、图的最大团问题

上的应用。

（4）质粒计算模型　质粒计算模型是基于环状分子结构受实验生物操作环境影响小，形成环以达到保护自身信息携带的安全性考虑而发展起来的一种 DNA 计算模型，具有精准的计算准确性和高稳定性。质粒 DNA 计算模型在每一步经过限制性酶的切割后，会迅速地连接成环状分子，以确保计算过程免受其他酶的干扰，该模型不会使复杂的较长单链自身杂交成环状分子，同样因为计算的精准性不会使错误经过 PCR 扩增而放大，使伪解大量存在的概率下降，该模型在处理图论问题中，不需要直接穷举问题的所有可能，降低了解空间的规模。该模型目前主要应用于图的最大匹配问题、最大权图问题以及 0-1 背包问题等。

（5）发夹 DNA 计算模型　发夹 DNA 计算模型是一个比较特殊的计算模型，通常在 DNA 计算过程中，无论在编码的设计过程还是生化反应的操作设计中，都试图寻求一种良好的设计方案来避免发夹结构的产生，但是发卡构型的分子是表达约束条件的很好的方式，所以通过编码技术，使得非可行解在生化反应过程中形成发夹构型，必要的时候可以利用酶来清除发夹结构，这就是发夹 DNA 计算模型的基本思想。

二、DNA 存储

随着当代信息技术的飞速发展，数据信息的含量呈指数级增长。2018 年全球数据信息总量为 $3.52×10^{22}$ bits，2020 年包含在全球计算机及历史档案、电影、照片、企业系统和移动设备中的数据量达到 44 万亿 G。按照其一贯的指数增长速度，预计到 2040 年将达到 $3×10^{24}$ bits。

DNA 是一种天然的信息存储介质，由于其对世界上几乎所有生物有机体的海量遗传信息具有超常的安全存储能力而受到人们的关注。作为已知最密集、稳定的数据存储介质，DNA 具有存储密度高、存储时间长、并行存取性好、兼容性强等特点。此外，DNA 与信息存储有很多相似之处，例如均能按照一定的顺序对存储信息进行编码；信息段的起始与终止点均可用符号进行标注。为了保证信息的完整性均可引入纠错码。基于以上特点，DNA 数据存储技术应运而生。

近几年来，随着微软、哥伦比亚大学、华盛顿大学、哈佛大学、欧洲生物信息学研究所、英国剑桥顾问公司等众多科研机构、公司的加入，DNA 信息存储领域正取得飞速发展。2012 年，哈佛大学的 Church 等在 DNA 中存储了 650KB 的数据，在 DNA 信息存储领域迈进了一大步。2018 年，Catalog 与英国剑桥顾问公司联合开发了一台 DNA 信息存储机器，计划未来将文档或者电影信息通过这一机器进行长期保存，并推出基于 DNA 信息存储的商业化服务（表 6-6）。

表 6-6　计算机存储信息的单位及含义

存储单位名称	英文及缩写	含义	说明
位	bit	计算机存储信息的最小单位，二进制的一个 "0" 或一个 "1" 叫一位	

（续表）

存储单位名称	英文及缩写	含义	说明
字节	Byte	存储容量基本单位，1 字节（1Byte）由 8 个二进制位组成	
兆字节	MByte，MB	1MB 可储存 1 024×1 024＝1 048 576 字节（Byte）	1MB 约等于一张非高清网络通用图片的大小
	GB	1GB＝1 024MB	约等于下载一部非高清电影的大小
	TB	1TB＝1 024GB	约等于一个固态硬盘的容量大小，能存放一个不间断的监控摄像头录像（200MB/个）长达半年左右
	PB	1PB＝1 024TB	应用于大数据存储设备，如服务器等
	EB	1EB＝1 024PB	目前还没有单个存储器达到这个容量

注：引自沈鹏 等，2020

国内对该领域的研究尚处于起步阶段，目前东南大学、华中科技大学、天津大学和国防科技大学等均有研究团队在进行相关研究。我国对 DNA 数据存储系统研究的重点支持也在逐步开展。2018 年度"合成生物学"重点专项将 DNA 数据存储技术作为其中一个子项。2019 年华为战略研究院投入巨资用于 DNA 存储，以便突破数据存储容量极限。

（一）DNA 数据存储框架

DNA 是通过 A、T、G、C 四种脱氧核糖核苷酸连接形成的长链分子。A 与 T，G 与 C 之间配对能够形成稳定的双链结构，而这种配对形式可用于以二进制代码的形式存储信息。

DNA 存储的优点。

DNA 具有非常高的存储密度。455EB 的数据可以编码存储在大约 1g 的单链 DNA 中。如果能够成功地利用 DNA 来存储数据，那么目前全世界在一年时间内产生的全部信息可以储存在仅仅 4g 的 DNA 中，而大约 1kg 的 DNA 就足以满足 2040 年全球 3×10^{24} bits 的存储需求。

DNA 存储具有永恒存储的能力，只要存储 DNA 的生命体活着并能繁殖，就能读取和操作 DNA。DNA 作为数据存储介质很容易通过聚合酶链反应技术（PCR）放大，从而获得所需的拷贝数。DNA 对于外界的环境，如高温、震荡等都具有很强的抗干扰能力。研究表明在-5℃的条件下，DNA 每 6.8×10^6 年只降解 1bp。

DNA 存储还具有超高的安全性。由于 DNA 可隐匿在任何生物体当中，肉眼难以察觉，因此 DNA 存储极为安全。有研究者认为一旦未来发生全球灾难，DNA 将能够作为一本"启示录"记载所有人类的信息。

（二）DNA 存储及读取的基本流程

DNA 存储设备对信息进行保存及读取的整体流程包括 3 部分：编码写入、数据存放及解码读取。

1. DNA 信息的编码写入。

（1）DNA 编码。DNA 信息的编码写入部分主要由 DNA 的编码与 DNA 的合成构成。DNA 编码即通过一定的映射关系，将需要存储的信息以码流的形式转变成 DNA 碱基序列的排列组合，从而实现文件信息与 DNA 之间的关系转换。不同的 DNA 模型适用于不同类型信息的存储，虽然模型之间存在差别，但 DNA 信息编码写入的流程大致都是一致的，主要包括数据压缩、引入纠错、转换为碱基序列的过程，整体的流程如图 6-17 所示。

图 6-17　DNA 编码流程（引自沈鹏 等，2020）

（2）压缩。为了能够在有限的空间内将 DNA 的存储能力最大化，在将数字信息存入 DNA 之前，需要对信息进行去除冗余的操作，达到压缩的目的。在 DNA 信息编码中常见的压缩方法有哈夫曼编码、喷泉码和 LZMA（Lempel - Ziv - Markov chain - Algorithm）等。

（3）纠错。DNA 存储的信息无论是在传送、储存还是读取过程中均会产生错误的信息，从而导致最终读取的信息丢失或错误，因此需要在 DNA 信息编码的过程中引入纠错方法，提高数据的准确性。常见的纠错方法包括：汉明码纠错、RS 码纠错、LDPC 码纠错等。

（4）转换。数字信息转换为 DNA 信息最终是通过转换模型来完成的。现阶段计算机中的数据都是通过二进制的方式存在，因此转换模型的实质就是将二进制码流转换为特定序列的碱基。DNA 含有 A、T、G、C 4 种碱基，通过不同的转换方法可以将编码模型分为 3 种形式，分别为二进制、三进制和四进制。在二进制模型中，编码信息只有 0 和 1 两种状态，4 种不同的碱基完全能够胜任这种编码模式。2012 年 Church 等就按照 A 或 G 编码为 0、T 或 C 编码为 1 将数字信息转变为了特定的碱基序列实现了模型的转换。三进制模型能够进一步拓展 DNA 的存储能力，通过碱基前后不同的排列顺序，根据前一碱基的名称后一碱基分别对应 0、1、2。四进制模型即四种碱基每每对应一种编码数据。通过 A、T、G、C 映射成 01、02、03、04，并且这种映射关系不唯一，可以产生 24 种不同的组合方案。四进制的编码方式理论上具备最强的存储能力，但这种转换模型在合成 DNA 时会出现 CG 含量不均或均聚物较高的情况，DNA 的合成困难。

2. DNA 合成

将数字信息转换成的碱基序列完整无误地合成出来才能够完成 DNA 编码写入的过程。DNA 合成的方法发展至今有如下几种：PCR 合成、芯片合成、固相合成、酶促合成。

3. DNA 链的保存

DNA 存储是所有已知的信息存储方式中储存时间是最长久的。未受保护的核酸容易水解（脱嘌呤和去嘧啶）、氧化（由重金属离子介导的自由基的形成）和烷基化。因此，核酸信息想要进行长久的存储与传播就需要人工的保护。

（1）干粉法。将 DNA 通过冷冻、干燥制成干粉进行保存的方法。Sharon 等通过将 DNA 干粉装载到特制玻璃板表面进行长久保存。Burgoyne 等发明了特制滤纸吸附 DNA，从而提高 DNA 干粉保存寿命的方法，这种纸基法能够在 36 个月的储存期间保护纯化的 DNA 不被降解。

（2）固定法。固定法就是将成百上千个 DNA 片段固定在固相载体上进行 DNA 保存的方法，其优势是可同时并行复制多种 DNA 片段。固相基底可以是生物的、非生物的、有机的、无机的，或它们的任何组合。为了满足大样本的复制，可以使用生长有惰性氧化层的薄片如硅、玻璃、石英等为固相基底。为了后续更加有效的连接，这些固相基底表面含有特征的物理分区，如沟槽、孔洞、井道或化学屏障（如疏水性涂层）等。在固定核酸之前，通常需要对固相基底表面进行硅烷化及多聚物处理，或者生长一层二氧化硅，以消除界面对 PCR 复制的影响。此外，微球包括琼脂糖小珠，聚丙烯酰胺小珠，乳胶小珠，磁珠等也可以作为固相基底。

典型的核酸在固相基底上的固定方法有：将核酸的末端修饰上氨基，利用氨基与甲苯磺酰基或肼基的反应来固定核酸；核酸的末端磷酸化修饰，再通过磷酸基团与其他功能基团结合；核酸末端修饰生物素或链霉亲和素，通过生物素-链霉亲和素之间的配体-受体作用进行固定；核酸末端修饰炔基使其与相应的修饰有叠氮基团的微球反应进行固定。

（3）封装法。通过将核酸封装于二氧化硅内部可以模拟化石对核酸的保护，从而达到长久而稳定地保存核酸的目的。具体封装过程如下：第一步，DNA 通过静电作用吸附在亚微米级氨基化硅球表面；第二步，添加 N-三甲氧基硅烷丙基-N，N，N-三甲氨基氯化铵（TMAPS）用来中和 DNA 多余的负电荷，并产生具有硅醇功能的表面；第三步，以四乙氧基硅烷（TEOS）作为硅源在表面上生长一层薄的硅壳。DNA 封装在二氧化硅球的内部，致密的硅壳隔绝了外界环境破坏核酸的因素。通过氢氟酸（HF）对硅球刻蚀，可将核酸释放出来进行信息的读取。氢氟酸是一种弱酸，不会对 DNA 造成损伤。

Robert 等比较了在不同湿度和温度下二氧化硅封装保存 DNA 方法的保存性能，结果表明，无论是在潮湿或者高温条件下，通过二氧化硅包覆的方式对核酸的保存效果最佳，并推算出在现有的地球保存条件下，核酸能够通过二氧化硅的保护在温度为-18℃全球种子库中能保存两百万年之久。

（4）细胞内 DNA 存储。除了体外存储外，最近随着合成生物学的快速发展，细胞内 DNA 的数据收集和永久存储也成为可能。

根据将数据写入细胞机制或用于存储信息的生物分子如 DNA、RNA 或蛋白质分为两类。一类是利用重组酶进行 DNA 的细胞内数据存。位点特异性重组酶能够识别特定序列，并通过酶学的方法使 DNA 的插入区发生转化；数据的写入可通过激活重组酶表达的输入分子（诱导剂）进行化学控制，也可以通过加入参与催化片段还原的第二种酶来操控。数据的读取通过测序、PCR 或报告蛋白完成。需要指出的是，对于这种基于重组酶的 DNA 存储，每一个独特的位点都需要一个特定的重组酶，因此目前写入的效率还比较低。未来可以通过生物信息挖掘发现新的多功能重组酶，实现在一个系统不同的位点同时工作，从而加速信息写入并增加信息容量和可伸缩性。

另一类是利用 CRISPR-Cas 系统进行 DNA 的细胞内数据存储。CRISPR-Cas 是一种保护原核细胞免受病毒入侵的微生物适应性免疫系统。这种防御系统能记住从病毒基因组中提取的 DNA/RNA 序列，并进化出一系列具有独特核酸处理能力的 Cas 蛋白。其中最受关注的是一种可编程的 DNA 切割酶——Cas9 蛋白。Cas9 的表达可被置于特定输入的控制之下，并通过编程设计与自身的目标序列结合并剪切。目标位置的每一轮切割和随后的修复都会导致序列独特的变化，如点突变、插入或删除，它们能够充当进化的条形码来报告输入的大小和持续时间。基于 Cas9 的分子记录系统的优点在于能够随着时间的推移将非二进制范围的突变（条形码）写入 DNA 中，比上述基于重组酶的系统具有更大的记录能力。

DNA 数据存储技术凭借其各方面的优点得到了越来越多的关注和研究，虽然现阶段仍有很多技术难点需要攻破，但大量研究已经证明了 DNA 存储技术无论是在存储能力、可扩展性还是稳定性上都远优于现有的存储技术。相信随着生物技术及信息处理技术的更新发展，DNA 信息存储将会成为未来最有前景的信息存储技术之一。此外，细胞内存储系统可以用作生物记录设备，适用于新数据的收集，并具有独特的安全性优势，也是一个需要密切关注的研究方向。

思考题

1. 名词解释：遗传学；遗传与变异；性状、基因型与表现型；染色质和染色体；核仁组织区；端粒；核型；核型分析；染色体带型；基因工程；限制性核酸内切酶；限制性酶切图谱；同位酶；同裂酶；同尾酶；甲基化酶；T4-DNA 连接酶；DNA 计算；分子机器。

2. 遗传学有哪些分支学科？

3. 简述拉马克器官"用进废退"和"获得性遗传"的假说的内容。

4. 简述德弗里斯提出的"突变论"的主要内容。

5. 简述着丝粒的结构与功能。

6. 简述描述染色体形态的指标。

7. 简述核型的表述方法。

8. 芍药的核型公式：$2n = 2x = 10 = 6m + 2sm + 2st$（SAT）如何解读？

9. 基因的本质是什么？

10. DNA 的分子结构是怎样的？

11. 论述基因表达的复杂性。

12. DNA 分子常用的生物学操作有哪些？

13. 简述 DNA 分子重组的一般步骤。

14. DNA 计算机的优点有哪些？

15. 简述 DNA 分子类型与二进制的关联。

16. 简述 DNA 分子杂交与 DNA 计算的关联。

17. 简述 DNA 实验操作的计算机化语言。

18. 现阶段成功的 DNA 计算模型主要包括哪些？

19. 以一个 5 城 8 线的旅行问题来说明 DNA 计算的轮廓。

20. 简述 DNA 存储的优点。

21. 简述 DNA 存储及读取的基本流程。

第七章　生命的起源

第一节　生命起源的概述

生命是在宇宙的长期进化中发生的，生命的起源是宇宙进化到某一阶段后由无生命的物质演化出来的。地球诞生至今已有 46 亿年，而 35 亿年前形成的叠层石中的蓝细菌化石是地球上最早出现的生命，可见生命在地球上的出现与地球诞生并非同时，且生命在地球上经历了漫长的进化过程。自古以来人们对生命的起源充满好奇，产生了多种有关生命起源的假说。

一、对生命起源的认识

（一）自然发生说

古人关于生物是如何产生的见解归纳起来有两种：一种认为一切生物都是由它们的祖先传下来，不能随意变异。另一种主张生物能直接或间接由无机物或其他生物转变而成，即自然发生说。

自然发生说与中国古人的"化生说"实质一样。最早的化生说文献记载出现在《夏小正》："正月，鹰化为鸠……五月，鸠化为鹰。"在古希腊与古埃及，人们普遍认为蟾蜍是由泥土自然发生的，腐土可以化为虫豸等。

生物自然发生的观点是古人在生产实践和对生物发生、生长的观察中归纳出的一种见解。在漫长的历史进程中，自然发生说和对其批判的学说经历了激烈的斗争。

（二）神创论

神创论起源于《圣经》中对生命起源的论述，主要观点是生命是由上帝按照一定的计划创造出来的。

《圣经》拉丁语为 Biblia，本意为莎草纸，是上帝对人说的话语，是亚伯拉罕诸教，包括基督新教、天主教、东正教、犹太教等各宗教的宗教经典（图 7-1）。犹太教的宗教经典是《塔纳赫》，或称《希伯来圣经》，基督教则指《旧约全书》和《新约全书》两部分。《圣经·旧约·创世纪》第 26 句上帝说："我们要照着我们的形像，按着我们的样式造人，使他们管理海里的鱼、天空的鸟、地上的牲畜和全地，以及地上爬的一切爬行动物。"第 27 句："上帝就照着他的形像创造人，照着上帝的形像创造他们；他创造了他们，有男有女。"

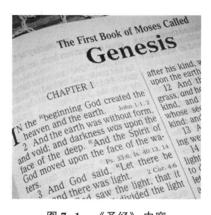

图 7-1 《圣经》内容

（三）宇宙发生论

随着天文学的大发展，人们提出了地球生命来源于地外星球或宇宙的"胚种"，即地球上的生命是由天外飞来的。这种认识风行于 19 世纪，现在仍有极少数人坚持这种观点，其依据是地球上所有生物拥有统一的遗传密码，钼元素对维持酶活性有重要的作用等事实。然而，"宇宙发生论"目前缺乏令人信服的证据，即使能够成立，也没有解决最早的"胚种"生命是怎样起源的问题。

（四）化学起源论

化学起源论者主张从物质的运动变化规律来研究生命的起源，认为在原始地球条件下，无机物转变为有机物，有机物发展为生物大分子和多分子体系，最后出现原始的生命体。

二、生命发生的宇宙化学条件

宇宙在 147 亿年前的大爆炸中产生，大爆炸末期 100s 左右的绝热膨胀产生了宇宙中最丰富的核素——氢（H），紧接着氢的另一个同位素氘（D）形成，在之后的几分钟内又形成了氦。氢占了已知宇宙的 70% 的质量和 90% 的原子数量。在经历了大约 2 亿年的黑暗时期之后，宇宙开始形成大量巨大恒星。这些恒星的质量是太阳的 150~500 倍，但寿命却小于 100 万年，难以有效地合成较重的元素。约 120 亿年前，星系及其中的恒星形成，这些恒星质量大于太阳的 1.5 倍，但是寿命足够长且有足够高的温度燃烧氦，并合成碳、氧、硅及其他重元素。超新星爆发形成大量重的放射性核素，如 ^{26}Al、铀等，并且引发附近星云的坍塌和行星系统演化。那些寿命长于从星云演化到行星形成的放射性核素如 ^{235}U、^{238}U、^{182}Hf（铪元素）分布于行星内部，比如在地球内部的放射性核素。这些放射性核素所产生的热量为地球分层结构的形成和长期的内部动力学循环提供能量。地球的历史长达 45.6 亿年，其漫长的演化大致可以分为 3 个主要阶段。

最初的 7 亿年为黑暗时代，期间的地质过程被多次极其活跃的地质活动（如火山喷发）和天体过程（如大规模陨石、彗星）撞击所覆盖，因此目前对此了解甚少。在这个阶段地球从一个恶劣的完全不适合生命存在的行星演化成了一个适合孕育生命的宜居行星。

38.5 亿年前地球经历了一个短暂而高频的陨石或陨星轰击地球的过程，可以毁灭任何生命。但此后地球上的海洋一直延续至今，为生命的起源和演化提供了保障。目前已知的最古老的生命存在的岩石学证据是在西澳大利亚发现的存在于 35 亿年前叠层石中一种丝状细菌化石（图 7-2）。

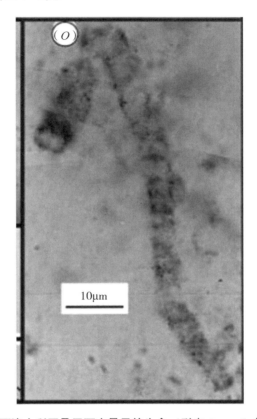

图 7-2　西澳大利亚叠层石中最早的生命（引自 Awramik 等，1983）

从 38.5 亿年前到大约 7 亿年前地球的生物圈基本上是一个微生物的世界，直至新元古代晚期出现了后生动物，从 5.4 亿年前的寒武纪动物生命大爆发到现在是动物和植物快速演化和繁盛的时期。

目前认为生命起源的条件主要有原始大气、能源和原始海洋三方面。首先，原始大气中的 CH_4、NH_3、H_2、HCN、H_2S、CO、CO_2、水蒸气等为生命的化学演化提供物质基础。这些还原性气体构成的大气层不能阻挡和吸收太阳辐射的紫外线，便于紫外线作为能源合成有机物。其次，闪电、火山喷发释放的热量、宇宙射线、陨石冲击的能量均可为生命的化学演化提供能量。原始海洋中的海水阻挡紫外线对大分子的破坏，为原始生命的诞生和发展提供有利的生存环境。

第二节　生命的起源

生命的起源分为化学进化和生物进化 2 个阶段。化学进化是生命发生的最早阶段，即从无机小分子进化到最早的原核单细胞结构生命出现的过程，分为 4 个阶段。

一、无机小分子到有机小分子

在地球早期的还原性大气中含有大量氢的化合物，如 CH_4、NH_3、H_2S、HCN、水蒸气等，这些气体在紫外线、宇宙射线、闪电及局部高温等高能作用下，有可能合成一些简单的有机化合物，如氨基酸、核苷酸、单糖等。

第一个用实验证明在原始地球环境条件下，无机物可能转化为有机分子的是美国芝加哥大学的 S. Miller。他安装了一个玻璃密闭的循环装置，其中球形玻璃容器充以 CH_4、NH_3、H_2 和水蒸气用来模拟原始的大气；用一个装水的烧瓶来模拟原始海洋，然后给烧瓶加热，使水变为水蒸气在管中循环，同时又在充当原始大气的球形玻璃容器中通入电火花模拟原始闪电。冷凝装置使反应物溶于水蒸气中而凝集于管底。一周之后，他检查收集管中冷凝水的成分，发现其中溶有多种氨基酸、有机酸（如乙酸、乳酸等）、尿素等有机分子。有些氨基酸如甘氨酸、谷氨酸、天冬氨酸、丙氨酸等和组成天然蛋白质的氨基酸是一样的。

此后许多人通过模拟原始地球环境，在实验室制造出了构成蛋白质的 20 种氨基酸、几种糖类、类脂、嘌呤、嘧啶。其中模拟实验最容易获得的是腺嘌呤，其他 3 种碱基，即鸟嘌呤、胞嘧啶和胸腺嘧啶必须经过较复杂的反应才能生成。腺嘌呤、核糖和磷酸化合物溶液通过 240～290nm 紫外光照射就可产生二磷酸腺苷（ADP）和三磷酸腺苷（ATP）。因此很可能正是由于腺嘌呤易于产生，在生命发生的早期 ATP 就产生并成为广泛分布于生物界的供能物质。

二、有机小分子到生物大分子

构成生命最最重要的 2 种有机物是蛋白质与核酸。氨基酸、嘌呤、嘧啶等有机小分子如何形成蛋白质及核酸等生物大分子？

一般认为氨基酸、核苷酸等在海水中经过长期积累浓缩，在适当的条件如吸附在无机矿物黏土上，氨基酸与核苷酸即可分别通过聚合作用而形成原始的蛋白质与核酸。根据实验推测，这种聚合作用是通过 2 种方式实现的。

溶液聚合。在黏土表面吸附作用下发生聚合。黏土的细粒带有电荷，可以使氨基酸等单体吸附其上，大量聚集，有利于聚合。例如，在稀薄的氨基酸溶液中加入氰化氢，在常温下就可生成多肽。又如，将甘氨酸溶于氢氧化铵溶液中，密闭加热至 140℃，19h，甘氨酸就可直接聚合成为多聚甘氨酸。多聚甘氨酸与甲醛在黏土的吸附作用下，可生成含有丝氨酸或苏氨酸的复杂多肽链。

浓缩聚合。有人认为，在海洋靠岸的一些小角落或是像湖泊样的小水体中，由于长期蒸发，水中氨基酸等分子含量很高，在较高温度条件下直接产生"类蛋白质（proteinoids）"样的多肽。美国人福克斯（F. Fox）模拟原始地球条件，将一些氨基酸混合后倒入 160~200℃ 的热砂或黏土中，使水分蒸发、氨基酸浓缩，经过 0.5~3.0h 就产生了一种琥珀色的透明物质，即类蛋白质。这种类蛋白质具有蛋白质的某些特性，例如有显色反应，肽链结构，水解后产生氨基酸，可被蛋白酶水解，有微弱的酶活性；但是它又有一些不同于蛋白质的特性，例如没有旋光性，有序程度差，不能引起免疫反应。

三、多分子体系的形成

（一）多分子体系生物化学过程的进化

最初出现的多分子体系都是直接吸收利用环境中的营养物质，如氨基酸、糖、脂肪等。但随着多分子体系的增多，外界营养物质逐渐减少甚至用尽，只有那些改变生物化学过程，具有复杂生化反应体系的多分子体系生存下来。多分子体系对于这种改变的适应就是生物化学过程的进化。

多分子体系生物化学过程进化表现在过程复杂化。当多分子体系能够利用的 A 物质消耗殆尽时，各种多分子体系中具有一种酶系或一种能产生这种酶系的核酸，进而能把 B 转变为 A 的多分子体系因为能利用 B 物质而生存下来，其他多分子体系没有这种能力，就将因 A 的用尽而被淘汰。而当环境中 B 物质也濒于用尽时，另一种多分子体系，即具有使 C 物质转变为 B 的酶系的多分子体系，就能生存下来。这样多分子体系生化过程逐渐复杂化。

（二）原始生命的萌芽

各种生物大分子在单独存在时，不表现生命的现象，只有在它们形成了多分子体系时，才能显示出生命现象。这种多分子体系就是原始生命的萌芽。奥巴林和福克斯分别提出团聚体学说和微球体学说解释多分子体系如何生成。

1. 团聚体学说

奥巴林的团聚体学说（coacervate thepry）认为，生物大分子主要是蛋白质溶液和核酸溶液合在一起时，可形成团聚体小滴，具有一定的生命现象。

奥巴林的实验是这样的：将透明的化学本质为蛋白质的白明胶水溶液与同样透明的化学本质为糖的阿拉伯胶水溶液混合，溶液变混浊。在显微镜下可以看到混浊的溶液中出现了小滴，即团聚体。用蛋白质、核酸，多糖、磷脂及多肽等溶液也能形成这样的团聚体。团聚体小滴的直径为 1~500μm，外围部分增厚而形成一种膜样结构与周围介质分隔开来。

团聚体小滴具有原始代谢特性，能稳定存在几小时到几个星期，并能无限制地增长与繁殖。例如，把磷酸化酶加到组蛋白与阿拉伯胶的溶液中，酶就在团聚体小滴中浓缩。如果随后在周围介质中加入葡萄糖-1-磷酸，后者就扩散到团聚体中，并酶聚而成淀粉，而使团聚体的体积增大。葡萄-1-磷酸中的磷酸键可提供聚合所需的能，而聚合时释放出来的无机磷酸盐则作为废物从团聚体中排出。再例如，把组蛋白与 RNA 制成团聚体，再把 RNA 聚合酶加入团聚体小滴内，把 ATP 作为"食物"加到周围介质中。

在团聚体里，ATP 与 RNA 聚合酶相互作用而生成多腺苷酸，ATP 供给能量，多腺苷酸增加了团聚体中 RNA 的总量，于是小滴生成并分裂成为子滴。奥巴林还模拟了团聚体进行光合作用的试验，把叶绿素加到团聚体小滴中，把甲基红和抗坏血酸作为"食物"加到介质中。当用可见光照射团聚体小滴时，叶绿素中被激发的电子使甲基红还原，而从抗坏血酸中释放出的电子则用来替换叶绿素中的电子。这一过程类似于绿色植物进行的光合作用，即水分子在光能作用下把烟酰胺腺嘌呤二核苷酸磷酸（NADP）还原为还原型烟酰胺腺嘌呤二核苷酸磷酸（NADPH）。

此外，团聚体能从周围的介质中吸取不同的物质，这样的团聚体就可以"生长"，长到一定程度时团聚体还能"生殖"，即"出芽"而分出小团聚体。有人曾在数百米至数千米深海中发现类似于团聚体的物质，这被认为是一个直接证明：团聚体样的多分子体系确曾发生过；团聚体的确类似于原始生物。

2. 微球体学说

微球体学说（microsphere theory）是福克斯提出的。福克斯发现，将干燥的氨基酸粉末混合加热后在水中形成类蛋白质微球体。微球体在溶液中稳定，直径均一，在 $1 \sim 2 \mu m$，相当于细菌的大小。微球体表现出很多生物学特性，例如微球体表面有双层膜，使微球体能随溶液渗透压的变化而收缩或膨胀，如在溶液中加入氯化钠等盐类，微球体就要缩小；能吸收溶液中的类蛋白质而生长，并能以一种类似于细菌生长分裂的方式进行繁殖；在电子显微镜下可见微球体的超微结构类似于简单的细菌；表面膜的存在使微球体对外界分子有选择地吸收，在吸收了 ATP 之后，表现出类似于细胞质流动的活动。

（三）原始生命的出现

不论是哪一种多分子体系，如果要继续进化为原始的生命，必须形成生物膜和遗传系统。

1. 生物膜的形成

原始膜是怎样产生和发展的？有人认为，类脂分子吸附在多分子体系的界面上，蛋白质分子和类脂分子相互作用，吸附于类脂分子上或埋入类脂层中，从而形成一个脂类蛋白质层。这个脂类蛋白质层在一定的物理作用下变为双层，再吸收一些多糖等其他分子，就成了双分子层的原始膜。原始膜的结构和功能在进化过程中不断完善和复杂化而成为现在的生物膜。生物膜的形成使多分子体系与外界介质分开，成为一个独立稳定的体系，有选择地从外界吸收所需分子并防止有害分子进入，体系中分子才有更多机会互相碰撞，促进化学过程的进行。

2. 遗传系统的建立

原始生命遗传系统的建立有以下几个步骤。

①RNA-蛋白质遗传系统形成。核酸只有在酶的作用下才能合成，而蛋白质也只有在其相应的核苷酸顺序存在的条件下才能合成。美国学者 T. Cech 从原生动物四膜虫（*Tetrahymena*）rRNA 的前体分子切下的内含子——L19RNA 有很强的酶活性，它能使核苷酸聚合而成多核苷酸，又能将多核苷酸切成不同长短的片段，而它本身却能保持不变。可见它是一个真正的酶，而被定名为核酸酶（ribozyme）。它的特点是集信息与催

化作用于一身。核酸酶的发现，使人们在生命起源中蛋白质-核酸谁先谁后的问题上倾向于以下模型：RNA 先出现，通过 RNA 的酶促作用合成了蛋白质，形成 RNA-蛋白质这一遗传系统。

②蛋白质逐渐取代 RNA 的催化作用成为生命系统中主要的酶。由于蛋白质有 20 个不同的侧链，分子构象上的变化远比 RNA 多，更适于发展酶的作用，因而 RNA 的催化作用逐渐被蛋白质取代。目前已知的最小的人工合成并且有催化活性的 RNA 仅含 13 个核苷酸。如此大小的分子是完全可能在原始地球条件下自发合成的。但是，到目前为止，还不能证明 RNA 可以催化蛋白质合成的每一步骤。这一问题以及许多其他问题，都还有待于继续研究。

③DNA 取代 RNA 作为遗传信息储存的载体。生命系统中用 DNA 储存遗传信息优于 RNA。这是因为 RNA 多一个羟基，较易被水解，DNA 比 RNA 稳定；并且 DNA 是双链的，易于复制，也有条件修复损伤。关于遗传密码的起源，有人认为，核苷酸和氨基酸之间直接的相互作用是遗传密码形成的基础。例如，疏水的苯丙氨酸具有疏水的反密码子 AAA，亲水的赖氨酸的反密码子是亲水的 UUU。亲水、疏水性就是遗传密码起源中的一个重要的自组织原则。密码关系的建立必然有它自身的物理化学性质的基础，同时又是进化的产物，也是长期选择的结果。

无论是团聚体还是微球体，可以认为就是原始细胞发生的起点，它们再经过漫长岁月的进化，逐渐完善了表面膜，具有了遗传密码转录转译的完整装置，形成成了原核细胞。

思考题

1. 生命发生的宇宙化学条件是怎样的？
2. 生命起源的化学进化阶段分为哪些阶段？
3. 构成生命最重要的两种有机物是什么？有机小分子是如何形成这两种有机物的？
4. 生物大分子到原始生命的萌芽可能是怎样的过程？
5. 不论是哪一种多分子体系，如果要继续进化为原始的生命，必须形成哪些结构？

第八章　生物的进化

第一节　真核细胞的起源

一、真核细胞的起源

（一）内共生学说

关于真核细胞的起源多数人认为真核细胞来自原核细胞。1970 年，Lynn Margulis 等提出真核细胞来自原核细胞的"内共生学说"（endosymliotic theory）。根据这个学说，原始的厌氧原核细胞以吞食其他原核生物为生，有时它们能容忍所捕获的原核生物在它们的体内生活下去。共同生活的结果是吞食者与被吞食者之间发生了共生的关系，被吞食的原核生物变成了细胞器，这样就出现了真核细胞。按此学说，线粒体来自吞入的需氧原核的细菌，叶绿体来自吞入的蓝藻。

内共生学说的一个主要依据是，现代真核细胞的线粒体和叶绿体都具有自主性的细胞器，它们的 DNA 为环状，核糖体为 70S，这些特征都与细菌、蓝藻相同。

如果真核细胞是从原核细胞进化而来，核膜、内质网以及高尔基体等内膜系统又是怎样进化来的？20 世纪 40 年代，人们用电子显微镜揭示了真核细胞中普遍存在的单位膜结构。因此很多人认为真核细胞的内膜系统是古代原核细胞的外膜向内折入而发展起来的，线粒体的外膜和叶绿体的外膜则是内质网延伸而成的。另一种意见是，这一内膜系统不是质膜内折进化而成，而是真核细胞中新生的结构，先生成的是核膜，核膜向外延伸而成内质网、高尔基体等的膜。

内共生学说的缺点是不能解释细胞核的起源，因为真核细胞的核结构和原核细胞的拟核差别很大，不仅仅是有无核膜的问题。

（二）真核细胞和原核细胞同时起源于原始生命

比较了 200 多种原核生物和真核生物的 tRNA 和 rRNA 的核苷酸序列及某些蛋白质的氨基酸序列，发现细菌可分为截然不同的两类：一类为"真细菌"，如大肠杆菌、肺炎球菌等；另一类是生活在特殊环境的"古细菌"，如嗜盐细菌、沼气产生菌等。真细菌和古细菌的 tRNA 分子中核苷酸顺序有明显差异，而同一类不同菌种之间的 rRNA 核苷酸顺序则十分相似。真核细胞 rRNA 的核苷酸顺序与真细菌和古细菌的 rRNA 相比也截然不同，看不出真核细胞 rRNA 和哪一类细菌的 rRNA 更接近。根据这些比较，再加上其他一些证据，他们得出结论，即真核细胞不是来自原核细胞，而是远在原核细胞生成之前，真核细胞就已和原核细胞分开而成独立的一支，即早真核生物（urkaryotes）。这种假想的早真核生物是和古细菌、真细菌并列的一支，是现代真核生物的始祖。

真核细胞是不是来自原核细胞，目前没有最终的答案，因为没有化石证据，发现的最早的真核生物的化石（原寒武纪）构造已经十分复杂了。但是，真核生物肯定晚于原核生物出现。首先，化石证据显示最早出现的化石是原核生物，年龄至少有 34 亿年，而真核生物的年龄最多不超过 20 亿年；其次，真核生物都是有氧呼吸的，必然是在还原性大气变为含氧大气之后才出现的。

二、自养营养方式的出现

自养营养方式出现的过程可能如下。第一步，某些多分子体系中含有卟啉。卟啉是有色物质，能吸收太阳光能，进行光化学反应。现代生物中的叶绿素、血红素及各种细胞色素均含有卟啉。第二步，原始的光合作用形成。当含有卟啉的多分子体系衍生出能进行光化学反应的有色物质，并利用光能合成一些营养物质时，就出现了原始的光合作用。可能这个原始的光合作用的第一步只是利用可见光合成 ATP，即环式光合磷酸化作用，第二步才是利用全部日光把水与二氧化碳合成糖类，即非环式光合磷酸化作用及碳的固定。

自养营养方式的出现首先使多分子体系的生存彻底摆脱对外界环境中有机物质的依赖。其次，自养营养创造的营养物质提供了其他营养生物的需要，为整个生物界进一步的发展提供了物质保障。

光合作用的出现对地球环境改变和生物界的繁荣具有至关重要的意义。

首先，光合作用产生了分子氧，使大气层有了氧气，进而由紫外线作用于空气或天空闪电形成臭氧保护层。臭氧层在大气 20~25km 的高处形成一层，能阻止短波紫外线。在生命起源的早期，紫外线是促进无机小分子形成有机小分子反应的主要能源，但是在生物大分子产生之后，紫外线能促进生物大分子分解。有了臭氧层之后，短波紫外线不能对地球表面直接辐射，保护了生物大分子不被破坏，使生命能进一步稳定持续地发展。

其次，光合作用产生的氧为有氧呼吸的出现提供了条件。大气中有了氧气之后，一些多分子体系的原始生物由于能进行有氧呼吸形成生存优势而繁盛起来。异养原始生命通过无氧呼吸获得的能量和依靠无机物氧化取得的能量极低。有氧呼吸捕获能量的效率比无氧呼吸高得多，1mol 葡萄糖通过有氧呼吸约可捕获其中 60% 的能量，产生 36 个 ATP，而无氧呼吸的糖酵解只能取得 3.2% 的能量，即 2 个 ATP，两者相差 18 倍。在自然选择中，能进行有氧呼吸的物种由于产能的效率高而获得了更大的发展。由厌氧到好氧，这是生物进化中的一件至关重要的大事。

三、从单细胞生物到多细胞生物

地质学家把地球自形成到现在约有 46 亿年的历史划分成 4 个时期，即"宙"

（eons），最早为冥古宙（padean Eon），然后依次为太古宙（archean Eon）、元古宙（proterozoic Eon）、显生宙（phanerozoic Eon）。从 6 亿年以前到现在都属显生宙。显生宙分为 3 个代（eras），即古生代（paleozoic Era）、中生代（mesozoic Era）和新生代（cenozoic Era）。每代分若干纪（periods），每纪又分若干世（epochs）。

同位素有一定的衰变速度，不受环境条件和气候的影响。利用这一特点，20 世纪30 年代以后，根据同位素衰变的速度计算地层年龄，得到了比较准确的数据。各种同位素的衰变速度都是用半衰期（half-life）来计算的。半衰期是指一个样品中某一同位素原子衰变一半所需的时间。最常用的是同位素铀（^{238}U）。火山岩浆喷出、冷却而成火成岩，其中的同位素 ^{238}U 渐渐衰变而成 ^{206}Pb。^{238}U 衰变为 ^{206}Pb 的半衰期约45 亿年，因此测定岩石样品中 ^{238}U 和 ^{206}Pb 的含量比值就可推算出岩石的年龄。又如 ^{40}K 衰变成氩和钙的半衰期是 13 亿年，^{14}C 的半衰期是 5 568年。利用这些半衰期长短不一的同位素，就可分别测得各新老地层和化石的年龄。

由单细胞生物进化到多细胞生物是继真核细胞起源之后的又一个重要的进化事件。一般认为多细胞植物和动物分别起源于单细胞真核生物，即它们各自独立地走向多细胞化，并不断地从低等到高等、从简单到复杂演化，最终形成今天复杂多样的生物界。

（一）单细胞生物时代

根据现今测定的数据，冥古宙、太古宙和元古宙所占时间最长，约为 40 亿年。冥古宙是地球刚刚形成的时代，生命可能正在开始化学进化，所以找不到细胞形态的化石。

太古宙时期，地球外周有了大气圈和原始的海洋，在此时期的地层中找到了单细胞原核生物化石。例如在澳大利亚西部 35 亿年前的岩石中发现可能是丝状微生物体的化石。在南非 Swazi land 沉积岩中也找到了直径为 5~25 μm 的碳质球状体和丝状体，有人认为也是原始微生物化石。此外，在太古宙地层中还发现了很多的称为叠层石（stromatolites）的化石，叠层石是蓝细菌和光合细菌等原始生命代谢生长产生的碳质和硅质沉积物积累而成的多层结构，说明这一时期已经有了原核细胞或光合自养的原核生物了。

元古宙的叠层石也很多，说明这一时期原核生物已经很发达。在元古宙晚期地层中还发现了一些可能是真核生物的化石。例如在澳大利亚 Biller Springs 地区的 9 亿—7 亿年前的地层中，发现了保存完好的绿藻化石；在美国的一些 8 亿—6 亿年前的白云石（dotomite）中发现了丝状化石，也被认为是藻类化石。

（二）多细胞植物的进化

人们普遍认为，原始绿色鞭毛生物是植物和动物的共同祖先，随着营养方式的分化，自养的一支演化为植物，异养的一支演化为动物。这是生命进化史上的又一次大分化，从此动植物开始了它们各自的发展史。植物的演化过程一般划分为 5 个主要阶段。

1. 藻类植物时代

从寒武纪至泥盆纪的 4.5 亿年前，地球上的植物以藻类为主。单细胞的蓝藻是最早出现的藻类，后来浅海类型的藻类演化为绿藻、轮藻等，而深海类型的藻类则演化为红藻、褐藻等。在 9 亿~7 亿年前，多细胞藻类出现并得到发展，植物体的组织逐渐复杂起来，达到了更完善的程度。直至寒武纪早期，藻类植物进化的轮廓基本完成。到 4.4 亿年前的志留纪，藻类植物时代结束。藻类植物时代一般划分为 3 个阶段，即单细胞藻类植物时代、多细胞藻类植物时代和大型藻类植物时代。

2. 苔藓植物时代

苔藓植物的苔纲首次出现在古代的泥盆纪，大多数生活在阴湿的环境中，已出现茎、叶的分化，但没有真正的根，生活史中有世代交替现象，配子体发达，孢子体退化。苔藓植物在植物的系统演化中，代表从水生到陆生生活的类型，其形态结构的变化也是与其从水生到陆生相适应的。但由于苔藓类没有维管束的分化，输导能力差，决定了这类植物的生活依然不能完全脱离水的环境。苔藓植物尽管是在泥盆纪时出现的，但它们始终没能形成陆生植被的优势类群，只是植物界进化中的一个侧支。

3. 蕨类植物时代

由于气候变迁，在距今 4 亿年前后的志留纪末至泥盆纪初，由一些绿藻演化出原始陆生维管植物，即裸蕨。它们虽无真根，也无叶，但体内已具有维管组织，可以生活在陆地上，从此植物开始登陆，这是生物进化史上的重大事件。

在 3 亿多年前的泥盆纪早中期，藻类经历了约 3 000 万年的时间向陆地扩展，并开始朝着适应各种陆生环境的方向发展分化。裸蕨类在植物进化上占有十分重要的地位，但在泥盆纪末期已绝灭，代之而起的是由它们演化出来的各种蕨类植物。至二叠纪约 1.6 亿年的时间，各种蕨类植物成为当时陆生植被的主角，许多高大乔木状的蕨类植物繁盛，如鳞木、芦木、封印木等，形成大片沼泽森林，由于它们有根茎叶的分化，为产生更多的陆地植物区系奠定了基础。但是蕨类植物生活史中，受精过程依然离不开有水的环境，蕨类的这种原始性最终导致其在二叠纪衰败。

4. 裸子植物时代

从二叠纪至白垩纪早期，在约 1.4 亿年时间里，许多蕨类植物由于不适应当时环境的变化，大都相继绝灭，陆生植被的主角由裸子植物取代。最原始的裸子植物——原裸子植物是由裸蕨类演化出来的。

裸子植物时代，早期以苏铁植物为主，晚期在北半球主要是银杏和松柏，南半球主要是松柏。晚二叠纪初期，裸子植物中的苏铁类、松柏类、银杏类等逐渐发展；进入中生代，在炎热、干燥的气候条件下，裸子植物占有显著的地位，在许多地区形成大片的森林。

裸子植物与蕨类植物相比，最大的进化特征是配子体寄生在孢子体上，形成裸露的种子，并在发展过程中产生了花粉管，精子经花粉管直接到达卵细胞，从而使受精过程不再受水的限制。种子和花粉管的产生，使裸子植物发展到比蕨类植物更为高级的水平，因而在造山运动剧烈的二叠纪，取代了蕨类植物在陆地上的优势地位。中生代成为裸子植物最繁盛的时期，故称中生代为裸子植物时代。

5. 被子植物时代

被子植物是从白垩纪迅速发展起来的植物类群，并取代了裸子植物的优势地位，是植物界中最高等的一个类群，直到现在，被子植物仍然是地球上种类最多、分布最广泛、适应性最强的优势类群。

被子植物具有一系列比裸子植物更适应于陆地生活的结构特征，其营养器官和繁殖器官均比裸子植物复杂，同时具备了诸如双受精、双层珠被、种子有果皮包被、由导管输送水分等特征，表现出对陆地生活更强的适应能力。

被子植物出现于早白垩纪，繁盛于晚白垩纪，在白垩纪和第三纪的早期，被子植物基本上是乔木，到渐新世才出现大量的灌木和草本植物。到第三纪中期，由于传粉方式的多样化，促进了异花授粉和杂交。

到第四纪，受寒流的影响，被子植物中出现大量多倍体。因此被子植物的发展史可以划分为4个阶段：白垩纪到始新世的乔木阶段；渐新世后期到第三纪早期的灌木和草本阶段；第三纪后期的杂交阶段；第四纪的多倍体阶段。

（三）植物进化的基本规律

1. 对陆地生活的适应性转变

从9亿年前至4.4亿年前，藻类在海洋中形成繁茂的海生藻类世界。随着地球大气含氧量的增加以及大气臭氧层对宇宙射线的阻挡，藻类植物也分化为浅海绿藻类型和深海褐藻、红藻等类型。4.9亿年前温暖湿润地球的气候和覆盖了地球许多地方的浅大陆海形成为植物界的登陆创造了条件，浅海绿藻类型登陆，陆生植物开始出现。4亿年前地球浅内陆海洋扩展，陆生植物已经发展到多样化。3.6亿年前内陆沼泽发展，伴随着造山运动，陆地由湿润逐渐变为干旱，到2.9亿年前干旱的陆地条件，植物界演化出裸子植物类群。2.5亿年前大陆形成单一超级大陆，更加干旱的陆地条件使裸子植物得到发展，被子植物也开始出现。地球大陆气候的变迁促进了植物界的生活环境从水生到陆生的转变。

2. 形态结构由简单到复杂

随着植物界由水域向陆地发展，生活环境的变化也越来越复杂，植物的形态结构也向着适应陆地生活转变而变得更加复杂。首先，生殖器官结构更加完善，生殖细胞进一步得到了保护。其次，发育过程变得复杂，从合子直接发育成新的植物体转变为由合子发育成胚，再由胚长成新的植物体的过程。最后，植物体结构变复杂，出现各种功能完善的器官。水生的多细胞藻类为形态结构简单的茎状体或叶状体，有性生殖结构多数为简单的精子囊和卵囊，发育过程中不形成胚。湿润环境条件下生活的苔藓植物演化出了茎叶体，有性生殖结构为颈卵器和精子器，发育过程中开始有了胚的阶段。但是，还没有形成真正的根，没有维管组织分化。蕨类植物形态结构进一步复杂化，有了真正的根和生殖叶与营养叶的区分，出现了孢子叶，分化出原始的维管组织结构，主要输导分子为管胞和筛胞。陆生环境生活的裸子植物根系进一步发展，植物体形成乔木，维管组织结构进一步发育，有形成层和次生结构，生殖器官出现了胚珠，产生了花粉粒和花粉管，形成种子。被子植物生活型更加多样化，维管组织结构更加完善，输导分子主要为导管、筛管和伴胞，分化出了纤维组织，具有了真正的花，形成了子房结构和果实。

3. 生殖方式由无性生殖到有性生殖

生殖方式和生殖器官的演化是植物界进化的重要方面。低等植物以细胞分裂方式进行营养繁殖，或通过产生各种孢子进行无性繁殖，蓝藻和细菌的繁殖中未发现有性生殖过程，真核生物则普遍存在配子融合的有性生殖繁殖方式。

有性生殖出现在距今约 9 亿年前，是否起源于无性生殖是一个尚未解决的问题。植物的有性生殖是从同配生殖进化到异配生殖，再进化到卵配生殖。有性生殖的出现使两个亲本染色体的遗传基因重新组合，使后代获得更丰富的变异，从而使进化速度加快，促进了发育和增殖方式更加多样化，其结果使植物系统发育过程出现了飞跃式的进化，增强了植物的生命力和适应性，这也是被子植物繁荣发展的内在原因。

4. 个体发育由配子体占优势到孢子体占优势

个体发育是指生物从它生命活动中某一阶段开始，经过形态、结构和生殖上一系列发育变化，然后再出现或开始某一阶段的全过程。在个体发育中，多细胞藻类植物大多数营养生活体是配子体，孢子体仅是由少量细胞构成的简单结构；苔藓植物营养体也是配子体，孢子体寄生在配子体上；蕨类植物孢子体和配子体各自独立生活；裸子植物和被子植物的营养体是孢子体，形态结构进一步复杂化，配子体寄生在孢子体上，形态结构进一步简化为花粉粒和胚囊。这是由于孢子体是由继承了父母双重遗传性的合子萌发形成，具有较强的生活力，能更好地适应多变的陆地环境。

5. 生活史的类型及其演化

原核生物的生殖方式是细胞分裂和营养繁殖，所以它们的生活史非常简单。真核生物出现了有性生殖，在它们的生活史中有配子体的配合过程和进行减数分裂的过程，出现了明显的世代交替现象。植物生活史类型的演化伴随着整个植物界的进化而发展，它经历了由简单到复杂，由低级到高级的演化过程。

植物界在演化发展过程中，各种适应性变化是互相影响，互相联系，互相制约的。植物的进化是一个有机整体的变化，不能孤立地以植物获取某一性状作为衡量植物进化地位的唯一标准，也不能认为凡是简单的结构都属于原始性状，如颈卵器的结构，从苔藓植物到蕨类植物，再到裸子植物就越来越简单，演化到被子植物则完全消失。因此，绝不能把植物界的发展机械地理解成简单的、直线上升的演化过程，有些植物的演化是循着器官简化的道路，往往是一种次生性的结构简化现象。实际上植物是在不断地朝着多个方向的环境适应演化发展变化的，这样才可能形成今天在地球上存在的多样性丰富的植物界。

（四）多细胞动物的进化

动物界的历史是一个动物起源、分化和进化的漫长历程，是一个从单细胞到多细胞，从无脊椎到有脊椎，从低等到高等，从简单到复杂的过程。动物的进化历程主要包括原生动物阶段、多细胞非脊索动物阶段和脊椎动物阶段。

1. 原生动物阶段

原生动物是原生生物界里最原始、最低等的动物，所有的原生动物都是由单细胞构成，这些构成原生动物的单个细胞，既有一般动物细胞的基本结构，又有一般动物所表现的各级生理功能，是一个可以独立生活的有机体。鞭毛纲是原生动物中最原始的一个类群，其中原始鞭毛虫是原始鞭毛纲中最原始的种类，是所有多细胞动物的祖先。

2. 多细胞非脊索动物阶段

多细胞动物也称后生动物，由单细胞动物发展并分化而来，最初形成的多细胞动物是双胚层的，它们类似于现代的腔肠动物，这类动物进一步分化出中胚层，就成为三胚层动物。三胚层动物的早期类型都没有硬质外壳，体形较小，所以不易保存形成化石。从古生代寒武纪早期才开始有化石记录，那时的多细胞无脊椎动物至少已出现 7 个门类。可见，在前寒武纪无脊椎动物已经走过漫长的历程，到了 5 亿年前的寒武纪已是具有硬壳的无脊椎动物的鼎盛时期了。

动物界中海绵动物是最原始、最低等的多细胞动物。腔肠动物是真正多细胞动物的开始，泥盆纪是腔肠动物珊瑚大规模的适应辐射时期。从扁形动物开始，出现了两侧对称和中胚层。软体动物则是环节动物向着适应不善活动的生活方式发展的结果。节肢动物起源于环节动物，是动物界最大的一个类群，也是无脊椎动物中登陆最成功的动物。

在寒武纪时代发现的化石数量和种类最多的是三叶虫，因此寒武纪又称为"三叶虫时代"。但由于三叶虫不具备适应陆地生活的体形，又缺乏御敌能力，故从古生代中期就日渐衰落，到古生代末期三叶虫基本灭绝，代之以陆生无脊椎动物昆虫类的崛起。

昆虫类是节肢动物中最庞大的一个类群，它约占动物总数的 80%。昆虫无论在体形上还是在适应陆地环境的能力上都是十分成功的，因此昆虫类是较早登上陆地的动物。昆虫等陆生无脊椎动物的兴起，标志着无脊椎动物从水生发展到陆生的生活时代。

棘皮动物和半索动物是无脊椎动物中的最高类群，他们开始向着脊索动物进化。棘皮动物也是后口动物的开始。在系统发育过程中，半索动物的幼体形态与棘皮动物极为相似，而成体则接近于脊索动物。由于棘皮动物、半索动物和脊索动物均含有肌酸，三者可能源于共同的祖先。

3. 脊索动物阶段

脊索动物门包括尾索动物亚门、头索动物亚门和脊椎动物亚门。尾索动物亚门和头索动物亚门尚未分化出头部，故又称为无头类。之后，原始无头类中一部分演化为现今的无头类，例如现存的文昌鱼是一个代表；另一部分进化为原始有头类，除了少数低等脊索动物类群保留脊索外，大部分类群的脊柱代替了脊索，成为脊椎动物的祖先。

原始有头类出现在 5 亿年前的晚寒武纪，随后向两个方向发展，一支成为无颌类，它们没有上、下颌，只有一个漏斗式的口，不会主动捕食。无颌类种类繁多，形态各异，但都披有骨质的甲片，故又称甲胄鱼。现存无颌类的代表盲鳗和七鳃鳗却无甲胄。另一支无颌类在进化早期，前面的一对鳃弓发生了变位和变形，转化成为上、下颌，这样便出现了有颌类脊椎动物。颌的出现，是脊椎动物进化史中第一次重大的"革命"，从此它们便可主动捕食了，如鱼纲。由于脊椎动物是随着有颌类的出现才开始繁盛起来，因此 4 亿多年前的晚志留纪至今，被认为是脊椎动物时代。脊椎动物的发展分为 5 个阶段。

鱼类。盾皮鱼类是最早的有颌类脊椎动物，大多披有甲片，不仅有颌，还具有偶鳍，主要生活在距今 3.6 亿年前的志留纪和泥盆纪，但由于其笨重的甲片和不够发达的偶鳍使之行动不够便利，因而在泥盆纪后期随着脱去甲片束缚的软骨鱼类和硬骨鱼类的兴起，盾皮鱼类逐渐灭绝。软骨鱼类和硬骨鱼类分别迅速分化增长，到泥盆纪大为繁盛，超过了一切无脊椎动物和无颌类，成为地球水域中最占优势的动物，所以泥盆纪有"鱼类时代"之称。软骨鱼类和硬骨鱼类现今仍还很繁盛。

两栖类。到距今约 3.5 亿年前泥盆纪晚期，硬骨鱼类中的一支在不断改造自身的过程中，逐步适应陆地生活并支撑上陆，成为最早的陆生脊椎动物——两栖类。这是脊椎动物进化历程中又一次重大的"革命"或飞跃，正因为两栖类登上了陆地，后来的脊椎动物才有可能在陆地上得到大发展。化石研究认为，在泥盆纪晚期出现了一种称为鱼石螈的动物，可能是最早的两栖类，在形态上表现出从鱼类到两栖类的过渡特征。鱼石螈的结构特征表明它可能是两栖类的直接祖先，也可能是最早的两栖动物坚头类。坚头类登陆后，脊椎开始分化，第一个脊椎骨演变为颈椎，使两栖类有了颈部。以后坚头类按其脊椎骨椎体发育方式不同分化为两支：弓椎类（apsidospondyli）和壳椎类（lepospondyli）。前者的发生经过软骨阶段，后者的发生不经过软骨阶段。弓椎类在石炭纪早期，由鱼石螈型椎体同时演化为始椎类和块椎类，到三叠纪又从块椎类分化出全椎类。现存的两栖类是块椎类和壳椎类的后裔。在脊椎动物进化史中，距今 2.5 亿年前的石炭纪至二叠纪称为"两栖动物时代"，两栖动物非常繁盛，是当时地球上占统治地位的动物。

爬行类。爬行类是真正的陆生动物，与两栖类相比，它具有适应陆地生活的许多特征，如具有羊膜卵。爬行类是脊椎动物中最先具羊膜卵的动物，这样动物才有可能彻底摆脱水的束缚，深入内陆。羊膜卵的出现是脊椎动物进化史上的一大飞跃。已知最古老的爬行动物化石是蜥螈（*Seymouria*），出现于石炭纪末的杯龙类（*Cotylosaurs*）可能是爬行类祖先的基干，因其没有颞窝而区别于其他爬行类，又称无颞窝类。由无颞窝类在进化中通过辐射分化产生出无空亚纲、下空亚纲、调孔亚纲和双孔亚纲等类型。其中双孔亚纲的蜥龙目和鸟龙目通常称为"恐龙类"。恐龙出现于 2 亿年前的三叠纪中期，灭绝于 0.67 亿年前的白垩纪末，曾独霸地球长达 1.4 亿年之久。由此看出，爬行动物自石炭纪出现后，经二叠纪的酝酿，进入中生代大发展，分支之多、种类之繁达到空前地步，占据了陆、海、空三大生态领域。

鸟类。鸟类的起源是生物学上难解的谜。赫胥黎在 100 多年前就提出鸟类起源于兽脚类恐龙的假说。1913 年，南非著名古生物学家布罗姆教授详细描述了一种叫假鳄类的槽齿类爬行动物化石后，正式提出鸟类起源于比恐龙更为原始的槽齿类的新假说。1972 年，英国科学家沃尔克教授又提出鸟类与鳄类亲缘关系较近的假说。这使得鸟类起源问题形成了槽齿类起源说、鳄类起源说和兽脚类恐龙起源说三足鼎立的状态。进入 20 世纪 90 年代以后，中国辽西北票地区发现了命名为中华龙鸟的一只带毛恐龙化石，为科学界提供了第一件皮肤印迹上有羽毛状衍生物的兽脚类恐龙标本，它的发现给鸟类起源于兽脚类恐龙的理论注入了活力。随后不久，中国科学家在辽西地区又发现了一系列重要的化石标本，尤其是北票龙和千禧中国龙鸟的发现，使越来越多的科学家相信，鸟类起源于兽脚类恐龙。

鸟类从爬行类分化出来后逐步演化为具有恒温并能适应飞翔生活的一支动物类群。鸟类分为古鸟亚纲（Archaeornithes）和今鸟亚纲（Neornithes）两大类。古鸟亚纲的始祖鸟具有爬行类和鸟类的过渡形态，由骨骼结构特点推测，始祖鸟可能源于爬行类的槽齿目，出现于晚侏罗纪。到白垩纪，鸟类已属于今鸟亚纲，它们与现代鸟有许多相似点。到新生代，鸟类全部成为现代类型。

哺乳类。哺乳类是最高级的一类脊椎动物，具有更完善的适应能力，如恒温、哺乳、胎生等。哺乳类和鸟类都起源于古代爬行类，但哺乳类出现得更早。早在三叠纪晚期，就在恐龙刚登上进化舞台的同时，一群小型动物从兽孔目爬行动物中的兽齿类分化出来，随后从侏罗纪到白垩纪长达 1 亿多年的漫长岁月里，它们一直生活在以恐龙为主的爬行动物的巨大压力下，直到白垩纪末期，当恐龙等爬行动物在中生代发生大灭绝之后，才得以在随后的新生代中崛起并成为新生代地球的主宰，它们就是哺乳动物。从晚三叠纪开始，哺乳动物在整个中生代经历了艰难的发展过程，分化出始兽亚纲（Eotheria）、原兽亚纲（Prototheria）、异兽亚纲（Allotheria）和兽亚纲（Theria）四大类。其中，始兽亚纲包括柱齿兽目、三尖齿兽目两类；原兽亚纲仅有一个单孔目，即以现存的鸭嘴兽和针鼹为代表；异兽亚纲仅有一目，即多瘤齿兽目；兽亚纲包括三个次亚纲，即古兽次亚纲、后兽次亚纲和真兽次亚纲。

（五）多细胞动物的进化特征

多细胞动物的进化具有三大主要特征。

1. 进步性

生物进化是由少到多、由低级到高级、由简单到复杂的进步性发展。例如，多细胞动物的进化，最初出现的是原始的无脊椎动物，生活在水中，以后依次出现鱼类、水陆栖的两栖类、成功登陆的腐行类、又由爬行类演化出鸟类和哺乳类，最后才出现人类。新与旧的交替过程也是进步性发展的一种形式。新生的物种从某些旧物种中产生出来，它代表着进化的、前进的、发展的一面。没有新旧交替，生物也无法进化。恐龙类如果不在中生代末期灭绝，让出许多生态位，哺乳类不可能在新生代得到发展。

2. 阶段性

生物进化是由间断性与连续性相结合的一种阶段性发展。首先，生物的进化是间断的。如马的进化：从始祖马到渐新马、中新马、上新马、现代马，具有间断性的突出表现。其次，生物进化又是连续的。各种生物之间都存在着一定的联系，没有什么绝对分明和固定不变的界限。例如，生物的进化是有许多中间过渡类型连接起来，体现了演化。最初的两栖类与鱼类相似，最初的爬行类与两栖类相似，最初的哺乳类、鸟类与爬行类相似。前面提到的始祖鸟便有许多方面与爬行类相似。此外，在物种的进化过程中，也有许多中间的过渡类型。

3. 适应性

生物进化是生物与环境相互协调的一种适应性发展。生物的进化与环境的改变密切相关。环境的急剧变化，促进生物的适应与进化。例如，在泥盆纪温暖、潮湿的环境条件下，蕨类植物空前繁荣，为动物的登陆创造条件。当时两栖类特别兴旺发达；石炭纪末期发生了造山运动，形成显著的大陆性气候，爬行类出现并得到发展；到二叠纪时，气候又变得更加干燥、炎热，两栖类衰落，爬行类始盛。到了中生代，地壳运动比较平静，爬行类特别是恐龙进入发展的高峰期。中生代末期，地形和气候发生了巨大的变动，恐龙类很难适应变化了的环境，可能因此而灭绝。

第二节　生物进化的证据

生物进化的证据是多方面的，在进化论创立的初期主要是从古生物学、比较解剖学及胚胎学三个方面来寻找证据。随着生物学各分支学科的发展，在生理、生化、遗传、生物地理等领域都提供了进化的证据。

一、古生物学证据

化石是已经绝灭了的生物的遗体、遗迹或遗物。化石通常是石化了的动物体的坚硬部分，如介壳、骨块、牙齿等，也可能是岩石中保留的动物遗迹，如动物的足迹或其他动物活动的遗迹；还可能是遗物，如动物排出的粪便和动物卵的化石。化石是生物进化最直接的证据，是地质史中的记录。在稀有的情况下，动物的软体部分也能保存下来，如西伯利亚冻土地带挖掘出来的猛犸象，虽然已经是死了万年之久，但皮肉仍完好无损。

二、比较解剖学证据

从比较解剖学的角度来论证动物进化，同源器官（homologpus organ）、同功器官（analogousorgan）、痕迹器官（rudimentary organ）都是极好的例子。

同源器官是指进化上同一来源，构造和部位相似，形态功能上有显著差异的器官。例如脊椎动物的四肢、蝙蝠的翼膜（翅膀）、鲸的胸鳍（前鳍）、猫的前肢、人的手臂虽然表面形态及功能不同，但基本结构一致，都由肱骨、前臂骨（桡骨、尺骨）、腕骨、掌骨和指骨组成的，在胚胎发育时以相同的过程从相似的原基发育而来，它们的一致性证明这些动物都起源于共同的祖先。它们形态上的差异性是由于适应不同的环境，执行不同的功能而沿着不同的演化方向演变的结果。

同功器官是指形态和功能相似，但来源和基本结构不相同的器官。例如鱼的鳃和陆生脊椎动物的肺属于同功器官。同功器官尽管形态相似，但器官来源、胚胎发育及内部结构均不相同，说明生物相同功能的器官可由不同来源的器官经过适应性演变而成。

痕迹器官是生物进化最有价值的证据。痕迹器官指生物体内残存的一些对机体失去作用，但祖先曾经很发达的器官遗迹。例如人体的动耳肌、阑尾、体毛和尾椎骨痕迹，在人类的祖先灵长目曾很发达。痕迹器官的存在反映了生物进化的历史，表明它是有遗传基础的，是生物进化的有力证据。

此外，拟态（mimicry）现象也是生物进化的一种表现。拟态是指一种生物模仿另一种生物的现象。斑眼蝴蝶翅膀上有圆圆的黑斑点，两只翅膀张开时逼真地构成一副猫头鹰的脸谱，这样能够躲避鸟类的捕食。部分无毒蛇与一些有毒蛇的外形十分相似，也是一种拟态。这些现象都反映了生物的趋同进化。

三、胚胎学证据

所有脊椎动物的早期胚胎发育都十分相似，例如，蝾螈、龟、鸡、人等的胚胎发育都是开始于受精卵，经过卵裂、囊胚、原肠胚、神经胚，随后三胚层奠定相应的器官原基，在以后的发育中才逐渐出现明显的差别。

凡是在分类地位上越相近的动物，其相似的程度也越大。这个现象反映了脊椎动物有着共同的祖先，显示出各类脊椎动物之间有一定的亲缘关系。德国的生物学家海克尔提出"生物发生律"或"重演论"指出："个体发育的历史是系统发育历史的简单而迅速的重演"，即生物的胚胎发育过程重演了该种生物的进化历程。例如，所有脊索动物，无论是水生还是陆生，在胚胎发育期间都有鳃裂，鳃裂在水生脊椎动物成为呼吸器官的一部分，对于陆生脊椎动物来说，鳃裂的出现似乎没有意义，但从进化的观点看，它显示出陆生脊椎动物的进化历程中经历过鱼的阶段。由蝌蚪到成体蛙的个体发育过程也反映了两栖类在系统发育过程中由水栖到陆栖的过渡。

四、动物地理学证据

动物地理学对于论证生物的进化，研究种的形成具有重要的意义。澳大利亚大约在中生代末期与大陆相脱离，那时有胎盘类还没有发生，仅有低级的单孔类和有袋类。后来在大陆上产生的有胎盘类因澳大利亚已与大陆失去联系而未能侵入澳大利亚。因此，在澳大利亚和新西兰，这些低级的哺乳类得以一直保存到现在。海洋岛屿上的动物区系更能提供进化上的证据。

五、免疫学证据

用免疫学技术证明动物有亲缘关系的一个经典实验是 21 世纪初由那托尔（Nutall）提出的。他根据抗原抗体沉淀反应的强弱程度确定不同生物之间的亲疏关系。以此原理根据血清鉴别实验证明了人和黑猩猩关系最近，其次是大猩猩，和猕猴的关系较远；大熊猫和熊科动物的亲缘关系比和小熊猫的亲缘关系更接近，说明大熊猫应属于熊科而不应属于浣熊科。

六、分子生物学证据

现代分子生物学和生物化学的研究已提出充分的证明：在相近的种类之间，如牛、羊、猪、马的某些蛋白质，如胰岛素、血红蛋白等，其一级结构氨基酸的种类和排列顺序基本一致，所差的只是一两个氨基酸。有些蛋白质在不同生物中执行同样的功能，其氨基酸组成存在差别，分析比较氨基酸组成的差别，可以找出不同生物之间的进化关系。细胞色素 C 是一个具有 104~112 个氨基酸的多肽分子，从进化上看，它是很保守的分子。不同生物的细胞色素 C 中氨基酸的组成和顺序反映了这些生物之间的亲缘关系。例如，细胞色素 C 在氧化代谢中起电子转移作用，其氨基酸序列分析表明，黑猩猩和人的 104 个氨基酸完全一致，没有差异；猕猴和人的细胞色素 C 分子只有一个氨基酸不同，即在第 103 位猕猴是丙氨酸，而人是苏氨酸。人和链孢霉的细胞色素 C 相差较远，104 个氨基酸中，有 43 个不同，尽管这两个分子的立体结构基本相似。

七、遗传学证据

不同生物有不同数目、形态和大小的染色体，即不同生物有不同的染色体组型。生物近缘种之间染色体组型的相似性也是生物进化的证据之一。综上所述，各层次的研究结果都反映了地球上的生物类群始终是处于演变进化之中的。

第三节　生物进化的理论

生物的进化经历了漫长的历史，受各个时期科学文化和技术水平的限制，人们认知生物、了解生命过程的能力不尽相同，也就产生了很多关于生物进化的假说和理论。

一、早期进化论

（一）近代的自然观和进化论

1. 乔治·布丰进化说

法国人乔治·布丰（Geonge Bufion，1707—1788 年）是第一个提出广泛而具体的进化学说的博物学家。他收集了不少有关自然科学的材料，编写了《博物学》。在书中，他提出了进化论点，认为物种是可变的，特别强调环境对生物的直接影响。物种生存环境的改变，尤其是气候与食物性质的变化，可引起生物机体的改变。可是由于这个进化论点与教义明显不一致，他丰因为经不起宗教势力的压迫而公开发表了放弃进化观点的声明。

2. 灾变论

18 世纪晚期到 19 世纪初，从各时代地层中发现了大量各种形态的生物化石，这些化石与现代生物既相似又不同，表明地球历史上生存过许多现今不存在的物种。圣经不能解释这些物种灭绝的事实，为了解释古生物学的发现而又不违背圣经，于是有了灾变论。

法国地质学家、古生物学家居维叶可以看作是"灾变论"最有影响的代表。根据灾变论的观点，地球上的绝大多数变化是突然、迅速和灾难性地发生的。居维叶认为，在整个地质发展的过程中，地球经常发生各种突如其来的灾害性变化，并且有的灾害是很大规模的。例如，海洋干涸成陆地，陆地又隆起山脉，反过来陆地也可以下沉为海洋，还有火山爆发、洪水泛滥、气候急剧变化等。当洪水泛滥时，大地的景象都发生了变化，许多生物遭到灭顶之灾。每当经过一次巨大的灾害性变化，就会使几乎所有的生物灭绝。这些灭绝的生物就沉积在相应的地层，并变成化石而被保存下来。这时，造物主又重新创造出新的物种，使地球又重新恢复了生机。

3. 均变论

在 1800 年前后，当地质学作为充满活力的科学出现后，关于地球变化的另一种观点——"均变论"（uniformitarianism）开始得到了发展。被誉为"现代地质学之父"的莱伊尔对均变论的形成和确立做出了重要的贡献。1830 年 1 月，莱伊尔发表了《地质学原理》第 1 卷，他坚持并证明地球表面的所有特征都是由难以觉察的、作用时间较长的自然过程形成的。他指出地壳岩石记录了亿万年的历史，可以客观地解释出来，无须求助于圣经或灾变论。也就是说，要认识地球的历史，用不着求助超自然力和灾变，因为通常看来"微弱"的地质作用力如大气圈降水、风、河流、潮沙等，在漫长的地质历史中慢慢起作用就能使地球的面貌发生很大的变化。莱伊尔强调"现在是认识过去的钥匙"，这一思想被发展为"将今论古"的现实主义原理，这种"将今论古"的科学方法对达尔文的影响很大。

（二）拉马克学说的创立

拉马克（J. B. Lamarck，1744—1829 年）是一位著名的博物学家，科学进化论的创始人。他在 1809 年出版了《动物学的哲学》一书，早于达尔文 50 年提出了一个系统的进化学说。拉马克的进化思想相当丰富，并且在进化论的历史上第一次成为一个体系。他的论点主要有：①生物种是可变的，所有现存的物种，包括人类都是从其他物种变化、衍生而来；②生物本身存在由低级向高级连续发展的内在趋势；③环境变化是物种变化的原因，并把动物进化的原因总结为"用进废退"和"获得性遗传"两个原则。

拉马克认为，环境变化使得生活在这个环境中的生物有的器官因经常使用而发达，有的器官则由于不用而退化，这就是"用进废退"。这种由于环境变化而引起的变异能够遗传下去，这就是"获得性遗传"。拉马克曾以长颈鹿的进化为例，说明他的"用进废退"观点。长颈鹿的祖先颈部并不长，由于干旱等原因，在低处不易找到食物，迫使它伸长脖颈去吃高处的树叶，久而久之，它的颈部就变长了。一代又一代，遗传下去，它的脖子越来越长，终于进化为现在的长颈鹿。拉马克的观点被后人概括为"用进废退"和"获得性遗传"。

总的来说，拉马克的进化学说中主观推测较多，相对的争议也较多，但他的学说较系统和完整，内容更丰富，拉马克的学说为达尔文的科学进化论的诞生奠定了基础，他的《动物哲学》和达尔文的《物种起源》被称为现代进化论思想的两大源泉。

二、达尔文进化论

（一）背景

查尔斯·达尔文（Charles Darmin，1809—1882 年）是英国著名生物学家。1831 年夏天，达尔文在 Henslow 的推荐下，以一名不拿报酬的博物学家身份随英国海军探测船"贝格尔号"参加了历时 5 年的环球考察，所见所闻对其生物进化思想、自然选择学说的形成产生了重要的影响。1859 年出版了《物种起源》一书，用大量的事实证明了生物变异的普遍性、变异与遗传的关系，提出了生存竞争和自然选择学说，系统地论述了物种形成的机制。该书的出版标志着现代生物进化理论的形成，引发了近代最重要的一次科学革命，因而达尔文被称为生物进化论的奠基人。

（二）达尔文进化学说的主要内容

达尔文进化学说包括两部分内容，一是如前人布丰和拉马克的一些观点，如变异和遗传，二是达尔文自己创造的理论，如自然选择；还有一些经过修改和发展的概念，如性状分歧、物种形成与灭绝、系统树。达尔文进化学说是一个综合学说，其核心为自然选择，其主要内容有以下四点。

1. 过度繁殖

达尔文发现，地球上的各种生物普遍具有很强的繁殖能力，都有依照几何比率增长的倾向。达尔文指出，象是一种繁殖很慢的动物，但是如果每一头雌象一生（30~90岁）产仔 6 头，每头活到 100 岁，而且都能进行繁殖的话，到 750 年以后一对象的后代就可达到 1 900 万头。

2. 生存斗争

生物的繁殖能力是如此强大，但事实上每种生物的后代能够生存下来的却很少。达尔文认为，这主要是过度繁殖引起生存斗争的缘故。任何一种生物在生活过程中都必须为生存而斗争。生存斗争包括生物与无机环境之间的斗争，生物种内的斗争，如为食物、配偶和栖息地等的斗争，以及生物种间的斗争。由于生存斗争，导致生物大量死亡，结果只有少量个体生存下来。

3. 遗传和变异

在生存斗争中，什么样的个体能够获胜并生存下去呢？达尔文用遗传和变异来进行解释。达尔文认为一切生物都具有产生变异的特性。引起变异的根本原因是环境条件的改变。

4. 适者生存

在生物产生的各种变异中，有的可以遗传，有的不能够遗传。哪些变异可以遗传呢？达尔文用适者生存来进行解释。

达尔文认为，在生存斗争中，具有有利变异的个体容易在生存斗争中获胜而生存下去。反之，具有不利变异的个体，则容易在生存斗争中失败而死亡。这就是说，凡是生存下来的生物都是适应环境的，而被淘汰的生物都是对环境不适应的，这就是适者生存。

达尔文把在生存斗争中适者生存，不适者被淘汰的过程称为自然选择。达尔文认为，自然选择过程是一个长期的、缓慢的、连续的过程。由于生存斗争不断地进行，因而自然选择也是不断地进行，通过一代代的生存环境的选择作用，物种变异被定向地向着一个方向积累，于是性状逐渐和原来的祖先不同了，这样新的物种就形成了。由于生物所在的环境是多种多样的，因此，生物适应环境的方式也是多种多样的。所以，经过自然选择也就形成了生物界的多样性。

（三）自然选择与生物微进化

种群是指在同一生态环境中生活、能自由交配繁殖的一群同种个体。生物种群和个体在相对较短时间内发生的进化，称为生物微进化。种群是生物微进化的基本单位。自然选择对进化的影响只有在追踪一个种群随时间所发生的改变时才明显可见。种群之间往往很少有明显界限，而是相互重叠。一个种群可以和同一物种的其他种群分离开来。种群内的个体往往比不同种群间的个体之间联系更密切。种群遗传变异的主要来源包括：染色体变异、基因突变和基因重组。微进化实质上是种群等位基因频率的改变。自然选择可以定向改变种群的基因频率，决定生物进化方向，可能导致新物种的形成。

三、现代综合进化论

20 世纪 20 年代以来，随着遗传学的发展，一些科学家用统计生物学和种群遗传学的成就重新解释达尔文的自然选择理论，通过精确的研究种群基因频率由一代到下一代的变化来阐述自然选择是如何起作用的，逐步填补了达尔文自然选择理论的某些缺陷，使达尔文理论在逻辑上趋于完善，这就是现代综合进化论（modern syntheticevolution theory）。现代综合进化论又称为现代达尔文主义。

综合进化论的主要内容如下。①种群是生物进化的基本单位。由于绝大多数生物都生存于种群之中，进化是群体在遗传成分上的变化，种群基因频率的变化是种群进化的关键，即把进化定义为"一个群体中基因型的变化"。②生物进化有三个基本环节，即突变、选择和隔离。突变是进化的第一阶段，而选择则是进化的第二阶段，自然选择则是对有害基因突变的消除，对有利基因突变的保持，结果使基因频率发生定向进化。隔离是固定并保持新种群的一个重要机制。如果没有隔离，那么自然选择的作用则不能最终体现。现代达尔文主义对突变的遗传学实质形成了统一的观点，认为不连续的、激烈的突变和渐进的、细微的变异都有相同的遗传机制。同时，彻底否定了获得性遗传和融合性遗传，认为生物个体是自然选择的主要目标，一切适应性进化都是自然选择对种群中大量随机变异直接筛选的结果。此外，认为地理环境因素对新物种形成有重要的作用，强调物种形成的进化是渐进化。

综合进化论是对达尔文学说的第二次修正，是 1859 年达尔文的《物种起源》问世以来进化生物学历史上最重要的事件之一。

四、分子进化中性论

1968 年日本人木村资生（Moton Kimum，1924—1994 年）根据分子生物学的研究，主要是根据核酸、蛋白质中的核苷酸及氨基酸的置换速率以及这些置换所造成的核酸及蛋白质分子的改变并不影响生物大分子的功能等事实，提出了分子进化中性学说（natural theory of molecular evolution），更确切地应称为中性突变与随机漂移理论（neutral mutation and random genetic drift theory）。中性理论是对自然选择学说的一个挑战，因此在学术界引起了激烈的争论。然而，中性理论确实有很多证据，特别是分子生物学上的一些新发现的支持，该理论也在争论中不断发展。中性理论的主要内容可归纳为以下五点。

（一）生物体内产生的突变大多数是中性的

这种突变对生物体的生存既没有好处，也没有坏处，即对生物的生殖力和生活力或者说适合度没有影响，因而自然选择对它们不起作用。中性突变包括同义突变、同功突变和非功能性突变。DNA 的一个碱基对的改变并不会影响它所编码的蛋白质的氨基酸序列，即改变后的密码子和改变前的密码子是简并密码子，编码同一种氨基酸，这种基因突变称为同义突变。对于某种蛋白质而言，个别或部分氨基酸的置换或缺失，并不会导致其功能的改变或丧失，这类突变称为同功突变。非功能性突变指真核生物如果突变发生在基因的非转录区域——内含子，这类突变对基因的转录和翻译不会造成任何影响。

（二）遗传漂变导致中性突变的保留或消失

在小的种群中，基因频率可因偶然的机会，而不是由于选择发生变化，这种现象称为遗传漂变（genetic drift）。生物进化主要是中性突变在自然群体中进行随机的遗传漂变的结果，而与选择无关。遗传漂变在所有种群中普遍存在，只是中性理论凸显了它的作用，强调遗传漂变是分子进化的基本动力。

（三）中性突变中分子进化速率决定了生物进化的速率

分子进化速率是以每年每位置氨基酸或核苷酸替换数来表示的。生物大分子进化的特点之一是每一种大分子在不同生物中的进化速度都是一样的，即氨基酸或核苷酸在单位时间以同样的速度进行置换，这便是"分子钟"名称的由来。

蛋白质分子进化速率计算公式：$Kaa = （daa/Naa）/2T$，daa 为两种同源蛋白质中氨基酸的差异数，Naa 为同源蛋白质中氨基酸残基数，T 为两种生物的分歧进化时间。每个密码子每年的突变频率约为 $（0.3 \sim 9.0）\times 10^{-9}$。

（四）不是所有分子突变都是中性的

实际上，大部分突变是有害的，但它们会很快被淘汰掉，因而对种群的遗传结构及进化没有意义。

（五）正突变很少，它们对种群的遗传结构贡献很小

自然选择只对有害突变和正突变起作用，而不能影响对种群的遗传结构起重要作用的中性或近中性突变，即中性或近中性突变的命运只能由随机因素决定。

分子水平上的进化现象对中性理论提供了有力的支持。例如，同义替换出现的频率比非同义替换高得多；非基因（非编码）的 DNA 上，包括基因间隔序列、内含子、重复序列、假基因等有较多的变异；此外，分子进化的速率相对恒定，即不受自然选择的制约。

分子水平上的中性进化与表型（宏观）进化有何关系呢？实际上，很多生物性状都是由多个基因共同作用的结果，其中一个基因对表型的作用往往是很小的，因此其变异所造成的后果也很小，可以看成是近中性突变，仍受随机漂移的作用。这样，即使表型进化是受自然选择的作用，在分子水平上仍是与中性突变和随机漂移有关的进化。另外，中性突变也有潜在的受自然选择作用的属性，即中性的变异可成为适应性进化的原材料。

总之，中性理论揭示了分子进化中的一些规律，是分子进化的重要理论之一。

五、间断平衡论

间断平衡论（punctuated equilibria）是从古生物学研究中提出的一个学说。从化石在地层中的分布可以看出，同一物种的化石生物在它们存在的地质时期内都没有什么变化，而在地层中却可以看到新物种突然地出现。对此，美国古生物学家艾尔德里奇（Niles Eldedge）与生物学家古尔德（Stephen Jay Gould）在1972年提出了间断平衡学说，认为生物进化是一种间断式的平衡，即短时间的进化跳跃与长时间的进化停滞交替发生。间断平衡论是与系统渐变论（phyletic gradualism）相对立的。

间断平衡论的要点可概括如下。①新种只能通过系统分支产生，时间种（通过系统进化产生的表型上可区分的分类单位）是不存在的；②新种只能以跳跃的方式快速形成（量子式物种形成），新种一旦形成就处于保守或进化停滞状态，直到下一次物种形成事件发生之前，表型上都不会有明显变化；③进化是跳跃与停滞相间，不存在匀速、平滑、渐变的进化；④适应性进化只能发生在物种形成过程中，因为物种在其长期的稳定（进化停滞）时期基本上不发生表型的进化改变。

间断平衡学说指出一切物种在物种形成过程结束后就处于进化停滞阶段，否定了进化速度的一致性，强调物种形成在进化中的重要意义。当然，对于"物种形成需要多长的时间""物种形成的具体过程如何"等问题，间断平衡论没有也不能给予清晰肯定的回答。

第四节　物种的形成

地球上的生命是统一性与多样性并存的。生命的统一性体现在绝大多数生物都有相似的细胞结构、相似的代谢途径和相同的遗传密码；另外，绝大多数不同种类的生物在直观上是可区分的，并由此形成了一个千姿百态的生物世界。地球上所有的生物都是以物种的形式存在的，因此，生物多样性主要体现在物种多样性上。

对于物种的概念，生物学史存在两种相反的观点，林奈的物种概念认为物种是真实的、永恒的、不变的、特创和孤立的；而达尔文的物种概念认为物种是变化的、进化的、可产生可灭绝的，以亲缘纽带相互联系。如今对于物种概念的争论在于，既要考虑物种应满足分类学要求，又要使物种符合进化理论，因此要用进化的观点来阐明物种的概念。

一、物种概述

物种（species）是生物存在的基本方式，任何生物体在分类上都属于一定的物种。物种形成也叫物种起源，它是生物进化的主要标志。

（一）物种的概念

在生物学上物种的概念一直被争论不休，但归纳起来有如下定义：物种是由种群组成的生殖单元，它与其他单元在生殖上互相隔离，并在自然界占有一定的生态位，在宗谱线上代表一定的分支。这样的定义包含 4 个方面的内容，即种群组成、生殖隔离、生态位和宗谱分支，是一个较完整且简明的定义。

以上对物种的定义虽然具有一定的代表性，但迄今为止，对物种依然没有一个公认的定义。

（二）划分物种的标准

虽然目前尚无一个共同的物种定义，但在分类学和生物地理学上却有一定的分类方法。物种鉴定的标准主要有以下几个方面。

1. 形态学标准

主要根据生物形态特征的差异为标准。同一属的不同物种之间有明显的形态差异，因此人们不会把老虎当作狮子，把狮子当作豹。这些形态特征当然指同一物种所普遍具有的，而不是指少数个体所有。例如高等植物主要以花和种子的构造作为分类的依据。

2. 遗传学标准

主要以能否自由交配为标准。凡属于同一个种的个体，一般能自由交配，并能正常生育后代。不同物种的个体，一般不能杂交，即便杂交也是不育的。例如母马和公驴杂交产的骡子是不育的。因为马的染色体是 32 对，驴的染色体 31 对，因此骡子是 63 条染色体，在性细胞成熟时，减数分裂不能正常进行。此外，在动物中，有些相似的物种主要由于心理上的隔离，如果不产生性反射，使它们也不能互相交配。

3. 生态学标准

主要以生态要求是否一致为标准。同种生物要求相同的生态条件。相近物种所要求的生态条件就有差异。例如虎和狮都是食肉兽，它们所要求的生态条件有许多相似，但也有差异，如它们所吃的对象不完全相同；它们都是夜巡动物，但虎有时白天也出来；狮是"一夫多妻"，而虎则是"一夫一妻"等。

4. 生物地理学标准

主要以物种的分布范围为标准。不同物种的地理分布范围是不同的，有的分布区很广，如世界种、广布种；有的分布区很狭窄，如特有种；有的过去分布广，后来变狭窄了，如残遗种。每一物种都有一定的分布范围。因此，物种的地理分布也是区分物种的标准之一。

以上 4 个标准相互联系，一般有共同的基础——遗传差异。区分为两个物种的遗传差异需要达到以下程度，即它们形态特征上有明显区别，生理上具有不亲和性和杂交不育性，并且在生态的、地理的或遗传也有区别。当然，其中最根本的是不亲和性与杂交不育性。

（三）物种的结构

由个体组合为种群，由种群组合为亚种，由亚种组合为种。在亚种和种之间，有时也有中间性质的形态。这样的组成称为物种的结构。

1. 个体

个体是物种组成中最基本的单位。物种由许多个体组成，同一种内的个体有性别、生长发育阶段的差异，有些还有群体分工的不同，如蜜蜂、蚂蚁等，这是个体存在的不同形式。同时，由于遗传和环境的原因，同一物种内的个体间也存在着差异，即个体之间某些性状可能不同。

2. 种群

种群（population）是物种的基本结构单元。生活于一定群落里的某一物种的个体，总是分别地集合为或大或小的种群而存在。虽然同一个种的不同种群之间一般彼此分布不连续，但可以通过杂交、迁移等形式进行遗传上的相互交流，使物种成为一个统一的繁殖群体。

由于种内关系的复杂性以及生存条件的影响，种群也经常在变动，例如种群个体数有的多，有的少；有的繁荣，有的衰退。有的种群的生活环境发生改变，由于对新的环境条件的适应而产生不同的生态型。这样生物类型的分歧就发生在种群之间，当变异达到一定程度，就会出现亚种，以及新种。

3. 亚种

亚种是物种以下的分类单位，是种内个体在地理和生态上充分隔离后所形成的群体，它有一定的形态、生理、遗传特征，特别有不同的地理分布和不同的生态环境，所以也称"地理亚种"。这一概念一般多用于动物分类，在植物分类上比较少用。亚种之间常常存在着中间类型，例如狐分布在几乎整个欧洲，有 20 个亚种，形成一个有中间类型连续的系列。

二、物种形成的条件与方式

（一）物种形成的条件

物种的形成一般具备 3 个主要条件：一是遗传变异；二是环境的变化；三是隔离。遗传变异为自然选择提供材料，新突变频率的增加和未突变基因能否被取代取决于环境。隔离导致遗传物质交流的中断，使群体分歧不断加大直到形成一个新的物种，可见隔离是物种形成的一个极为重要的条件。

1. 遗传变异

遗传变异为自然选择提供材料。

2. 环境

在比较适合的环境中动植物才能得到发展。不稳定的环境对物种形成至关重要，因为环境的不稳定性直接影响选择压力，促进基因频率的改变，进而促进新基因库的产生和发展。

3. 隔离

物种间的隔离一般不是由单个隔离机制造成的，而是由不同机制组合起作用。在物种形成过程中，隔离是生物进化的重要因素，对物种的形成起着重要的作用。

（1）隔离的概念　隔离（isolation）是指在自然界中生物不能自由交配或交配后不能产生可育后代的现象。因所处地理环境不同而造成的，称为地理隔离（geographic isolation），例如同一种陆生螺类，生活在多个山谷中，它们原则上是杂交能育的，因相互间为高山阻隔，不能自由交配，就是一种地理隔离。因生物学特性差异所造成的，称为生殖隔离（reproductive isolation）。例如马与驴杂交，通常不能产生可育的杂种。

（2）隔离机制　指造成两个或几个亲缘关系比较接近的类群之间不易交配或交配后子代不育的原因。隔离机制如发生在交配受精以前，有地理隔离、生态隔离、季节隔离、性别隔离、行为隔离、机械隔离等；如发生在受精以后，有配子或配子体隔离、杂种不活、杂种不育、杂种体败育等。

以上各类型的隔离实质上都是阻碍不同物种间基因的交流，造成生殖隔离。遗传性的生殖隔离是最重要的步骤，由地理隔离发展到生殖隔离是大多数物种形成的基本因素。由此各个隔离种群各自有较强的遗传稳定性，以保证在自然选择下各自按着与环境相适应的方向发展。

（二）物种形成的方式

物种的形成有两种基本的方式，即渐进式物种形成和骤变式物种形成。

1. 渐进式物种形成

对于渐进式物种形成外，又有异地物种形成（allopatric speciation）、邻地物种形成（parapatric speciation）和同地物种形成（sympatric speciation）3 种方式。

（1）异地物种形成　如果两个初始种群在新种形成前，即获得生殖隔离之前，其地理分布区完全隔开、互不重叠，这种情况下形成的物种就是异地物种形成。异地物种形成一般是由原分布区连续的祖先种，因地理或其他因素而被分隔为若干相互隔离的种群，这些种群之间的基因交流由于隔离而大大减小甚至完全中断，再加上它们所处环境的差异，通过自然选择的作用，种群的遗传结构发生变化，种群间的遗传差异随时间推移而增大，形成了不同的"地理族"，即亚种。亚种之间进一步分化，直到产生生殖隔离，便导致异地物种形成。一旦生殖隔离产生，即使新种的分布区再重叠，也不会重新融合为一个种了。

能导致异地物种形成的地理或物理环境阻隔因素很多。对于陆生生物，海洋、湖泊、河流等就是阻隔；对于海洋或水生生物，陆地就是阻隔。此外，高山、沙漠、峡谷、不均匀分布的温度、盐度等都对许多生物构成阻隔。然而，地球上似乎没有足够多的地理或物理环境阻隔让众多的物种都通过异地物种形成产生。

（2）邻地物种形成　邻地物种形成是初始种群的地理分布区相邻接，种群间的个体在边界区有某种程度的基因交流，最终导致新种的产生。邻地物种形成的过程与异地物种形成大致相同，不同之处在于初始种群分布的邻接区，种群间有一定程度的基因交流。由于初始种群分布中心区之间的基因交流很弱，因而种群间的遗传差异也会随时间推移而增大，最终导致邻地物种形成。此外，这种新种形成方式可能需要更多的时间。

（3）同地物种形成　如果在物种形成过程中，初始种群的地理分布区相重叠，没有地理上的隔离，在这种情况下的新种产生就是同地物种形成，结果是新种个体与原种的个体分布在同一地域。

实际上，在没有地理隔离的情况下，仍然存在着把一个物种在同一地域的个体分成两个生殖隔离的种群的途径。例如，在一个物种中，部分个体的交配季节发生变化，从而有可能使得这部分个体与另一部分个体的生殖时期不重叠。对于寄生生物，通过寄生在不同种类的寄主并形成寄主专一性，结果就使得寄生于不同寄主的个体被隔离开来了。又如，一些被子植物通过十分特殊的传粉者授粉繁殖，当种群中的某些个体出现变异，使花的形态发生变化，便能引起传粉者某种程度的偏爱。这种选择又会进一步改变花的形态，使种群发生分化，最终导致分化个体之间的生殖隔离，即同地物种形成。

2. 骤变式物种形成（量子物种形成）

除了渐进式物种形成外，还有一些物种形成是瞬时性或骤然性的，这样的成种过程称为骤变式物种形成。由于其形成过程并非总是匀速的、缓慢渐变的，同时存在快速、跳跃式的进化，故又称为量子物种形成。骤变式物种形成可以在一个或少数几个世代的时间内完成，而且新种往往是起源于为数不多甚至个别的个体。这一物种形成的过程有可能通过遗传系统中的一些变化机制得以实现。例如通过转座子在同种或异种个体之间的转移、个体发育调控基因的突变、染色体数目的直接加倍、单性生殖生物的染色体变异、物种间稳定杂种形成后染色体再加倍或转变为单性生殖等。据估计，被子植物有不少种类就是通过染色体加倍来形成多倍体新物种的。这种方法首先是两个物种杂交产生杂交种，然后杂交种的染色体加倍便产生能够生育的多倍体新物种。

通过种间杂交，杂种后代再发生染色体结构的改变也可以快速形成新种。如 *Helianthus anomalus*、*H. annuus* 与 *H. petiolaris* 是 3 种不同的野生向日葵，它们都是二倍体，且染色体数目相同（2n = 34）。研究表明，*H. anomalus* 是由 *H. annuus* 与 *H. petiolaris* 杂交后再经染色体重排而产生的，正是这种快速的染色体进化使得 *H. anomalus* 与其亲本产生生殖隔离。通过用分子标记来分析这 3 种向日葵的染色体组，发现由 *H. annuus* 与 *H. petiolaris* 杂交产生 *H. anomalus*，是经过了一系列的染色体断裂、融合、重复、倒位、易位等过程。进一步的人工杂交研究还显示，这种染色体结构改变的过程是非随机的，在很大程度上是可重复的。这一例子对深入研究物种形成的遗传学基础很有意义。

三、物种形成在生物进化中的意义

（一）物种形成是生物对不同生存环境适应的结果

生物生存的环境总是处于不断的变化之中并具有异质性。环境随时间的变化导致生物的适应进化，环境在空间上的异质性导致生物的性状分歧，分歧的结果是产生不同类型的生物，即物种形成。物种形成不仅增加生物类型，而且为新类型生物提供新的进化起点，如单细胞生物为多细胞生物的形成奠定基础；水生生物为陆生生物的进化开辟了道路等。

（二）物种间的生殖隔离保证了生物类型的稳定性

物种因种间生殖隔离的存在保持种群基因库的相对稳定。没有种间的生殖隔离就不能通过进化获得新的适应，这就会使已获得的适应因杂交融合而丢失。所以，物种的存在既保持生物遗传性的稳定，又使进化持续向前，成为进化的途径。

（三）物种是生物进化的基本单位

物种具有可变性以适应环境的变化，但当环境变化的速度和范围超越物种的适应能力，旧的物种就会灭绝，适应新环境的新物种产生。生态系统也要适应环境的变化，物种的更替与种间生态关系的改变，使生态系统不断适应变化的环境，生物与环境之间由不平衡达到新的平衡，从而推动整个生物界的进化。整个进化过程中的每一步都是由物种的进化来推动的，所以物种是生物进化的基本单位。

（四）物种是生态系统中的功能单位

不同的物种在生态系统中占有不同的生态位（niche）。因此，物种是生态系统中物质与能量转换的环节，是维持生态系统能流、物流和信息流的关键。

四、影响生物种群进化的因素

影响生物种群进化的因素主要有：基因突变、基因流动、遗传漂变、非随机交配和选择、自然选择等。

（一）基因突变

基因突变能产生可供选择积累的新等位基因。在自然界中，突变的速度一般都是很低的，不同的基因和各基因的不同等位基因的突变速度各有不同。据估计，人约有 3 万多个基因，各含有 2 个或多个等位基因，每个人出生平均总带有 2 个突变。由此可想而知，每一个基因突变虽然缓慢，但每一个种群中每一世代的突变基因数却是很高的。突变的方向是随机的，突变只是给自然选择提供原材料，如果突变性状被选择，这一突变基因就在基因库中积累增多，如果不被选择，就逐渐被排除。

（二）基因流动

基因流动是指生物个体从其发生地分散出去而导致不同种群之间基因交流的过程，可发生在同种或不同种的生物种群之间。基因流动的强弱和程度因不同的种或种群、不同的时间和地点而有很大差异，但其基本作用是削弱了种群间的遗传差异。一般而言，邻近种群基因频率相似并不一定就是基因流动产生的融合作用，也许是选择压力相同造成的；而邻近种群间基因频率出现较大差异，也不能说不存在基因流动，这时自然选择的作用超过了基因流动，于是种群在强大的选择压力下，即使存在一定的基因流动，还是发生了较大的遗传分化。对植物种群而言，即使通过基因流动实现了新基因的输入，但由于生殖上的障碍如生殖隔离等，这种基因流动并不能得以遗传。

（三）遗传漂变

所谓遗传漂变，就是在小的种群中，基因频率不是由于选择，而是因偶然机会发生的变化。在自然条件下，如果群体足够小，它所拥有的基因以及基因型可以偏离原始种群很多。例如小群体的人数少，并与总人群相隔离，这种社会和地理因素形成的小群体，A 基因固定（A＝1），而 a 基因人很少，a 基因的人如果无子女，则基因很快在人群中消失，造成此小群体中基因频率的随机波动。这种漂变与群体大小有关，群体越小，漂变速度越快，甚至 1~2 代就造成某个基因的固定和另一基因的消失而改变其遗传结构，而大群体漂变则慢，可随机达到遗传平衡。

（四）非随机交配和选择

遗传平衡群体的另一个重要条件是群体中个体之间的随机交配，但生物种群中非随机交配或差异性生殖是普遍存在的现象。一种重要的非随机交配现象是性选择，生物常常根据某些特殊的体貌特征或行为特征选择配偶，而不顾这些特征是否适应环境和有利于生存。

影响群体中基因频率效果最明显的因素是选择。人工选择决定了家养动物和栽培植物品种改良的方向。例如，蛋鸡的产蛋多、肉鸡的生长快、奶牛的产奶量大、瘦肉型猪的瘦肉率高、各种农作物品种产量和品种不断提高等，主要是长期人工定向选择的结果。在自然选择中，自然环境扮演了育种家的角色。更适应环境的个体有较大的可能在生存竞争中取胜并繁殖更多的后代，使其携带的基因在后代群体中的频率逐渐提高，从而使生物种群向更适应环境的方向进化。

（五）自然选择

现代进化论认为地球上的生物都是由共同祖先进化而来的；生物是以种群为单位不断进化的；生物种群是由许多个体组成，这些个体在表型上是不同的，如高度、重量、产仔率、寿命等；如果将具不同性状的个体排列起来，就会发现表型呈正态分布；进化的起因或原料是因为在群体中存在着可遗传的变异；进化的主要机制和动力是自然选择，其作用原理是影响或改变群体在时空中的基因频率；对于特定的生物，进化是朝着有利于其生存和生殖的方向发展，结果往往是与环境协调一致；进化的速度有快有慢。

思考题

1. 简述内共生学说的内容、依据及缺点。
2. 简述真核细胞和原核细胞同时起源于原始生命的依据。
3. 光合作用的出现对地球环境改变和生物界的繁荣有什么重要意义？
4. 根据同位素衰变的速度计算地层年龄的原理是什么？
5. 植物进化的基本规律是什么？
6. 地球上的植物以藻类为主的是什么时代？最早出现的藻类是哪种？
7. 什么原因导致苔藓植物的生活不能完全脱离水的环境？
8. 什么时代蕨类植物成为当时陆生植被的主角？又是什么原因导致其在二叠纪衰败？
9. 原裸子植物由哪种蕨类演化而来？
10. 裸子植物与蕨类植物相比，最大的进化特征是什么？
11. 被子植物是从哪个时代发展起来的植物类群？
12. 被子植物比裸子植物更适应于陆地生活的结构特征有哪些？
13. 动物界进化的基本规律是什么？进化历程主要包括哪些阶段？
14. 脊椎动物时代是什么时期？脊椎动物的发展分为哪些阶段？
15. 生物进化的证据有哪些？
16. 拉马克学说的主要观点是什么？
17. 达尔文进化学说主要观点是什么？
18. 什么是生物微进化？生物微进化的基本单位是什么？
19. 综合进化论的主要内容是什么？

20. 简述分子进化中性学说的内容。
21. 间断平衡论的要点是什么？
22. 什么是物种？划分物种的标准是什么？
23. 什么是物种的结构？什么是种群、亚种？
24. 物种形成的条件有哪些？什么是物种间的隔离？
25. 物种间形成隔离的机制有哪些？
26. 物种的形成方式有哪些？
27. 简述物种形成在生物进化中的意义。
28. 影响生物种群进化的因素主要有哪些？

第九章 　生态学基础

第一节 　生态系统

生态系统（ecosystem）是指在一定的时间和空间范围内，生物与生物之间、生物与非生物环境之间密切联系、相互作用并具有一定结构及完成一定功能的综合体，或者说是由生物群落与非生物环境相互依存所组成的一个生态学功能单位。

一、生态系统的组成

生态系统种类多样，其组成成分也很繁杂，但从这些组分的性质可以分为两类，即生物组分和非生物组分。生物组分是指生态系统中的动物、植物、微生物等；非生物组分是指生命以外的环境部分，包括大气、水、土壤及一些有机物质。

（一）生物组分

根据各生物组分在生态系统中对物质循环和能量转化所起的作用以及取得营养方式的不同分为生产者、消费者和分解者三大功能类群。

生产者（producer）主要是绿色植物和化能自养菌等，具有固定太阳能进行光合作用的功能，能把从环境中摄取的无机物合成为碳水化合物、脂肪、蛋白质等有机物，同时将吸收的太阳能转化为生物化学能储藏在有机物中。这种首次将能量和物质输入生态系统的同化过程被称为初级生产。这类以简单无机物为原料制造有机物的自养者被称为初级生产者。初级生产者在生态系统的构成中起主导作用，直接影响到生态系统的存在与发展。

消费者（consumer）是指除了微生物以外的异养生物，主要指依赖初级生产者或其他生物为生的各种动物。根据食性的不同，将这些动物分为草食性动物、肉食性动物、寄生动物、腐生动物和杂食动物5种类型。

分解者（decomposer）主要是指以动物残体为生的异养微生物，包括真菌、细菌、放线菌，也包括一些原生动物和腐食性动物，如甲虫、蠕虫、白蚂蚁和某些软体动物。分解者又被称为还原者，能使构成有机成分的元素和储备的能量通过分解作用又释放归还到周围环境中去，在物质循环、废物消除和土壤肥力形成中发挥巨大的作用。

（二）非生物组分

非生物组分又称环境组分，包括太阳辐射、大气、土壤等。

太阳辐射是指来自太阳的直射辐射和散射辐射，是生态系统的主要能源。太阳辐射能通过自养生物的光合作用被转化为有机物中的化学潜能；同时，太阳辐射也为生态系统中的生物提供生存所需的温度条件。

生态系统环境中的无机物质一部分来自大气的氧、二氧化碳、氮、水及其他物质；另一部分来自土壤中的氮、磷、钾、钙、硫、镁等。

生态系统环境中的有机物质主要是来源于动物残体、排泄物及植物根系分泌物。它们是连接生物与非生物部分的物质，如蛋白质、糖类、脂类和腐殖质等。

土壤作为一个生态系统的特殊环境组分，不仅是无机物和有机物的储藏库，同时也是支持陆生植物最重要的基质和众多微生物、动物的栖息场所。

生态系统中的环境、生产者、消费者和分解者构成了生态系统的四大组成要素，它们之间通过能量转化和物质循环相联系，构成了一个具有复杂关系和执行一定功能的系统。

二、生态系统的结构

生态系统的结构指生态系统中组成成分及其在时间、空间上的分布和各组分间的能量、物质、信息流动的方式，包括物种结构（species structure）、时空结构（space-time structure）和营养结构（trophic structure）。这 3 个方面是相互联系、相互渗透和不可分割的。

（一）物种结构

物种结构又称组分结构，是指生态系统中生物组分，如生物种群的组成及它们之间的量比关系。生物种群是构成生态系统的基本单位，不同的物种、类群及它们之间的量比关系构成了生态系统的基本特征。

（二）时空结构

生态系统中各生物种群在空间上的配置和在时间上的分布，就是生态系统的时空结构。大多数自然生态系统的形态结构都具有水平空间上的镶嵌性、垂直空间上的成层性和时间分布上的发展演替特征。

（三）营养结构

生态系统中由生产者、消费者、分解者三大功能类群以食物营养关系所组成的食物链、食物网是生态系统的营养结构。它是生态系统中能量流动、物质循环和信息传递的主要路径。

三、生态系统的功能

生态系统具有能量流动（energy flow）、物质循环（nutrient cyele）和信息传递（information transfer）三大功能。能量流动和物质循环是生态系统的基本功能，信息传递在能量流动和物质循环中起调节作用，能量和信息依附于一定的物质形态，推动或调节物质运动，三者不可分割，成为生态系统的核心。

（一）能量流动

能量是生命活动的动力。生态系统的能量来源于太阳辐射，能量沿着生产者→消费者→分解者单向流动，是驱动一切生命活动的齿轮。

（二）物质循环

物质是生命活动的基础。生态系统中的物质主要是指生物为维持生命所需的各种营养元素。它们沿着食物链在不同营养级生物之间传递，最终回到环境中，并可被多次重复利用，构成物质循环。

（三）信息传递

在生态系统中，生物与环境产生的物理信息（声、光、色、电等）、化学信息（酶、维生素、生长素、抗生素等）、营养信息（食物和养分）和信息行为（生物的行为和动作）在生物之间、生物与环境之间的传递把生态系统的各组分联系成为一个整体，具有调节稳定性的功能。

四、生态系统的主要类型

地球上全部生物及其生活区域称为生物圈。生物圈一般指从大气圈到水圈约 20km 的厚度范围，其中包含了边界大小不同、种类各式各样的生态系统。为了认识和研究上的方便，人们常将生态系统划分为不同的类型。

（一）根据环境特性划分的生态系统

1. 海洋生态系统

海洋生态系统（marine ecosystem）是生物圈内最大、层次最厚的生态系统。全球海洋面积 3.6 亿 km^2，占地球表面的 70%，平均深度为 3 750m。浮游植物与藻类是海洋生态系统中的生产者，各种鱼类为消费者，微生物作为分解者既存在于水中也存在于海岸沉积物中。

海洋生态系统又可分为海岸生态系统（coastal ecosystem）、浅海生态系统（shallow sea ecosystem）和远洋生态系统（ocean ecosystem）。

2. 森林生态系统

森林生态系统属于陆地生态系统（terrestrial ecosystem）中最大的亚系统，其现存生物量最大，为 100~400t/ hm^2。据统计，全球森林生态系统固定的能量占陆地上固定能量的 68% 左右。森林中有着极其丰富的物种资源。

3. 草原生态系统

草原生态系统（steppe ecosystem）是陆地生态系统中的又一亚系统。世界上草原面积约 30 亿 hm^2，占陆地面积的 1/4。草原生态系统多分布在年降水量 250~450mm 的干旱、半干旱地区。该系统中的主要生产者是各种草类，消费者以草食动物为主，土壤中有大量微生物作为分解者。

4. 淡水生态系统

淡水生态系统（fresh water ecosystem）主要包括河流、溪流、水渠等流动水体亚系统和湖泊、池塘、沼泽、水库等静止水体亚系统。淡水生态系统的主要生产者包括藻类和水生高等植物，消费者为鱼类、浮游动物和昆虫类。

（二）根据人类干预程度划分的生态系统

1. 自然生态系统

在自然生态系统（natural ecosystem）中无人类的干预，系统的边界不很明显，但生物种群丰富，结构多样；系统的稳定性靠自然调控机制进行维持，系统的生产力较低。

2. 人工生态系统

人工生态系统（artificial ecosystem）是指人类为了达到某一目的而人为建造的生态系统，包括城镇生态系统、宇宙飞船生态系统、高级设施农业生态系统等。在该系统中，人类不断对其施加影响，通过增加系统输入，期望得到越来越多的系统输出。

3. 半自然生态系统

半自然生态系统（semi-natural ecosystem）介于人工生态系统和自然生态系统之间，既有人类的干预，同时又受自然规律的支配，是人工驯化的生态系统。其典型代表是农业生态系统。它有明显的边界，有大量的辅助能的投入，属于开放性系统，并具有较高的净生产力。

第二节　种群

种群（population）是在一定空间范围内同种生物个体的集合，是由生物个体组成的，它具有可与个体相类比的特征。但是由于种群是一个群体的单元，所以其特征往往可以用个体特征的平均值或众数等统计量来表达。例如，个体的出生、死亡、寿命等即表示种群的出生率、死亡率和平均寿命。此外，作为群体，种群还具有一些个体所没有的特征，例如密度等。

种群作为具体的研究对象又可分为自然种群和实验种群、单种种群和混合种群。自然种群如稻田中的褐稻虱种群；实验种群如实验条件下人工饲养的褐稻虱种群；单种种群如观察田间稻纵卷叶螟种群；混合种群如寄主与寄生物群体。

一、种群的空间特征

（一）种群分布类型

生物的分布取决于其生存的生态条件、生物的移动性、进化历程中曾促进或抑制过种群扩大的气候和地质因素及人为因素等综合作用。种的分布是进化尺度上种群的适应过程。每个物种都有自己特定的空间范围，即分布区。这一分布区的形成，一方面是物种从散布中心和起源中心传播开来的结果；另一方面也是散布的限制因子作用的结果。实际上，很少有一个 Mendel 种群（或繁育种群、混交种）组成一个物种，通常是形成许多隔离的、彼此位于分布区不同地段并缺乏相互基因交流的混交群，彼此之间存在一定的生态和遗传分化。

1. 物种的种群构成

根据种群间空间隔离的程度和基因交流的可能性，物种可能由以下 3 种类型的种群构成：①同地种群（sympatric population），指占据相同的空间或重叠的空间，个体间存在交配的可能性；②异地种群（allopatric population），指彼此相隔很远，不存在交配的可能性；③邻接种群（parapatric population），指生活在毗邻的地区，在空间上是邻近的或没有空间隔离，但不是生活在一起或占据相同的空间，在接触区可能相互交配。

2. 种群分布的类型

种群分布可分为连续和间断两种极端类型，一般的种群分布类型是两种极端情况的某种中间类型。

（1）连续分布　连续分布的种群是在生境一致的广大空间出现的种群，例如大片的草原和森林类似于这种分布。但是，通常表面一致的生境实际上可能是不一致的；另一方面不可能达到完全的随机交配。

连续分布有种特殊的情形，即线状分布的连续生境，如水系、海岸等。在这种生境中，种群呈线状分布（linear distribution）。线状分布兼具间断与连续的性质，如同一水系不同支流上游地区的种群间是彼此隔离的。

（2）间断分布　间断分布指间隔的种群分布，一般称作岛屿模型（island model）分布，一个种的有利生境被不利生境分割开来，形成彼此隔离的岛屿种群。

线状分布与岛屿模型结合的种群分布形式称作踏脚石模型（stepping stone model），生境兼含有连续分布和间断分布的性质，形成线状岛屿式种群系列。

（二）种群分布格局

在分布区内，个体不一定是均匀一致地分布，但种群内个体的空间组合有一定的规律性。由于种群栖息地生物（如物种特性、种内或种间关系）和非生物（如气象、地形、土壤条件等）环境间的相互作用，形成了种群在特定水平空间范围内个体扩散分布的相应形式，这种形式称为种群的空间分布型（spacial distribution），或种群的空间格局（spatial pattern）。种群的空间格局不但因种群而异，而且同一个种在不同的发育阶段、种群密度和生境条件下有明显的区别。种群的空间格局是种的分布特征在分布的群落中的表现形式，也是在生态系统的时空尺度内种群适应的结果。

1. 种群分布格局的类型

种群的空间格局是物种特性、种间关系和环境条件的组合作用下形成的种群空间特性，既是一种种群在长期进化历程中形成的适应能力，也是一种对现实环境波动的适时的生态学反应。从理论上讲，种群内个体空间分布型有随机（random）、均匀（uniform）和聚集（gregariousness，clumping，或集聚 contagious）3 种。Whittaker（1975）提出第 4 种分布型，即嵌式分布（mosaic distribution）（图 9-1）。Merrell 也认为聚群散布本身又可以是随机的、均匀的或聚集的，这使得种群的空间格局更为复杂。

（1）随机分布　指种群个体的分布完全与机会相符，即种群内个体的活动或生长位置完全是由随机因素决定的。个体彼此独立生存不受其他个体的干扰，它的出现与其余个体无关，任何个体在某一位置上出现的概率相等。随机分布在自然条件下并不多见，在生境条件基本一致或者生境中的主导因素是随机分布的时候，才会出现种群的随

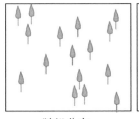 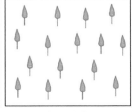 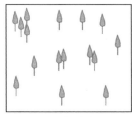 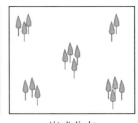

随机分布　　　　　　均匀分布　　　　　　聚集分布　　　　　　嵌式分布

图9-1　种群分布格局的类型

机分布，如种子随机散布形成的幼苗种群随机分布，森林中的蜘蛛种群、海岸潮间带的蚌类种群等。

（2）均匀分布　个体间保持一定的平均距离，形成等距分布。均匀分布的情形在自然条件下极其罕见。竞争的个体间形成均匀相等的间隔，如领域性的动物通常表现为均匀分布。此外，如果地形或土壤等物理条件呈均匀分布，或者存在自毒现象（autotoxin）也能导致均匀分布。人工栽培的植物种群一般都是均匀分布的。

（3）聚集分布　个体的分布很不均匀，常成群、成簇、成斑块地密集分布。聚集分布是最为广泛的一致分布格局，在多数自然条件下，种群个体常为聚群分布。

（4）嵌式分布　表现为种群簇生结合为许多小的集群，而这些集群间又是有规则地均匀分布。嵌式分布的形成原因与聚集分布相同，原本属于聚集分布的范畴。

2. 种群空间格局的研究方法

种群空间格局的研究方法有多种，主要可以分为4类。

（1）直观判断　植物群落学中早期的一些学派都有关于个体聚集度（社会性等级）的指标体系，如Braun-Blanquet（1931）的5级制，还有Malmgren（1979）的9级社会性等级等。

（2）分布格局模型　通过离散分布（discrete distribution）的理论拟判别种群的分布型。主要有：泊松分布、正二项分布、奈曼A型分布。泊松分布又称为随机分布，在调查样方中包含z个个体的样方出现概率P，符合泊松分布。正二项分布又称为均匀分布，个体必须是独立的。调查样方中，空白和密度大的样方出现的频率都极少，而接近平均个体数的样方出现的频率最大，个体均匀分布。其一般式为"（p+q）"的展开式。奈曼A型分布又称为集群分布。

（3）聚集强度测定　分布格局的理论拟合曾经是研究种群空间格局的主要方法，但是许多拟合的结果往往符合两种甚至两种以上的分布，出现生态学意义的混乱，甚至自相矛盾的解释。20世纪50年代后期出现了聚集强度（intensity）指标体系，采用聚集强度指数分析判断种群空间格局。聚集强度指数既可用于种群分布型的判断，在一定程度上还可以提供种群个体行为和种群扩散在时间序列上的信息。聚集指数有十多种，常用的有平均拥挤度（m*）和聚块性指数（m*/m）、丛生指数、Cassie指数、扩散指数、负二项参数、m*-m回归分析法、幂函数等。

（4）格局分析　格局分析（pattern analysis）反映的是种群聚集分布的尺度

（scale）、集聚斑块（patchiness）的大小和格局纹理的粗细，广泛使用的是 Greig-Smith 的区组分析（block analysis），采用棋盘式的相邻格子样方法，以聚集程度随样方大小的变化来提供格局的信息。

（三）种群的数量和动态

空间和数量是衡量种群是否昌盛的两个指标。对于有活动能力的种和存在世代重叠的种，种群统计（population demography）存在理论和方法上的困难。种群统计参数主要有种群大小、密度、出生率、死亡率、迁入、迁出、种群年龄结构和性比等。

1. 种群大小和密度

种群大小（size）指在某一特定时刻种群中个体的总数。种群大小在种群生态学和种群遗传学中都是特别重要的参数。

种群密度（density）是指单位面积或容积内的个体数目。种群密度通常是种群生态学更关心的方面。密度有粗密度（crude density）和生态密度（ecological density）之分。粗密度是指单位总空间内个体数，生态密度则是指单位栖息空间的个体数。栖息空间指种群实际占据的有用面积或空间。

种群大小和种群密度是不同的概念，在许多情形下两者并不相等。研究种群大小和密度的方法通常是以设置样方来进行，对于移动的动物，采用捕获-标记-释放-再捕获技术。也有人用种群的相对丰度（relative abundance）来描述种群的个体数目。

2. 出生率和死亡率

出生率指单位时间内种群的出生个体数与该时间段内该种群平均个体总数的比值。出生率通常以种群中每单位时间内每 1 000 个个体出生数来表示，单位时间如年、月等。出生率的高低取决于性成熟速度、每次繁殖的后代数量、繁殖次数。出生率中重要的参数是最大出生率与实际出生率。最大出生率指种群处于理想条件下，即无任何生态因子的限制作用，生殖只受生理因素所限制的出生率。实际出生率指种群在特定环境条件下所表现出的出生率，又称生态出生率。根据最大出生率可以预测种群未来可能的发展趋势，与实际出生率加以比较可以看出环境对出生率的抑制程度。

死亡率指单位时间内种群的死亡个体数与该时间段内该种群平均个体总数的比值。死亡率通常以种群中每单位时间每 1 000 个个体死亡数来表示。如年人口死亡率为 5‰，表示每年每 1 000 人平均死亡 5 人。死亡率中重要的参数是最低死亡率和实际死亡率。最低死亡率是种群在最适环境条件下的死亡率。种群中的个体都是自然衰老死亡的，即都活到了生理寿命。种群的生理寿命是种群处于最适条件下的平均寿命，不是特殊个体的最长寿命。种群在特定条件下的平均寿命称为生态寿命。这是一种理想状态，在自然状态下难以实现，多数情况下，个体往往死于捕食、疾病、不良气候等。因此，实际死亡率更接近真实的种群状态。实际死亡率指种群在特定环境条件下所表现出的死亡率，又称为生态死亡率。在实际分析中，可分别计算性别死亡率、年龄死亡率、死因死亡率等。

最大出生率和最低死亡率是理论上的概念，是种群的常数，可以反映出种群的潜在能力和实际能力之间的差异。

最大出生率、最低死亡率、生育力（fecundity）、繁殖力（fertility）都是影响种群动态的重要因素。生育力是指雌性产卵的数目，是雌性个体固有的特征。繁殖力是指发育成幼体的受精卵数目，是由雌雄个体共同决定的特征。

3. 迁入和迁出

迁入（immigration）和迁出（emigration）也是影响种群动态的两个因子，是种群间基因交流的生态过程。有效的遗传迁移才有基因流的发生。

4. 种群年龄结构和性比

种群的年龄结构是判断种群动态的重要方面。种群年龄结构分布（population age distribution）是分析年龄结构的重要参数。年龄比例（age ratio）和年龄金字塔（age pyramid）反映种群年龄结构分布。种群中个体按不同年龄段分成若干组，每组个体数占该时间段内该种群平均个体总数的比值就是年龄比例。将年龄比例按年龄段从小到大地排列绘制的图谱就是年龄金字塔。根据年龄金字塔的形式，可将种群分为增长型、稳定型和衰退型 3 种类型。从年龄金字塔的形状可以看出种群发展趋势（动态）和生产性特点。当幼年个体数明显高于中老年个体数之总和时，种群的生产性高，幼年个体数越多生产性越高；幼年个体数低于中老年个体数之和时，生产性低，两者比值越小则生产性也越低。昆虫的自然种群，尤其是世代重叠比较明显的种群内，一般都包含有不同年龄的个体。不同年龄的个体对作物的危害程度不同，抗逆性不同，栖息习性不同，甚至空间分布状况也有差异。所以，在昆虫种群的研究中关注种群的年龄组配很有必要。

性比（sex ratio）指种群中雌雄个体数比例。受精时受精卵的性比称为初始性比或第一性比。第一性比大致是 1∶1，但随后雌雄个体经过差别死亡，性比将发生改变。经过出生（孵化）或断奶（长羽）、亲代停止照料或性成熟后，形成第二性比。此后，还有充分成熟的个体性比称为第三性比。大多数昆虫种群内都包括有雌虫和雄虫两类。雌虫个体数量与雄虫个体数量的比值称为雌雄性比，也有用雌虫数量占种群总个体数的比率来表示。昆虫的性比依种类不同而不同，同一种群的性比也会因环境变化而变化。对一些孤雌生殖昆虫，如蚜虫、介壳虫、蓟马、部分螨类，因其种群在大部分时间中只有雌性个体存在，所以在分析种群结构时，可以忽略其性比。

二、种群动态描述

（一）生命表

生命表（life table）也称寿命表，起初用于人口统计学，并在人寿保险业中得到广泛的实际应用。在生态学研究中，最早是由昆虫种群生态学家所采用。

生命表是描述种群死亡过程的重要参数，可以系统完整地记录自然条件下，种群在整个生命周期内各个年龄阶段或发育阶段的死亡数、致死原因和生殖力。通过死亡因素的分析可以明确致死因素对种群波动的作用。根据出生和死亡的数据可以预测种群将来消长的趋势。

在生态学研究中常用的生命表有特定年龄生命表和特定时间生命表两种主要形式。此外，还有图解生命表（diagrammatic life table）和动态混合生命表（dynamic composite life table）等。

1. 特定年龄生命表

特定年龄生命表（age-specific life table）又称动态生命表（dynamic life table）或水平生命表（horizontal life table）。这种生命表以种群的年龄阶段作为划分时间的标准，系统观测记录一个同生群（cohort，统计群）在不同的发育阶段或年龄阶段的死亡与存活、死亡原因、繁殖数量。同生群指同时出生的个体群。特定年龄生命表需要抽取种群中的一个同生群，纵向地跟踪收集这一同生群从出生到最后死亡的全部资料。所观测的同生群都经历了相同的环境条件。在实际中，要获得所需的完整数据比较困难，特别是对世代重叠、寿命较长的种群。

2. 特定时间生命表

特定时间生命表（time-specific life table）又称静态生命表（static life table）或垂直生命表（vertical life table），是在一个特定的时间断面观察种群各龄级的存活状况，并以此来估计每个年龄组的死亡率。

特定时间生命表反映的是不同出生时间的个体经历不同环境条件后的种群特征，现存个体的年龄结构复合了以往的出生率和死亡率。特定时间生命表编制基于以下3个假说：①种群数量是静态的，即密度不变；②年龄组合是稳定的，即种群的年龄结构与时间无关；③个体的迁移是平衡的，即迁入等于迁出。静态生命表在自然种群，特别是世代重叠、寿命较长的种群中应用价值很大。

（二）存活曲线

存活曲线（survivorship curve）是以个体死亡数来表述特定年龄的死亡率，根据生命表中的存活数的对数值相对于时间变量绘制而成，是描述种群数量特征的基本方法之一。与生命表一样，存活曲线不是某一标准种群特有的，它是不同生境、不同时间下种群的性质。Deevey（1947）以相对年龄（即平均年龄的百分数）作横坐标，以存活数（lx）作纵坐标，绘制存活曲线，划分出了3种基本类型（图9-2）。有的学者作了进一步细分。

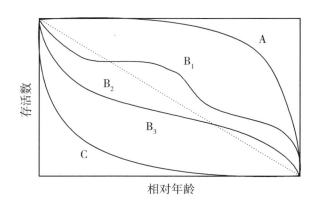

图9-2 存活曲线的基本类型 （引自徐少君 等，2016）

A型是凸形曲线，种群个体在接近生理曲线时仅有较低的死亡率，达到生理寿命后，则大量死亡。

B 型分为 B₁ 型、B₂ 型、B₃ 型。B₁ 型为台阶型曲线，在生活史的不同阶段个体的死亡率有较大的差异。B₂ 型呈直线，是一条理论曲线，因为现实环境中很少有死亡率恒定的情况。B₃ 型近似 S 曲线，幼体的死亡率较高，成体的死亡率降低并且接近于不变。

C 型为凹形曲线，早期死亡率极高，以后死亡率低而稳定。

（三）种群增长模型

种群的数量或密度在种群内在或外在的因素影响下，总是随着时间变动保持动态的平衡或者改变。内在因素指种群固有的出生率和死亡率，外在因素包括竞争、捕食和物理环境方面的因素。如果确定上述因素，从理论上讲，就可以预计种群的增长率。

一般而言，种群数量因出生和迁入得到补充，同时因死亡和迁出而损失，随 t 时间到 t+1 时刻的变化种群数量的改变将是：

$$N_{t+1} - N_t = B + I - D - E$$

式中：B、I、D、E 分别是一段时间内种群的出生数、迁入数、死亡数和迁出数。

1. 指数增长模型

指数增长（exponential growth），也称作对数增长（logarithmic growth）或几何级数的种群增长（geometric growth）。种群增长的方程式为：

$$N_t = R_0^t N_0$$

式中：R 为每代的生殖力，N_t 为起始的种群大小，t 为世代数。指数曲线呈 J 型，所以指数增长也叫 J 型增长。在上式中，如果 $R_0 > 1$，种群将以指数方式增长；如果 $R_0 = 1$，种群将保持恒定；如果 $R_0 < 1$，种群将缩小。

符合指数增长模型需要满足 3 个条件：①种群处于无限环境条件下，即个体增长不受空间、密度、资源限制；②个体不死亡；③每代的生殖力保持恒定。但通常情况下，每个种群都有一定的死亡率（d）和出生率（b），假设不发生种群迁移，环境依然无限，出生率和死亡率与种群大小无关，此时种群的瞬时变换率为：

$$\frac{dN}{dt} = (b - d)N$$

令 $r = b - d$，则方程式为：

$$\frac{dN}{dt} = rN$$

式中：r 称为种群的内禀自然增长率或种群瞬时增长率，是种群生物潜能或生殖潜能的一种度量。

2. 逻辑斯谛增长模型

在自然条件下很少发生种群的无限增长，通常要受到有限环境条件的制约，而且种群的增长过程与密度相关，即种群的出生率和死亡率并非与种群数 N 无关。

将有限环境和与密度有关的种群增长模型称为逻辑斯谛增长模型。逻辑斯谛增长曲线呈 S 形，此曲线有一条上渐近线，即环境对种群增长的限制。该种群增长的数学模型由比利时学者 Verhulst 于 1838 年创立，1920 年后才引起人们的重视。逻辑斯谛方程式：

$$\frac{dN}{dt} = rN(1 - \frac{N}{K})$$

式中：r 为种群内禀自然增长率或种群的瞬时增长率，与净增长率不同；N 为种群实际大小；K 为常数，是种群大小的上限，也叫做环境容纳量（carrying capacity）。

逻辑斯谛增长成立的条件：①种群中的所有个体具有相同的基因型和表型，具有相同的死亡和生殖特征；②种群的个体数量是合适的计量单位；③种群内禀自然增长率 r 不随种群数量的变化而改变；④种群大小的上限或环境容纳量（K）固定不变。

但是，无论是指数增长模型还是逻辑斯谛增长模型，都是将种群波动的过程过分简化了，出生与迁入和死亡与迁出之间的平衡、环境条件的改变、生殖的不连续性等因素都能引起种群数量的动态改变。种群的空间和数量特征是进化中的固有特征，种群的分布式样和数量表现与特定的环境有关，并随环境变动表现出不同的动态特征。掌握分布与数量特征是认识和描述种群的基础，进而可以说明种群在不同环境中的适应与分化及决定种群分化适应的内在本质。

三、种群间的相互作用

生物种群之间存在着各种各样的相互依存、相互制约的关系。根据种间关系的性质，这种相互作用可分为 3 种类型：①正相互作用，结果一方得利或双方得利；②是负相互作用，结果至少一方受害；③中性作用，结果是双方无明显的影响。

生物种群之间相互关系的性质在不同的环境条件下或在不同的时期（生长发育的不同阶段）是可以变化的。在某些条件下，它们是互利关系；在另一条件下，可能是竞争关系；在第 3 种条件下，可能又是无关的。种群间相互作用的形式是多种多样的，有各种形式的直接作用，但更多的是通过环境而发生的间接作用。

（一）正相互作用

生物种间的正相互作用包括偏利作用、原始合作和互利共生。

偏利作用指相互作用的两个种群一方获利，对另一方无影响，又称单惠共生，如吸附在鲨鱼腹上的鱼。

原始合作指两种生物在一起，彼此各有所得，但两者之间不存在依赖关系，如作物间作、稻田养鸭。

互利共生是一种专性的、双方都有利并形成相互依赖和能直接进行物质交流的共生关系。如菌根、豆科植物与根瘤菌、反刍动物及其前胃中的原生动物与微生物。

（二）负相互作用

生物种间的负相互作用包括竞争、捕食、寄生、偏害等。

1. 竞争

生物种群的竞争通常包括种内竞争和种间竞争。种内竞争指发生在同种个体之间的竞争。种间竞争指发生在两个或更多物种个体之间的竞争。

生物种群越丰富，种间竞争越激烈。种间竞争有两种形式：一种是直接干涉型，如动物之间的格斗；另一种是资源利用型，如与水稻一起生长的稗草对阳光、水分和养分的争夺。

种间竞争不论其作用基础如何，竞争的结果均是向两个方向发展，一个方向是一个种完全排挤另一个种；另一个方向是两个种各占有不同的空间（地理上分隔），捕食不同的食物（食性特化）或其他生态习性上的分隔（如活动时间分离）等，从而使两个种之间形成平衡而共存。

竞争的结局取决于种内和种间竞争的大小。如果种群的种间竞争强度大，而种内竞争小，则该物种取胜，反之该物种在竞争中失败。从理论上讲，两种群竞争结果可能产生以下4种结局：①物种1取胜，物种2被排挤掉：表示物种1的种内竞争小于它对物种2的种间竞争强度，而物种2的种内竞争却大于它对物种1的种间竞争，因此结局是物种1取胜；②物种2取胜，物种1被排挤掉，其情况与上述相反；③两物种共存，两物种种内竞争强度均大于种间竞争强度，形成平衡稳定局面；④两物种种内竞争强度均小于种间竞争强度，因而谁胜谁负的问题取决于两个种群的初始状态对谁更有利。

2. 捕食

捕食与被捕食是常见的种间直接的对抗性作用关系，也就是吃与被吃的关系。广义的捕食包括4种类型：①肉食动物吃草食动物和其他肉食动物；②昆虫的拟寄生者，如寄生蜂在寄生昆虫的体内或体外产卵，其幼虫在生长、发育过程中取食寄主。这与真正的典型寄生不同。一般拟寄生者总是杀死寄主，而真寄生者并不杀死寄主；③食草动物取食植物根茎叶等，通常植物并未被杀死，而仅是部分受损；④同类相食，属捕食现象特例，指捕食者与被捕食者为同一物种。

捕食的生态意义可归纳为：①捕食者是它所取食的物种种群的重要调节者，例如实践中利用天敌控制农田害虫的生物防治技术；②捕食者在维持被食者种群的适合度中起作用。适合度指被食者维持一个健康的、有生气的种群的能力。一般来说，捕食者吃掉的多是不适者，如被食动物中的病、残、弱者等，食草动物例外；③捕食者在猎物进化过程中起着选择性因素的作用；④群落中能量在食物链中的流动都是通过捕食作用实现的。

3. 寄生

寄生现象相当普遍，如寄生在其他动物体内的蛔虫、血吸虫等；寄生于其他植物的旋花科菟丝子、玄参科的小米草、列当属植物等。几乎所有生物在其生活过程中都或多或少地受到寄生物的侵害，即便是细菌也逃不脱噬菌体的寄生。

4. 偏害作用

偏害作用是指某些生物产生的化学物质对其他生物产生毒害作用，如青霉产生的青霉素可以杀死多种细菌，植物的化感作用也是一种偏害作用。

负相互作用使受影响种群的增长率降低，但并不意味着有害。从长期存活和进化论的观点看，负相互作用能增加自然选择率，产生新的适应。

四、种群的适应与对策

生物种群对不利条件有着一定的适应性。种群适应指种群在其生活史各阶段中，为适应其生存环境而表现出来的环境生物学特性。

（一）形态适应

种群在与环境相互作用中，形态上有一系列表型特征，表现在：①在生物个体的形态、习性上，如仙人掌科植物为适应干热环境，叶退化为刺状减少蒸腾，同时体内储水组织发达等；②在个体大小上，个体大小与世代时间呈显著正相关。这一现象的产生可能是由于寿命与单位体重代谢活动成反比，即与生物个体越小代谢越快有关；此外，也可能与个体越大，其初始生殖时间越晚有关。个体大的植物更有利于种子的远距离传播等。

（二）生理适应

生物不仅通过本身形态的改变适应其生境的变化，而且以不同的代谢方式或代谢程度的强弱与其生境相协调。植物中常见的例子如 C_3 植物、C_4 植物和 CAM 植物在进化过程中适应其特殊生境所形成的特有代谢特征。

（三）生态对策

生态对策就是生物为适应环境而朝不同方向进化的"对策"，即生物以何种形态和功能特征适应其生境生存和繁衍后代。生态对策有两种基本的类型，即 r-对策者和 k-对策者。

r-对策者，其生活期短、个体小、死亡率较高且无规律，生育时间早，终身仅繁殖一次，但生殖耗能大。对繁殖的高能量分配是 r-对策者的特征之一。r-对策者往往是临时性生境的占据者，适应多变的栖息环境，其对策基本是机会主义的，可以产生种群突然爆发或猛烈消亡。r-对策者虽竞争力弱，但繁殖率高，平衡受破坏后恢复的时间短，灭绝的危险性小。

k-对策者，其生活周期长、个体大，死亡率属密度制约，且有规律；种群大小常在 K 值上下波动，因而种间竞争相当激烈。k-对策者常生活在相对较稳定的环境中，生殖耗能较少，大部分能量用于逃避死亡和提高竞争能力。k-对策者，遭到激烈的变动后，恢复平衡的时间长，种群容易走向灭绝。如大象、鲸、恐龙等。这类生物对稳定生态系统有重要作用，应加强保护。

在大的分类单位间作生态对策比较时，大型乔木和脊椎动物可视为 k-选择者，而昆虫和某些低等藻类以及原生动物可视为 r-选择者。可见，r 对策者和 k 对策者是两个进化方向不同的类型，其间有各种过渡类型。飞蝗是两种对策交替使用，群居相是 r-对策者，散居相是 k-对策者，即 r-对策者和 k-对策者存在于一个连续的系统，称为 r-k 连续体。如果说 k-对策者在竞争中是以"质"取胜，那么 r-对策者则是以"量"取胜。

第三节　群落

生物群落（biotic community）是指一定地段或一定生境内具有直接或间接关系的各种生物种群构成的结构单元，具有复杂的种间关系。组成群落的各种生物种群不是任意地拼凑在一起的，而是有规律地组合在一起才能形成一个稳定的群落。如在农田生态系统中的各种生物种群是根据人们的需要而组合在一起的，而不是由于它们的复杂的营养关系组合在一起，所以农田生态系统极不稳定，离开了人的因素就很容易被其他生态系统所替代。每个生物群落都有一定特征的生态环境，在不同的生态环境中有不同的生物群落。生态环境越优越，组成群落的物种种类数量就越多，反之则越少。

一、群落结构

群落结构是指群落的物种组成及其在空间和时间上的分布，包括水平结构、垂直结构和时间结构。

（一）群落的水平结构

群落的水平结构是指群落的在水平方向上的配置状况或水平格局，也称作群落的二维结构。农业生产中的农、林、牧、渔以及各业内部的面积比例及其格局是农业生态系统的水平结构。

控制农业生物群落的水平结构有两种基本方式：一种是在不同的生境中因地制宜选择合适的物种；另一种是在同一生境中配置最佳密度，并通过饲养、栽培手段控制密度的发展。各种农作物、果树、林木的种植密度、鱼塘的养殖密度、草场的放牧量等都对群落的水平结构及产量有重要影响。

（二）群落的垂直结构

群落的垂直结构指群落在空间中的垂直分化或成层现象。群落的垂直结构是群落充分利用空间的一种途径，如森林群落的分层和水体中不同藻类的分层。群落的地上成层性主要取决于光、温要求，具有各自的小环境特点。从光照角度看，总的趋势是层次越低，耐阴性越强。在群落底层，只能生长阴生植物。地下的成层现象一般和地上成层性是相应的。如森林群落中乔木根系分布最深，其次为灌木根系，再次为草本植物根系。

群落的成层现象引起生物群落的环境分化，使不同层次的光照、温度、湿度、空气成分等各有不同。据此，如果使具有不同生态特性的生物分别占据群落的不同空间位置，就可减少种间竞争，促使群落繁荣，使单位面积内能容纳更多的生物种类和数量，生产更多的生物量。

（三）群落的时间结构

受环境中光照、温度和水分等多因子的时间节律（如昼夜节律、季节节律）的影响，群落的组成和结构也随时间顺序发生有规律的变化就是群落的时间结构。时间结构是群落的动态特征之一，包括两方面的内容：一是自然环境因素的时间节律所引起的群落各物种在时间结构上相应的周期变化；二是群落在长期历史发展过程中，由一种类型转变成另一种类型的顺序变化，即群落的演替。

农业生态系统的时间结构（temporal structure）指在生态系统内合理安排各种生物种群，使它们的生长发育及生物量积累时间相错有序，充分利用当地自然资源的一种时序结构。

时间结构涉及的因素有环境条件的季节性和生物的生育发育规律。一般来说，环境因素在一个地区是相对稳定的。因此，时间结构控制主要是农业生物的安排，即根据各种生物的生长发育时期及其对环境条件的要求，选择搭配适当的物种，实现周年生产。搭配的方法有长短生育期搭配；早、中、晚品种搭配；喜光作物与耐阴作物时序交错；

籽粒作物和叶类、块根类作物交错；绿色生物与非绿色生物交错；设置控制措施延长生长季节；化学催熟，假植移栽等。如稻萍鱼中几种鱼混养，分期投放，分批捕捞，实现周年养鱼，也是得益于巧妙的时间结构。

（四）群落结构在农业生产中的应用

农田立体结构的生产模式就是以群落结构为基础，综合利用资源空间、时间、营养、种间的一种生产模式，是对生态如抗灾、减少病虫害、改善生境、提高土壤肥力等的互补。在农业生产中，调节农业生物群落时间结构的方式有间作、轮作、套作、轮养、套养等。而在农业生产模式的演进、退化生态系统的恢复等也遵循一定的时间顺序。

1. 农作物间作、套作、混作

间作是两种或两种以上生育季节相近的作物，在同一块地上同时或同季节成行或成带状间隔种植的方式。

套作是将不同物种的不同生育时期安排在同一地块，按其生育特点嵌合在一起，充分利用空间、养分等资源，扩大产出。一般在前一种作物的生育后期，在其行间播种或移栽后一种作物。套作与间作不同，间作中的两作物共生期占全生育期的主要部分或全部，而套作其共生期只占生育期的一小部分时间，它是选用两种生育季节不同的作物，一前一后结合在一起。

混作是指将不同品种按一定比例混合种植或将不同作物间作、套种混植，利用生物多样性和互作机制，实现控制病虫害、维护生态平衡、改善群体结构、提高资源利用率等目的。

在人为调节下，充分利用不同植物间的互利关系，间作、套作、混作组成合理的复合群体结构，增加光合叶面积，延长光能利用时间，提高群体的光合效率和抗逆能力，以便更好地适应环境条件，充分利用光能和地力，保证稳产增收。

（1）小麦玉米套作　在华北地区，小麦与玉米是主要的栽培作物，以往都是小麦收获后播种玉米，这样在小麦收获后与玉米出苗之间就有 15~20d 或更长时间的土地空白期，这期间有 $2.4 \times 10^4 \sim 3.2 \times 10^4 J/cm^2$ 的太阳能和 360~380℃ 的积温不能得到利用而浪费掉。通过在小麦收获前 15~20d 将玉米套播在麦行间。由于小麦的遮阴挡风作用，玉米出苗期提早，出苗整齐，相应的收获期也提早，又防止了玉米的贪青晚熟，保证下茬小麦的适时播种。一般套作玉米比单作每公顷增产 1 050kg 左右。在实行小麦与玉米套作时，应注意采用合理的套种方式，选用适于套种的高产良种，确定合理的种植密度，适期播种，保证质量，加强苗期的肥水管理，培育壮苗。

（2）麦棉绿肥间套作　这种方式在我国南北方粮棉种植区较为普遍，方法是秋耕时作畦挖沟，畦宽 2.4m，沟深 20cm。畦中播小麦，畦边各点播一行蚕豆，麦豆间的空闲处种冬绿肥。翌年 4 月中旬将绿肥深埋，用地膜播种棉花，每畦条播 4 行棉花，小行距 53cm，大行距 79cm，株距 20cm，即冬季实行麦绿肥间作，春季麦棉套作。这样，一方面可充分利用空间和光能，另一方面利用豆科绿肥的固氮能力提高土壤的有机肥力。一般间作绿肥如蚕豆、苜蓿、紫云英等，每公顷可产鲜绿肥 10 000~15 000kg，按鲜绿肥含氮 0.33%~0.56%、磷（P_2O_5）0.08%~0.14%、钾（K_2O）0.23%~0.53%计算，土壤可获得氮 445~668kg、磷 110~165kg、钾 375~563kg，从而提高了土地利用率，培肥了地力。实行麦棉绿肥间套作，每公顷可收小麦 3 000~4 500kg、皮棉 750~900kg，产量明显高于单作。

（3）小麦玉米甘薯套作　小麦、玉米、甘薯套作在我国西南旱地应用较为广泛。小麦播种时预留玉米套种行，小麦收后在玉米行间套插甘薯，又称为"旱三熟"。小麦、玉米、甘薯三熟制增产效果显著，年产量可达 12 000~15 000kg/hm²，比小麦玉米两熟，平均增产 80%。

（4）以粮为主，间套瓜菜　蔬菜种类繁多，有的生育期短，有的植株矮小，有的可随时收获，这为进一步集约化利用耕地提供了可能。如河北省南部地区种植小麦、菠菜、番茄、大白菜四种四收结构类型。头年 9 月中旬播种冬小麦，入冬前在垄背上种菠菜，第二年小麦拔节前收菠菜，6 月上旬又在垄背上定植番茄，小麦收获后，又在麦茬上种植大白菜。这样，每公顷收小麦 4 500kg、菠菜 5 250kg、番茄 2 550kg、大白菜 75 000kg。

（5）果农套作，以短养长　在果树幼龄期间，树体较小，空地较多，为充分利用光能和土地空间，可以间作套种生长期短的一年生作物，待果树长成后，即可形成果园，保持水土，提高土壤肥力。在幼龄果园里间作农作物，果树北方可选择枣树、柿子、苹果、梨、葡萄等，南方为荔枝、龙眼、芒果、菠萝、柑橘等，间作的作物可选择小麦、谷子、花生、油菜、紫云英、豆类、甘薯、西瓜、蔬菜、绿肥、牧草等。

2. 轮作和轮养

轮作的作用主要是实现用养结合和消除病虫害。许多作物在连作时生长严重受阻，植株矮小，发育异常，病虫草害发生严重，产量显著下降。不能连作的作物有两类，一类是以茄科的马铃薯、烟草、番茄，葫芦科的西瓜及亚麻、甜菜为典型代表，它们对连作非常敏感，重要原因是一些特殊的病害和根系分泌物对作物有害。另一类忌连作的作物是以禾本科的旱稻，豆类的豌豆、大豆、蚕豆、菜豆，麻类的大麻、黄麻，菊科的向日葵，茄科的辣椒等作物为代表，其连作反应仅次于上述极端类型。

（1）大田作物轮作　①水旱轮作。在南方的双季稻田，冬季轮种油菜、豆类、蔬菜，可减轻土壤容重，改善通气条件，提高氧化还原电位，减轻病、虫、草害的威胁。如湖南的豆稻轮作，春天播种春大豆，大豆收获后种植晚稻，晚稻收割后耕翻土壤，冬闲晒垄。这种轮作，一方面可以使土地得到休闲，通过冬天的冻土晒垄，改善土壤的理化性状，增强好气性微生物的活动能力，加速土壤有机质的分解；另一方面，大豆根瘤菌的固氮作用可使每公顷土壤增加有效氮素 100~150kg，相当于每公顷增施硫酸铵 480~720kg，从而促进农田养分平衡，减少化肥用量，提高稻谷产量。太湖流域的粮食作物与绿肥作物轮作，一般在夏熟作物如大麦、小麦等收获后耕翻土壤种植秋熟水稻，水稻收获前在稻田播种冬绿肥，第二年绿肥收完后种植水稻，稻收后再种麦类作物，形成两年三熟，两年一轮。

②旱地轮作。北方棉区实行小麦、玉米与棉花轮作。在河南所做的试验表明，棉田改种小麦、玉米 1 年后，棉花的枯萎病和黄萎病的发生率可降低 46.9%，改种 2 年后，

降低 60.8%，3 年则降低达 67.1%。东北实行玉米与大豆等方式轮作。

（2）蔬菜作物轮作　蔬菜品种多，生长周期短，复种指数高，科学安排茬口，可恢复与提高土壤肥力，减轻病虫危害，增加产量，改善品质。实行蔬菜合理轮作，应注意以下原则。①充分利用土壤养分。如青菜、菠菜等叶菜类需氮肥较多，瓜类、番茄、辣椒等果菜类需要磷肥较多，马铃薯、山药等根茎类需要钾肥较多，把它们轮作栽培，可以充分利用土壤中的各种养分；②减轻病虫草害。如粮菜轮作、水旱轮作，可以控制土传病害。葱蒜类后改种大白菜，可大大减轻软腐病的发生。一些生长迅速或栽培密度大的蔬菜（如甘蓝、豆类、马铃薯等）对杂草有明显的抑制作用；③合理确定轮作年限。根据各种蔬菜对连作的反应不同确定轮作年限。例如，白菜、芹菜、花椰菜、葱、蒜等在没有严重发病地块可连作几茬；西瓜须隔 1~2 年后再种；马铃薯、山药、生姜、黄瓜、辣椒等则需隔 2~3 年再种；番茄、芋头、茄子、香瓜、豌豆等须隔 3 年以上。

（3）稻鱼轮作　稻鱼轮作即种一季稻，养一季鱼。种稻时不养鱼，养鱼时不种稻。有的为早稻晚鱼，有的是早鱼晚稻。养殖的鱼类品种有鲩、鳙、鲤、鲢、乌鱼等。由于鱼类放养时间较长，产量较高，经济效益较好。稻鱼轮作需要较多的水，往往出现在江河下游的低洼田、冬闲地或水库边。

二、群落演替

演替（succession）是指一群生物被另一群具有不同特征的生物所更替的现象，包括植物、动物和微生物，但主体是植物，后两者是随植物而变化的。演替是一个动态过程，但从本质上看，它已不再是一个严格意义上的时间动态概念，同时也是指在生态系统发育的时间动态过程中形成的一个客观结果，或者就是指在时间演替上相互关联的一系列的生物群落。通常演替是一个地区内的植被、动植物和微生物区系、土壤和小气候随着时间的推移而发生的许多变化所组成的一个连续过程。

（一）演替的类型

演替的类型按发生地点的初始状况可分为原生演替（primary succession）和次生演替（secondary succession）；根据演替驱动力可分为自生演替（autogenic succession）和异生演替（allogenic succession）；根据演替方向可分为前进演替（progressive succession）和退化演替（retrogressive succession）；根据营养方式分为自养演替（autotrophic succession）和异养演替（heterotrophic succession）；根据演替方式分为定向演替（directional succession）和循环演替（cyclic succession）。

原生演替指从未有过生物生长或虽有过生物生长但已被彻底消灭了的原生裸地上发生的演替。原生演替包括稳定基质上的演替和不稳定基质上的演替。稳定基质上的演替如火山岩、冰碛岩上的演替；不稳定基质上的演替如流动沙丘上的演替。

次生演替指有一定厚度的土壤和植物繁殖体的次生裸地上进行的演替称为次生演替。次生演替包括耕地演替、采伐或火烧演替、侵入中演替等。

自生演替是指主要由生态系统内部的相互作用决定演替变化，生物是变化的内因的演替。

异生演替指由外部力量有规律地影响或控制着演替变化演替，此时生物只是对气候和地理变化作出反应。外部输入的物质或能量、地质因素、风暴、人为干扰等都确实能改变、抑制或扭转群落的演替进程。如果异生的影响不断地超过内在的作用，生态系统就不可能达到稳定，而且将会"灭绝"。如湖泊富营养化的过程。这里所指的自生力量是内部的输入或反馈，理论上这将驱使生态系统导向某种平衡状态。异生力量是阶段性的外部输入干扰，将阻止或改变固有的轨迹。

原生、次生演替与自生、异生演替并不是完全对等的，原生与次生演替依据演替发生的初始环境背景差异来区分，自生和异生演替的差异在于过程中主导因素和动力的不同。一般而言，原生演替通常是自生的，而次生演替则是异生的。

演替导致群落越来越高的结构复杂性和生物量，丰富的物种多样性，此种演替称为前进演替。相反，导致物种数量下降、结构简化、土壤养分丧失等的演替称为退化演替。P 为总生产量（gross production），R 为群落呼吸消耗（community respiration），Odum 将演替开始时 P>R 的演替称为自养演替，P<R 称为异养演替。

通常讨论的演替只是通过逐渐变化最终导致整个群落的变化，这种变化是有方向性的，最后将走向顶极群落。但是即便在顶极群落内，演替依然进行，因为上层树种的寿命有限，上层树木的倒下必然形成林窗，带来种的入侵及随后的更替，这一演替过程是循环性的，是小尺度范围内的变化，有人也称之为局部演替（local succession）。通常这是节律性的干扰因素在起作用，如或多或少有规律的间隔性扰动（如台风、暴风雨），或是环境输入的循环性（雨季来临），以及群落自身发育的循环性。循环演替更加真实地反映出顶极群落内部的动态过程。

（二）协同进化

协同进化是这样一种过程，如果物种 A 的特征因物种 B 的存在而发生进化性改变，而物种 B 的特征也因物种 A 的存在而发生变化，这时就发生了协同进化。这是狭义的协同进化概念，也是通常所说的协同进化，也称为配对的协同进化（pairwise coevolution）。此类协同进化的特点表现为：①特殊性，即一个物种各方面特征的进化是由另一个物种引起的；②相互性，即两个物种的特征都是进化的；③同时性，即两个物种的特征必须同时进化。这种类型的协同进化可能较少，相对普遍的是弥散的协同进化（diffuse coevolution），即广义的协同进化概念，如受到许多昆虫取食的不同植物类群，在选择作用下，植物往往形成广泛的防御策略。事实上植物的化学防御是针对许多昆虫、脊椎动物和致病微生物的，同样的情形还有害虫的抗药性。

种间互作（interspecific interaction）可以是多种生态和进化过程的结果，这些过程除相互的协同进化和弥散的协同进化外，还有相互趋同（mutual convergence）和进化追随（evolutionary tracking）。相互趋同是巧合因素形成的性状，可能被解释为协同进化。例如靠哺乳动物传播种子的果实性状与哺乳动物的食性需求可能通过协同进化产生，也可能在哺乳动物进入植物生长的地区以前就建立了自己的食性，在新的栖息地里它只是按需求采食适合的果实，后者就是种间互作。当然要区分协同进化和相互趋同有时是比较困难的。进化追随是指相互作用的物种间，一方引起另一方的进化性改变而本身不变化，即只存在来自一方的选择压力。

（三）农业生产模式的演替

在多年的农业发展中，随着自然环境和社会环境条件的变化，农业模式也相应地发生了有顺序的发展演替。人们一般会在不同时间选择不同适应性的作物，以达到充分利用时间、增加产量的目的。例如，新开荒地可先种一些耐瘠薄的牧草、绿肥、木薯等作物，随着土壤的熟化和肥力的提高可种中产作物，继而可根据条件的变化改种需肥多的作物如小麦、玉米等，条件再变好也可以种植蔬菜、瓜果等。这样，随着土壤条件的不断改善，农业生产模式的结构也出现一系列的变换。又如美国加利福尼亚州的中央谷地因自然条件特别优越，可供选择的农业模式类型多，在经济的发展过程中曾经历了从放牧草场→大田谷物→经济作物→蔬菜→水果→花卉园艺等发展演替过程。

在食品生产中，随着经济的发展，生活水平的提高，人们对食品质量和生长环境要求更为关注，因而食品生产出现了这样一个发展阶段：传统食品生产→无公害食品生产→绿色食品生产→有机食品生产。

三、群落的多样性与稳定性

（一）多样性的含义

群落多样性包括两方面的含义：其一表明群落所含物种的多寡，即丰富性；其二与群落中物种的多度有关，即一个群落中如果物种数多，而且它们的多度非常均匀，则说明该群落多样性高；反之，该群落多样性低。可见，多样性取决于群落中两个独立的性质，其含糊性有时是不可避免的，如一个物种少而均匀度高的群落，其多样性可能与另一个物种多而均匀度低的群落相似。

（二）稳定性的特征

稳定性有两个组成成分：恢复力（resilience）和抵抗力（resistance）。这两个指标描述了群落在受到干扰后的恢复能力和抵御变化的能力。

复杂性被认为是决定群落恢复力和抵抗力的重要因素。然而群落越复杂并不意味着群落越稳定，复杂性增加可能会导致不稳定。

群落的不同组分，如种的丰富度和生物量也许对干扰有不同反应。具有较低生产力的群落如冻原，其恢复力是最低的，但是较弱的竞争可以使许多的物种共存，从而减少群落的不稳定性。

食物链的长度也能影响群落的恢复力。具有不同营养连接水平的许多群落模型，显示复杂性导致恢复力和稳定性下降。然而，这样的研究应该被谨慎地解释，因为真正的群落所具有的特性在零群落模型中并没有被发现。

稳定性也依赖于环境状况，如一个脆弱的（复杂的或多样的）群落也许能够在一个稳定和可预知的环境中持续下去，而在一个多变和不可预知的环境中，仅仅简单的和生长旺盛的群落才能够生存下去。

（三）稳定性的机制

群落是一个具有反馈机制的、能在一定程度上保持自身稳定的系统。反馈就是构成系统的某一成分的输出与输入之间的关系，或者说是输出变成了决定系统未来功能的输入。

反馈分为正反馈和负反馈两种。正反馈是指输出导致输入的增加，如种群持续增长过程中数量不断上升；负反馈是指输出导致输入的减少，如种群密度制约。正负反馈对系统未来功能的作用迥然不同，如天敌与害虫种群系统，由于天敌对其猎物害虫在时间、数量、空间上的跟随现象，导致在系统刚开始运行的一段时间，天敌对害虫的自然控制能力一般较差，常不足以抑制害虫数量的增长。害虫种群数量增加这一信息反馈回来，意味着给天敌提供了更丰富的食料，使天敌数量增加，这是正反馈。当天敌数量增加到某一阈值，天敌对害虫的自然控制能力将超过害虫种群的繁殖能力，导致害虫数量下降，这一信息反过来刺激天敌数量下降，亦输出导致输入减少，这是负反馈。在这一系统中，正负反馈相互交替。群落也正是依靠各种各样的反馈机制维持着自身的系统稳定性。

（四）稳定性与多样性的关系

当一个群落包含了更多的生物种类，且每个种的个体数比较均匀地分布时，它们之间就容易形成一个较为复杂的相互关系。这样群落对于环境的变化、干扰或来自群落内某些种群的波动，有较强的缓冲能力。从群落能量学的角度来看，多样性高的群落，食物链和食物网更趋复杂，群落的能量流动途径更多。如果其中的某一条途径受到干扰破坏，群落的后备能力就可能提供给其他的线路予以补偿。如在种间捕食关系上，由许多捕食者和多样猎物构成的系统，能使捕食者数量保持比较稳定，而猎物种群不致遭受过度捕食而趋于灭亡。

总的来说，群落的结构越复杂，多样性越高，群落也越稳定。因此，常把群落多样性作为其稳定性的一个重要尺度。

思考题

1. 名称解释：生态系统；生态系统的结构；种群；群落；群落结构；群落的水平结构；群落的垂直结构；农业生态系统的时间结构；群落的演替；间作；套作；混作；轮作；轮养；配对的协同进化；弥散协同进化；群落多样性；驯化。

2. 简述生态系统的组成。生产者、消费者和分解者分别指哪些类群？

3. 论述生态系统的功能。

4. 生态系统有哪些类型？

5. 种群的空间特征有哪些？

6. 种群构成、种群分布、种群分布格局的类型各有哪些类型？

7. 种群空间格局的研究方法有哪些？

8. 种群数量的统计参数有哪些？

9. 什么是生命表？有哪些主要形式？

10. 什么是存活曲线？有哪些类型？

11. 种群增长模型有哪些？

12. 符合指数增长模型需要满足的条件是什么？

13. 逻辑斯谛增长模型成立的条件是什么？

14. 种群间的相互作用有哪些类型？

15. 生物种群适应不利环境条件的对策有哪些？

16. 举例说明群落结构在农业生产中的应用。

17. 群落演替有哪些类型？

18. 群落稳定性有哪些组成成分？

19. 群落稳定性的机制是什么？

参考文献

安卫征，2008. 石莼多糖的提取、纯化及生物活性初步研究 ［D］. 广州：暨南大学.

白露，2020. 海带（*Saccharina japonica*）病害的调查及幼苗绿烂的病因分析 ［D］. 上海：上海海洋大学.

鲍庆江，2009. 牛体细胞核移植技术的研究 ［D］. 呼和浩特：内蒙古农业大学.

卜献夫，1994. 浅谈透骨草的药材品种 ［J］. 时珍国医国药，5（4）：21-21.

陈斌，1988. 生物分类学中的方法论——浅谈三大生物系统学派 ［J］. 应用昆虫学报（1）：55-58.

陈建华，傅文庆，2009. 从细胞核移植技术到治疗性克隆与去衰老克隆的研究进展 ［J］. 中国生物制品学杂志，22（1）：94-97.

陈顺立，方晓敏，张思禄，等，2014. 不同抗虫品系桉树叶片背面组织的电镜观察 ［J］. 福建林学院学报，34（4）：322-327.

陈伟生，关龙，黄瑞林，等，2019. 论我国畜牧业可持续发展 ［J］. 中国科学院院刊，34（2）：135-144.

陈自洪，2005. 水牛细胞核移植技术的研究 ［D］. 南宁：广西大学.

褚越洋，2021. 拟南芥 AtHD2D 基因对根系发育的影响初探 ［D］. 杨凌：西北农林科技大学.

党裳霓，高润梅，石晓东，等，2021. 穿龙薯蓣种子离体再生体系构建及其组培苗解剖结构特征 ［J］. 西北植物学报，41（4）：585-594.

丁明孝，王喜忠，张传茂，等，2020. 细胞生物学 ［M］. 5 版. 北京：高等教育出版社.

丁小庆，2011. 中国科学家发现类似始祖鸟的恐龙 ［J］. 科学，63（5）：44.

符浣溪，2017. 欧李不同级次根的解剖结构及生理特性研究 ［D］. 洛阳：河南科技大学.

高峰，俞梦孙，2020. 稳态与适稳态 ［J］. 生理学报，72（5）：677-681.

高俏，张长禹，2022. 我国农业害虫物理防治研究与应用进展 ［J］. 植物保护学报，49（1）：173-183.

顾蓉，2022. 青海祁连山地区苔藓植物多样性 ［D］. 呼和浩特：内蒙古师范大学.

顾烨丹，2018. 基于 DNA 条形码的常见食毒易混鳞茎植物分子鉴定研究 ［D］. 杭州：中国计量大学.

郭继鸿，田轶伦，2014. 一纸改变人类：DNA 双螺旋结构发现 60 周年 [J]. 临床心电学杂志（3）：150-150.

郭顺香，2007. 秦岭太白山地区石蕊属和树花属地衣的研究 [D]. 济南：山东师范大学.

韩堃，刘东军，2007. 细胞核移植技术的发展及其应用 [J]. 中国生物制品学杂志，20（6）：467-470.

韩之明，2001. 动物克隆 [J]. 生物学通报（7）：3-5.

何萍，程涛，郝莎，2020. 干细胞临床研究的现状及展望 [J]. 中国医药生物技术，15（3）：290-294.

贺竹梅，王敏婷，2019. 模式生物研究与遗传学发展 [J]. 高校生物学教学研究（电子版），9（4）：57-64.

洪亚平，2012. 一种小扁豆内皮层及凯氏带的观察方法 [J]. 中国农学通报，28（35）：307-310.

胡火珍，2005. 干细胞生物学 [M]. 成都：四川大学出版社.

黄慧彧，2022. 根系修剪对水稻幼苗根系形态特征和氮素吸收的影响 [D]. 武汉：华中农业大学.

黄珊珊，廖景平，吴七根，2006. 羽叶薰衣草表皮毛的发育解剖学研究 [J]. 热带亚热带植物学报（2）：134-140.

江婷婷，2016. 一份玉米矮秆新材料的创制及鉴定 [D]. 雅安：四川农业大学.

姜北，2017. 白族药用植物图鉴 [M]. 北京：中国中医药出版社.

金亮，薛庆中，肖建富，等，2009. 不同倍性水稻植株茎解剖结构比较研究 [J]. 浙江大学学报：农业与生命科学版，35（5）：489-496.

黎理，孙振华，杨丹丹，等，2018. 石油菜生药学鉴别研究 [J]. 时珍国医国药，29（11）：2662-2664.

李聪，2012. 胡颓子属 3 种叶类药材的鉴定与品质研究 [D]. 武汉：中南民族大学.

李贺敏，王森，张红瑞，等，2021. 基于叶表皮特征对 25 科 40 种药用植物显微鉴别的研究 [J]. 中草药，52（23）：7331-7338.

李健，2017. 武夷山文字衣科地衣的初步研究 [D]. 聊城：聊城大学.

李景原，王太霞，胡正海，2003. 木立芦荟茎的发育解剖及其异常结构的研究 [J]. 西北植物学报（1）：96-100.

李淑梅，2008. 动物学简明教程 [M]. 西安：西安地图出版社.

李树深，1986. 分子水平的分类学——分子分类学 [J]. 生物学通报（9）：4-6，47.

李树深，1986. 细胞水平的分类学——细胞分类学 [J]. 生物学通报（8）：1-4.

李涛，吴波，陈立娜，2021. 药用植物学 [M]. 武汉：华中科学技术大学出版社.

李一良，孙思，2016. 地球生命的起源 [J]. 科学通报，61（28）：3065-3078.

林芳，2016. 大型海藻生理生化特性对营养盐和水流交换的响应 [D]. 杭州：浙江大学.

刘凌云，郑光美，2009. 普通动物学［M］. 4 版. 北京：高等教育出版社.

刘燕，祁翔，王莹，等，2011 贵定云雾贡茶实生苗种群的分类特征［J］. 贵州农业科学，39（2）：33-37.

刘义，2022. 海带孢子囊形成的条件优化、生物学过程及调控机制研究［D］. 上海：上海海洋大学.

刘颖竹，焦宏彬，杨雪，等，2016. 野菊和神农香菊毛状体及叶片表面分泌物的比较［J］. 草业科学，33（4）：615-621.

刘元东，2018. 血吸虫病的危害与防治［J］. 解放军健康（5）：8-11.

卢高飞，2012. 环境因子对石耳共生藻光合作用的影响［D］. 黄石：湖北师范学院.

陆绮，2017. X 染色体失活现象与机制［J］. 自然杂志，39（1）：25-30.

陆树刚，2019. 植物分类学［M］. 2 版. 北京：科学出版社.

骆建新，郑崛村，马用信，等，2003. 人类基因组计划与后基因组时代［J］. 中国生物工程杂志，23（11）：87-94.

马含慧，2021. 石花菜切段组织培养育苗技术的初步研究［D］. 汕头：汕头大学.

马旭东，王召军，闫筱筱，等，2021. 分泌型烟草腺毛形态和叶面化学成分的比较［J］. 烟草科技，54（1）：10-16.

毛赟赟，李彦英，董俏言，等，2016. 注射用重组新蛭素的质量控制研究［J］. 生物技术通讯，27（3）：416-420.

潘建斌，冯虎元，2021. 植物学实验指导［M］. 兰州：兰州大学出版社.

彭锋，2007. 松萝属植物形态学和五种松萝种多糖的分离纯化及活性研究［D］. 杨凌：西北农林科技大学.

齐光月，2014. 五大连池枝状地衣和壳状地衣物种多样性的研究［D］. 齐齐哈尔：齐齐哈尔大学.

乔中东，王莲芸，2012. 克隆技术引发的伦理之争［J］. 生命科学，24（11）：1302-1307.

邱梅，2017. 龙血树柴胡根和茎的形态解剖学研究［D］. 昆明：云南大学.

任本命，2003. 解开生命之谜的罗塞达石碑——纪念沃森、克里克发现 DNA 双螺旋结构 50 周年［J］. 遗传，25（3）：245-246.

沈鹏，李颢，孙清江，等，2020. DNA 存储技术［J］. 生命科学仪器，18（2）：3-13+39.

沈淑芬，2013. 海带的生物修复作用及无性繁殖系的建立［D］. 福州：福建师范大学.

沈显生，2010. 植物学拉丁文［M］. 2 版. 北京：中国科学技术大学出版社.

苏新红，2010. 福建海区石首鱼类数值分类研究［J］. 台湾海峡，29（1）：27-33.

隋昌序，2022. 地钱孢子囊发育及苯丙烷合成通路探究［D］. 上海：上海师范大学.

孙志蓉，王美云，张宏桂，等，2011. 环草石斛和铁皮石斛试管苗叶片气孔特征比

较 ［J］. 安徽农业科学，39（27）：16583-16586.

汤彦承，1983. 国际植物命名法规简介（Ⅰ）［J］. 植物学报（1）：57-61.

汤彦承，1983. 国际植物命名法规简介（Ⅱ）［J］. 植物学报（2）：59-61，68.

汤彦承，1984. 国际植物命名法规简介（Ⅲ）［J］. 植物学报（1）：53-55.

汤彦承，1984. 国际植物命名法规简介（Ⅳ）［J］. 植物学报（Z1）：87-92.

汤彦承，1984. 国际植物命名法规简介（Ⅵ）［J］. 植物学报（5）：58-61.

汤承彦，1984. 国际植物命名法规简介（Ⅶ）［J］. 植物学报（6）：49-54.

汤彦承，1984. 国际植物命名法规简介（Ⅴ）［J］. 植物学报（4）：51-57.

汤彦承，1985. 国际植物命名法规简介（Ⅷ）［J］. 植物学报（1）：59-62.

汤彦承，郑儒永，1985. 国际植物命名法规简介（Ⅸ）［J］. 植物学报（2）：53-56，63.

唐绪飞，2014. 木薯不定根发生发育的解剖学研究 ［D］. 海口：海南大学.

王丹丹，2014. 石花菜 *Gelidium australe* J. Agardh 的组织培养条件的初步研究 ［D］. 青岛：中国海洋大学.

王刚狮，2008. 距式检索表编制要点 ［J］. 生物学教学，33（12）：54-54.

王瀚，2008. 重要的模式生物——大肠杆菌 ［J］. 生物学教学，33（2）：57-58.

王凯，2017. 民国生物自然发生之争研究——"罗广庭事件"的源与流 ［D］. 太原：山西大学.

王科，蔡磊，姚一建，2021. 世界及中国菌物新命名发表概况（2020 年）［J］. 生物多样性，29（8）：1064-1072.

王挺杨，2015. 乌鲁木齐河源区苔藓生物多样性及生态学研究 ［D］. 杭州：杭州师范大学.

王卫，2020. 翡翠绿葛仙米选育、特性与规模化培养 ［D］. 长沙：湖南农业大学.

王璇，蔡少青，张玉华，等，1997. 中药透骨草的商品基源研究 ［J］. 北京大学学报（医学版），29（3）：241-242，248.

王一晴，戚新悦，高煜芳，2019. 人与野生动物冲突：人与自然共生的挑战 ［J］. 科学，71（5）：1-4+69-70.

魏道志，2019. 普通生物学 ［M］. 2 版. 北京：高等教育出版社.

温栾，卢俊南，钟伟，等，2019 合成生物学设计技术 ［J］. 中国细胞生物学学报，41（11）：2060-2071.

吴青松，刘英卉，李硕，等，2023. 李盼盼，张友民. 植物研究 ［J］. 43（3）：461-469.

吴庆余，2006. 基础生命科学 ［M］. 2 版. 北京：高等教育出版社.

吴志强，2018. DNA 双螺旋结构的多态性与里奇的科学发现 ［J］. 生命世界（3）：70-77.

谢桂林，杜东书，2014. 动物学 ［M］. 上海：复旦大学出版社.

谢国文，廖富林，廖建良，2011. 植物学实验与实习 ［M］. 广州：暨南大学出版社.

熊雨洁，2020. 昆嵛山地衣分类初步研究［D］. 济南：山东师范大学.

徐炳声，1986. 生物分类学中的方法论［J］. 自然杂志（2）：35-40，29.

徐少君，王梓，2016. 农业生态学［M］. 成都：电子科技大学出版社.

鄢海燕，邹纯才，2022.《中国药典》（2010 年版—2020 年版）中药指纹（特征）图谱应用进展与展望［J］. 南方医科大学学报，42（1）：150-155.

杨博宇，2011. 石耳目（Umlmlicariales）种群界定的综合研究［D］. 齐齐哈尔：齐齐哈尔大学.

杨朝东，李守峰，邓仕明，等，2015. 白茅解剖结构和屏障结构特征研究［J］. 草业学报，24（3）：213-218.

杨洪，宋宗文，1994. 白蜡虫与虫白蜡［J］. 大自然（5）：37-37.

杨金玲，郭庆梅，周凤琴，等，2009. 有柄石韦及其近缘种叶的显微鉴别［J］. 中药材，32（7）：1046-1048.

于秋香，2010. 抗轮纹病苹果砧木的筛选及其与抗性相关因子的研究［D］. 保定：河北农业大学.

袁安祥，2020. 石花菜耐高温新品系的选育及相关性状分析［D］. 苏州：苏州大学.

袁芳，郑彦宁，郑佳，等，2019. DNA 存储技术的中美对比研究［J］. 全球科技经济瞭望，34（4）：71-76.

苑景淇，薛欢，于忠亮，等，2018. 5 种忍冬属植物种子扫描电镜观察［J］. 北华大学学报（自然科学版），19（5）：595-599.

曾礼，1991. 染色体在动物分类学中的作用［J］. 湖南大学邵阳分校学报（1）：40-45.

张超，巩蔚，郭莹莹，等，2014 重组抗凝蛋白-新蛭素的原核表达研究［J］. 中国生物工程杂志，34（12）：69-77.

张富涵，沈宗毅，喻长远，等，2020. 三维基因组学研究进展［J］. 生物工程学报，36（12）：2791-2812.

张红卫，2018. 发育生物学［M］. 4 版. 北京：高等教育出版社.

张惠，2014. 幼年和成年美味石耳内生真菌物种多样性的比较研究［D］. 济南：山东师范大学.

张惠展，2017. 基因工程［M］. 4 版. 上海：华东理工大学出版社.

张建军，杨勇，于晓南，2018. 芍药根茎芽发育及更新规律的形态学研究［J］. 西北农业学报，27（7）：1008-1016.

张丽兵，Paul C S，John M，等，2007. 国际植物命名法规中的术语介绍［J］. 植物分类学报，45（4）：593-598.

张利娟，徐志敏，杨帆，等，2021，2020 年全国血吸虫病疫情通报［J］. 中国血吸虫病防治杂志，33（3）：225-233.

张文彬，2021. 海带（Saccharina japonica）育苗期病害调查及幼苗绿烂病病原的 PCR 检测［D］. 上海：上海海洋大学.

张文华，朱红英，黄祥辉，1999. 克隆和动物克隆［J］. 动物学杂志，34（3）：49-52.

张馨文，刘丽萍. 蒲公英，2022. 石蜡切片技术研究［J］. 特种经济动植物，25（10）：18-20.

张行勇，赵滢，沈茂才，2016. 植物学研究及其期刊国际化规范［M］. 西安：陕西科学技术出版社.

张秀娟，2015. 三种苔藓共生藻的形态及分子系统学研究［D］. 太原：山西大学.

张玉光，2009. 始祖鸟与鸟类起源［J］. 自然杂志，31（1）：20-26.

张自立，王振英，2009. 系统生物学［M］. 北京：科学出版社.

赵国屏，2022. 合成生物学：从"造物致用"到产业转化［J］. 生物工程学报，38（11）：4001-4011.

赵猛，刘佳琪，2020. 夹竹桃科 2 种引种植物分泌结构的解剖学研究［J］. 热带亚热带植物学报，28（4）：411-417.

赵晓娟，杨莹，潘军强，等，2017. 基因组学思维［J］. 基因组学与应用生物学，36（2）：520-522.

赵志礼，严玉平，2020. 药用植物学［M］. 2 版. 上海：上海科学技术出版社.

郑小梅，郑平，孙际宾，2019. 面向工业生物技术的系统生物学［J］. 生物工程学报，35（10）：1955-1973.

郑新新，张蕾，胡娇，2021. 人类传染病与动物的关系研究［J］. 养殖与饲料，20（5）：137-139.

郑云普，徐明，王建书，等，2015. 玉米叶片气孔特征及气体交换过程对气候变暖的响应［J］. 作物学报，41（4）：601-612.

中国科学院基因组生物信息学研究中心暨北京华大基因研究中心，2003. 水稻（籼稻）基因组工作框架图与精细图的绘制［J］. 中国科学院院刊，18（1）：29-31.

周开亚，孟祥玲，1993. 中国的动物资源及其保护研究的战略［J］. 动物学杂志，（1）：47-52.

周永刚，张冬梅，鲁琳，等，2011. 崇明水仙根尖体细胞染色体的观察和核型分析［J］. 植物资源与环境学报，20（2）：56-62.

朱华，周洁，颜萍花，2016. 大金花草与小金花草的显微特征比较［J］. 华西药学杂志，31（5）：480-482.

朱孟丽，2022. 中国楔形衣科地衣型真菌的分类研究［D］. 聊城：聊城大学.

祝峥，2017. 药用植物学［M］. 2 版. 上海：上海科学技术出版社.

左凤月，2013. 盐胁迫对 3 种白刺生长、生理生化及解剖结构的影响［D］. 西南大学.

左倩孺，2022. 燕山北部山地苔藓植物多样性［D］. 呼和浩特：内蒙古师范大学.

APOSTOLAKOS P，LIVANOS P，NIKOLAKOPOULOU T L，et al.，2010. Callose implication in stomatal opening and closure in the fern *Asplenium nidus*［J］. New Phytologist, 186 (3): 623-635.

AWRAMIK S M, SCHOPF J W, WALTER M R, 1983. Filamentous fossil bacteria from the Archean of Western Australia [J]. Precambrian Research. 20: 357-374.

BASENKO E Y, PULMAN J A, SHANMUGASUNDRAM A, et al., 2018. FungiDB: an integrated bioinformatic resource for fungi and oomycetes [J]. Journal of Fungi, 4 (1): 39.

CAMPBELL K, XIA J, NIELSEN J, 2017. The impact of systems biology on bioprocessing [J]. Trends in Biotechnology, 35 (12): 1156-1168.

Cheng H, Chen Q, Xu G, et al., 2016. Identification and fine mapping of quantitative trait loci for the number of vascular bundle in maize stem [J]. Acta Botanica Sinica: English, 58 (1): 81-90.

CHERRY JM, HONG EL, AMUNDSEN C, et al., 2012. Saccharomyces genome database: the genomics resource of budding yeast [J]. Nucleic Acids Research, 40 (1): 700-705.

DEHAL P S, JOACHIMIAK M P, PRICE M N, et al., 2010. Microbes Online: an integrated portal for comparative and functional genomics [J]. Nucleic Acids Research, 38 (4): 396-400.

DULBECCO R, 1986. A turning point in cancer research: sequencing the human genome [J]. Science, 231 (4742): 1055-1056.

GURDON J B, UEHLINGER V, 1966. Fertile intestine nuclei [J]. Nature, 210: 1240-1241.

ILLMENSEE K, HOPPE P, 1981. Nuclear transplantation in Mas musculus: developmental potential of nuclei from preimplantation embryos [J]. Cell, 3: 9-18.

KATO Y, TANI T, SOTOMARU Y, et al., 1998. Eight calves cloned from somatic cells of single adult [J]. Science, 282: 2095-2098.

MCGRATH J AND SOLTER D, 1984. Inability of mouse blastomere nuclei trans tected to enucleated zygotes to support development in vitro [J]. Science, 226: 1317-1319.

MUKHERJEE S, STAMATIS D, BERTSCH J, et al., 2019. Genomes onLine database (GOLD) v. 7: updates and new features [J]. Nucleic Acids Research, 47 (1): 649-659.

SAYERS E W, CAVANAUGH M, CLARK K, et al., 2019. GenBank [J]. Nucleic Acids Research, 47 (1): 94-99.

WAKAYAMA T, PERRY A C, ZUCCOTTI M, et al., 1998. Full-term development of mice from nucleared oocyte injected with cumulus cell nuclei [J]. Nature, 394: 369-374.

WATSON J D, CRICK F H, 1953. Molecular structure of nucleic acids: a structure for deoxyribose nucleic acid [J]. Nature, 171 (4356): 737-738.

WEBBER H J, 1903. New terms for horticulture and agriculture [J]. Science,

18：501.

WILMUT I, SCHNIEKE A E, MCWHIR J, et al., 1997. Viable offspring derived from fetal and adult mammalian cells [J]. Nature, 385 (6619)：810-813.

YU J, HU S, WANG J, et al., 2002. A draft sequence of the rice genome (*Oryza sativa* L. ssp. *indica*) [J]. Science, 296：79-92.

附　　图

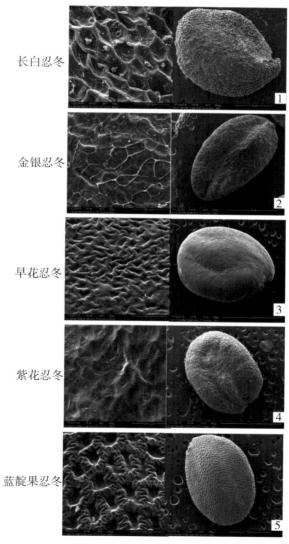

長白忍冬

金银忍冬

早花忍冬

紫花忍冬

蓝靛果忍冬

附图 2-1　忍冬属植物种子外形扫描电镜照片（引自苑景淇 等，2018）

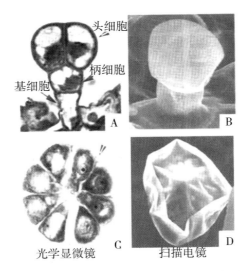

附图 3-1 羽叶薰衣草 (*Lavandula pinnata* L.) 头状腺毛 (A, B)
和盾状腺毛 (C, D) 形态 (引自黄珊珊, 2006)

附图 3-2 分泌型烟草腺毛形态和蚜虫嗜好性比较 (引自马旭东 等, 2021)

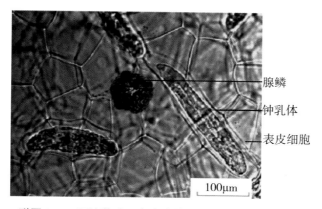

——腺鳞

——钟乳体

——表皮细胞

100μm

附图 3-3　石油菜叶下表皮腺鳞（引自黎理 等，2018）

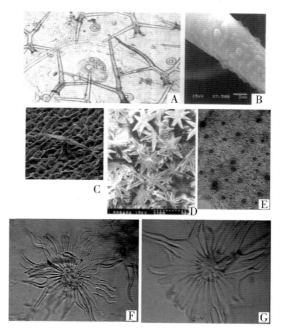

A

B

C

D

E

F

G

附图 3-4　各种非腺毛形态

A 羽叶薰衣草成熟叶表皮二叉、三叉及三叉以上的树枝状分枝的非腺毛（引自黄珊珊，2006）；B 羽叶薰衣草非腺毛细胞壁的疣状突起（引自黄珊珊，2006）；C 野菊（*Dendranthema indicum*）叶丁字形非腺毛（引自刘颖竹，2016）；D 有柄石韦 *Pyrrosia petiolbsa*（Christ）Ching 星状非腺毛（引自杨金玲，2009）；E 胡颓子（*Elaeagnus pungens* Thunb.）叶下表皮密被星状和鳞片状非腺毛（引自李聪，2012）；F 胡颓子叶下表皮星状非腺毛（引自李聪，2012）；G 胡颓子叶下表皮鳞毛（引自李聪，2012）。

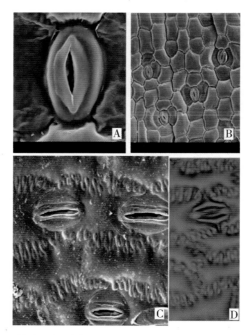

附图 3-5　铁皮石斛叶气孔器的肾形保卫细胞和玉米叶气孔器的
哑铃型保卫细胞（引自孙志蓉，2011；郑云普，2015）

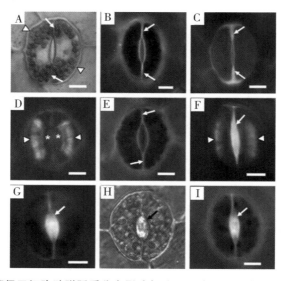

附图 3-6　鸟巢蕨保卫细胞壁胼胝质分布影响气孔开闭功能（引自 Apostolakos 等，2011）

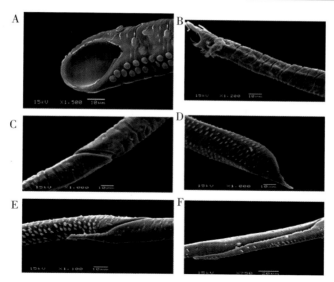

附图 3-7　欧李根中导管的尾部类型（引自符浣溪，2017）

A 孔纹导管及其单孔穿板；B 螺纹导管；C 无尾型导管；D 短尾型导管；E 和 F 长尾型导管

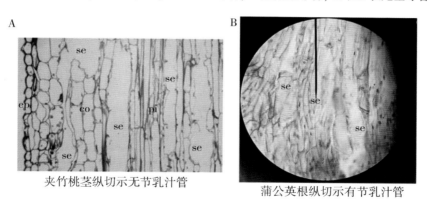

夹竹桃茎纵切示无节乳汁管　　　　　　蒲公英根纵切示有节乳汁管

附图 3-8　无节乳汁管和有节乳汁管（引自张馨文 等，2022；赵猛 等，2020.）

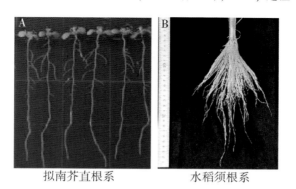

拟南芥直根系　　　　　　水稻须根系

附图 3-9　植物根系类型（引自褚越洋，2021；黄慧彧，2022）

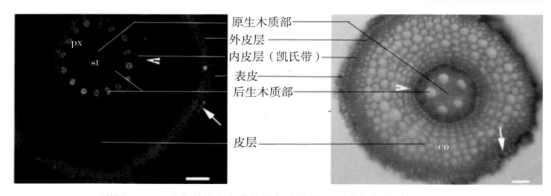

附图 3-10　禾本科植物白茅根的初生结构（引自杨朝东 等，2015）

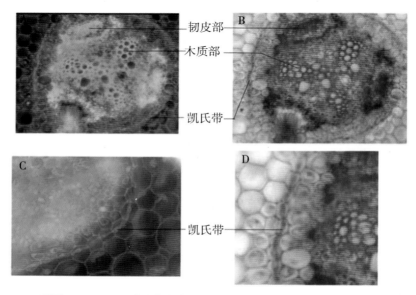

附图 3-11　双子叶植物小扁豆幼根的维管柱（引自洪亚平，2012）

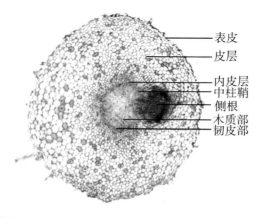

附图 3-12　蚕豆侧根发生横切（引自潘建斌 等，2021）

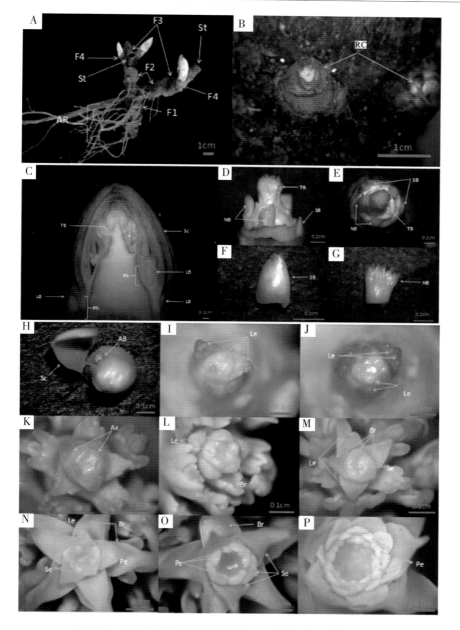

附图 3-13　芍药根茎芽内部结构（引自张建军 等，2018）

A 芍药根茎形态，F1~F4 指第 1~4 代根茎，AR 表示不定根，St 表示茎；B 根茎芽（RC）形态；C~G 芍药根茎芽结构，TB 表示顶芽（Terminal bud），Sc 表示鳞片（Scale），LB 表示侧芽（Lateral bud），Ph 表示叶元（Phytomer），SB 表示鳞片芽（Scale bud），NB 表示无鳞芽（Naked bud）；K~P 芍药根茎芽中顶芽的结构，AB 表示腋芽原基（Axillary bud），Le 表示叶原基（Leaf primordium），Br 表示苞片原基（Bract primordium），Se 表示萼片原基（Sepal primordium），Pe 表示花瓣原基（Petal primordium）

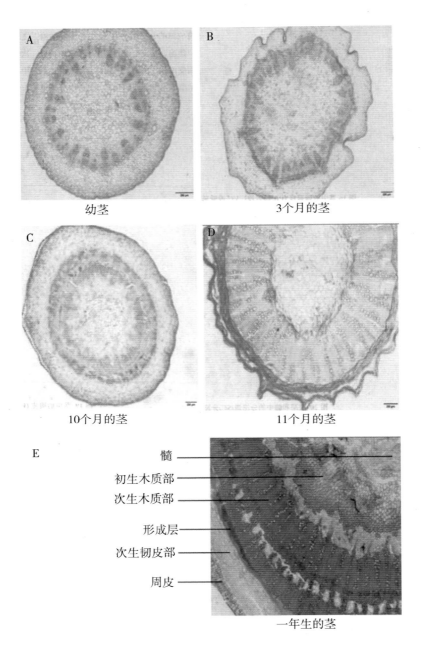

附图 3-14　双子叶植物茎的次生生长过程（引自邱梅，2017）

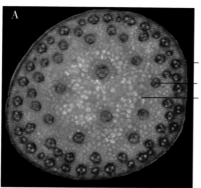

—— 表皮

—— 维管束

—— 基本组织

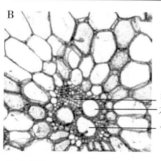

—— 韧皮部

—— 木质部导管

—— 气道

附图 3-15　玉米茎横切面及维管束结构（引自江婷婷，2016；Cheng 等，2016）

A 茎横切面；B 茎的维管束

—— 刺槐托叶刺

—— 茜草叶片状托叶

—— 辣蓼叶鞘

附图 3-16　托叶的变态（引自姜北，2017）

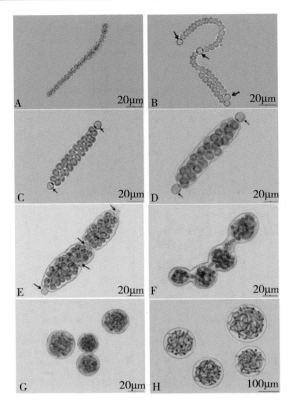

附图 4-1　葛仙米藻殖段到藻丝体的发育过程（引自王卫 等，2020）

A 藻殖段；B 两端异形胞分化，伪空泡消失，藻细胞完成分裂准备；C 部分细胞横向分裂；D 细胞全部横向分裂成为"双线期"；E 细胞分裂增殖，群内异形胞分化；F 藻体胶质鞘多位点向内凹陷；G 缢裂成多个球形的微球体；H 藻丝体阶段

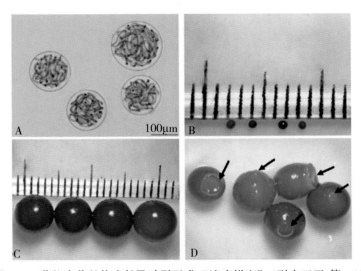

附图 4-2　葛仙米藻丝体生长及破裂形成"溃疡样斑"（引自王卫 等，2020）

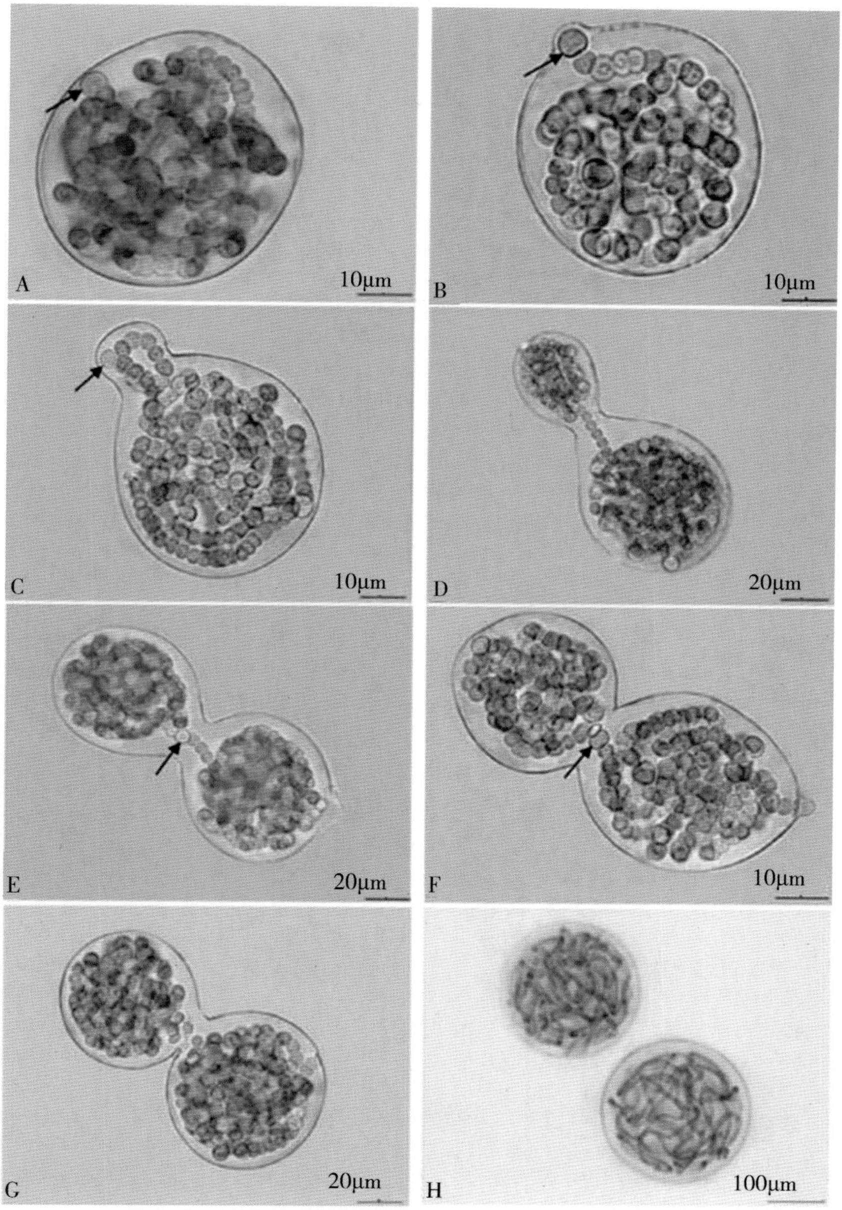

附图 4-3　葛仙米微球体出芽过程（引自王卫 等，2020）

A 微球体；B 雏芽；C 藻丝向芽体内移动，芽体增大；D 内凹横缢，母体与芽体由群间单连藻丝连接；E 群间单连藻丝内的细胞分化为异形胞；F 异形胞迁移至中部，箭头所指为与出芽繁殖相关的异形胞；G 群间单连藻丝断裂，细胞凋亡；H 藻体缢裂，芽体从母体脱落，发育成藻丝体

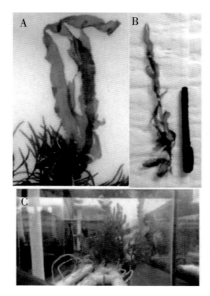

附图 4-4　人工养殖石莼的形态（引自林芳，2016）

附图 4-5　石花菜形态（引自王丹丹，2014）

　　A 石花菜形态；B 藻体的横切，最外侧皮层由 2~4 层小细胞构成，假根处内层是几层小的厚壁细胞，最内部的髓质由大的薄壁细胞和小的厚壁细胞组成；C 四分孢子体末枝形成具有分散孢子囊的孢子囊小枝；D 果孢子体；E 寄生果孢子体的雌配子体，外部皮层发育隆起，在藻体上形成一个膨大部分，称为果孢子体或囊果；F 果孢子体横切面，膨大部分为两个不完全分离的小室，小室各有一个囊果孔与外界相通，成熟的果孢子从囊果孔排出体外。

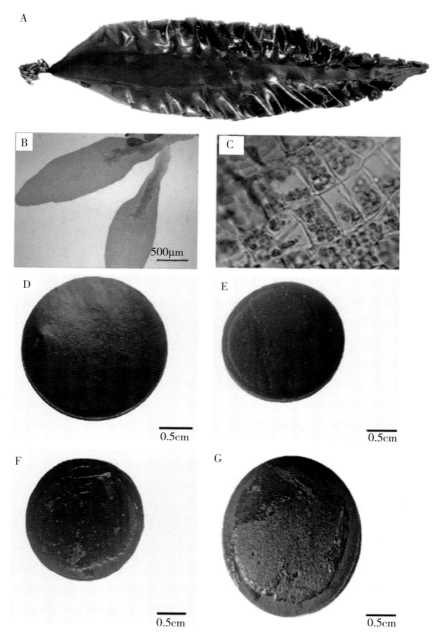

附图 4-6　海带孢子体形态及孢子囊发育（引自刘义，2022；张文彬，2021）

　　A 海带孢子体；B 由合子发育成的孢子体幼苗；C 海带幼苗带片细胞形态；D 厚成期海带，藻体表面光滑，褐色，无孢子囊；E 成熟期孢子囊表面增厚，在水中能看到表面由褐色变为黄色；F 孢子囊群表面胶质膜突起、破皮，有少量游动孢子释放；G 孢子囊群表面胶质膜大面积破皮剥离，释放游动孢子。

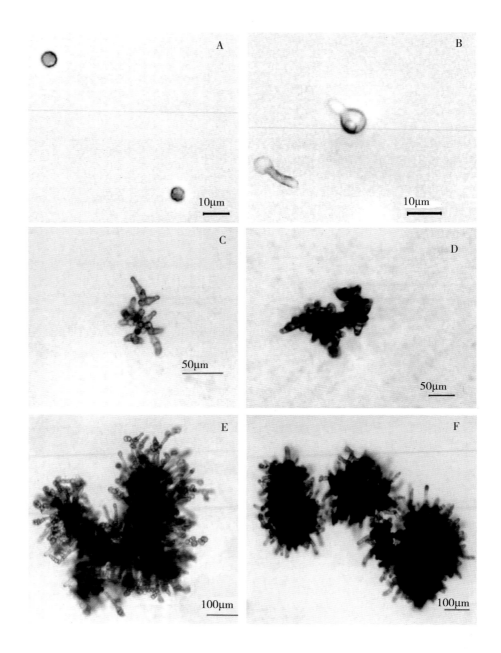

附图 4-7　海带游动孢子形态及配子体发育（引自沈淑芬，2013）

　　A 海带游动孢子；B 游动孢子萌发；C 生长 20d 的雄配子体；D 生长 20d 的雄配子体；E 人工培养 45d 的雄配子体；F　人工培养 45d 的雌配子体。